新版 罪なきものの虐殺

Slaughter of the Innocent

Hans Ruesch

動物実験全廃論

ハンス・リューシュ［著］
荒木敏彦・戸田清［訳］

新泉社

序言

医学博士　ロバート・S・メンデルソン
（『医者が患者をだますとき』の著者）

現代医学という宗教の中で、動物実験の儀式は中枢をなしている。

侍祭である医学生は、医学校という神学校で臨床コースに入る前の学年の初期に、生理学や薬理学の授業で「生きている動物の解剖」を学ぶのである。この実験の宗教上の意義は、教師たちによって医学生の無意識の心理の奥深くに植え込まれ、教師たちは実験が終わるたびごとに医学生に、動物を殺したり処理するのではなくて「いけにえにする」のだということを教えるのだ。

はっきりした言葉で述べられるわけではないが、その「いけにえ」の目的は、侍祭である医学生との間に暗黙の共通了解事項となる。「いけにえ」という言葉――そしてそれが喚起する積極的なイメージは――動物実験に対する賛成や反対を真剣に考えることをさせないようにしてしまうのである。こういうわけで、聖なる領域で、公衆の目から遠く離れ、司教や大司教たちに祝福されて行われる動物実験が、必然的に引き起こすきわめて高揚した人間感情は、至高のものとしてほとんど本能的に、あらゆる医学生の信仰体系に組み込まれるようになる。

反省、思考、討論、実証を別に意識して必要とすることなく、医学生はその自己形成期に、授業や試験や実験で、動物実験の価値を叩き込まれる。問い詰められれば医学生は、きわめて限られた状況での動物実験の適用を弁護するかもしれない。しかし「極端はつねに中庸となる」という現代医学の宗教の基本倫理に従って、医学生は間もなく大規模な、いや厖大な規模の動物実験を是認するようになるだろう。そうでもなければ、髄膜炎や重度の肺炎に用いるすばらしい薬品であるペニシリンを、どうして普通の風邪に使用することができるのか？　また生命をおびやかすアジソン病に対する奇跡的な薬品であるコルチゾンを、どうして日焼けに投薬できるのだろう？

こういった神学校の初期教育で宗教的に認可された流血の結果は、その学生が後に生涯を通じて医師という司祭に任命される期間での、血を求める飽くなき欲望であり、また流血に対する容認である。そうでもなければ、軽い手術（たとえば乳腺腫瘤摘出）のほうが死亡率が少なく治癒率が高いことが科学的に何度も証明されているのに、大手術（たとえば乳房切除）をする教育を医師に施すことがどうしてできるだろうか？　また、帝王切開という絶えず増大している弊害（現在では全出産の二五パーセント）を容認、いや弁護することが、どうして医師にできるのだろうか？　「疑わしき場合は切除せよ」「大物の外科医は大きな切開。小物の外科医は小さな切開」「あなたの子宮は癌を入れるただの袋です」「あなたのご主人はあなた自身を愛しておられるのであって、あなたの乳房を愛しておられるのではありません」。それに例の全能の「まあ、私を信頼しなさい」という言葉である。現代医学が科学でなくて宗教であることを立証するのは、こういった教会の連禱めいた言い方なのだ。

医師の血を求める欲望のために、患者に対する血液検査は、瀉血（静脈切開）を要求するまでになる。幼い乳児に対する過度の血液検査の危険性はあまりにもよく認められている事柄で、現在では「医原性（医師の行為によって生じた）貧血」という特別の診断項目があるほどである。

他の宗教にも血の儀式はある。アメリカのインディアンは、指先からの血の一滴を要求する。われわれユダヤ人は割礼による数滴の血を要求する。しかし現代医学という宗教は血液銀行の献血運動で、何パイント、何クォート、何ガロンもの血を求めている。現代医学の病院という神殿では、外科医の欲望を満足させるのに足りるほどの血液は決してないのである。それは、外科医が自分の犠牲者――処女であろうとなかろうと主として女性であるが――をそそのかして、切断の儀式が行えるように聖なる祭壇に登らせるときに必要なのである。

動物実験から始まり人体の切断手術へと進む、この血を求める激しい欲望のため、現代医学は、人類にこれまで知られているもっとも原始的な宗教という刻印を押されるのだ。

他の邪教と同様、現代医学は死を志向していることが明らかになっている。抗生物質は治癒するよりも多くの人を死なせている。統計的に調査してみると、外科手術による死亡例は、外科医が口で主張する数の二倍にも上っているのである。ワクチンが原因の脳障害の多くの事例は、今や公衆の目にも明らかになっている。正常の出産を医師が嫌うことは、ピルの危険性について不平を言う女性に対する、医師の自動的な反応にも表れている。つまり、「妊娠よりも安全ですよ」という言葉である。妊娠による死亡率は低下しているのに、一方医師が認める避妊（経口避妊薬、避妊リング、精管切断法、卵管結紮、子宮摘出、妊娠中絶の反復）による死亡率はうなぎ上りなのである。

もちろん、医師のすべてが現代医学という教会の、死を志向する残虐行為を行っているわけではない。行っている者もあるが、他の者は、同僚の行為を大目に見るかかばうことで同罪なのである。私は後者を現代医学の「良きドイツ人たち」と呼んでいる。

現代医学は、宗教を嘲笑している。旧約聖書を読んだ人は、動物のいけにえを取り巻いている数多くの制約を記憶しているであろう。つまり、市民が持参した動物で、公衆の面前で当人立ち会いの上、世襲階級（司祭階級）の一員で後に外科医にならない者によっていけにえにされるべきこと、などである。この注意深い儀式を、現代医学の宗教の医学生や医師がひそかに行う動物実験と比較してみるがいい。

人間のいけにえに関しては、ユダヤの族長アブラハムは、自分の息子を神のいけにえにすることを禁じられた。このことと、外科手術による虐殺と意図的損傷、つまり現代医学の宗教の神が許容し、事実要求している不必要な手術による何百万という死亡例を比較してみよ。外科医がマスクをしているのも、異とするには当らない。

現代医学は、ユダヤ教が生後八日目に行う割礼に代えて、生後ただちに病院で行う危険な包皮切除を行おうとしている。ユダヤの倫理とはきわめて対照的に、現代医学の宗教は、要求に応じて行う妊娠中絶を認可し、それどころか嬉しがっているのである。

私は自己の道を選んだ。私は現代医学の宗教とその基本的な秘蹟つまり動物実験を、偶像視することを拒否してきた。何年もの間、私は自分の医学生たちに、実験室の動物の状態をひそかに写真撮影し、日記をつけ、事実をマスコミに漏洩することを奨励してきた。こういった妨害行為は、公衆に情報を与えるばかりでなく、学生たちの誠実さ、いや魂を救済するのに役立つからである。

私自身に関しては、動物といえども週七日働かすことを禁じている安息日の戒律を固く守っている。旧約聖書を起源とする宗教（および東洋の宗教）を奉じている人なら誰でも、動物を保護する掟を知っている。現代医学だけが、おごり高ぶった偶像崇拝をして、動物に対する残酷な行為を規範として認めているのだ。

ハンス・リューシュのすばらしい著書は、動物実験を弁護する医師の薄弱な弁解の言葉を一掃するものである。広範かつ綿密な資料収集を行い、客観的であるが感動的であり、動物実験という現代医学の礎石を外してしまう大鉄槌の役目をするものである。われわれすべて——後代の人間を含めて——は、彼の恩恵をこうむっているのだ。

一九八二年六月

罪なきものの虐殺●目次

装幀　勝木雄二

巻頭の言葉——戦いは続く（一九八三年の再版に際して）

ハンス・リューシュ

一九八一年八月二十四日付のインターナショナル・ヘラルド・トリビューン紙は、「抗生物質、将来に問題」という見出しで、つぎのような書き出しで始まるワシントン・ポスト紙の記事を掲載した。

二十五カ国の医師たちは、抗生物質の「はなはだしい乱用」のため、「世界的な公衆衛生上の問題が生じた」と警告した。彼らの声明は、アメリカの医師を含む多くの人に意外な印象を与えるであろう……

一九七八年に『罪なきものの虐殺』の英語版が出たとき、それを読んだ人たちは、抗生物質についてのこういった問題が理解できる。というのは、そこで論じられていたからである。そのような人たちは、やがて訪れるDESの悲劇についても、それが広く知れ渡るようになる前に、同様に承知していた。書物では、この合成発情ホルモンによって新たな種類の癌の症例が必ず増加するだろうと予言したからである。サリドマイド禍の後、動物実験が強化されたにもかかわらず、というよりそのために、奇形児の出生が増加するだろうという本書の予言にも、同じことが言える。このような奇形児は事実増加してきた。こんな予知をするためには、何も特別な予言の才能が必要なわけではない。ただ若干の基礎知識と常識があればいいのである。

こういったすべての事柄で思い出されるのは、イギリス最初の女性医師であるアンナ・キングズフォード博士が、一世紀以上も前につぎのように書いた言葉である。「動物実験者の魂の中にはびこっている精神的な疾患は、それだけで最高最良の知識の獲得を不可能にするのに十分である……動物実験者は、健康の秘訣を発見することより、病気を振りまき増加させるほうが容易であることがわかる。生命の根源を探し求めるが、ただ死の新しい方法を発明するだけなのである」

多くのことを教えられた出版経緯

本書は、一九七九年の英国版の補遺を加えた一九七八年版の写真印刷版である。本書は一九七六年に、イタリア語版で最初出版された。本書の刊行の歴史は、動物実験者とそれに結託する連中が用いる方法と圧力について、貴重でありまたぞっとするような若干の洞察を与えてくれるのである。つまり、すでに印刷された書物をどのようにして——一時的にせよ——発売停止にし姿を見えなくしてしまうことができるかというやり方についてである。

アメリカの場合　世界有数の出版社であるニューヨークのバンタム出版社は、私が作家として過去四十年間約二十カ国でお目にかかったことのないほどの熱意をもって、『虐殺』の印刷の準備をしていた。一九七六年十一月二十三日、バンタム社の古参編集者の一人であるロジャー・F・クーパーは、スイスにいる私につぎのような手紙をよこした。

私は貴殿の著書に関係することを格別の喜びとしております……貴書は論争を呼ぶ可能性のある書物であり、従って、貴稿を外部の法律助言者に校閲してもらうことが重要であると感じました。法的な報告書を同封しておきますが、ご覧になっておわかりの通り、貴書には何らかの表現の修正もしくは実証づけが必要な個所が数点あるとの結論です。それで貴殿がさらに話し合いのためにニューヨークにお出でになれるかどうかについて、ご相談したいと存じております……それまでの間は、『罪なきものの虐殺』の出版者であることについて、われわれ全員が非常な熱意を感じておりますことと、これらの法的な諸問題は容易に解決されると確信しておりますことを繰り返し申し上げておきます。

翌年一月、私はニューヨークへ飛び、クーパーと、バンタム社が雇った弁護士に会って、問題の個所を解決した。その後、原稿は印刷に入り、クーパーからは絶えずバンタム社は貴書が一九七八年の最高のベストセラーになると期待していること、社内の全員が刊行予定の一九七八年の春に向けて全力を傾注しているという保証を受けていた。しかし春になっても、バンタム社からは一向に音沙汰がなかった。

私がニューヨークを訪れた際、バンタム社の連中に、イタリア最大の出版社であるリッツォーリが一九七六年にその本を出版して間もなく、販売を中止せざるを得なくなった事情を話してあった。この本の抜粋は、リッツォーリの組織網の種々の雑誌や新聞にも前もって掲載され、世論をかきたてて、議会の議論を促進させたほどであったのである。ところが出版後数週間で、イタリアの書店は本書は絶版になったという通知を受けた（ただし私はリッツォーリ社の倉庫に何千冊もしまわれているのを、個人的に見ていたが）。その当時リッツォーリは、イタリアの大手製薬会社を傘下に収めていた国内最大の化学企業体であるモンテディソンに資金面で依存していた。だから、その出版社が本を引っ込める決定をしたのは、うなずけることであった。

バンタム社の立場は、外見上異なっていただけであった。主要なマスコミは、自身もあまり気付いていないことがよくあるのだが、ドラッグ・トラストの影響下にあることは、一般には知られていない。メリーランド州のかつての新聞編集者であったモリス・ビールは、ドラッグ・トラストがアメリカの薬品や治療法に関する報道をすべて検閲している事実を暴露した。検閲の名目は、通常の新聞人は医学の知識が皆無であるから、専門家の指導が必要だとのことで、その指導をドラッグ・トラストがご親切にも提供するというのである。

　このことを知っていたので、私はバンタム社に、本の前宣伝をやらないことと、出版前にマスコミに新刊見本を回さないで、本を抜き打ち的に出すようにと助言しておいた。彼らはそんなことはできないと言い、新刊見本を配布しはじめた。アメリカで出た最初の批評が、これまた最後のものになった。一九七八年二月二十七日、出版の五週間前、『出版界週報』に一つの批評が出たが、その一部を引用する。

> 動物実験に関する本研究書は、最初に刊行されたイタリアにおいては嵐のような反響を巻き起こしたものである。当地においても同様な反応を受けるであろう。なぜならリューシュの調査結果は衝撃と深刻な不安を与えるものであるからだ。医学雑誌の編集者であり小説家でもあるリューシュは、ヨーロッパと合衆国全土にわたり調査を行った……彼の主張では、研究所の動物実験は医学知識の助けとならないばかりか、かえってそれを妨げるものであるとのことである……リューシュは十分な資料に基づいた、確かに論争を呼ぶ議論を組み立てている。

　シカゴ・トリビューン紙は新刊見本に非常な感銘を受けたので、ボン駐在の特派員アリス・シーガットをスイスにいる私のもとに派遣し、一九七八年四月二日（出版の前日）の日曜版に掲載する会見特集記事の準備をさせた。シーガットは到着し、私と会見し、記事を締切りに間に合うようにテレックスでシカゴに送った——だが記事は掲載されなかった。

　バンタム社からも音沙汰なしで、出版後もその状態は続いた。ついに私はニューヨークへ飛んで、事態がどうなっているのかを確かめたとき、前年は大西洋横断の長距離電話を長々と私に掛けてよこしたその同じ連中が、私がじかに行ったつぎのような簡単な二、三の質問に答える暇もないとのことだった。

　一、アメリカ有数の書店ブレンターノ（ニューヨーク市五番街）が、『虐殺』を一部も受け取っていない理由は何か？

　二、当初印刷を計画した二十万部のうち、実際に印刷されたのは何部か？

　三、主要な動物実験反対団体は、数千部を前もって発注し、大新聞にも広告を出していたのに、バンタム社は間もなく絶版になるから、本の宣伝はしないようにとの忠告をした理由は何か？

バンタム社は、故意に私の著書を発売停止にしているという私の非難には、返答しなかった。ただ三年後、ある幹部社員が、「売れ行きが悪いので」絶版にしたのだと述べただけであった。しかし、一九七八年秋のバンタム社の目録では、『虐殺』をベストセラーの中に挙げていたのである。これほど有名な出版社が、なぜ圧力をかけられたのだろうか？

じつは、原稿受領と出版との間の十八カ月に、バンタム社の経営者が交替したのである。イタリアの自動車産業の大立物であるアニェッリは、バンタム社の株の大半を占める自分の持ち株を、ラインハルト・モーンを長とする西ドイツの巨大な出版企業複合体のベルテルスマンに売り渡していた。モーンはかなりの数の雑誌を発行していたが、収入を雑誌掲載広告に依存していて、これはヨーロッパでもアメリカでも事情は同じであるが、ほとんど石油化学製品かその関連製品、つまり医薬、化粧品、染料、ゴム、石油等の広告が大部分であったのである。以前ベルテルスマン社は、『虐殺』のドイツ語版の出版を拒絶していた。この時点では、クルト・ブリューヒェルの『白い魔術師』をやむなく発売停止にしたばかりであったが、この書物は西ドイツの製薬産業の実態を容赦なく暴いたものであった。ベルテルスマン社は、教訓を学んだのである。つまりこれ以上ドラッグ・トラストを攻撃しないということである。今やこの出版社が、『虐殺』の英語版をアメリカで出版する準備をしていたバンタム社を牛耳っていたのだ。

というわけで、われわれの西欧民主国家では、公衆の面前での焚書などは必要ないのである。勢力を持つ産業界に不利な情報を圧殺するためには、もっとあからさまでない、もっと効果のある方法があるのだ。

イギリスの場合　バンタム社は『虐殺』をイギリスで出してくれる出版社が見つからないと言っていた（じつはロンドンに自社経営の出版社を持っていたのだが）。私がイギリスで関係している、ペーパーバックの出版社フトゥーラ社がついに計画を引き受けた。イギリスでは『虐殺』は、バンタム版が出たちょうど一年後に出版された。その後の事情はアメリカの場合の繰り返しで、ただケープタウンの有名な心臓外科医であるクリスティアーン・バーナード博士がさらに魅力的な尾ひれを付けてくれた点が異なっていた。

週刊誌オブザーバーは、一九七九年四月、出版後間もなく私がロンドンに行ったとき、私に面会する記者をよこした。その記者が見せてくれた記事は、翌週の日曜日に掲載される予定になっていた。だが掲載されなかった。

日刊紙エクスプレスの文芸欄で、ピーター・グロヴナーが私の本の批評に相当の紙面を割いてくれた後は、イギリスの新聞には一言の批評も現れなかった。過去には私の他の作品に関しては、相当数の記事を載せていたのである。だが、宣伝もなく、出版社からの広告もなかったにもかかわらず、一九七九年末までには、二万部刷ったうち一万一千部が売れ、さらに一九八〇年の最初の二カ月に約三千部が売れた。これはフトゥーラ社の社主ニコラス・チャップマンからの手紙（一九八〇年三月十日付）によるものであるが、その手紙には、「この売れ行きはかなりのもので、あなたも満足されることと思います」と書いてあった。

しかし、それからきっかり三週間後、フトゥーラ社は突然店頭の本をすべて回収して、絶版宣言をした。この出版社はこれで契約違反を犯したのであって、契約には、このような処置を取る場合には著者に通告し、残部があるときは著者にそれを引き取る選択権を与えるという条項が含まれていたのである。三月十日付の自社の手紙を無視して、フトゥーラ社は、本を回収したのは売れ行きが悪いからだと主張した。私はフトゥーラに対し、それは詐欺的な主張であると考えるが、残部はすべて買い上げると通知した。訴訟に持ち込むぞとおどかしたあげく、ついにフトゥーラ社はイギリスにいる私の代理人に一千部を引き渡した。その他の残部については彼らは説明できず、紙型を買い取りたいという私の要請を拒否した（私は再出版を計画していたのである）。

イギリスのさる法律事務所に連絡してみて確信したのは、私には大手の出版社を告訴する訴訟費用は到底賄えないということであった。そこで私は、イギリスとアメリカの種々の動物実験反対の出版物の刊行者に回状を出し、書物を再出版する費用の拠出を訴えた。

間もなく、新たな障害が現れてきた。

クリスティアーン・バーナード博士　一九八〇年十月三十日、つまり『虐殺』の英語版が最初に現れて二年後、またフトゥーラ社が本を回収してから半年後、「国際的に著名な心臓外科医クリスティアーン・バーナード教授を代理する」さるイギリスの法律事務所が、当方の依頼人は『虐殺』の中の文言が自分に対する誹毀罪に当ると感じており、一週間以内に損害賠償と公開の謝罪およびすべての残部の発売停止をするという提案をこちらが行わないかぎり、私に対する訴訟手続きを取る旨の通告をしてきた。

同様の通告は、出版社と印刷会社にさえ送られてきた。フトゥーラ社の法律事務所は、私に手紙をよこし、「バーナード博士の申し立てに対して、あなたは自分を正当化することができますか？」と聞いてきた。私は、自分の書いたことは曲げないつもりであるという返事を出した。バーナードが申し立てている主要な点はつぎの二つであった。

一、バーナードが麻酔を施さないでヒヒの心臓切開を行ったとする、日刊紙ブリックの一九七七年六月の記事の引用（三五六ページに一字一句たがえずに引用してある。同一の記事はヨーロッパの他の大新聞にも掲載されていた）。

二、私が（四三―四四ページで）述べた、人間に対してバーナードが行った実験の一部にかかわる医学的な良識について私が表明した疑惑、およびこの実験によって彼の精神構造に疑問があるとしたこと。

事実、私はバーナードの医師仲間の一部が書いて、すでに印刷物になっているものを、単に報道したに過ぎない。それでも、印刷物になった批判の言葉の取捨選択については、私は抑制を加えたのである。

私が引用しなかったのは、イタリアの週刊誌『ストップ』一九七七年七月七日号が、バーナードの数人の同僚の言によれば、ある若いイタリア人の女性に対し彼が無分別な実験を行ったとき、「彼は精神的肉体的に崩壊する寸前であった」と報じた記事である。

私が引用しなかったのは、西ドイツの『ノイエ・レヴュー』誌に掲載されたロタール・ラインバッハ博士の痛烈な記事で、それにはバーナードの道徳性と医学上の判断を公けに批判した国際的な一連の権威者たちが列挙されていた（あるノーベル賞受賞学者は、「犯罪的な手術」という表現をしている）。

私が挙げなかったのは、アフリカーンス語（南ア共和国で用いられているオランダ語の方言）の日曜新聞ラポールが掲載した会見記事で、それによるとバーナード自身は、南ア連邦は「敵を殺戮すべきである」と主張し、自分は政府に対し、「除去すべきである」と考えられる人間の一覧表を手渡したと述べている。

私は手元にあった証拠物件をすべてフトゥーラ社に送り、証拠は集めればもっと集まると知らせてやった。こんな証拠を見せられれば、イギリスの判事で私を有罪にできる者がいるだろうか、またこんなことが明るみに出る訴訟をやり通したいとバーナードが望むだろうか、と言ってやったのである。数カ月間は訴訟については何も知らせがなかったので、バーナードも告訴を取り下げるよう納得させられたのだと、当然考えていた。

だから、私がフトゥーラ社からの手紙（一九八一年三月二日付）を受け取って、その中で出版社側がバーナード博士に公開の謝罪をし、四千ポンドの損害賠償金と一千ポンドの訴訟費用を支払うことに同意したと知らせてきたときは、唖然とした。そしてフトゥーラ社は、私にその諸費用の弁済をしてほしいと言ってきたのである。

私は、弁済の意思はないこと、またバーナード博士に彼らが支払ういかなる賠償金も、私自身の職業上の誠実さに対する名誉毀損と見なすという返事をした。私はイギリスの法廷に私が提出できる有利な証拠にもとづいて判定を下してもらいたかった。フトゥーラ社の弁護士は、バーナード側の弁護士と示談に入る前に、その証拠の大部分に目を通すことすら求められなかったのである。しかし公判というものこそ、権力者側が避けたいと思っていたことなのである。

バーナードがそれまで『虐殺』について聞いたことがな

いというのは、ありえないように思われるし、私がほんの一部しか引用しなかった、彼を批判した新聞雑誌の記事のどれも読んだことがないというのは、なおさらありえないことである。それでも一九八〇年の終わり近くになって、私に対して誹毀罪訴訟を起こすぞとおどかしてくるまでは、何も手を打たなかったのである。ひょっとすると、バーナードはフトゥーラ側に利用されていただけであって、フトゥーラは実際は行われなかった訴訟が自分の側の敗訴に終わったように見せかけて、他の出版社に本を再発行させないようにしようとしたのか？

事実、南アフリカのサンデー・タイムス紙は、「バーナード教授は、さる書物に対する異議申し立てによって、ロンドン高等裁判所より『相当額の』賠償金を与えられた」と報道した。これはまったくの嘘である。だいたい裁判などはなかったのであるから、どの法廷もバーナードに対する賠償金の支払などは命じなかったのだ。支払が行われたのは、出版社側が必要もないのに同意した示談によるものであった。南アフリカの新聞にあてた私の抗議は無視された。

この事件の一つの側面は、注目する価値がある。ブリック紙に掲載された、麻酔を施さないで行ったヒヒの手術に関する記事の出所は、ミュンヘンのアーベント・ツァイトゥング紙の記者クラウス・E・ベーツケスによるものであって、彼は手術に立ち会ったと主張しているある看護婦と面談したのである。しかし、一九八〇年十月三十日付の私にあてた手紙では、バーナード側の弁護士たちはこう書いていた。「ヒヒの心臓は、別の手術室で別の医師が除去したもので、われわれの依頼人はヒヒの心臓を除去しておらず、またその手術にも立ち会っていません」　注意していいことは、この表現は、手術手続きが書物に述べられている通りに行われたということには、異議を唱えていないという点である。それに、バーナード自身が手術を行ったにせよ、行わなかったにせよ、彼は全体の責任を負っていたのである。ある意味では、それも大したことではない。麻酔なしで行う手術よりもっとひどいことが、日常動物実験者の手で行われているのだから。それにバーナード自身も、もっとひどいことをやった事実を述べている。たとえば、何十頭という無力なイヌに対して試みた技術であるが、出産の過程を逆にしてみるという実験（四四―四五ページ）などである。

さて、臓器移植の仕事から引退したバーナードのつぎの事業は、スイスのある個人病院が行っている金になる気まぐれ仕事にお墨つきを与えることで、この仕事もまた偶然のことながら、動物に対する残虐行為を伴っていた。つまり、通常麻酔をかけない帝王切開手術によって、妊娠している雌ヒツジや雌ウシから胎児の生体細胞を手にいれ、それを病人や老人に移植することである。このばかげた医療行為は――アメリカでは法律で禁止され、多くの国では危険なヤブ医者治療という烙印を押されているが――相当期間行われていた。それで病人は健康になり、老人は若返るとされていた（しかし、教皇ピオ十二世の場合には、これはあまり成功しなかった。教皇はこの「療法」を施されて間もなく、一九五八年に亡くなった）。スイスで最大発行部数を持つ雑誌『デア・ベオバハター』は、つぎのように報じた（一九七九年十二月三十一日）。

細胞の移植や注入という療法の結果、重病や致命的な病気すら起こる事例が生じてきた……この療法は疑わしい手段で、正常な状態で老化するか重病にかかっている人のおめでたい希望を当て込んでいるものである……患者に対するこれらの療法の利益が疑わしいとしても、医師と病院に対する利益には疑う余地は全然ない。チューリッヒから来たある患者は、十回の治療で、医師から一万三千六百八十フラン（約六千五百ドル）を請求された。

実験廃止の敵――予想ずみの敵と予期しない敵

医学研究の方法として、動物実験が無益であり残酷であると言うと、普通の人は意外に思うだろうが、医学の専門家は、人間の健康に及ぼす実験の利益という宣伝にさほど乗せられる可能性はないのである。

『虐殺』が現れた後、多くの医師たちが現行の研究方法を大幅に改革することを要求して、動物実験反対者たちに加わった。ところが本書は、それを当然歓迎するはずの人びとや団体の一部を憤慨させてしまったのである。というのは、本書は動物保護や動物実験反対団体の一部にすでに形成されてきた既得権益に攻撃を加えたからであった。

たとえば、動物実験は、それが無益であり恐ろしいものだということが一般に知れ渡った後、法律で廃止するほかはないと、私は述べている。また、いわゆる代替方法の研究、つまり動物実験と同じ情報を得るために、この実験以外の手段による方法の研究を支持することでは、動物実験は廃止することもできず、大幅に減らすこともできないとも、私は述べている。残念ながら、代替方法を探している間にも、動物実験は野放図に行われているのである。代替方法の研究のための資金調達を行っている団体は、おそらく善意でそうしているのであろうが、その意図はまったく誤った考えにもとづいているのである。代替方法が必要だと主張することは、動物実験は必要であり科学的に妥当だという誤った考えが暗に含まれているのだから。

切り崩し　動物保護団体に入り込んで切り崩すやり方は、広く行われている。このことは意外かもしれないが、当り前なのである。大会社は常時政治家への収賄や産業スパイ行為を行っている。動物実験に既得権益を有している連中は、保護団体に浸透して、団体の構成員の一致した行動を麻痺させるのである。
ある医師が動物実験を非難する記事を書くことがあると
する。こんなことはざらにあることではないから、動物保護団体はその医師を自分たちの科学顧問に迎えようと、争って押しかける。医学上の権威者、さらに率直に発言する動物実験反対者ということになっている自分の資格を利用して、その医師は、動物実験は「多くの場合には」おぞましい不必要なものだという典型的な発言をするだろう。その発言は、実験は場合によっては必要であるという誤った考えを暗に示しているのである。そうなると、その団体は自分自身のいわゆる「専門家」にどうして異議を唱えることができようか？

もちろん、科学上の顧問がすべて敵側の意識的な回し者というわけではない。しかし、動物実験はおしなべて無益であると請け合っている医学の権威者が数多くいることを考えてみれば、動物実験を今日廃止しても、人間の健康に対する損害はないということを認めないような科学上の顧問がいたら、その資格と誠実性に疑問を持たねばならない。

過去数十年間にヨーロッパ大陸諸国では、動物実験賛成者が実際に結成した自称反対団体があって、彼らは動物保護者であるという振りをして、公的な動物実験者と手を組み、実験を規制するという名目の法律――実際は動物実験者を保護する目的の法律――を作らせたことがある。

『虐殺』が出た後、私はオーストリアのテレビで、著名なウィーンの獣医師ヨーゼフ・ケーニッヒ博士と討論したことがあった。ウィーンに最近設立された動物実験反対連盟の会長であった彼は、じつは実験賛成者であることがわかり、オーストリアで初めて動物実験を合法化した法律作成に一枚嚙んでいたのである。

イギリスでの実験廃止論者の集会で、実験反対者としてそれまでもてはやされていたある医師が、動物実験によっていくつかの重要な医学上の発見が行われたと主張した。ではそのような発見の例を一つでも挙げてみせてくれ、その場で反論してみせるからという挑戦を受けたとき、彼はそれはできない、まず医学の文献に当ってみなければならないからと答えた。ではそうしてくれ、そしてその事例を文書にしてもらいたい、こちらも文書で回答する、あなたの主張を聞いた聴衆全部の参考にするからと彼は要請された。それに対する彼の答えは、「残念ながらその暇がありません」というものであった。

この教授は、動物実験の恐ろしさを非難した書物を書いて、実験反対者の尊敬を受けていた。また、この問題について巡回講演を行い、実験反対団体のために新聞やパンフレットに論文を書いていた。そして、一時は自分も動物実験を行ったことがあると認め、自分が動物に加えた苦痛からは何も学ばなかったと述べて、誠実であるという評判を得ていたのである。だから、この悔い改めた罪人が、動物実験は場合によっては有益であると主張したとき、聴衆のうち、いったい何人が彼の言葉を疑う理由を持っているだろうか？

こういうわけで、実験反対運動の内部にいるインチキで無能な医学上の「権威者」のほうが、あからさまな実験賛成者よりも、実験廃止を達成する上で大きな妨げになるのである。

『罪なきものの虐殺』の影響

この種の書物は、天井知らずのベストセラーになる見込みはない。だが、その影響は諸方面に感じられてきた。

イタリアの場合　本書が最初に刊行されると、製薬業界や医学界は不意打ちを食った。だからこの国の主要新聞雑誌に大々的に抜粋が掲載されたのである。実験の問題は、ラジオやテレビ、さらに議会でも討論された。リッツォーリ社系列の新聞や国営ラジオ・テレビ放送が沈黙してしまったときでも、他の新聞や民営の放送局は、一般大衆の注意を喚起していた。

北部イタリアのヴォゲーラの市長は、「この種の実験が残酷で無益であることが認められることに鑑みて」、市の管理所から実験所にイヌを払い下げることを初めて禁止する条例に署名した。そしてその条例には、『虐殺』が動物実験によって安全とされても人体には有害であることが立証されたとしている（三〇ページ）薬品の例を列挙していた。同様な条例が、ミラノや何百という他の都市でも続いて制定された。

『虐殺』が刊行された直接の結果として設立されたイタリアの全国動物実験反対連盟は、前例のない挙に出た。連盟の会長ルイジ・マコスキは、イタリア最大の医療センター（フィレンツェのカレッジ）の何人かの医師の証言を楯に取って、そのセンターの動物実験所全体を閉鎖させ、三十二人の著名な医師を残虐行為と横領罪で告訴した。実験所に対する年間三十億リラ（約三百万ドル）の助成金は削られてしまった（カレッジでの実験はその後再開されたが、手術は全身麻酔で行わねばならず、実験反対連盟は随時予告なしの立入検査をする許可を受けている）。

スイスと西ドイツの場合　一九七八年の春に、『虐殺』のドイツ語版が出た後、多くの日刊紙や写真週刊誌は、動物実験の問題を改めて取り上げた。ただしあえてそれを非難するものは少なかったけれども。ドイツ最大の写真週刊誌であるモーン経営の『シュテルン』は、長文の記事にするからとの理由で、私に協力を求め、写真を貸してくれと頼んできた。そして動物実験を非難し大目には見ないと約束したのである。ところが、記事の結論は、癌や糖尿病やリューマチの克服は動物実験にかかっているとなっていたのである。

ドイツの精神科医ヘルベルト・シュティラー博士は、連邦共和国に実験廃止運動家の連盟である「動物実験に反対する医師連盟」を設立した。類似の名前を持つ連盟が、バルツ・ヴィドマー博士によってスイスに設立された。彼は加盟する医師仲間の数が多いことに驚いた。『虐殺』は非常に多数の誠実で見識のある医師に感銘を与えたようである。

他方、スイスの体制側の羽振りのいい新聞――バーゼルの製薬業界の御三家（チバ＝ガイギー、ホフマン＝ラ＝ロシュ、サンド）に操られている傀儡（かいらい）――は、アメリカの例にならって、本書を完全に無視するか、さもなくば激しく非難した。

興味のある事例は、バーゼルの動物保護連盟の動きであった。その会長である行動生物学教授のルドルフ・シェンケル博士は、スイスにおける動物実験反対論の復活を批判したのである。それからは体制側の新聞は、「動物保護派でさえも、動物実験反対論者の見解を是認していない」と書くことができるようになったのである。シェンケルのことをよく調べてみると、つぎの事実が判明した。

一、彼の連盟はホフマン＝ラ＝ロシュ社から、「動物保護シェルター用に」ということで、疑問も持たずに二十万スイスフラン（約十万ドル）の寄付を受けていた。

二、彼自身の妻が、チバ＝ガイギー社の内分泌学部門で動物実験を行っていた。

私のシヴィス（ＣＩＶＩＳ）の組織がこれらの事実を明るみに出したとき、シェンケルは動物保護派の仮面をかなぐり捨てた。スイス動物保護団体連合（ＳＰＣＡ）のつぎの大会で彼は、「実験動物は人間の活動の所産であるから、どう扱おうと勝手である」と主張したのである。

その間、チバ＝ガイギー社は、もう一人の自称動物保護派であるドイツのジャーナリスト、ホルスト・シュテルン博士を雇い、ドイツの国営テレビ網に流すために、自社の構内で映画を作らせた。動物実験に対する世論の高まりを意識して、新聞の宣伝は全面的な事実を明らかにすることを約束し、チバ＝ガイギーとシュテルン博士の率直さと勇気を賞賛した。ところが放映されたシリーズ映画は、全身麻酔のネズミの内臓摘出手術、愛情深い実験所員にすり寄る元気なネコ、癲癇に似た発作で身体を痙攣させているサル、それに回復の見込みが――シュテルン博士は見学者にそう語っていたが――もっと動物実験を行うことにかかっている対麻痺の患者などであった。

一九八〇年六月に、環境保護と人道主義の運動で名高いスイスのジャーナリスト、フランツ・ウェーバーは、数人の医師を含む委員会を作り、スイスにおいて動物に対するすべての実験と苦痛を伴う実験の廃止を要求する国民投票に必要な、十万人の署名を集める運動を始めた。彼の運動は直ちにスイスの中央ＳＰＣＡの否認を受け、ＳＰＣＡは六十以上の関連団体に指令を出し、その運動を支持しないようにと命じた（実験廃止となると、実験をしている人間が職を失うからである)。 体制側の新聞は、そんなに多くの署名が集まるだろうかという疑問を表明した。

それでも、新聞や中央SPCAの敵意にもかかわらず、数カ月も経たないうちに十五万五千人の署名が集まった。ウェーバー(および彼の委員会の医師たち)に、動物実験はただちに廃止すべきであり、またそうできるという確信を与えたのは、『虐殺』のドイツ語版であった。そして彼は、この本を参考書として推奨した(スイス政府は、国民投票の期日を決定するのに時間稼ぎをしてきた。製薬業界と医学界が、国民投票を阻止する反対提案をする準備をしているという噂がもっぱらである)。

「告発しなければならないのは、単に製薬業界だけでなく、動物実験で安全であると証明されたのに、その後奇形や癌の原因となった薬品の販売を許可した保健当局である……」(三五三ページ)この指針が実行されたのである。

一九八一年三月、スイスのもっとも活動的な実験反対連盟であるルガーノのATAの会長ミリー・シェール＝マンゾーリ夫人は、アメリカの食品医薬品庁(FDA)に相当するスイスの州際薬品管理局を相手どって、刑事告訴を行った。この局は公式には政府の機関であるが、製薬産業に牛耳られている。大学医学部に対してふんだんの寄付を行って、製薬産業はその従順な協力を確保し、拘束力のある意見を持つと考えられている「専門家」を指定する。事実この局は、製薬業者が責任義務のない薬品を販売することを許可しているが、その理由は、「規定された試験(つまり、無意味な動物試験)はすべて行われているから」というのである。

ATAの告訴内容は、「きわめて多数の責任ある医師が誤りであるとこれまで断言し、かつ弁解的な役目しか果たしていない研究方法の採用による複数殺人」ということであった。これらの薬品による被害は、実際生じたもので、仮定のものではない。その証拠は、製薬業者が刑事訴追を免れるために、被害者に進んで巨額の金を払っていることである。刑事責任の代わりに金銭支払を認めているような法体系は、それが産業界の利害につながっていることの証拠である。こういった根拠に立って、ATAはスイスの保健当局に対する第一の告訴を行ったのであった。さらに製薬業者に対する告訴も準備されている。間もなく、告訴を取り下げるようにと、シェール＝マンゾーリ夫人に強い圧力が掛けられてきた。彼女はそうせず、その代わり告訴内容をいみじくも『私は告発する』と題した書物の形で公表した(一九八二年二月)。その書物は、反論の余地のないほど資料の裏づけを行っていたが、スイスの体制側の新聞は、それを無視するか、揶揄した。

この本の前半は、すべて動物実験では安全とされたが、何万という消費者に疾病や死をもたらした薬品の、事実にもとづいた一覧表(『虐殺』三〇ページの一覧表を拡大したもの)である。それは製薬産業と、致命的な影響があるため他国では販売停止を命令された薬品があるのに、その後でもこれらの薬品の継続販売を許しているスイス政府を非難している。

『私は告発する』の後半は、スイスの中央SPCAに対する、前と同じ容赦のない告発であって、SPCAは彼らが保護するために金をもらっている動物を犠牲にして、製薬産業に恩を売るために自分たちの影響力を用いているというのである。バーゼルのスイスSPCAの会長リヒアルト・シュタイナーと事務局長ハンス・ペーター・ヘーリングは、ATAの根拠地であるルガーノに行き、自分たちの気に入る地方判事を見つけようとした。彼らは、ジュゼッペ・グレッピという判事を見つけた。これら二人の「名誉ある市民」が、『私は告発する』の中で中傷を受けたという理由で、グレッピは一九八二年四月二十日、著者のシェール＝マンゾーリ夫人と発行所のATAに対し、つぎのような法廷命令を出した。すなわち、書店および新聞売り場から書物のすべての残部を引き揚げること、私的な場合でも郵送手段による場合でも、今後の配布を禁じること、違反の場合は最高四万スイスフラン（約二万ドル）の罰金と事情によっては懲役刑を科すること、である。

そこでATAの会長は、『第五列』と題する、早急に集めた一件書類を新聞や公衆に配布した。それには、SPCAの役員および本件の関係者の手紙の写真複写が掲載され、自分の告発の資料も添えていた。またルガーノ裁判所の命令も掲載されていた。この新たな刊行物で、グレッピ判事は激怒した。五月十三日、彼はさらに法廷命令に署名し、ATAとその会長に対し一万スイスフランの罰金を科し、『私は告発する』と『第五列』の残部の押収を命じた。

この新たな命令を正当化する目的で書いた自身の注記の中で、グレッピ判事はATA側の告発の真実性を認めていた。すなわち、SPCAが動物実験は医学研究と国家経済にとって利益がある（したがって動物の犠牲を継続することは不可欠である）と見ていること、またSPCAがフランツ・ウェーバーの廃止運動に反対してきたこと、またイヌ・ネコが国外からSPCAと関係のある業者の手でスイスの実験所に輸送されてきていたこと、またイヌ・ネコがSPCAのシェルターから不明の場所に輸送されてきていたこと、などである。ジュゼッペはこういったことをすべて認めている。それからつぎのような驚くべき結論を出しているのである。つまり、『私は告発する』の著者が、SPCAとその幹部の信用を失墜させるために「巧みに利用した」のは、すべて的外れな、一連の「散発的な事件あるいは偶然の一致」であるというのだ。

このような言語道断な片手落ちの命令は、万人の言論と表現の自由を保証している欧州人権条約に、とくに違反していた。この条約に関係する事件が以前に一つあって、提訴の根拠となる有益な前例になっていた。一九七二年、ロンドンのサンデー・タイムズ紙がサリドマイド禍（これまた製薬産業が動物実験に固執する結果生まれた人間の悲劇であるが）に関する連載記事を開始したことがあった。ところが、この薬品のイギリスでの製造許可を得ていたディスティラーズ社が、犠牲者に対する賠償支払の話し合いが現に行われているとの理由で、連載を継続することを禁じる法廷命令を手に入れた。新聞社側はその命令に対し抗告したが却下された。そこで彼らは、一件を人権条約違反であると提訴した。一九七九年四月二十六日、ストラスブール裁判所は、イギリスの裁判所の命令は人権条約第十条違反であるから違法であると裁定し、イギリス政府は言論を封じられた新聞社側に賠償金を支払うことを命じられたのである。

CIVISは、『私は告発する』の一件を、人権条約に関する件を裁定するストラスブール裁判所に提訴するであろう。グレッピの決定でとくに嘆かわしい点は、彼が書物を読むことさえしないで決定を出したことである。彼はSPCAの要請に従っただけであった。事実、ルガーノの新聞の報道によれば、彼がシェール＝マンゾーリ夫人に与えたたった一回の聴聞会の席で、「こんなものを読む暇が誰にあるか」と言ったとのことである。判事の決定がかくほどに法に外れている事実はまさに、ドラッグ・トラストが真実を隠蔽するために、一部の動物保護団体と、卑屈で企業に媚びる司法官と結託して用いた戦術を如実に表している。

イギリスの場合

イギリス最古の動物実験反対団体である、ロンドンに本拠を置くイギリス動物実験廃止同盟（BUAV）は、その機関誌で『虐殺』をこき下ろそうとしたが、その努力は裏目に出てしまった。

BUAVの機関誌『動物の福祉』の編集者であるジョン・ピットは、ホースリー＝クラークの定位装置に関する本書の記述（二六ページ）を読んだとき、「多少なりとも残っていた信憑性が崩れてしまった」と書いた。この装置は、カニューレ（管）を動物の脳に埋め込むのを容易にするためのものである。ピットによれば、この装置の発明者たちは「著名な動物実験反対論者の外科医」であって、さらに彼は、この装置は「きわめて独創的で貴重な道具であり、最高の技術的業績である」という言葉の引用まで行った。

実際は、この装置はこれまでにないほど最悪の拷問道具である。『生理学雑誌』（一九五四年第一二三巻一四八―一六七ページ）には、頭蓋骨に穴を開けられ、脳にカニューレを入れられた状態で、意識は完全にあるのに体が動かせなくなった、ホースリー＝クラーク装置に掛けられたネコの描写がある。実験者たちは、ネコが「嘔気を催していること、嘔吐、排便、垂涎の増加、呼吸回数の著しい増加、痙攣性の不全麻痺もしくは痙攣」に注目した。同雑誌からさらに引用すると（一九六五年）、「麻酔を施さないネコの場合、定常的に埋め込まれたコリゾン式カニューレを通じてニコチンを中央部の脳室に注入すると、種々の影響が生じた。すなわち、瞬き、眼瞼の裂溝が狭まること、嘔気を催すこと、嘔吐、呼吸困難になり、息切れと垂涎が続くこと……さらに、斜頸、運動失調、および間代性・強直性の痙攣に終わる盲目的な突進が起こる」。これがジョン・ピットの賛美する最高の技術的業績であった。

彼は、私の資料にもとづいた回答を公にせず、『虐殺』に対する攻撃を倍加させた。そして『ニュー・サイエンティスト』誌につぎのように書いていた動物実験派の科学記事執筆家のJ・H・ベンソンの言葉を引用した。「『罪なきものの虐殺』のような著書はもうこれ以上出ないほうがいいだろう。これは動物実験を単に制限することだけではなく、廃止することを望んでいる人間が書いた、実験に対するきわめて感情的な攻撃である」　BUAVのAは廃止（ABOLITION）を表している。その憲章には、単に改革を目指すだけのいかなる団体とも関係することはできないと指示してある。だから、廃止を主張しているという理由でピットが『虐殺』を非難するのは、控え目に言ってもおかしな話である。

多くのBUAVの会員は、フトゥーラ社のイギリス版――そしてピットのそれに対する攻撃――が出現するずっと以前に、バンタム版ですでにそれを読んでいた。彼らは、世界中に何千人もの廃止への転向者を生み出した著書を攻撃する試みに、自分たちの会費や寄付金が浪費されることが気に入らなかった。彼らは非常に憤慨したので、つぎの総会で前例のない事件が生じた。つまり、BUAVの長期にわたる会長ベティー・アープ夫人の権限を更新しないで、会員は新会長を選出したのである。それに続く集会で、役員会もまた一新され、ピットは罷免されて、その結果BUAVはイギリスの反対団体の中でもっとも戦闘的なものになった。しかし、それぞれの団体の内部事情は変わることがあり、過去に事実であったことは、こう書いている現在には必ずしも当てはまらない。

イギリスでもっとも歴史が浅く、もっとも急速に成長している実験反対団体であるアニマル・エイドは、私がその国の実験反対団体を列挙した時点では、私は知らなかった。

行動の要求

私が『虐殺』の中で列挙した（三六二ページ）アメリカの反対団体は、現在あるもののすべてではない。執筆の当時私が知らなかったものに、きわめて活動的なアニマル・ライト協会（Society for Animal Rights, 421 So. State St. Clarks Summit, PA 18411）と、動物実験反対協会（Society Against Vivisection [SAV], P. O. Box 206, Costa Mesa, CA 92626）がある。

一方、イギリスでは内務省が措置をとるのを待っていられない人びとが増えてきて、動物解放戦線（ＡＬＦ）を支持しつつある。これは、活動の合法性が疑わしい集団であるが、疑いもなく高い倫理性を持っている。ＡＬＦ流の動物実験所への襲撃は、他の国々へも広がっており、それにはフランス、西ドイツ、イタリア、アメリカ、そして生真面目なスイスさえ含まれている。ＡＬＦの活動を描いた作品である映画『アニマル・フィルム』は、一九八一年にロンドン映画祭で上映されたとき、熱狂的賞賛を浴びた。

大きな変化が起ころうとしている。人びとは、いったん動物実験のことを知ると、それを許容することはできないし、しようとはしないのである。

しかし廃止運動が増大するにつれて、反対勢力も増大する。おどかしやマスコミの敵意だけでは批判者を沈黙させることができない場合は、経済的な圧力が用いられることになる。

モリス・ビールは、『薬品の物語』を自費で出版せざるを得なくなったし、郵送でしか配布できなくなった。

フランツ・ウェーバーはスイスの国税庁の役人に痛めつけられているが、これはニクソン政権時代に、アメリカ政府の批判者に対して用いられたやり方であった。

フトゥーラ出版社は、彼らが（必要もないのに）クリスティアーン・バーナードに支払った金額を、私に弁済させようとしている。

そしてルガーノの裁判所は、シェール＝マンゾーリ夫人と、世間を唸らせるほど成功したＡＴＡの口を封じるだけでなく、経済的に叩きつけようとして、とても払えないような罰金を専制的に科し、懲役にするとおどかしている。

しかしその間にも、合衆国のシヴィタス出版とスイスのシヴィス出版は、動物実験賛成派の組織とそれを生かし続けている人びとについての、虚偽を交えない情報を提供し続けるであろう。

ハンス・リューシュ
シヴィス

スイス　クロスタース
一九八三年二月

第一章　科学か狂気か？

一頭のイヌが、キリストの苦悶がどれくらい続いたかを研究するために、十字架に掛けられる。一頭の妊娠している牝イヌが、激しい苦痛の中での母性本能を観察するために、内臓を取り出される。アメリカのある大学では、実験者がイヌやネコに痙攣を起こさせ、その発作の間の脳波を調べられる。発作は次第に頻繁に激しくなり、ついにその動物たちは間断のない発作状態になり、三時間から五時間で死に至る。実験者たちは、それから該当動物の脳波図を数枚作るが、それを何かの実用にする道は考えてはいない。

また、別の「科学者」たちの一団は、いろいろな種類の一万五千匹の動物に致命的な火傷を負わせて、それからショックを与えるのには有効であることがすでにわかっている肝臓摘出を、半分の動物に対して行う。予期したとおり、摘出を加えた動物はそうしなかった動物に比べて長時間苦しむ。

おとなしくて愛情深い性質でよく知られているビーグル犬は、お互いに攻撃をしはじめるまで拷問を加えられる。この実験を行っている「科学者たち」は、「青少年非行の研究をしている」のだと言っている。

こんなことは、例外で極端な場合なのか？　そうであってくれればいいと思う。

年間毎日、医学の権威者として認められているか、またそう認められることか、あるいは学位か少なくとも収入の多い仕事を手に入れることに専心している、白衣を着た人びとの手によって、何百万という動物——主にマウス*（ハツカネズミ）、ラット（ダイコクネズミ）、モルモット、ハムスター、イヌ、ネコ、ウサギ、サル、ブタ、カメ、それにまたウマ、ロバ、ヤギ、鳥や魚まで——がいろいろな酸によって徐々に盲目にされたり、ショックを繰り返されたり、間欠的に液体に浸されたり、毒を盛られたり、致命的な病原体を接種されたり、内臓を摘出されたり、凍結してそれから蘇生させ再び凍結されたり、飢えさせられたり渇きのために死ぬまで放置されたりしている。多くの場合は、種々の腺を全面的あるいは部分的に摘出するか、脊髄を切断した後で、そのような目に遭わされるのである。

＊（訳注）なお、実験用のマウス・ラット・ウサギは通常アルビノすなわち白子である。

犠牲者の反応は、それから克明に記録される。ただ長い週末の期間は別であって、その間は、動物たちは面倒を見られず放置され、自分の苦痛について思い患うままにされているのである。苦痛は数週間、数カ月間、数年間続くかもしれない。やがて死が彼らの苦悶に決着を付けてくれる。死は犠牲者たちの大半が知るようになる、唯一の有効な麻酔剤なのだ。

しかし、死んだように見える場合も安楽に放置されないことがよくある。蘇生させられて——現代科学の奇跡であるが——彼らはまたもや新たな拷問を加えられるのである。苦痛に狂ったイヌは、自分の足を食べてしまうことがある。痙攣のためにネコは檻の壁に体を打ちつけ、虚脱状態になり、サルは自分の体に爪を立てたり噛みつこうとするか、檻の仲間を殺したりする。

こんなことや、それよりもっとひどいことが、実験者自身によって、イギリスの『ランセット』のような主要医学雑誌や、アメリカ、フランス、ドイツ、スイスの医学雑誌に報告されているが、ここに挙げた証拠の大半はその報告から得たものである。

だが、ここで読むのを止めないでほしい——というのは、本書の目的は皆さんに、どうしたらそんなことをすべて止めさせることができるか、またなぜ止めさせねばならないかを教えることなのだから。

精巧な道具

新しい実験が行われるたびに、多くの「研究者」はその実験を繰り返して行ってみようとする。そして必要な器具を入手しようとしたり、新たな「よりよい」ものを作り出そうとしたりする。「チェルマクのテーブル」、「パヴロフの枷」、および全世界の似而非科学実験所を飾っている他の古典的器具を起源とする、長々しい一連の「拘束装置」は別にして、通常発明者の名前が付けられているとくに独創的な道具がいくつかある。

その一つが「ノーブル＝コリップのドラム」であって、一九四二年トロントの二人の医師R・L・ノーブルとJ・B・コリップによって考え出されたもので、それ以来生理学者の間では日常用語となっている。彼らは『実験生理学季報』（一九四二年、第三十一巻第三号一八七ページ）に、「麻酔を施さない動物に出血させず実験的に外傷性ショックを生じさせる定量的方法」という、実態のよくわかる表題でその器具を述べている。「この方法の根底にある原則は、内部に突起物のあるドラムの中に動物を入れて、それに外傷を生じさせることである……死亡する動物の数は、回転数に比例する曲線を示した……動物の足をテープで固定しないで回転すると、不規則な結果となった。その理由は、動物の中には最初は疲労するまで突起物を跳び越えて、身を守ろうとするものがあったからである……」

また、「ジーグラーの椅子」というものがあって、『実験および臨床医学雑誌』（一九五二年九月号）に説明されているが、これはアメリカ海軍医療部隊（ペンシルヴァニア州ジョンズヴィル）のジェイムズ・E・ジーグラー中尉が発明したものである。雑誌の中で述べられているこの器具の利点と主張されていることの一つは、「サルの頭と体の広汎な部分が露出され、種々の操作が可能となる」ことである。この椅子が利用できるのは、頭蓋骨に穿孔して露出した脳皮質に刺激を与える場合、頭蓋窓の埋め込みの場合、包帯作業中に全身を拘束する場合、および大きな遠心機の上にサルを種々の姿勢で、時には数年間間断なしに死ぬまで座らせておくための座席として用いる場合、などがある。

また、「ブレロックのプレス」というものがあるが、これはメリーランド州ボールティモアの有名なジョンズ・ホプキンス大学のアルフレッド・ブレロック博士にちなんで名付けられたものである。重い鋼鉄でできていて、昔の印刷機に似ている。しかし二枚の板には鋼鉄の隆起がいくつかあって、上部の板を底部の板に押しつけると隆起が嚙み合うようになっている。四本のナットを締め上げると、頑丈な自動車用スプリングの力で五千ポンドまでの圧力がかかる。使用目的は、イヌの足の筋肉組織を、骨を砕かずに潰すことである。

また、「コリゾン式カニューレ」なるものがある。これはいろいろな動物の頭部に埋め込んで、皮下注射の針や電極や圧力計等を完全に意識を持っている動物——大部分はネコかサルであるが——の頭蓋腔の中に繰り返し入れるのを便利にするためのものである。カニューレはアクリル・セメントで骨に恒久的に取り付けられ、それをさらに頭蓋骨に四本のステンレススティールのねじで固定してある。このように苛酷な外傷の経験をした後、動物には外傷が治癒するまで少なくとも一週間が与えられ、それから実験自体が始まる。このことは、『生理学雑誌』一九七二年十月号に述べられている。（そのうちに、実験を拒否しようとする空しい反応が起こり、しっかりと固定されたカニューレの周囲に化膿した嚢が生じてきて、犠牲者の眼や副鼻腔に侵入し、やがては盲目か死——時には一年か二年後に——至るのである。）

また、「ホースリー＝クラーク定位装置」というものがある。これは設計した二人の医師たちの名を付けたもので、前述のカニューレを埋め込むとき、小さな動物を動かないようにしておくためのものである。これを用いるのは伝統的な脳の実験の場合で、この実験は一九四九年にチューリッヒ大学のワルター・R・ヘス教授にノーベル賞を授与させ、全世界のさまざまな仲間に多額の助成金を与えた以外は、なんら他の実用的な結実を生まなかった。

ここで指摘しておいたほうがいいと思うことは、生物学、生理学、医学部門のノーベル賞——および種々の「医学研究」に対する助成金——は、生物学者、生理学者、医学者の諸委員会の推薦で授与されるのだが、彼らも自分たちが推薦する同僚から同様な恩恵を受けてきたか、同種の報酬を受けようと望んでいる連中なのである。

動物実験とは何か？

動物実験（Vivisection）という用語は、「切開・切断が行われることのいかんを問わず、生きている動物を材料とするあらゆる種類の実験に適用される」。これはアメリカ大部のメリアム・ウェブスター辞典（一九七四年国際版）の定義である。また大ーナ百科事典は、「あらゆる形の動物実験、とくに被実験体に苦痛を生じさせる場合に、広く用いられる」と定義している。したがってこの用語は、有毒物、火傷、電気ショックや外傷ショックを与えること、飲食物を長期間与えないこと、精神的不均衡状態を生む心理的拷問などの手段を用いる実験にも適用される。この用語は、この種の「医学研究」を始めた前世紀の生理学者によって、そのような意味で用いられた。したがって、私もその意味で用いることにする。「動物実験支持者」とは、通常この方法のあらゆる支持者であり、「動物実験者」とは、このような実験を行うか、それに参加する者のことである。

動物実験を「科学的に」上品に言えば、「基礎研究」とか「モデル研究」である。「モデル」とは、実験所の動物の上品な言い方である。

大多数の開業医は動物実験を弁護しているが、彼らの大半は実験所には足を踏み入れたことがないので、自分が何を弁護しているのかわかっていない。逆に、大多数の動物実験者は病人の枕元で五分と過ごしたことがない。それには十分な理由があって、それは彼らの大半は、医業を開業できるもっとも重要な医学試験に落第したとき、実験所の動物に専念しようと決心するからである。さらに多くの者は、「研究」に進むが、これにはなんら正規の勉強は必要ない。どんなばかでも動物を切り刻んで、観察して報告することはできるのである。

動物実験によって拷問のために死ぬ動物の数は、本書を執筆している時点で、世界中で一日約四十万匹と推定されている。そして毎年約五パーセントずつ増加している。実験は何万という病院や企業や大学の実験室で行われている。それらはすべて例外なく、外部の者が情報を得ようとすることを拒絶する。時たま、「おとなしい」という保証つきのジャーナリストを入れて、好ましくない事実を隠蔽するため綿密に整頓された実験所を案内付きで見学させるのである。

今日われわれは、もはや神の名においては拷問を行わないが、新たな専制的な神である医学の名のもとに行っている。この神は偽物であることは十分証拠が上がっているが、その司祭や牧師を通してテロリズムの戦術をうまく用いている。「もしわれわれに十分な金と動物を自由に扱う権限を与えなければ、あなたとあなたのお子さんたちは癌で死にますよ」と言う。それは、現代人は神を恐れないが癌を恐れていること、そして大半の癌、いや恐らくすべての癌は、動物実験所が無能であるために作り上げられたものだということを知らされていない事実を、十分に承知しているからなのである。

過去には人間は、他の人間に対する残酷な行為を、広く信じられていた迷信を根拠にして許容していた。今日では、同じくらい広まっている別の迷信を根拠にして、人間は動物に対する残酷な行為を許容すべく馴らされているのである。魔女の嫌疑をかけられた者から、拷問を用いて自白を引き出す宗教査問官と、動物から情報と解答を無理に引き出そうとして拷問を用いる現代科学の司祭たちとの間には、ぞっとする類似点がある。一方、無関心な大多数の人は、干渉されないかぎり、自分の周囲に起こっていることは好んで無視する。

動物実験者たちは、彼らを行動させている動機は、科学的関心を装った貪欲、野心、あるいはサディズムであるという非難を憤慨してはねつける。それどころか、彼らは人類の福祉に全面的に献身している愛他主義者として自分を見せている。しかし、偉大な人間性を持った聡明な人びと――レオナルド・ダ・ヴィンチからヴォルテール、ゲーテ、シュヴァイツァーに至る人びと――は、このような手段を用いて「救われ」ようと願っているような種は、そもそも救われる価値などないと、熱を込めて断言してきたのである。そしてさらに、今では動物実験は単に非人間的で人間性を堕落させる行為であるばかりか、真の科学と人間の健康全般に嘆かわしい被害を与えてきた誤りを絶えず作り出した源であるという、圧倒的な資料証拠が存在しているのである。

もし医学知識を得るこのように汚ならしい方法が、宣伝されているほど有益であるとすれば、平均寿命が最高の国は当然合衆国であるはずだ。この国では、動物実験のための支出は他国の数倍であり、「生命を救う」手術が他国よりも多く行われており、その医療は世界でもっとも金のかかることのほかにもっとも優れていると自認しているからである。ところが事実は、「平均寿命を測定している国々の中で、アメリカは十七位という低さで――大半の西ヨーロッパの国々、日本、ギリシャ、そしてブルガリアにさえ負けている」と、一九七五年七月二十一日の『タイム』誌は報じている。その前には、一九七三年十二月十七日号で、「合衆国は人口の割には、イギリスの二倍の外科医がいる。そしてアメリカ人はイギリス人の二倍の手術を受けている。それなのに、平均してアメリカ人は若死にするのである」と報じていた。

高齢者医療、低所得者医療、それにアメリカの医師や患者が利用できる莫大な治療上の設備があるにもかかわらず、こんなことが起こっているのである。

人間と動物

動物実験という行為は、非人間的で誤りで危険であると非難してきた医師たちの多くは、職業面では著名人に数えられる人たちであった。少数者というより、エリートと呼ばれるべきであろう。そして事実、その意見を尊重するだけではなく、人間自身も重きを置かれるべきである。

動物実験が単に非人間的で非科学的であるばかりか、非人間的であるがゆえに非科学的であるということを示した最初の偉大な医学者は、チャールズ・ベル卿（一七七四―一八二四）であった。彼はスコットランドの医師、外科医、解剖学者、生理学者で、医学上の業績では、運動と感覚神経に関する「ベルの法則」の発見がある。動物実験の逸脱行為が現在の形で根を下ろしはじめたその当時、彼は、そんなことをやるのは感受性のない人間で、生命の神秘に入り込む見込みのない者だとはっきり言った。彼は、このような人間は真の知性に欠けていると主張した。感受性は人間の知性の一要素であって、それも決して最小ではない要素であるからだ。

動物に故意に苦痛を与えて人間の病気の治療法を見つけようと望む者は、二つの根本的に誤った理解の仕方をしている。第一は、動物から得られる結果は人間にも適用できるという前提である。第二は、生命体の分野で実験科学が犯す避けられない過ちに関するものであるが、これは次の項で分析することにする。ここでは第一の誤りを検討してみよう。古代エジプトの王たちでさえも、自分の食物に毒が入っているかどうかを発見するには、ネコではなくて料理番に食べさせてみなければならないことを知っていた。

動物は人間とは違った反応を示すので、動物を使って試してみた新しい製品や方法は、それが安全であると考えられる前には、綿密な臨床試験によって、すべてもう一度人間で試してみなければならない。この法則に例外はない。だから、動物によるテストは、誤った結論に到達するかもしれないという理由で危険であるばかりか、唯一の妥当な手段である臨床研究を遅らせてしまうのである。

ピュリッツァー賞の受賞者であり、ニューヨークのロックフェラー研究所の微生物学教授であるルネ・デュボスは、『人間・医学・環境』（一九六八年、ニューヨーク、プレイガー社刊一〇七ページ。邦訳『環境と人間』田中英彦訳。エンサイクロペディア・ブリタニカ日本支社刊、一九六八年）の中で、つぎのように述べている。

「人体実験は、新しい治療法や薬品の発見に通常欠くことはできない手段である……肺、心臓、脳を最初に手術した外科医たちは、必要上人体で実験していた。なぜなら、動物実験から得られる知識は、人間には全面的には適用できないからである」

この広く認められている事実にもかかわらず、動物実験者だけでなく保健当局者までもがどこでも、前世紀に逆戻りした動物実験的な思考法で訓練を受けたため、動物実験を許容したり指定したりして、たいていはそうなるのだが、何かうまくゆかないことの責任を逃れている。

こういうわけで、実験所で開発され、広範囲の動物実験の結果安全であると想定されたが、結局は人体に有害であることが判明した製品が長々と挙げられるのである。

パラセタモル（日本薬局方名アセトアミノフェン）という名の「安全な」鎮痛剤のために、イギリスでは一九七一年に千五百人が入院せねばならなかった。アメリカでは、オラビレックス（胆嚢造影剤ブナミオジルの商品名）が致命的な腎臓障害の原因となり、MER／二九（コレステロール低下剤。アメリカで薬害事件を起こした薬品として有名）は白内障を引き起こし、メタカロン（催眠・鎮痛剤）は少なくとも三百六十六人の死者を出した精神障害の原因となった。サリドマイドは全世界にわたって一万人の奇形児を生じさせた。クロラムフェニコール（クロロマイセチン）は再生不良性貧血を引き起こし、スチルベストロール（正式にはジエチルスチルベストロール。略称DES。合成女性ホルモン）は若い女性に癌を生じさせた。一九六〇年代には、不可解な疫病のために方々の国で喘息病患者が何千人も死んだので、ジョンズ・ホプキンズ病院のポール・D・ストリー博士——一九七二年七月に、イギリスではエアゾール噴霧剤として容器に入れられていたイソプロテレノール（気管支筋弛緩薬）が元凶であることを発見した人であるが——は、「記録されている中で治療薬による最悪の災害」と語った。一九七五年の秋には、イタリアの保健当局はウイルス性肝炎の原因となる抗アレルギー剤トリレルガンを押収した。一九七六年の初め、スイスの巨大なサンド社所属のサルヴォクシル＝ワンダー研究所は、リューマチを克服するために作られたが、その使用者の意識を消失させる作用がある——たしかに苦痛を除去するには効果のある方法であるが——フラマニール（消炎剤ピフォキシムの商品名）の発売を停止した。数カ月後、イギリスの巨大化学企業インペリアル・ケミカル・インダストリーズ（ICI）は、七年間の「きわめて集中的な」テストの後に売り出した強心剤エラルディン（プラクトロールの商品名）の犠牲者（ないしは生存者）に対する補償金を支払いはじめた。しかしそれまでに、何百人という使用者が、視力や消化器系に重大な変調を被り、十八人が死亡した。

ラルフ・アダム・ファイン博士著の『医薬品の大いなる欺瞞』（一九七二年、ニューヨーク、スタイン・アンド・デイ社刊）は、危険で往々にして致命的な医薬品の問題を扱った最近十年間に出た多くの書物の一つであるが、実際上の効果は何もなかった。一般大衆と保健当局は、そこに挙げられている医薬品は、動物実験で安全と証明された後から。

で認可され発売されたという事実を頑強に認めようとしなかった。実際は、少数の危険な医薬品のみを選んで云々することは不公平であろう。その種のものは何千とあるのだから。

もちろん、以上の謬見はもう一つの面で影響する。つまり、有用な薬品を受け入れることを妨げるという面である。ペニシリンという優れた例がある——もっとも、これが有用な薬品であると考えたいとすればの話であるが。その発見者たちは、自分たちは幸運であったと言っている。毒性テストにモルモットが手に入らなかったので、彼らはマウスを代わりに用いた。ペニシリンはモルモットを死亡させる。ところが、その同じモルモットは、人間にとっては——ただしサルはそうでないが——致命的な毒薬であるストリキニーネを飲んでもわりあい平気なのである。

ある種の野生の漿果は、人間には毒であるが、鳥は好んで食べる。一人の人間の致死量に当るベラドンナは、ウサギやヤギには無害である。カロメランは、イヌの胆汁分泌には影響を与えないが、人間の場合は分泌が三倍になる。ジギタリス——心臓病の患者の主薬であって、世界中の無数の生命を救ってきたものであるが——の使用は、長い間先に延ばされた。その理由は、最初にイヌを使って試験したところ、血圧が危険なほど上昇したからであった。また、クロロホルムはイヌには非常な毒性を持っているので、長年この貴重な麻酔薬は患者には使用されなかった。

一方、アヘンの一人分の致死量は、イヌやニワトリには無害である。

チョウセンアサガオとヒヨスは、人間には毒であるが、ヘビの食料である。学名アマニータ・ファロイデス（タマゴテングタケ）というキノコは、少量でも食べれば人間の一家が全滅することがあるが、もっともありふれた実験動物であるウサギには食べさせても何の悪影響もない。ヤマアラシは、人間の中毒患者が二週間に吸うのと同量のアヘンを一塊りにして食べても平気であるし、一連隊の兵士を毒殺するだけの青酸をそれと一緒に飲み下せるのである。

ヒツジは、以前は殺人者が好んで用いた毒薬である砒素を多量に飲み込むことができる。

青酸カリは、人間の命を奪うが、フクロウには比較的無害である。しかし、ごく普通のカボチャの一つは、ウマが食べると異常な興奮状態になる。モルヒネは人間の神経を鎮静させ麻酔作用があるが、ネコやマウスは躁病のような状態となり、一方イヌは人間の二十倍の分量にも耐えられる。また美味なアーモンドでキツネやニワトリは死ぬことがあり、ありふれたパセリはオウムには毒である。

ロベルト・コッホのツベルクリンは、かつては結核用のワクチンとしてもてはやされたが、それはモルモットの結核を治癒したからであった。ところが後に、人間の結核の原因になることが発見された。

こんな例を挙げれば、一冊の本ができるぐらいである。

だから、動物実験を上回るほどのばかげていて非科学的な医学研究の方法を見つけるのは困難であることの証拠となる。

さらに、本来の居住場所や環境を奪われ、実験室の中で見るものや自分の身に加えられる残虐行為におびえる動物の苦悩苦痛のために、彼らの精神的平衡状態や生命体としての反応が変化してしまうので、どんな結果が出ても、もともと無価値なのである。実験室の動物は怪物なのであって、それも実験者がそうしてしまうのだ。肉体的にも精神的にも、正常な動物とはほとんど無関係で、まして人間とはそれ以上に無関係である。

現代の動物実験法の創始者であるクロード・ベルナール（一八一三―一八七八）でさえも、その『手術生理学』（一五二ページ）の中でこう書いた。「実験動物が正常な状態にあることは決してない。正常な状態というものは、単に仮定されたもの、想定されたもの（まったくの精神的概念）にすぎない」

動物はすべて反応の仕方が異なるだけではない――ラットとマウス、あるいは白いラットと茶色のラットのような同類のものでも――さらに同一の血統の二匹の動物でさえも、反応が同一ということはない。その上、彼らはお互いに異なった病気にかかっているかもしれない。

このような不利な条件に対処するため、無菌状態の実験動物の血統を繁殖させることを、ある人間が考え出した。つまり、無菌の手術室で帝王切開により大量に生み出され、無菌の環境で無菌の餌を与えて育てる動物である。病気を持たない、研究者が「均一的な生物学的材料」と称している動物を作るのが目的なのだ。

一つの錯覚がさらに錯覚を生み出した。絶えず失敗の結果が出るので、こういった誤った方法を用いている若干の科学者はつぎのことに気付いた――まだそのことに気付いていない者もあるが。つまり、このような正常でない状況で育てられた生命体の「材料」は、正常な生命体とはきわめて異なっているということである。そのような育てられ方をした動物は、あらゆる生命体の顕著な特徴である生来の防衛機構、つまりいわゆる免疫反応を発展させないということだ。だから、これほど当てにならない実験材料を考え出すことは困難なほどなのである。おまけに、動物は大半の人間の伝染病――ジフテリア、発疹チフス、猩紅熱、風疹、天然痘、コレラ、黄熱病、ハンセン病、腺ペスト――などには、生来の免疫を持っている。他方、たとえば結核や種々の敗血症のような伝染病は、動物の場合には異なった形をとる。したがって、動物を通して人間の疾病を制御する術がわかるという主張は、もしそれが「実験」を続行する言い訳にすぎないということをわれわれが知らなかったとしたら、気違い沙汰としか思われないであろう。その実験は、いかに医学にとって危険な誤解を生み出すものであろうとも、それを行う者にとっては個人の満足感を与えるものか、さもなくば非常な儲けになるかのどちらかなのである。

実験による研究

実験による研究は、人間のすべての発明と大半の発見をもたらした――ただし医学は例外である。

現代の発明といえば、まず思い浮かぶ名前はトマス・エディソンである。彼の場合はとくに興味がある。というのは、彼は学校に三カ月しか行かず、その後は自活を始めねばならなかったからである。だから、エディソンは教育のある人間ではなかった。しかしこのように正式の教育を受けなかったからこそ――つまり、科学者を含む大半の教育のある人が盲目的に受け入れ、早い時期から暗記するべく教え込まれるようなものの考え方を欠いていたからこそ――エディソンは、人間の生活様式を変えた一連のすばらしい発明ができたのであった。

たとえば、最初の電球を完成させようとして、エディソンはかなりの時間点灯しうる線を求めた。大学の教授や冶金学の専門家は彼の助けにはならなかった。だからエディソンはまったくの経験主義に頼ったのであった。彼は考えられるあらゆる種類の線――たとえば焼いた木綿糸のような一番可能性の少ないものも含めて――試しはじめた。数年のうちにエディソンは、助手につぎからつぎへと材料を実験させるのに四万ドルも使った。そしてついに四十時間継続して点灯する線を発見した。それは焼いた木綿糸であった……

しかし、エディソンが夜間を明るくする仕事に着手する二世紀半前に、実験科学が世界の様相を変えはじめていた。その端緒となったのは、一六三七年のデカルトの『方法序説』の刊行であって、これが人間に新しい思考法を教え、近代技術を生んだ。しかし、この広範な熱狂の中に生まれた新世界に、過度に機械的な知識の持つ危険性を誰が予知し得たであろうか？　デカルトはそうではなかったであろう。彼自身は芸術や人間的な情緒を否定した――その私生活は失敗であった――そして機械論的な生物学を信じ、人類の最大の誤りと言ってもいいものの基礎を確立したからである。

実験を通じての知識の獲得を望むあまり、デカルトはまた動物実験を行い、それを彼に続く機械論者に対する「進歩」の象徴にした。もちろん、デカルト自身はこの行為から何も知識を得なかった。そのことは、彼が動物は苦痛を感じないし、その叫び声は車輪がきしむ音くらいの意味しかない、と述べていることに示されている。では、ウマの代わりになぜ荷車を鞭打たないのか？　デカルトはわざわざそんな説明はしなかった。だが彼は、自分の説の「証拠」として、イヌを激しく打てば打つほど、大きな声で啼くという事実を挙げた。彼を通して一つの新しい科学が誕生し、それには知恵も人間性も欠如していて、誕生の時点から敗北の種子を宿していたのである。

中世の無知蒙昧の状態からついに抜け出て、人間は実験に全面的に乗り出した。科学技術が成し遂げた目覚ましい征服のおかげで、限られた知力しかない医師たちの一部は、実験科学は自分自身の分野においても、同等の目覚ましい結果をもたらすであろうと信じてしまった。そして、生命体も無生物に似た反応を示すのだから、医学は絶対的で数理的な法則を確立できるとも信じたのである。そして今日の動物実験者も、残念ながら誤りであることがどれほどたびたび立証されても、その考えにいまだに固執しているのである。

ガリレオがピサの斜塔から行った実験は、軽い石も重い石も同一の速度で落下することを証明し、絶対的な法則を打ち立てた。なぜなら、無生物を取り扱っていたからである。しかし生命体を扱う場合は、無数の種々の要素が入り込んできて、そのほとんどは未知のもので完全には確認できず、生命の神秘そのものに関連している。感受性と人間性を欠いた個人は、これらの神秘の中に入り込む可能性は最小であるという、チャールズ・ベルの見解に同意しないわけにはゆかない。

著書『動物に関する実験』(一九五六年再版)の中で、イタリアの動物実験反対派の医師の一人であるジェンナーロ・チャブッリは、数ある洞察の中でつぎのような見解を述べている。「通常、一方か両方の眼球に圧力を加えると、脈拍の低下が見られる……この徴候のために、広大な動物実験の分野が開けた。実験者たちはイヌの眼を潰して反応を調べたが、脈拍が次第に低下する――その動物が死んだために――ことを発見するところまでやったのである……」

動物実験者のこんな遊びごとは、人間の愚かさの程度を示すだけにすぎないことは、繰り返し断言されてきた。有名なドイツの医師エルヴィン・リークは――ドイツの大百科事典『デア・グロッセ・ブロックハウス』は彼について「高い倫理水準の医学技術、すなわち患者の心理状態を考慮に入れた技術を唱導した」と記載しているが――は、われわれにつぎのような情報を提供している。

「動物実験が時には簡単きわまる問題にも解答が出せない例がもう一つここにある。私はドイツのもっとも権威ある研究者の二人、すなわちカイザー・ウィルヘルム栄養研究所のフリートベルガーと、ライプツィッヒの動物生理学研究所のショイネルト教授を個人的に知っている。両人とも、つぎのような単純な問題を調査したいと思っていた。すなわち、固ゆでの卵と生卵の食事のどちらが栄養があるかという問題である。二人は同じ動物を材料にした。つまり、生後二十八日のラットである。その結果、三カ月間の観察期間、フリートベルガーの動物は生卵の食事で元気であったが、固ゆでの卵を食べた動物は痩せ衰えて毛が抜け、眼病にかかってきた。数匹はとても苦しんだ後死亡した。ショイネルトのところでは、まったく同一の実験を目撃したが、結果は正反対であった」（一九四九年、ベルリン、オスヴァルト・アルノルト社刊『ある医師の見解』より）　もちろん、意図的に発生させた病気は、自然発生の病気とは異なる。

退行性の病気で関節が痛んで炎症を起こし、軟骨の障害ないしは破壊を生じさせる関節炎を例にとってみよう。過食がその原因の一つであって、疾病の初期に規則的な運動をすることが、これまでに知られている唯一の信頼しうる療法である。ところが製薬会社は、動物虐待を基礎にした「奇跡」の治療薬を絶えず生産し続けている。これは症状を押さえる単なる緩和剤であって、一時は痛みを軽減させるが、そのうちに肝臓や腎臓を冒し、結局治療すると称している病気よりひどい被害を生じさせてしまい――やがて関節炎そのものを悪化させるのである。

動物実験からは医学上の問題に対するなんらの解決策も発見されたためしはないが、また一方、動物を使って立証しようとしたことなら、ほとんど何でも立証できる。つぎの例は、月刊『カナディアン・ホスピタル』（一九七一年十二月号）に報道されたものである。モントリオールの心臓研究所には、ラットを入れた何千という檻があるが、これは動物に対する特定の食餌の影響を決定するために用いられている。担当の「研究者」の一人、セルジュ・ルノー博士は語っている。「私は動物の一匹を檻から取り出した。その体毛は抜け落ちてしまって、動脈は硬化が生じており、心臓発作を今にも起こしそうだった。このラットは、通常なら二年の寿命があるが、二カ月で老化していた」「純バターで死ぬのだ」とルノー博士は言った。

すると、バターが毒だということなのだ。これは科学なのか白痴の行動なのか？

時にはそのどちらでもなくて、きわめて利潤の上がる商売の種になることがある。その例は、サイクラメート（通称チクロ）とサッカリンの場合である。一九六〇年代の中頃、サイクラメートという新しい人工甘味料が商業的に莫大な成功を収めたが、その理由は、砂糖に比べて価格は五分の一、甘味は三十倍、おまけにふとらないからであった。そこでアメリカの製糖工業会は、他国の製糖産業と同様、サイクラメートの「研究」に資金を与えることを始めた。製糖業界は当初から立証しようと決めていたこと――つまりサイクラメートは法律で禁止すべきであること――を、「科学的に立証する」ために、何十万という動物が苦痛で死ななければならなかった。

その動物たちはサイクラメートを大量に集中して強制的に投与されるので、必然的に重大な肉体の変調を生じて、癌を含むあらゆる種類の疾病が起こる。それと同量の人工甘味料を消費するためには、人間なら一生の間八百缶以上の低カロリーソーダ水を飲まなければならないだろう。一九六七年には、製糖産業が設立したPRの団体である英国製糖事務所が、サイクラメートの危険性について議員に圧力をかけていた。同じことが合衆国でも起こっていた——製糖業界の圧力団体は、政治家に包囲陳情していたのである。私は、金銭の授受があったなどとは言っていない。知らないのだから。私にわかっていることは、一九六九年には米英の両政府がサイクラメートの販売を禁止したということだけである。だが、強力な製糖業界の圧力団体がなくて、代わりに強力な化学産業圧力団体があるスイスでは、禁止されなかった。スイスでは、サイクラメートは米英の店頭から引き上げられて八年経った現在でも、いまだに販売されている。*

*（訳注）日本政府も一九六九年に販売を禁止した。

それから、サッカリンに関して一九七六年にまたもや派手な科学的サーカス・ショウが行われ、ふたたび何千という罪のない動物が、巨大企業の戦争の集中砲火を浴びたのである。

一九七一—七二年に、総額六四一、二二四ドルの助成金を受けて、オールバニー医科大学の動脈硬化症予防治療センターは、四十四頭のブタを材料として実験を行った。一頭ずつこれらの動物は、動脈硬化の結果生じる心臓疾患で死ぬようにさせられた。血管系統に有害であることが知られている極端な食餌を用い、さらに冠状動脈に害を与えるX線を当てて硬化の過程を促進させた。一頭の動物が急死するときは、係員がつねに身近にいて、この危機の時点でブタの心臓にどういうことが起こるのかを正確に突き止めようとした。要約すれば、こういうことが、一九七一年十月二十四日のニューヨーク州バッファローのタイムズ・ユニオン紙に報道されたのである。

金銭面を別とすれば、こんなことは生意気な青二才のやることのように思われる。しかし、いろいろな実験動物を利用する同種の計画が、合衆国全土の十二のほかの医学研究所で同時に進行していた。それらはすべて、動物に広範囲の疾病を生じさせる点ではうまくやることがわかったが、解決策を出す点では明らかに失敗であった。このような研究は何十年となく行われてきていて、何百万という動物がその過程で死んでいるが、治療法のほうはまだ絵に描いた餅に等しい。

今日の似而非科学は、あらゆる方面で同様のことをやっている。「癲癇に対する戦い」の実験では、サルに一連の電気ショックを与えて痙攣を起こさせると、サルはついに狂気になって外見的には人間の癲癇の発作——口元に泡を吹き、痙攣の動作をし、意識を失うなど——に類似するようになる。明らかなことであるが、サルの発作は人工的に生じさせたものであるから、人間の癲癇とは何の関係もない。それに反し人間の癲癇は、個人の身体組織や心理の奥深くに根源を持つ理由で内部から生じるものであって、電気ショックで生じるものではない。そしてこれらの狂気のサルに対し種々の「新しい」薬——つねに同じもので組み合わせが違うだけであるが——を投与する実験により、動物実験者は——助成金が継続すればの話であるが——「癲癇の療法」が間もなくそのうちに見つかると約束する。そしてこのような方法が、今日では科学の旗を掲げて航行しているのである——これは、真の科学に対する侮辱であるばかりか、人間の知性に対する侮辱である。癲癇が、その発生件数が増大している疾病の一つであることは不思議ではない。

手早く金儲けをするため、医学研究が最近考え出した手段の一つは、脳出血を防止するという触れ込みの薬の発明である。どうやったらそれができるのか？　たやすいことなのだ。今なら、注意深い読者であれば誰でもできる。ラット、イヌ、ウサギ、サル、ネコを材料にして、その脳に重傷を与えるのである。どうやって？　われわれの実験室の「研究者たち」は、ハンマーによる打撃という方法でその問題を見事に解決した。破壊された頭蓋骨の下で、動物の脳は凝血を起こすが、そのあとでその外傷を受けた動物に種々の薬を投与する。まるでハンマーの衝撃によって生じた凝血が、血液循環の障害による凝血と同等のものであると考えているようだ。後者の凝血は、アルコール、食物、煙草の過度の摂取や、運動、新鮮な空気、頭脳活動の不足によって、自然寿命の末期に近づいているか、あるいは硬化現象を起こしている人間の脳のなかに徐々に形成されるものなのである。誰でも精神的肉体的の健全さを保つ方法は知っている。しかしたらふく食事をする前に二三錠の錠剤を飲んで、これでいいだろうという甘い考えを持つほうが楽である。

こんな錠剤は無益ではないかなどと言う人がいたら、その考えは間違っている。それはたしかに有益なのである。それは世界最大の利潤が上がる産業の利益を増加させていて——おまけに、肉体組織をさらに破滅させ、もっと多くの「奇跡の」薬品の必要性を作り出すのだから。

純金の鉱脈

癌に対する不安は、動物実験賛成派のもっとも強力な武器になってきた。著名な科学者であるハワード・M・テミン博士は、最近ウィスコンシン大学で行った講演の中でつぎのように述べた。すなわち、科学者もまた金銭、権力、知名度、特権に対する関心を持っていること、そして「中には、自分にもっと権力と金銭を与えてくれれば、人間の病気をたちまち治す治療法を見つけると約束する者がいる」というのである。彼が付け加えて言ったことは、「私に向こう五年間五億ドルを与えてくれれば、癌を治してみせる」という言葉には非常な強みがあるとのことで、もし雨を降らせてくれる人間が雨の降る時期は相当先だと言えば、誰も彼の言うことは間違いだとは証明できないということを指摘していた。

しかし、癌に関するかぎりでは、慈雨はわれわれの生きている間には降らないかもしれない。アメリカの医学校で洗脳されたことのない人にとって明白なことは、動物に癌細胞を植えつけるか、他の恣意的な方法で発生させた実験上の癌は、自然発生の癌、さらに人間の癌とはまったく異なるということである。自然発生の癌は、それを発生させた生物体と、そして恐らくはその生物体の精神とも密接な関係があるものだが、他の生物体に植えつけた癌細胞は、その生物体とはなんら「本来の」関係はなくて、生物体はその細胞を培養する土壌の役目をするだけである。

しかし、この恐るべき病気に対する巧みに利用されている恐怖は、研究者たちの無限の収入源になってきたのである。今世紀の間に、実験上の癌は、前例を見ないほどの純金の鉱脈になった。

事の始まりは一七七三年のフランスであった。その年リヨンの科学アカデミーが、「癌とは何か?」という題目について書いた最上の独創的な論文に、賞を与えると公表した。賞を得たのは、ベルナール・ペイリルで、彼は記録に残っている最初の癌の実験の記述をしている。その実験は、胸部癌の患者から「癌の液」を採取して、それをイヌに接種して行ったものであった。

それ以来二世紀以上の間に、何百万単位ではなく何十億単位で、ありとあらゆる種類の動物が癌研究のために犠牲にされてきたが、いわゆる科学者たちはなんらの解決方法も見出せなかったばかりか、問題はますます増え、疑問は山積してきた。その結果は、医学という「科学」がこれまでに作り出すことができなかったほどの、大きな混乱を生み出したのである。

われわれは、肺に煙を、胃に薬物を満たし、筋肉組織に種々の刺激を加えれば、癌が発生することを知っている。また、肉食動物は、消化した肉を速やかに排出するために腸が短いが、人間は草食動物特有の長い腸を持っていることも知っている。この腸の中では、肉と動物性脂肪が沈滞して有毒な発酵物を生じさせる。これが大腸癌の発生が絶えず増加している原因としてはもっとも可能性が大きいが、このことは急に肉を消費しはじめた菜食を主とする国民の間に、この種の癌の発生率が急上昇していることによっても立証されるのである。また、肉だけを食べることは、人間にとっては有害であり、究極的には致命的になるが、菜食に徹することは、菜食主義者であるオリンピックの日本人メダリストの多くがそうであるように、害にはならないことも知っている。

事実、われわれは他の病気についてと同様、癌についても非常に多くのことを知っているのである。この知識は、動物実験を伴わない臨床観察から得られたものである。しかしこの方面には資金は少ない。助成金を得るには大がかりな実験が絶対必要なのである。

数年前、スローン＝ケタリング研究所は、「癌の問題に決着を付ける」ことを決定し、何百万という動物に四万もの種々の物質とその組み合わせを新しい方法で試験したが――結果は例のごとくであった。

世界各国は不規則な間をおいて、自国の研究者が癌の「治療法」を発見したという報道にぎくりとさせられる。一九七二年九月には、UP通信の速報によると、テネシー州オーク・リッジの国立研究所の免疫学者マイケル・ハンナ・ジュニアーが、癌の治療法を「決定的に」発見したとのことであった。そのうちに、科学者たちは、人体の反応はモルモットとは異なるということをまたもや知ることになった。

一九七三年には、私立の組織であるアメリカ対癌協会は、五百二十五人の志願者に二三〇五万二七三七ドルを供与した。

しかし、癌との戦いには資金が欠如したためしはない――ただ頭脳の欠如があっただけである。イギリスではだいぶ前に、もし「有効な」癌研究のために資金が必要であれば、その資金を供与するという保証が下院で与えられた。モルソン氏は、「目下のところ、資金を使えば使うほど大きな結果が得られると考える理由は何もない」と述べたことが記録されている。

一九七六年には、フランスの新保健大臣シモーヌ・ヴェーユ夫人は、癌研究をとくに念頭において、政府の科学者に対する補助金の減額を決定した。科学界からは、大きな失望と困惑の声が上げられたが、シモーヌ・ヴェーユはひるまなかった。「あなたがたは、アメリカの国立癌研究所に何億ドルもの供与が行われていることをよく引き合いに出されますが、彼らは今まで何の成績も挙げていません。癌による死亡数は減っていません――逆に増えています。われわれは無益な研究にもうこれ以上資金を使うわけにはゆきません。むしろ予防だけにそれを使いたいと思います。われわれは飲酒反対、早期検診賛成、住宅設備改善の運動を行います。こういったことに対する支持が、わが国の保健界が保健省に期待できることです」

そして事実、公的私的な組織が行っている「癌撲滅」運動は、まったくの欺瞞ではないにせよ、無知の証拠であると見なすことは、行き過ぎではないと思われる。

ニューズウィーク誌（一九七六年一月二十六日号）の『癌の原因は何か？』と題する記事には、この雑誌が大ニュースと信じているらしいことを報じていた。「癌は人間が作った病気なのかもしれない」　その記事はさらに続けてこう言っていた。「すでに世界保健機構（WHO）は、すべての癌症例の八五パーセントまでが、種々の環境要因による影響の直接的結果であると推定している——多くの場合、過食、喫煙、暴飲などの習慣、日光や工場の危険薬品に過度に曝されることなどによって、みずから招いた運命的な結果である……種々の警告にもかかわらず、大多数のアメリカ人は、彼らの裕福な社会が提供している有害な可能性のある快楽に耽り続けていて、今までのところ、快楽に伴う危険を承知で受け入れて満足しているらしい。『現在では、われわれはこういう生き方と死に方をしようと決めてしまったのだ』と、一九七五年癌の基礎研究でノーベル賞を受けたデイヴィッド・ボールティモア博士は語っている」

もちろん、癌の基礎研究は、何百万という犠牲者に癌を押しつけて莫大な助成金の支出を正当化することから大半は成り立っている——その助成金の相当部分が上述した快楽に消費されているのかもしれない。

一九七五年三月二十六日、「癌研究は費用をかける価値があるか?」と題したNEA＝ロンドン・エコノミスト・ニューズ・サーヴィスによる記事がガルヴェストン・デイリー・ニューズ紙の社説欄に掲載された。その一部はつぎのように述べていた。

「［癌研究に］使われている金額は莫大なもので——本会計年度で六億ドル——になるが、癌にかかるのではないかという恐怖は誰でも持っている。癌患者は、アメリカでは百万人である。生命の遺伝子として働く物質の分子構造を発見するのに功績があったため、意見を尊重されているジェイムズ・ワトソン博士は、最近この国の癌対策計画は欺瞞であると嘲笑した。ワトソン博士は、全国に新たに設立された政府の癌研究センターは、『当初からお粗末なものであり、今後もお粗末なものであろう』と言った」

ジェイムズ・ワトソン博士はこういうわけで、癌研究の背後にあるいかさまの動機を認めている医学の権威の一人であるが、そのようないかさまを可能にしているものを理解すること——あるいは非難すること——はどうもできないらしい。つまりそれは、過去二百年間にわたって、間断なくすべての癌研究の中枢をなしてきた動物実験というものである。

癌の問題については、本書の終わり近くの箇所で再び取り上げることにするが、残念ながらわれわれにとってはいいニュースはないのである。

手術は成功、患者は死亡

心臓移植のニュースは、次第に忘れ去られようとしているようである。それは、セルジュ・ヴェロノフ教授がサルの腺を移植して、老人に性欲の若返りを約束したことが忘れ去られたのと同じである。後者は、一九二〇年代の世界を驚かせたニュースであったが、それは五十年後のクリスティアーン・バーナードによる最初の心臓移植に劣らぬものであった。アメリカの指導的な心臓外科医の一人、マイケル・デベイキーは数年前、自分は心臓移植を全面的に断念した、その理由は、「得られる結果は、犠牲の程度と比べればはるかに劣るものだからだ」と言った。これは、失敗を糊塗する上品な言い回しであって、誰が犠牲になったのかということを明確にする必要がないのである。その犠牲とは、だまされて余計な苦痛を味わった患者、あるいは移植の技術の試験台にした何千頭のイヌであったのだ。

心臓移植の失敗は、その前からはっきりと予言されていた。クリスティアーン・バーナード以前でも、多くの外科医は心臓移植をしようと思えばできたであろう。彼らがそれをしなかったのは、技術的な理由からではなかった。その理由は、すべての生命体が生来具えている強力な防衛機構、すなわち免疫反応のためであった。この防衛機構は、器官や外来組織を含む異物の侵入には抵抗する。その結果、他の生命体から体内に移植された組織は(時には一卵性双生児を例外として)、受け入れ側が拒否する。つまり、移植された組織は肉体の免疫反応によって死滅させられるのである(角膜移植は例外である。眼のその部分は血液の供給が乏しく、肉体の防衛機構によって作り出された——われわれにはほとんどまったくわからない——複合物質のごく少量が角膜に到達するだけである。したがって、移植された角膜が存続することはきわめて普通のことである)。

移植された器官に対する拒絶を防止するため、免疫反応を抑える種々の方法が考え出された。換言すれば、異物を根絶しようとする肉体生来の力——それによって有害な微生物を破壊し健康を保つことができるのであるが——を抑制しようとした。だが、生来の免疫反応が弱められるときにこそ、病気の徴候が表れて、伝染性のバクテリアが勢力を振い生命体を殺してしまうのである。だから、単純疱疹(普通の風邪でよく生じる水疱)のような些細な取るに足らない炎症が、免疫反応が抑制された患者では致命的になることがある。というのは、このような干渉行為は、癌を含むあらゆる病気に門戸を開いてしまうからなのだ。

イギリスのH・M・パップワース博士は、現在では有名な著書『人間モルモット』(一九六九年、ロンドン、ペリカン叢書三〇二ページ)の中ではっきりとつぎのように述べている。「免疫抑制剤は癌の原因になることがある——腎臓移植を受けた患者の中で、後になって癌が発生した五件の例が記録されている。それぞれの症例において、腫瘍の徴候は、移植を受けて相当後になってから始まっていることは、注目すべきことである。さらに注目すべきことは、そして単なる偶然の一致の可能性を排除することであるが、五件のすべてにおいて、腫瘍の細胞構造は同一（悪性リンパ腫）であったという事実がある」

バーナードによって心臓移植を受けたもっとも有名な患者であるフィリップ・ブレイバーグは、その後十八カ月生きたが、移植の後、二回にわたる激しい心不全の発作、薬品による重症の黄疸の症状発現、抵抗力の低下による髄膜炎が生じたこと（『病院の医学』一九六九年七月号に報告）は、一般には知られていない。ブレイバーグが移植を受けなかったとしたら、それほどの期間は生きなかっただろうなどということは、誰にもわからない。しかし、苦痛は比較的少なかったであろうことは確かである。パップワース博士は言っている。「移植の理由となった病気よりも、このような状態が患者にとって耐えられるものであったなどとは、私には到底信じられない」

アメリカ外科医学会および国立衛生研究所（ＮＩＨ）の臓器移植記録所は、八千件以上の移植患者を調査し、七十七件の癌の症例を発見したが、そのうち十七件は細網細胞肉腫と呼ばれる骨髄の悪性腫瘍であった。注目すべきことは、この疾患は通常の人間に比べて約百倍も多く移植患者に発生していることである。これはヴァージニア・コモンウェルス大学のヴァージニア医学部の医師たちの報告による（『タイム』誌一九七三年三月十九日号掲載）。現在では移植外科手術の頼みの綱になっている免疫抑制は、病気感染と癌に抵抗する肉体の能力を低下させている。

このようにして医学研究は、自分で作り出したジレンマにまたもや直面している。われわれが一つの問題を解決したと思うと、またもや新たな問題が生じてくるのである。移植を行う外科医は決まって、移植は成功したのであって、患者が死亡したのは他の原因、たとえば肺炎や腎不全によるものだと自慢する。だがそれは非常な誤解を生むものである。そのような合併症は、拒絶反応を抑える目的で行った免疫抑制処置の不可避的な結果なのである。現代医学のこういった新たな逸脱行為の原因となっているのが、クリスティアーン・バーナードがイヌに対して行った実験であった。イヌは人間よりははるかに抵抗力があるために、バーナードは希望を持ったのであるが、不運な患者の場合には、実際はそうはうまくゆかなかった。「拒絶反応の問題は、解決されたか、近い将来に解決されるであろうと、大衆は誤って信じ込まされている」と、パップワース博士は書いている。「これは甘い考えである……」（三〇三ページ）さらに続けてこう言っている。「いかなる医師でも、いかに経験があろうとも、移植を施さなかった場合の生存期待期間と、移植が最終的に拒否される以前の外見上の受容期間とを、正確に考量することはできない……一般大衆が知っておかねばならないことは、移植手術ではもとの病気は治らないもので、それを受けた人間を健康体にすることは決してないということである……肉体のどのような器官でも、完全に孤立して他の器官と無縁であるものはない。たとえば、冠状動脈の疾患のために心臓移植を受けた患者は、腎臓のような他の臓器の脈管疾患の初期症状が出るかもしれない」

パップワース博士はさらにこう述べている。「移植外科手術はおしなべて初期診断と治療の失敗の告白である。研究に要するエネルギーと資金を、疾病の初期診断、予防、治療の改善に用いるほうが賢明ではないだろうか？」

「研究に要する資金」とは、もちろん、ほとんど動物実験に使われる資金のことである。そのことを非難しようと望む者がいるだろうか？

クリスティアーン・バーナードの十一回目の心臓移植のあと、南アフリカ医師会の代弁者は、「会員は心臓移植について再考慮中である」（一九七三年十二月十三日付ローマ、メッサッジェーロ紙）と発表した。そして一年後、バーナードがある患者のすでに存在している心臓のそばにもう一つの心臓を移植して、その患者を二つの心臓を持つ最初の人間にしたとき、同僚の医師からの非難の声が大きくなった。「文明世界はこのようなことを支持すべきではない」と、ローマのサン・カミッロ病院の主任心臓外科医であるグイード・キディキーモ教授が述べた言葉が、ローマの日刊紙メッサッジェーロ（一九七四年十一月二十六日付）に掲載された。「蘇生することを望んでいたが、それから、おそらくすでに自分でも受容していた宿命をあきらめて受け入れさせられている哀れな人間に、心臓を移植するとは、何の意味があるのか？　これは奇術師のやる手品である。際限のない残酷行為である。ひねくれた行いだ」

それは無力な動物に対するものから始まり、次第に人間にまで広げられた実験方法を、二世紀の間無感覚な態度で受け入れてきたことの結果に過ぎないのである。広く権威者によって非難されているのに、動物に対する移植「実験」は全世界で引き続き行われている。もっともそれは、教師が恐れ入って感心している学生たちの前で、自分の外科手術の技倆と称するものを披露しようとする、実験室での行為に過ぎないものではあるが。その結果は、伝説的なドイツの外科医の「手術は成功したが、患者は死亡した」という不滅の言葉に、きまって要約されるのである。

手術後四カ月も経たないうちに、二つの心臓を持った最初の男は死亡した。その報道は一週間以上も抑えられた。彼がどのくらい苦しんだかは、何も知らされなかった。われわれが知ったことは、『タイム』誌（一九七五年五月五日号）の記事に出た、予想された外科医の弁解の言葉だけである。

「バーナードは、いまだに自分の人目をひいた手術が成功であったことに満足している。先週彼は、患者の死亡は手術には直接関係はないと説明した。テイラーの死亡は、新しい心臓を肉体が拒否したからではなくて、肺に凝血が生じた結果であるとのことだ」

その年の秋に、今後行われる移植に備えて、バーナードは人間の心臓を生きているヒヒを用いて「貯蔵」する予定であることが公表された。

クリスティアーン・バーナードのような人間にとっては、人間と動物を材料とする実験は、催眠状態の先入観、偏執狂的な固定観念であって、どのような費用や個人的な犠牲を払っても、またなんら合理的な理由がなくとも行うものとなっているようである。このことは、私がとくにバーナードの自伝『一つの生涯』（一九六九年、ケープ・タウン、ハワード・ティミン社刊）を読んで信じていることである。

四十頭のイヌとその子イヌを使って行った実験の結果、生命を救う新しい技術ができたというバーナードの主張は、私だけでなくその記述を読んでもらった外科医にも、まったく納得しがたいものである。バーナードは、他の多くの実験者と同様、動物の中に人間に発生する一つの疾病の状態を再現するのに成功しただけのようである——ただし人間の場合は、バーナードがイヌに対して行った恣意的な外科手術によって、それは生じたものではないが。その状態は腸閉鎖という名で知られている。

新生児の中には、腸に欠陥を持って生まれてくる者がある。障害が生じ、この状態を速やかに矯正しないと、新生児は死亡する。バーナードはイヌにこの状態を再現する仕事を始め、腸の欠陥は、胎児の場合は腸のその部分に対する血液供給が断たれていることによるものであるという、広く支持されている説を立証しようとした。この立証のため、バーナードは、出産前にイヌの腸の一部への血液供給を外科的に遮断することに取りかかった。

彼は著書の中でつぎのように述べている。「私は妊娠しているイヌを解剖して、その子宮を露出させねばならなかった。そのあとで、子宮を切開して子イヌを取り出さねばならなかった。それから、子イヌを切開して腸への血液供給の一部を止めるために、血管を縛らねばならなかった。それで後に消滅するが欠陥を残す梗塞部を作り出した。これは、この欠陥により腸閉鎖が生じることを立証するためである。つぎにその手順を逆にせねばならなかった——つまり、胎児の腹を閉じ、子宮に戻し、子宮を閉じ、イヌの中に戻し、そして最後にイヌ自体の腹を閉じた。全部の作業は胎児を死なせたり流産させず、それが子宮の中で出産の日まで——願わくば腸の欠陥を持って自然に成長できるようにせねばならなかった」

私にとっては明瞭なことと思われるが、もし胎児のどこかの部分への血行が阻止されたならば、その部分はやがて壊死するであろう。しかし、私は門外漢であって動物実験をする医師ではない。

バーナードは、最初の六匹のイヌで手術を完成するわけにはゆかなかった。子宮を切開したとき、液が流れ出てしまい、子宮は収縮して子イヌを中に戻すことができなかった。その余地がなくなってしまったからである。そこでバーナードは、つぎの手術では胎児を取り出さなくとも作業ができるうまい方法を考案した。つまり、母イヌの腹に長い切開部を作って子宮を取り出し、操作を容易にしたのである。こうして、胎児の小さな腸の一部への血行を止め、子宮は縫合され、元に戻された。

雌イヌがこうした手術から覚醒し、この先まだ十日間の妊娠期間がある状態の中でどう感じたかは、バーナードにとってはどうでもいいことと思われた。彼は単に、「われわれは出産を待ちわびていた」と述べているだけである。だから、雌イヌが人間に手を加えられた子イヌをついに出産し、バーナードがそれを取り上げて解剖し、実験が成功したかどうかを確かめないうちに——雌イヌがすぐに子イヌを食べてしまったときの彼の驚きは非常なものであった。

彼自身の述べるところによると、助手がその悪い知らせをもたらしたとき、「そんなばかな！」と彼は叫んだとのことだ。「イヌは共食いはしない」

しかしイヌでも、実験者が実験を終了すると、共食いをすることがある——それは、ヒヒの母親が南アのグローテ・シュール研究所に行く途中、赤ん坊の頭をもぎ取ってしまうことがあるのと、同じ理由からであろう。

バーナードは残念そうに付け加えている。「われわれは母イヌの反対を受けねばならなかった。私はそのありさまを見ることができた。舌で子イヌを一匹ずつ舐めて、そのうちに一匹の黒い縫い糸が舌に触った。何かおかしなところがあると感付いて、母イヌはその子イヌを食べてしまった——閉鎖を起こしている腸に母乳を入れさせて、やがて死なせてしまうよりもそのほうがいいと思ったのだろう」

このような実験を四十三回行った後、バーナードは、腸閉鎖を起こしている新生児に見られるような、血行を阻止された腸を持つ生きた子イヌを手に入れた。しかし彼は、このような障害をどうしたら防げるかについて示唆することはできなかった（実験室で完成された薬品を絶対に避けるということが、おそらく正しい方向への第一歩であろう）。そして、外科医が時には、新生児の腸の欠陥部分を除去し、健康な部分と接合することに成功する場合でも、その方法を上に述べたバーナードの実験から知ることはなかったのである。それでもやはり、自分がついに欠陥のある子イヌを作り出すことができたことがわかり、バーナードは「これは何千という新生児にとって、生存の希望を与えた」と宣言したのである（一五七ページ）。

私利私欲の助成金

考えられないほど野蛮で、まったく無益であるのに、動物実験はいわゆる文明国の医学校では野放しの状態で、年々増加している。どうしてそうなのか？

一番の理由は、金銭面の利益である。動物実験は、「科学者」が政府や私企業から巨額の助成金を得られる種類の「研究」なのである。そしてその前提は――無能力な者にはもっともらしく聞こえるが――実験で動物を使えば使うほど、結果が信頼できるものになるだろうということである。

この前提がどういう結果になるかを、簡単な事例を用いて検討してみよう。つまり、一万五千匹の動物に火傷を負わせて、ショックの犠牲者には肝臓抽出物が有効であるという、すでによく知られていることを再テストしてみることである。

この実験は、二つの標準的な医学刊行物、すなわち『アメリカ医師会雑誌』（一九四三年七月十日号）と『臨床研究雑誌』（一九四四年九月号）に、シーダーズ・オブ・レバノン病院および南カリフォルニア大学医学部研究実験所のマイロン・プリンツメタル、オスカー・ヘッチャー、クレアラ・マーゴールズ、およびジョージ・ファイゲンによって報告されている。開業医が肝臓抽出物を試みて是認していたことは、前もってわかっていたが、前述の者たちは、自分たちは「統計学的な意味を持たせるために十分な数の動物」を用いたことを、報告の中で主張したいと望んでいた。

このことで彼らは、基礎統計学に無知であることを暴露したのである。貨幣を六回投げれば、六回表が出ることもあるというのは、統計的な事実である。しかし投げ続けていれば、裏が出るようになりはじめる。約三百回まで投げ続けていれば、「平均値の法則」がはっきりと表れてくる。この法則は、貨幣を継続して投げれば、非常に限られた範囲で半分の回数は表が出るようになるように作用するのである。百五十回でも、千五百回でも、五十対五十の比率にはまだ少し遠いが、次第に表と裏がその理想の比率に近づいてゆく。言い換えれば、平均値の法則は数学的な法則であって、理論的な空想ではない。五百回の時でも表と裏の出る比率は五十対五十に接近していて、たとえ千回、一万回、十万回投げ続けようとも、その状態である。要するに、ある事柄を統計学的に証明する価値があるとすれば、かなり少ない件数でこのように立証できるのである。

さて、問題はこうなる。この大規模な実験についての知識のある数多くの「科学者」たちの中で――その実験は何年となく続いているのだが――学校の生徒でもほとんど知っているこの簡単な法則に気付いている者がいないのだろうかということだ。そして、五十、百五十、千五百ではなくて、一万五千匹の動物が、すでにわかっている事柄を立証するために、火傷を負わされて殺されることを、許しているというのか？　どんなことでも、ありうることである。だが、一つのことは確かである。一万五千匹の動物のほうが、わずか五十匹の動物を使うよりも、多額の金の使途をはるかに説明しやすいということである。

事実、もし研究者が古くからのおきまりの実験を繰り返し行うほかに、新しい実験を絶えず考え出さないとしたら、アメリカ政府が国内や国外の研究に供与している何十億ドルの金を使うことはできないであろう。言葉を換えれば、まず金があって、つぎにそれを使う手段を見つけねばならないのである。

こういった理由で、アメリカの「研究」の中には、つぎのようなものも入っているのである。(一)顔の表情、(二)アラスカの橇引き犬の肛門の体温、(三)チリー産のイカの神経系統、(四)オーストラリア原住民の歯列弓。

納税者をだまして、アメリカ政府は国内国外の「研究」に、一九四〇年には一億ドル、一九四九年には十億ドル、一九六〇年には八十億ドル、一九七〇年には百五十億ドル――そして一九七五年には二百五十億ドルが見込まれているが――の助成金を出していて、その熱は絶えず上昇している。つぎに、このような納税金の浪費の例を挙げてみる。

三万ドル――研究題目は、ネズミをアルコール中毒患者にすること。名目上の目的は、人間のアルコール中毒の治療ということになっている。ただし、人間の場合はアルコール中毒は心理的な深い原因があるが、ネズミは生来均衡のとれた禁酒主義者である。

百万ドル――研究題目は、サルの母性愛。

五十万ドル――研究題目は、ノミの性生活。

十四万八千ドル――研究題目は、ニワトリに羽毛が生える理由。

百万ドル――研究題目は、蚊の求愛の呼び声。

十万二千ドル――研究題目は、大西洋の魚類に与えられたジンとテキーラの影響の比較。

五十万ドル――研究題目は、サルが怒ると歯を剝き出す理由。このばかばかしい研究に対する助成金は、ミシガン州カラマズー州立病院のロナルド・ハッチンソン博士に供与されたが、上院議員ウィリアム・プロクスマイアは、彼をその月のゴールデン・フリース賞の候補者として提案した(一九七五年四月十八日　議会記録)。

五十二万五千ドル――国立衛生研究所よりの助成金(一九五〇―一九六三年)。供与を受けたのは、ニューヨークのコロンビア大学のS・C・ワン博士で、研究題目は、種々の方法でイヌとネコに嘔吐症状を起こさせることである(振り回すこと、薬品投与、脳に電気刺激を与えること等)。目的は、イヌとネコとの嘔吐機構の相違を発見することとなっている。

九千二百万ドル――これはもっとも高くついた失敗研究に出された。小さなチンパンジーのボニーが結局何の結果も出なかった宇宙飛行で打ち上げられたときである。これを計画し実行したのは、こともあろうにアメリカ航空宇宙局（NASA）であって、アメリカ最高の科学者や物理学者がそれに関係していたのである。何十という電気センサーを脳に、動脈にはカテーテルを埋め込まれて、ボニーは、三十日間の飛行予定にプログラムされた地球軌道を回る生物衛星に入れて打ち上げられた。しかしボニーは間もなく病気になって、地上に戻ってきたときは――死んでいた。この宇宙計画に参与していた大勢の医学専門家たちは、その理由がわからなかった。合理的な推理は、ボニーは、恐怖と惨めさと孤独と絶望のために死んだのだろうということであった。それにたしかに苦痛もあっただろうと思う。肉体の機能は激しい肉体的苦痛がなければ働かなくなることはないのである。このことは、今日の似而非科学者にはなかなか理解できないのだ。

一九六九年七月十日、ニューヨーク・デイリー・ニューズ紙はつぎのように報じた。「五年前NASAを辞職したジョン・パウアーズ大佐は、宇宙ザルのボニーの飛行の失敗は『九千二百万ドルという局の金の完全な浪費であった』と批判した。以前の宇宙計画に関して地上管制センターの『声』として、大衆に情報を絶えず与えていたパウアーズは、『サルよりもコンピューターのほうから多くの情報が得られる。サルは五年前におしまいにした』と語った」

政府の助成金はどこの国でも、動物実験を進める大きな刺激となっているが、もう一つの刺激は製薬業界から与えられる。動物実験による方法で、彼らは世界に自社製品を氾濫させることができるのである。たいていは同じ製品で、組み合わせを変え、名前を違えてあるだけだが、以前出された製品で、無益であるか有害であることが判明したために市場から撤収されたものによって生じた被害を埋め合わせると約束している。新製品は、遅かれ早かれ他の「新」製品（ラベルが異なり、成分は同一）に取って代わられるが、その製品も――世界でもっとも利益の上がる産業に対する場合は別として――前のものと同様に無益か有害なのである。

アメリカで企業と科学界の研究開発に使われている連邦資金は、年間二百五十億ドルと推定されている。それでも足りないと、貧乏人や病人や恵まれない人のことなどは考えてもみない金持ちの乞食は言っている。ある微生物学者は、科学記事執筆家のセミナーの席で、社会保障の税金をもっと増額して、「生物医学的な研究」、つまり動物実験の資金を増やすようにしたらどうかと提案した。毎日彼らは文字通り何千人となく、手を差し出し、お役所の規定に従って記入した「企画」書を示しながら、政府の金庫にやって来る。

アメリカ政府と製薬業界が研究に消費している巨額の金

に——納税者は否応なしにそれに寄付を強いられているのだが——個人の市民の寄付も加えねばならない。だが個人の寄付者は、自分の寄付金が実際はどう使われているのかは、皆目知らないのである。

金銭的な利益が動物実験に与える主要な刺激であるとすれば、もう一つの刺激は貪欲と同類の立身出世主義——つまり、努力をせず才能がなくとも、学位、教授の地位、あるいは似而非科学界における名声という富を得たいという欲望——である。たいていこのことは、どの生理学論文にも出ている何かの伝統的な実験を、まるで誰かがコウモリ傘を再発明したかのような科学的価値があるものとして実施することで達成される。ただ一つの相違は、コウモリ傘を作るほうがずっと難しいということである。

動物実験を促進させているもう一つのさらに強力な要因があるが、これはまず最初に挙げておくべきであったかもしれない。というのは、そのために前世紀のうちに知性の表れとして受け入れられるようになった非常識な実験がそもそも始まったのであるから。それはサディズムというものである。動物実験者のすべてがサディストであると信じるのは誤りであるとしても、サディズムがこの行為には大して関係がないなどと考えることは、さらに大きな誤りであろう。

ブレロックのプレスでイヌの足を潰す実験者たちがいる。この繰り返して行われるショックの実験は、アメリカのあらゆる医学校で何十万回となく行われてきた。あるいはネコの睾丸をハンマーで砕いて、それがネコの性生活にどのような影響を与えるかを改めて見ようとする実験は、一九七六年まで十四年連続でニューヨーク自然史博物館で行われてきた。そのような実験者たちは、自分たちはつねに「科学的な」興味を満足させたいからだと主張する。多くの人は、それをサディズムによる興味と呼ぶだろう。

サディズムは存在する。心理学者は、われわれすべてにその傾向が多少なりともあると断言している。昆虫の羽をむしり取ったり、子ネコを洗濯機の中に閉じ込める子供がその例である。こんなときには、教育が介入しなければならない。こういった行為がどういうことになるかをはっきり知ることで、その子供は、サディズム的傾向の芽を摘み取ることができるかもしれない。その感情は同情へと変わるかもしれないのである。

しかし、サディズムが成人に表れてぞっとする嫌悪感を催させるような形をとるようになると、それは病気と重大な精神障害の印となる。

心理学者は、この病理学的状態は、大方の人が想像しているほど稀なものではないと断言している。サディストにとって動物実験ほど便利な活動があるだろうか？　動物実験で、人はこの傾向を満足させることができ、その過程で多少の「科学的な」名誉か、少なくとも楽な収入を手に入れることができるのである。

「身代わりのヤギ」という考え

「身代わりのヤギ」という考え——すなわち、自分の罪、悪徳、病気、不幸、および他の災難を、罪のない人や動物に肩代わりさせて免れるという考え——は、人間の社会ではこれまでつねに広く行われてきた。バビロニア人はこの目的で、雄ヒツジの首を切っていた。古代ギリシア人は二人の人間——犯罪者か不具の男女——を鞭打って、毎年市外に追放した。

今日では、身代わりのヤギによる肩代わりは、通常肉体的なものより心理的なものである。そして自分自身の欠点や欲求不満の理由で、他の人間や集団を非難することにある。

「身代わりのヤギ」の考えは、動物実験という行為全体に重要な役割を果たしている。身代わりのヤギの選択は、通常非合理的な過程を経て行われるのであるが、動物実験者は自分たちの行為には「合理的」な理由を持っている。つまり、金銭的な利益か個人の欲望の満足ということである。しかし、身代わりのヤギという考えは、多くの大衆が動物実験者の行為を暗黙のうちに受け入れてしまうことに、力を貸していることはたしかである。

過度の人混みの状態では、いらいらしたり、敵意や暴力が生じるという事実はよく知られている。この事実を「科学的に確証」するため、実験者は多数のラットを好んで狭い場所に押し込めるが、その結果、ラットたちはお互いを攻撃したり殺し合ったりするようになる。母親の暖かみや愛情が子供にとって重要であることの「科学的な証拠」を得ようとして、霊長類の新生児は母親から無理やり引き離され、数年間孤立した場所に閉じ込められる。さらに、中には真っ暗な場所に閉じ込められるものもある——こんなことは最悪の犯罪者にとってもあまりにも残酷だと考えられていることなのである。

同種の実験の一つが、動物を麻薬患者にしてしまう実験である。麻薬の投与を突然止めてしまい、彼らが痙攣を起こすと、鎮静剤を与えて試してみる。しかしそんなことをしても、この鎮静剤が人間に対しても同一の効果があるのか、それとも人間には毒になるのかは、研究者にはまだわからないであろう。それは、たとえば、人間にとっては猛毒であるストリキニーネがサルにとっては必ずしもそうではないという事実を見ても言えることなのだ。

煙草の吸い過ぎが肺癌の原因になることがあるということは、世界の統計からも決定的に立証されているが、研究者——とくに煙草会社に雇われている研究者——は、喫煙が肺癌の原因であることは「まだ科学的な証拠がない」

と、頑固に主張している。その理由は、動物に肺癌を生じさせることがまだ不可能であるからというのである。実際、もし研究者が過度の喫煙によって動物に肺癌を生じさせることに成功したとしても、その特定の種の動物には、喫煙が肺癌の原因になることがある事実を立証しただけであって、人間についてもそうであることの立証にはならないであろう。われわれはすでに、統計や臨床観察を通じて、喫煙が人間の肺癌の原因になることがある事実を知っているのだ。

それでも、何百万という動物——主としてイヌやウサギが——拘束装置をかけられて身動きできないようにさせられ、生涯続く喫煙実験の対象となる。それは、実験者が「科学的」とつねに呼んでいる理論のためなのであるが、その理論は事実としては、真の科学とすべての思慮ある人間に対する侮辱である。

アメリカの新聞は最近、スタンフォード大学のウィリアム・ディメント博士が行っている睡眠に関する実験を報道した。その実験は、ネコが正気を失うまで睡眠を奪ってしまうことである。彼の主張するところでは、その目的は人間の睡眠の仕組みをよりよく理解することだそうである。例によってばかばかしい話だ。

動物、とくにネコの神経系は、人間の神経系とはかなりちがっている。ネコは通常二十四時間中二十二時間は、ほとんどどんな場所でも立ったままでも、うたた寝をしている。人間はたいていそうではないが、ディメント博士はそうなのである。自分は起きている必要はないが、ネコから睡眠を奪うために、ディメント博士はすばらしい考えを思いついた。彼は実験用のネコの頭に電極を付けて、四方を水で囲まれた煉瓦の上に置いた。ネコが眠くなって体をぐにゃりとさせると、鼻が水に浸かる。ディメント博士はこのやり方で何百匹ものネコを七十日——七十時間ではない、七十日である——眠らせないようにした。その後で彼は、脳波が「明確な性格変化」を示したと報告した。「性格変化」とは科学の隠語で、「狂気」という意味である。多くの正気の人びとは、ディメント博士と同類の科学者は、明らかに性格変化の犠牲者であるという見解を表明してきた。

医学研究評議会の会員であり、著名なイギリスの心理学者であるアリス・ハイム博士は、その著書『知性と人格』（一九七〇年刊　ペリカン文庫）の中で、睡眠を奪う他の動物実験を非難し、こんな実験はまた自国の実験者の知性の貧しさを語っていると言った。三分の二は水に浸かった、絶えず回転している車の中にネズミを入れて、連続二十七日間眠らせないようにする。ネズミは疲労すると車から水の中に落ちて、再び車に上がれないようになった。中には餌の皿にぶら下がって休む方法を発見したものもあり、ある場合は檻の天井まで登って、布製の天井に前歯を引っ掛けて眠っているものもあった。このことを防止するために、修正の方法が導入された。

このように科学のあらゆる分野で、罪のない動物が人間の罪や過ちの身代わりのヤギとして奉仕させられている。われわれは煙草を吸うが、動物は吸わない。だからわれわれは、動物にとっては拷問であるが人間にとっては快楽である喫煙を動物に強いるのだ。われわれは酒を飲むが、動物は飲まない。だからわれわれは、動物にアルコールを注入して肝硬変を起こさせる。われわれは麻薬を吸うが、動物は吸わない。だからわれわれは、動物を麻薬中毒患者にする。われわれは日常の暴飲暴食のために不眠症になるが、動物はそうならない。だからわれわれは、動物が狂気になるまで眠らせないでおく。われわれは不自然な生活状態のためにストレスを起こすが、動物は起こさない。だからわれわれは、彼らを回転する車輪の中に入れて外傷を負わせ、ストレスの状態にする。われわれは技術不足や不注意のために自動車事故を起こすが、動物は起こさない。だからわれわれは、彼らを車に縛り付けて壁に衝突させる。われわれは悪い食物や有毒な薬品を摂取したり、われわれだけが生じさせる汚染によって癌になるが、動物はそうならない。だからわれわれは、何百万という動物に癌を起こさせ、拷問を与え続けて、人間が大量に生じさせたもっとも残酷な疾病で彼らが徐々に衰弱してゆくのを眺めているのである。

今やわれわれは、今日医学として通用しているものの実態を初めて垣間見ることができた。無数の人びとの無知と苦しみ、彼らの苦痛と病気に対する不断の恐怖を当て込み、そしてマスコミの助けを借りて、この似而非科学は——降雨を請け合う未開民族の雨乞い師と同様——人類の救済がかかっている不可思議で無限の力を振るえるという幻想を作り出したのである。それで欧米の諸国民は、その足元に恐れおののき卑屈な態度でひれ伏し、それが比類のない美しさを持ち黄金と錦で光り輝いていて、並みの人間は目が潰れるといけないので顔を上げて見ることもできない全能の女神でもあるかのように、想像してきたのである。しかし彼らが勇気を出して顔を上げて見れば、その女神は裸でまことに醜いことがわかるだろう。

貪欲、残虐、野心、無能、虚栄、無神経、愚鈍、サディズム、狂気ということが、動物実験という行為全体に対する本書の告発内容である。その証拠は以下の各章に挙げる。それは誇張ではない。動物実験という事柄には、誇張は余計なことであり、事実不可能であるという簡単な理由があるからだ。

しかし、この「科学」の罪がいかに重大であるかを十分に理解するためには、まず誰に対して罪を犯しているかを見なければならない。

第二章　声なきもの

生まれたてのアリが一匹だけで放置されれば、死んでしまう。生まれたての二匹のアリは、すぐに巣を作りはじめる。

アルベルト・シュヴァイツァーの伝記作者ジャン・ピエラールによれば、シュヴァイツァーは、これまで人間性の意味を人びとに教えるために全面的に捧げられてきた彼の長い一生が死によって中断されたとき、今までは人間のためだけにあった哲学の崇高な殿堂に、四つ足と羽の生えたすべての動物を入れようとしていたとのことである。

アルベルト・シュヴァイツァーのような人と動物実験者の集団とは、天と地ほどの隔たりがある。彼らは一方においては、動物の生理的、神経的、心理的反応を人間と比べてみるが、他方においては、動物は苦しまないからどう扱おうと勝手であるなどと主張している。動物は推理せず苦しまないと言っておいて、それから彼らを人間の行動を「説明」するためと称している実験に使用することほど、ばかげていて偽善的なことがあるだろうか？　しかし、絶えず動物と接触していながら、こういった連中が、動物はすべて、多くの点で人間とは異なるが、必ずしも「劣った」ものではない優れた感受性と一種の知性に恵まれている事実に気付いていないことは、ありうることなので、やはり注目すべきことである。

ヴォルテールは、その『哲学辞典』の中でつぎのように書いた。「動物は知識や感情を持たない機械であり、いつも物事を同じ方法で行い、何事も学ばず完成もしないなどと言うことは、鈍感な証拠である。壁の場合には半円形の巣を、隅の場合には四半円形の巣を、梢には全円形の巣を作る鳥は、万事同じやり方をしているだろうか？　また、カナリヤに歌を教えたいというとき、最初はうまくゆかなくとも、そのつぎは正しく歌うことに気付いたことがないのか？　道で主人を見失ったイヌは、悩ましげにくんくん啼いて探し求め、心配し興奮して家に駆け込み、階上階下の部屋から部屋へと走り回り、そしてついに愛する主人を見つけたとき、その喜びを飛び跳ねたり啼いたりしながら表すではないか。野蛮な人間の中には、忠誠心と友情の点でこれほど人間より優れているイヌを台に固定し、それを解剖して腸間膜静脈をわれわれに示し――そしてイヌも人間と同じ感情に関する器官があることがわかると言う者がいる。答えてみよ、機械論者ども！　自然がこの動物に物を感じてはいけないような感覚の源泉を与えたというのか？　無感覚であるための神経をこの動物が持っているというのか？」

われわれが動物にはできないようなことができるときはいつでも、われわれの知性のほうが優れているとする。しかし動物は、われわれにはできない多くのことができるのである。そんな場合にはわれわれは、それは彼らの知性が優れているからではなくて、あまりはっきりとは定義できないが、何かの「本能」と称するもののせいだとする。もし、ある人が見知らぬ場所で、家の付近でも道に迷ってしまったら、たとえ太陽の動きが貴重な情報を与えてくれるということを教わっていたとしても、道を尋ねる以外には帰ることはできないだろう。しかし、動物が何千マイルの道のりを方向感覚を失わずにいられる理由がまだわれわれにはわかっていないので、彼らも同様にわかっていないのだと考える。

動物の知性的な特質を知るには、何も脊椎動物にまで登る必要はない。もっとも単純な生物体でも知性らしきものを示している。このことはかなり最近になって発見されたことである。カリフォルニア大学(バークレー)の生化学者ロバート・マクナブとダニエル・コシュランドは、微生物でさえも記憶――一種の知性――としか定義できないようなものを具えていることを最近発見した。液体の中では、一般に微生物は不規則に、発作的に弾むように動く。もし砂糖のような栄養物を液体に加えてみると、微生物はしばらくの間は直線的に静かに動き、また普通の不規則な動きに戻る。二人の科学者は、この変化を何かの原初的な知性の表れと見なした。そこで彼らは微生物を砂糖を入れた溶液からいきなり砂糖を含まない液体に移してみた。すると微生物は、まるで砂糖溶液に戻る道を探しているかのように、きわめて興奮した動きをすぐさま示すことに気付いた(一九七三年タイム&ライフ自然と科学年報)。

パストゥールの伝記作者で、ニューヨークのロックフェラー研究所の微生物学教授であり、また科学面の著書でピュリツァー賞を受けたルネ・デュボスは、類似の発見についてすでに述べていた。「これらの原始的な単細胞の原生動物の一つを、その行動に影響を与えないほど薄い酸溶液に浸してみた。それから酸の濃度を有害な程度にまで上げた。この実験を数度繰り返したあとでは、原生動物はそれまでの経験から、それ自体は有害ではない溶液に浸されることは、そのあとでもっと強い危険な溶液に浸される前兆であることを知り、記憶したのである。経験を得た原生動物は、この知覚を利用して、危険の迫ってくる前に逃亡した。もっとも原始的な単細胞の動物の場合でさえ、物を学ぶ能力があるので、危険自体に対してと同じくらい、危険の兆候に対しても活発な反応を示すのである」(一九六八年、ニューヨーク、プレイガー社刊『人間・医学・環境』より)

デュボスほどの地位にある科学者が、単細胞の原生動物でも知性に事欠かないという結論に達したとしたならば、もっと複雑な動物、たとえば昆虫などの生活は、盲目的な本能だけで制御されているのではないと想定できるだろう。

一九五〇年代のカール・フォン・フリッシュの研究は、ミツバチについての新しい知識を与えてくれた。この動物の組織形成の才能は、すでに古代哲学者――古代では科学者をそう呼んでいたが——を魅惑していた。要するに、誰でもミツバチの社会構造については多少の知識がある。女王バチ、働きバチ、戦士バチ、そして彼らの厳格な規律と愛他的行動についてである。今日ではフリッシュのおかげで、われわれははるかに多くのことを知っている。

フリッシュは、若いミツバチはきまった教育を受けることと、彼らは言語を持っていることを発見した。個々の構成員がお互いに意思を伝えることができなければ、あのように高度の統一組織を作ることはできなかったであろう。言語だけが意思伝達の手段ではない。多くの動物は、われわれにまだ全部はわかっていない他の方法を用いる。フリッシュは、ミツバチの言語は複雑な信号であることを発見した。たとえば、偵察のハチは巣に対して新しい蜜のあり場所を知らせる。その正確な場所は、巣の上で行う餌踊りで示すことができる。もし蜜のあり場所が巣から五十メートル以内であれば、偵察のハチは一方の方向から他の方向へと向きを変える飛翔の踊りをする。もしその距離が五十メートルと百メートルの中間であれば、方向転換の間に短い直線飛翔を入れ、その飛翔は腹部を振って行う。百メートル以上の距離になると、単位時間当りの方向転換回数が減り、一方腹部を振る動作は激しくなる。蜜のありかが太陽の方向であれば、直線飛翔は巣の上で垂直上方に向かって行われる。下方への飛翔は、太陽から離れる方向を示す。垂直線から十度右に傾く飛翔は、蜜が太陽の右十度の方向にあることを示す。垂直線の右あるいは左の角度は、太陽の右あるいは左の角度に対応するのである。

ミツバチの連合体は、完全に社会的な協力体制組織を形成する。

一部の科学者が無知であることの典型的なもう一つの例は、ブリタニカ百科事典に発見される。ミツバチについて述べている項目で、それはこう言っている。「この社会の行動はきわめて調和がとれているので、ミツバチには高度の知性があるとする向きもある」しかしこの文責者はそうは考えていない。というのはすぐ続けて「……行動に進歩がないので、これは本能によるものであることは明らかである」と付け加えているからだ。

これこそ、聖トマス・アクィナスが鳥について言ったことで、ヴォルテールの怒りを買ったのであるが、ヴォルテールの賢明さは彼の世紀を超えて知識の光明を与えたのであった。

アリの歴史と生活様式を知っていながら、彼らに驚嘆すべき知性があることを認めようとしない者は、自分自身の知的能力に疑問を投げかけているのと同然である。社会生活をするすべての昆虫は、温暖な気候の中で以前は露天に巣を作っていた単独の昆虫から進化したものである。

こういった原始的な営巣行為の例は、いまだに時折起こっている。だから、昆虫は進歩しないということは事実ではない。彼らは高度に組織化された社会を築いた。これまで、千種以上の社会生活をするスズメバチと一万種以上の社会生活をするミツバチが確認されており、それぞれの種はその独自の社会性を持っている。彼らが第三紀の初期もしくはその中期以来、巣作りや生活の方式を変えていないとすれば、それはそのようなはるか昔にすでに完成の域に達していたからなのである。このことは、その自然生息環境での大半の動物――全部ではないにせよ――に当てはまるのである。人類だけが絶えずしかも無思慮に変化し、追求していると称している完成の域からさらに遠ざかり、その過程において自己の種の退廃を促進しているだけなのだ。

ナチュラリストのヴェルレーヌは、ベルギー領コンゴで、卵を生みつける泥の巣室を作っている単独のスズメバチを観察した。そのスズメバチは、巣室を作りながらいろいろな変更を加えていた。たとえば、屋根を何度も載せていたが、修正をするためにまた取り除いたことなどである。新たな状況に遭遇するために、はっきりした独創性が触発されていた。巣室が崩壊したとき、スズメバチは残されていた一面の壁を利用して、新しい巣室を建設した。ヴェルレーヌは、この昆虫の行動が絶えず変化することだけでなく、その記憶力にも感心した。一度修繕が四時間遅れて行われたが、その間はスズメバチは巣室を訪れることができなかった。アリの場合は、その一生のうち四時間は、人間の一生の何カ月にも相当するのである。

アリやシロアリは、ミツバチよりも一層複雑な組織を持っている。両者とも農耕の段階に到達している――つまり、キノコを栽培するのである。アリが世界各地に――砂漠や沼地にさえ――ふんだんにいるのは、彼らの社会的組織のみならず、あらゆる食糧源をうまく利用していることによるのである。注意深い家庭管理者である彼らは、放棄された場所にごみの山を作り、そこに家庭のあらゆる厨芥や仲間の死体を運んでくる。彼らはパストゥールに先立つ何百万年も前に、居住環境を清潔にしておかなければ、大集団の動物は健康な状態で一緒に生活できないことを発見していたのである。

東洋やアフリカのアリの中には、その樹上の巣を、幼虫の唾液腺から出る絹糸状の粘液で木の葉を縫い合わせて作るものがある。葉の縁を合わせて支えている者があると、そのそばで絹糸を分泌する幼虫をあごにくわえて一方の葉から他方の葉へ往復し縫い合わせる者がいるのである。

アリやシロアリには、ある種の「人間的な」特徴が発見されることがある。この特徴をモーリス・メーテルリンク――ノーベル賞作家で、フリッシュがミツバチを観察したようにアリを観察したが――は、他のあらゆる昆虫だけでなく人間自体よりも組織としては優れていると考えた。広く分布している種のアリ（学名フォルミカ・サングイネア）は、奴隷所有者の生活をしており、類縁関係にある種のアリの幼虫をさらってきて、奴隷として養育する。奴隷は主人の食物を咀嚼し、食べさせねばならない。また他の種のアリで牧畜の域に達しているものがある。彼らは完全に飼い慣らされた「アリの牝ウシ」（アリマキ）の大群を飼育し、それから体内の糖液を「搾乳」するのである。

際立った建築上の独創性が見られるのは、ビーバーが泥や石や木の幹で作るダムである。これで彼らが住んでいる水が底まで凍らないだけの深さにし、水中に巣を作って敵の侵入を防ぐ。彼らはその完璧な建築を、最初の直立猿人が地上を歩いた何百万年も前に作っていたのである。

知能と組織化の才能が明瞭に表れているのは、鳥のきわめて統制のとれている飛行編隊である。

セグロカモメは、ウニやハマグリをくちばしでくわえて高くまで上げ、岩の上に落として殻を割り、中身を食べる。

通常人間は、ダチョウを鳥のばかさ加減の象徴として挙げる――つまり、見つからないようにと砂の中に頭を隠すという行動がそれである。アフリカの猟人たちは、私に違った話をしてくれた。一群のダチョウが追跡されると、その中の一羽が群から離れ、負傷をしたふりをして目立ってびっこをひく。これは追跡者の注意を群のほかの鳥から引き離そうとしているのである。これが盲目的な本能であろうか？

それに、農夫が近づかないことがわかっているので、種蒔きを終えたばかりの畑のなかに子ギツネを――走ることができるまでの期間――置き去りにする牝ギツネはどうだろう？

クマがタイプライターが打てないからというだけで、ばかだと言うわけにはゆかない。この欠点があるから、確かに事務員としては不向きではあろうが、一方クマは暖房も食物もない厳しい冬を切り抜けて生きるすべを知っている。秋の間に乾燥したマツの針葉を食べて、直腸を塞ぐ。これをきわめてゆっくりと消化して最後に排便を止めてしまう。その後クマが食べるものはすべて体内に保存され、冬眠の間その栄養価を十分に利用するのである。誰がクマにこんなことを教えたというのか？　それに、顔を見る鏡も持っていない北極グマが、アザラシに近づくときには氷原に自分がいることを覚られないように、体の中で唯一の黒い箇所である鼻に雪を塗って白くすることを、誰が教えたというのか？

たとえば、ラットやゾウのような種の動物は、脳の重量を自慢している人間よりも、脳の重量の体重に対する比率が大きい。まったく異なった種の知性を比較することは無意味であるが、人間以外の霊長類あるいは類人猿――チンパンジー、オランウータン、アカゲザル、ヒヒ、キヌザル、キツネザル――の知能と人間の知能との比較はできる。しかし、知能の個人差を考慮に入れれば、どんな種でも天才と白痴はいるのである。

サルはわれわれに似通った身振りと、これまで約八十語が確認されている言語を用いてお互いの意思伝達ができる。通常の成獣のサルの知能は、人間の五歳から九歳の間程度の知能である。しかしサルの神経系は、人間よりももっと細かく脆いもので、われわれよりも苦痛を感じることができるのである。人間の新生児は六カ月になっても、ほとんどあるいは全然感受性を持たない。しかし、新生児を実験対象にすることを認めようなどとは、誰しも考えないであろう（病院の狂気の実験者たちが許可なしに続けてはいるが）。それならば、なぜ成長したサルに対する実験を認めているのであろうか？

人間の肉体面知性面での成長は、大半の動物に比べるときわめて緩慢である。人間は約二十歳になるまでは――その頃にはある種のサルは老齢で死亡してしまうのだが――完全な肉体的能力には到達しない。また完全な知的能力に到達するのは、四十歳過ぎである。かりに少数の人間が高度の知的成長を達成することがあるのは事実であるとしても、すべての動物の中で、人間が一番物覚えが悪いこともまた事実である。大半の動物は生まれたときから歩ける――ニワトリ、四つ足の動物、サルに至るまで。

イギリスのリチャード・D・ライダー博士は、イギリスとアメリカで動物実験をし、その後オックスフォードのウォーンフォード病院の主任臨床心理学者になったが、つぎのように明言した。「私は一部の人間は、知能面では多くの点で賢いチンパンジーに劣ることを見てきた――これは心理学者として言っているのである」 サルを専門とするアメリカの動物実験者H・W・ニッセン教授は、「人間と他の霊長類の感情と行動の動機との間には、なんら基本的あるいは質的な相違はない」と述べた（一九五四年『人間の生理学』第二六巻）。

また、ウィスコンシン大学霊長類研究所のハリー・F・ハーロウ教授は、『臨床医のための動物行動からの教訓』（一九六二年）の中でこう書いた。「アカゲザルは、学習過程を分析する際にもっとも有用な動物である……それは人間の標準知能検査で用いられる項目と類似した多くの問題に解答できるからである」

ハーロウ教授は、サルを用いる利点を指摘している。

「サルは出生の際には、人間よりも知的にはるかに成熟していて、人間の子供が習得するのに数カ月かかる程度の運動機能を有している……大半のサルは何週間も何年も続けて数時間のテストができる……人間には課すことができない条件も課すことができる。長い期間にわたって社会的感覚的機能を奪うこともできる……また脳を損傷することもできるのである」

サルが人間に類似していることを十分に承知しながら、ハーロウ博士は自分の管理している霊長類に外科手術や外傷性・電気的・心理的ショック、および他の実験を行ったが、もしこんなことを人間に行ったら、極悪非道の犯罪者という烙印を押されるであろう。彼は一連の実験を考え、何十匹もの赤ん坊のチンパンジー——性格の点で人間に一番近いが——を出生のときに母親から離し、金網の檻に五年から八年の間入れて隔離した。また隙間のない壁で囲まれた小部屋に一匹ずつ隔離して、数年間は他の生物を見せないようにしておいたサルもあった。その行動は、一方通行のスクリーンに写して観察された。多くは型にはまった強迫感にとらわれている行動を増大させた。視線を動かさずに前方を見詰めたり、両手で頭を抱え、長い間体を揺ったりした。あるいは、「その動物は、血の出るまで体を嚙んだり食いちぎろうとした」

彼とはまったく異なった種類の科学者で、カリフォルニア生まれの微生物学者であるキャサリン・ロバーツ博士は『科学の良心』（一九七三年）の著者であり、博士はつぎのように見解を述べた。「こんな実験を行って愛情に関する知識を得たいなどということは、ばかげているだけではなく、他のこともそれでわかる。つまり、研究していると信じている問題についての理解力の重大な欠如がわかるのである」

一九六一年にハーロウ博士に供与された約二百万ドルの助成金のうち、一六六万四五四〇ドルは、霊長類センターすなわちサルの飼育園の建設に充てられた。残りは彼の実験資金であった。彼の「専門的な」指導のもとに、この園で生まれた雄ザルのぎこちない求愛の試みについての記録がとられ、「養成された」監視員が赤ん坊のサルが檻に入れられた回数や、彼らが親指を吸っているかいないか、あるいは好きな食物を与えないときに性器を舐めているかどうかを観察した。であるから、この教授は『比較生理心理学雑誌』（一九六二年十二月号）でつぎのように述べたとき、無根拠のことを言っていたのではない。「大半の実験は行うだけの価値はなく、得られた大半のデータは公表するだけの価値はない」連邦の資金を分配する役目の人間は、明らかにこの教授の心底が読めなかったようである。彼の名宛に供与されたその年の助成金は、総計七十万八三〇〇ドルに上っていたのである。

この教授は、まぎれもなく自分の業績がこの上もなく重要であると考えているが、この見解は、自分自身の脳の状況について不当に思い煩わない人びとの大半にとっては、同調しがたいものである。だがハーロウ教授は、サルの脳を損傷することを許されているのに、サルには大して愛情を抱いてはいない。『今日の心理学』（一九七三年四月号）に掲載された会見記事を読むと、サルに対するほとんど一生にわたる彼の実験の本質だけでなく、彼の性格がわかって面白い。赤ん坊のサルを母親から引き離すことを残酷と考えてはいないのか、とりわけ実験結果は大して役に立つとは思えないのに、との質問にハーロウ博士はこう答えた。「私は自分を心の優しい人間だと思っているが、サルはどうにも好きになれません。サルは人間を好きになってくれませんし、私は愛情を返してくれないような動物を愛することは不可能だと思います」

この教授は——つぎの仕事が電気ショックによって精神分裂症のサルを作り出すことであったが——おそらく動物実験面では評価は最高であるかもしれない。しかし、脳に関する実験はやっているかもしれないが、もしサルが自分に拷問を加える人間を愛してくれるだろうなどと期待しているとすれば、心理学と知能面では最低の評価しか与えられない。霊長類とこれほど長く接触していて、彼らも大きな愛情を示せる可能性を持っていることがわからないような人間は、鈍感であることを露呈しているのであって、このことは次代の人間を形成するのだと思い込んでおり、しかも「心の優しい」とみずから言っている人にとっては、まことに困ったことである。

情動性について

人間が動物を好む気持ちは自然な生来の感情であって、幼時に表れてくる。子供がハエの羽をむしったり、トカゲの尻尾をちぎったりするような無意識の段階からいったん成長してしまうと、その同じ子供は動物が好きになり、愛玩し餌を与えたいと望むようになる。どんな動物園でも、餌を与える時間は子供が一番楽しみにするときなので、ことさらに人目に触れるようにして行われる。親や環境が及ぼす影響が、この生来の傾向を助長することもあれば破壊してしまうこともある。その感情を嫌悪感へと倒転させるには、多少なりとも人為的に手を加えねばならない。

動物を保護したいという欲望は、彼らと友達になればどうしても生じてくる気持ちであって、彼らが敏感で知的な生き物であり、愛情深くまた愛情を求め、残酷で理解できない世界の中で無力であり、支配している人間の気紛れにまったく左右されていることがわかると、当然出てくるものなのである。動物を忌み嫌う人の考えでは、動物好きは病的な人間である。私にはまさにその逆であって、動物に対する愛情はもっと価値のあるものであり、無価値のものではないように思われる。

概して、動物を保護する人は動物に対して、すべての他の無力で虐待されている者に対するのと同じ感情を抱いている。それは、叩かれたり見捨てられている子供、病人、刑罰施設や精神障害者施設に収容されている人たちなどであって、現状を是正されずに不当な扱いを受けていることが多い。そして動物を愛する人は、彼らが「動物的」であるからではなく「人間的」であるから——つまり彼らが人間の特質を持っているので——愛しているのである。その特質は、人間が最悪のときではなく、最上のときに示すものである。
ともあれ、人間の動物に対する愛情は、動物の愛情をかちえた人間に対する動物の愛情に比べれば、強さと完全さの点でつねに劣っている。人間は動物の兄貴であって、動物のほかに心を取られることや活動することや興味を持つことは無数にある。しかし、人間を愛している動物にとっては、その人間がすべてである。このことは、寛大で性急なイヌだけではなく、個人的な努力や多くの忍耐心がないと親愛な関係を結ぶことが難しい特殊な動物にもあてはまる。

だが、いったん親愛な関係が結ばれてしまうと、生来おずおずしている動物がその愛情を他の主人に移すことはきわめて稀である。ネコが他人の手に渡ったあとで、たとえその新しい主人がいい人間であっても、食物を食べようとせず死んでしまった事例はいくらでもある。彼らの場合は、愛着心が本能よりも強力なのである。

動物が人間に対して抱きうる大きな愛情の可能性ということは、それを経験した人をつねに驚かせる。フランスの作家セルジュ・ゴロンは、一頭のゴリラの赤ん坊でこのような経験をしたが、そのゴリラはベルギー領コンゴで狩猟中に孤児になったものであった。

瀕死のゴリラの母親を見たとき、ゴロンはすでに悔恨の情に駆られた。胸を撃たれた母親は傷口を手で押さえ、手に着いた血を見てまるで人間のように泣き出した。彼女はハンターたちを訴えるような目で見た。そして赤ん坊を森に隠した。だが原住民がそれを見つけ出した。雄の乳飲み子であったので、ゴロンは自分の農園に連れて帰り、哺乳瓶でそれを育てた。その子供は間もなく自分の継父に強い愛情を抱くようになり、彼の手からでなければ餌を食べず、ほかの誰とも遊ぼうとしなかった。家の中で暮らしていて、時折ゴロンの膝に飛び上がり、愛撫してもらいたがった。ゴロンが外出するときはいつでも、まるで人間の子供のように泣いた。一年後、ゴロンはブラザヴィルに数週間出かけねばならなくなったので、そのゴリラの子供を地元の獣医に預けた。しかしゴロンが不在の間に、そのゴリラは死んでしまった。

そのゴリラは、ゴロンが出かけたあとは物を食べようとはしなくなったので、無理に食べさせなくてはならなかった。獣医はそのゴリラは傷心のあまり死んでしまったのだと信じていた。継父が立ち去って行った道を何時間も続けて見詰めていたり、ゴロンの家では自分の故郷である森のほうをいつも眺めていた。ある日、彼は獣医の家から逃げ出して、ブラザヴィルへの路上で死んでいるのが発見されたのである。

イルカは、最近動物実験者の気を引くようになった種類の動物である。この場合もまた、今日の自称「科学者」よりも詩人のほうが数世紀先んじている。古代の伝説には、子供とイルカとの友情や、溺れている人を救助して岸に運んでやったイルカの話がある。今日では、こういったことは単に伝説ではないことをわれわれは知っている。イルカはとくに人間が好きであって、容易に馴らすことができる。

イルカはその尖った鼻の先で、簡単に人間を打ち殺すことができるし——これはサメを撃退する彼らのやり方であるが——また、その鋭い歯が生えている強力なあごで、人間を二つに食い切ってしまうこともできる。しかし、イルカが人間を攻撃した例は、たとえ防衛上当然と思われる場合でさえ、一件もない。それは、脇腹に銛を打ち込まれている場合でも、また例によって頭に電極を埋め込まれて科学の名のもとに殺戮される場合でもそうである。事実、イルカがきわめて知能が高く、その体長に対する脳の相対的重量が人間に似ていることがわかってからずっと、「研究者」たちはイルカを放置しておくことができないでいる。彼らは何とかしてイルカと「意思を通じ合おう」としている。だから、この動物もまた絶滅に瀕しているのである。

実際指摘しておかねばならないことは、エーゲ海を泳いでいてイルカと友情を結んだことのある子供なら誰でも、動物実験者などよりはイルカについての知識があるということである。

数年前、カナダの生物学者で自然研究家であるファーレイ・モウワットは、オオカミがシカの減少の原因であるとする狩猟協会の主張を調査することを、州野生生物局に委嘱された。狩猟家たちの考えていることは、州政府がオオカミを絶滅させて、自分たちがもっと多くのシカを射殺できるようにせよということであった。ファーレイ・モウワットの冬季調査の基地となったマニトーバ州北部のブローチェットで、地元の人びとは、ほんの二十年前までは毎冬五万頭のトナカイを殺すことができたのに、現在では低空飛行の飛行機で狩猟しても二三千頭殺せれば幸運なのだと言って不平をこぼした。モウワットは、ハドソン湾西岸の北方にある北極直下のキーワティン・バレン・ランズで、長期にわたる孤独な観察調査に入った。そして数カ月間周囲を展望する高倍率の望遠鏡を用いて、オオカミの家族の行動を観察した。そしてその結果を、著書『叫ぶオオカミ』（邦訳『オオカミよ、なげくな』小原秀雄・根津真幸訳、紀伊国屋書店、一九七七年）の中で報告した。

モウワットにわかったことは、古代から人間が裏切りと邪悪の象徴として選んできたこの動物は、まさにその正反対であるということであった。彼がとくに重点を置いて観察した一組のオオカミの夫婦は、人間の夫婦の模範となりえたであろうほどだった。つまり、お互いに誠実で、情愛が深く、細やかな気配りをし、また模範的な子育てをした。彼らはユーモアの感覚に優れていることさえ示したし、厳格な一夫一妻制で、きわめて責任感のある親であった。

　彼らは決して子供を置き去りにすることはなかった。雄や雌が遠出から戻って来ると、それが短期間であっても、再会の喜びを大げさに示した。しかしオオカミの性活動は一年で三週間に限られている。一度近辺にいるキツネの一家が、オオカミが隠した肉を掘り起こしたことがあったが、オオカミはまるで面白がっているかのようにそれを遠くから眺めていて、邪魔もしなかった。モウワットは、オオカミはそうしようと思えば——われわれ人間が長い血の歴史のなかで何度もそうしてきたように——盗賊どもとその子供たちを簡単に殺すことができたであろうと言っている。


　モウワットは、オオカミの主要な餌はハツカネズミであって、シカの減少には何も関係はないはずであることを確認した。なぜなら、健康なシカなら、一番早く走るオオカミを速度で凌ぐからであった。モウワットが一度だけ見たのは、二十三頭のシカが通り過ぎたとき、オオカミは攻撃しようとする様子を多少示したが、子供のシカでも何の苦もなくオオカミを避けたことであった。草原では、オオカミはトナカイを絶えず走らせて、彼らを健康にするのに役立っているのである。オオカミが捕らえられるのは、病気か年寄りか傷付いたトナカイである。動物園では激しい運動をしないため、トナカイは病気になる。

　狩猟家たちは、モウワットの報告に激怒した。とくに白人が銃を持って北部地方に現れる以前の一万年ほどの間、オオカミはトナカイを餌食にしていたが、別にその数を大幅に減らすことはなかったと彼が指摘したからであった。それで彼らはモウワットを「オオカミ愛好者」と呼んだ。

　ファーレイ・モウワットの報告にもかかわらず、カナダ野生生物局は、「オオカミの個体数抑制」の方針を継続して守り、数人の捕食動物管理官を雇い、スキーを装備した航空機でキーワティン・バレン・ランズを巡回させ、オオカミがいると思われるねぐらの周囲に青酸カリの「オオカミ捕り」を仕掛けさせた。

　現在では、オオカミは絶滅に瀕している種である——間もなくトナカイにその番が回ってくるだろう。

憎悪感

　どんな観点にもその逆の側面がある。もし光がなかったら陰はわからないだろう。だから、憎悪がなければ愛情もありえないだろう。

　動物に対する憎悪は、動物に対する愛情と少なくとも同程度に広く存在しているが、これは隔世遺伝の遺物であって、森の野獣が人間の生存をおびやかしていた原始時代にさかのぼるものである。今日ではこの憎悪感は、ほとんど無知――恐怖と憶病を生み出すもの――が原因になっている。この理由で、動物に対する憎悪は無教育な人びとの間に、そして、大人が何でも見慣れないものを恐れる自身の盲目的な恐怖心を子供に植えつけ、子供の生来の同情心を習慣的な憎悪へと変えてしまう、文化的に遅れた地方や国にはびこっている。動物に対する憎悪は、人種的憎悪が伝達されるのと同じ意識的なやり方で伝達される。動物憎悪者は、たいてい動物憎悪の親から生まれるものである。

知的に未発達な人間がイヌを恐れるのは、少なくとも一つには、恐水病すなわち狂犬病を恐がっているのだという説明はできる。しかし、この伝染病は西欧ではきわめて稀なものになっているのである。それよりも広汎に存在するネコに対する憎悪は、もっと説明がつかない。しかし、実験所におけるとくに残酷で無意味な実験の犠牲者がたいていネコであることは、たしかに偶然の一致ではないだろう。

私は以前、人間の手によって動物が被っている無数の虐待行為についてはまだあまり知らなかった頃、チューリッヒ大学の仲間の学生の一人で、きわめて穏やかな若者がつぎのことを明かしたので、当惑してしまった。つまり、彼はネコが大嫌いで、一匹捕まえたときはいつでも、車のバンパーと立ち木の間にそれを縛り付け、引き裂いてしまうというのであった。彼はこの憎悪の理由が説明できなかったが、「本能的なもの」だと定義した。

ネコは複雑な動物でイヌよりも理解しがたく、したがってその良さを認めにくい。イヌのほうは、その人間に対する愛情は限りないものであって、飼い主の手からどのような不当な扱いを受けても、素直に服従する。一部の人がイヌを好んで飼う主な理由は、何でも命令に従う者がいると、自分のエゴにとって気持ちがいいからなのである。しかしネコは人間の虚栄心には媚びない。ジョージ・バーナード・ショウの言によれば、人間はネコを理解する程度に応じ、それだけ自分は文明化されていると考えてよいとのことである。

ネコが独立心を持ち、人間にへつらおうとせず、靴で蹴ってもその靴を舐めようとしないという態度を許せない人が多い。だが、ネコは自分はお客であって奴隷ではないと考えているのである。ネコの愛情は餌で買うことはできず、友情と尊敬でしか買えない。

数世紀続いた無知蒙昧の時代は、人間の知性と人道的理想にとってこの上もなく暗いものであったばかりか、動物にとってもまた暗いものであった。そしてネコは一番ひどい目に遭わされたのである。かつてはヌビア人、それからエジプト人によって偶像視され、ギリシア人には賛美され、ローマ人には愛玩されたネコは、中世には呪われた生き物となり処刑される運命にあった。一四九四年には、教皇インノケンティウス三世の命により、何万匹となく殺され、飼い主たちは魔術を行っていると非難されたので、自分もネコと同じ運命に遭わないように、飼いネコを処分しなければならなかった。

動物に対する憎悪は広く存在し、いろいろな側面を持っている。

一九七四年八月二十三日付のロンドンのデイリー・テレグラフ紙は、合衆国でいまだに非合法の闘犬——毎年約千件——が行われているという記事を掲載した。通常スタフォードシャー・ブル・テリア犬で、人間に死ぬまで戦うように訓練されたイヌが戦い合うのを見るのは、きわめて嗜虐的で残酷なものであるが、このイヌに殺人者の本能を植えつける訓練方法はさらにひどいものである。ある好事家は、闘犬の訓練に子ネコを使っていた。「さて、殺そうと待ち構えているイヌの中に、子ネコを一匹投げ込んだだけではだめだね。気違いのようになって、それだけでは収まらなくなるからね」と、この専門家は新聞記者に語った。彼が示唆した方法は、先ず子ネコの爪を切っておいて、袋に入れ、袋の穴から足の先が出るようにする。それから袋をイヌがもう少しで足が届く場所に、ばね仕掛けに吊しておく。イヌはネコがくたびれ切ってしまうまでいじめるのである。「ネコが袋の中で相当痛めつけられたら、それを降ろして、翌日までそのままにしておいて、それからイヌの中に投げ込んで殺させるのさ」

極北地方では、人間がオオカミを容赦なく追いかける際に、軽飛行機がよく用いられ、開けた場所や凍った湖の上でオオカミを見つけ追跡するが、これではこの戦いは人間のほうに分があるのは当然である。飛行士たちは獲物が倒れてしまうか、時には弾丸で殺される前にさえ死んでしまうまで追いかける。ファーレイ・モウワットの報告によると、ある飛行士はこのスポーツにきわめて巧みであって、飛行機のスキーでオオカミを打ち倒すことができたそうである。しかし一度、いたぶられたオオカミが反撃をし、空中高く飛び上がり、スキーの片方を食いちぎろうとした。オオカミはその結果スキーと衝突して死んでしまったが、機上の二人の人間も死んでしまった。この事件は狩猟雑誌に、オオカミの狡猾で危険な性質と、それに対抗しようとした人びとの偉大な勇気の事例として、報道された。「こんなことは」と、モウワットは述べた。「言うまでもなくお定まりの言い方である。人間が(他の人間たちを含む)動物の無思慮な虐殺を行っているときはいつであろうと、またどこであろうと、相手方に一番邪悪でいやらしい性質を着せて、自分たちの行為を正当化しようとしてきたのである。そして、虐殺に理由がなければないほど、行動を大げさに表現する宣伝をするのだ」事実動物に対する憎悪は、つねに知的な鈍さと一体となっているのだ。

動物と親しくなれば、彼らを不当に支配しようとしないかぎり、必ず好きになるものである。動物に対する愛情が憎悪に変わった例は聞いたためしがないが、その逆の例は多くある。狩猟家たちの中には、動物を追い求めている間にどうしても彼らを観察せざるをえなくなり、そのうちに殺すことに次第に気が進まなくなって、ついには国立公園の監視人になり、彼らを保護しようと望む者が多い。

動物実験者には、動物に対する知識が深まることで、彼らを愛し尊敬する結果となるこのような自然の経過には、煩わされない者が非常に多いようである。

すでに述べたウィスコンシン大学霊長類研究所長のハリー・F・ハーロウ博士は、少なくとも一つの長所は持っていた。それは正直であるということだ。自分たちは非常な動物愛好家で、苦痛を与えなければならない動物の犠牲者以上に自分が苦しいと主張しているスイスの同僚たちとは対照的に、ハーロウ博士はピッツバーグ・プレス紙（一九七四年十月二十七日）に率直に語ったときは、自分の感情をいささかも隠してはいなかった。

「私が気にかけていることは、私が公表できるような特質をサルが示してくれるかどうかということだけです。私はサルには何の愛情も持っていません。絶対に。動物は実際嫌いです。ネコは軽蔑します。イヌは大嫌いです。サルなどどうして好きになれるというのでしょう？」

動物に対する愛情が多くの動物実験反対者の考え方を規定してきたように――動物愛好者は、自分に拷問を加える人間の手を舐めるようなイヌのことを考えることは嫌であるが――動物に対する根深い憎悪が、動物実験賛成者に顕著であることが多い。ハーロウが公然と認めたように、中には内々私に、自分は動物に反感を持っていると言う人がいる。そのような連中の二人は、製薬産業を賞賛する記事を書いているイタリアのジャーナリストである。「動物がどうなろうと私の知ったことではありません」とその一人が私に話した。そしてもう一人は、「動物の苦しみなどどうでもよいことです。なぜ苦しんではいけないというんです？　私の関心は、動物が食べてうまいかどうかということだけです」

私には一つのことは確かだと思われる。サディスト――同時にまた動物憎悪者であるが――にとって、動物実験は何というありがたいものかということだ。

同情心

イギリスの生理学者ジョージ・ホガン博士は、自分がクロード・ベルナールの実験室で目撃した一つの出来事を述べている。手術の結果、下半身が麻痺した一匹の小さな雑種犬が手術台から外されて、床の上に置かれていた。そのイヌは、数日前別の実験のために盲目になり観察中であったレトリーバー犬のほうに苦労して体を引きずって行った。そのイヌの目は腐敗しかけていた。盲目のイヌは何とかして身を起こし、半身が麻痺した雑種犬のほうにおぼつかない足取りで歩いて行き、尾を振った。実験室の他の人間はその光景に誰も気付いていないようであった。それでホガン博士は心を動かされ、つぎのように書いた。「イヌ同士の同情を示すこの感動的な仕草には、人間が恥じ入るほどであった」。

動物実験者は、正気の人間から見れば、まさかそんな感情が人間に存在しているはずがないと思うような側面を見せることがある。実験者の中には、「本当の憐れみとは、人間に対する憐れみだ」というような詭弁を用いて、何とか自己を正当化しようとする者がいる。これは憐愍という観念が彼らとはいかに無縁のものであるかを示している。まるで憐愍に異なった種類のものがあるかのようだ。

自分自身の種族に対する憐れみが、他の種族に対する憐れみよりもなぜ立派なことなのかを説明した者は、これまで誰もいない。区別をしたいというのならば、同族に対する憐れみのほうが価値が低いと考えられるかもしれない。なぜなら、それには功利主義的な態度、結局は――無意識ではあろうけれども――集団の結束の便宜を考慮に入れている態度があるのではないかと疑われるからである。しかし、おおむね動物に対する同情心を主張する人は誰でも、このことが人間に対する同情心の主張よりも重要であるからではなくて、動物は声もなく投票権も持たず、人間の卑劣さはあまりにも奥深く、それを隠蔽している偽善は人類にとってあまりにも大きな恥辱であるからと信じて、そうしているのである。そして究極には、動物に力を貸すことによって、われわれはまた人類に力を貸すことになることが明瞭になるだろう。

動物の保護が進んでいるすべての国、たとえばスウェーデン、デンマーク、イギリスなどでは、病人や老人や未婚の母や見捨てられた子供に対する保護もまた進んでいる。同情には一つの種類しかないのである。しかし、動物実験を主張宣伝する人たちは、動物に同情心を持てる人は誰であろうと、同様に仲間に対する憐れみの感情――憐れむ価値がある場合であるが――を持ちうるのだということを知らないようである。実験に対する助成金が与えられなかったといって絶望して泣く動物実験者は、われわれの憐れみなどは期待できない。

多くの動物実験反対者は、人類に対する奉仕でも抜きんでていた。チャールズ・ベルは、ワーテルローの戦闘の負傷者を看護するという明確な目的で、ヨーロッパに行った。アルベルト・シュヴァイツァーは、その生涯の大半を、密林の中の病院で貧困な黒人の治療に捧げ、その一方自己の博愛活動の資金を集めるために骨の折れる演奏旅行を行ったのである。最初の動物実験反対運動の創始者の一人であったイギリスの枢機卿マニングについては、イタリア百科事典でさえも、「彼の貧困者に対する愛情は非常なもので、その社会事業はまことに実りのあるものであった」と注記している。そしてまた、イギリスに設立された最初の動物保護組織である動物虐待防止協会（RSPCA）には、他の人道的な運動ですでに知られていた人名が大半含まれていた。たとえば、奴隷貿易廃止運動に主として関連したウィリアム・ウィルバーフォース、そして刑法改革者であるファウエル・バクストンとジェイムズ・マキントッシュの両名である。

私の父は昔、両顎に仲間の死体をくわえて運んでいるアリを指差してこう言ったものである。「見なさい、彼等は仲間を見捨てはしない。何か儀式をして埋葬するかもしれないのだよ」 今日では、こういったアリが仲間の死体を移動させるのは、衛生的な理由からだけであろうということをわれわれは知っている。しかしまた、アリは生きている仲間にも力を貸し、外科手術さえ施すことも知っている。

一九七三年三月の新聞報道によると、ロシアの昆虫学者マレコフスキーが、アマゾンアリの集落を研究した数カ月間にわたる撮影の録画を映写していたとき、二匹のアリが一匹の仲間の体の瘤を切断し、三匹のアリがもう一匹のアリの横腹からトゲを抜き出しているのに気付いたとのことである。その手術は、アリ塚の前の場所で行われていた。外科医のアリが作業をしている間、集落の他のアリたちは患者の周りに円を描いていた。こういったことは、単にアリの知性の証拠であるばかりか、愛他行為の証拠でもある。なぜなら、外科医のアリは人間の社会の場合のように、手術後、ましてや手術前に、患者に高額な請求書を突きつけることはしないと、当然考えられるからである。

今日大いに流行している「行動主義」に関する、繰り返し行われたたいてい残酷な実験の中で、動物の人間性を「科学的に」立証したものもある。ロンドンのデイリー・テレグラフ紙（一九七〇年九月九日付）の報道によると、カーディフ大学のS・J・ダイアモンド博士は、動物の行動を研究していたとき、一匹のラットが溺れている仲間を助けようとしてレバーを押すのを発見した。サルは、食物を自分に与えてくれるが、同時に仲間にショックを与えるようなレバーを押そうとはしない。こうしてサルは、仲間を傷付けるよりも食物なしで済ますほうを選んだのである。ダイアモンド博士はおそらく驚いたのであろうが、「この種の実験で、人間以外の動物にも一種の愛他行為が存在することが示されたようである」という結論を得た。

動物を本当に知っている人なら、動物実験研究者などはまったく知らない特質、すなわち同情心を動物も具えていることをダイアモンド博士に知らせてやって、博士の電気料金を節約する助けとしてやれたであろう。

鳥は、樹木の中で自分にとって一番肝心な空間である特定の場所を領土として守ることで知られている。その場所を占有し使用するため、仲間同士の間で血闘が生じることがある。しかし、通常負傷した者は死ぬまで放置されることはない。傷は泥を塗ってうまく治す。ヤマシギとセキレイはこの行為をすることで、昔から知られてきた。現在ではコマドリもそれに加えてよかろう。

事実コマドリは、どこでも鳥類学者の興味をひいている。例によって、たった一人の観察者でも、動物実験者を全部寄せ集めたよりも多くの知識を科学に与えることができる。根気強い観察と長期にわたる録画で、とくにつぎのことがわかった。すなわち、負傷したコマドリは直ちに看護を、それも通常戦闘の勝者によって受けるということで、看護のコマドリは、犠牲者に数カ月間餌を与え、たとえそのことで移住飛行の機会を逃し、生存の危険を冒してもそうするということである。これが本能と言えるであろうか？ 本能ならば、鳥は真っ先に自分自身の身の安全を考えるであろう。

動物学者のヴィットリオ・メナセは、イタリアの月刊雑誌『動物と自然』に興味のある事柄を報告した。自動車運転者の行動に関するある調査で、交通の激しい大通りで偽の交通事故が演じられたことがあった。壊れた車のそばに、見たところ血だらけの衝突犠牲者が置かれた。何百人もの運転者はそのそばを通り過ぎただけで、中には事故現場から早く遠ざかろうと速度を上げた者もあった。しかし今では誰もが知っていることだが、われわれの高度に文明化された社会では、交通の激しい大通で、救助が行われなかったために人命が失われることがあるのである。

「この記事を読んで思い出したのは、レニャーゴで目撃した出来事であった」とメナセは書いている。北イタリアにあるこの地方では、ひな鳥が土地の人びとの好物の料理の材料になっている。「一羽の傷付いたスズメが、道路の真ん中に身動きもせず横たわっていた。その周りをほかのスズメが取り囲み、車の往来もお構いなしに、何とか安全な場所に運んでやろうとしていた。一人の運転者が車から降りて、交通を止めた。ほかの運転者たちも降りてスズメたちを囲んだ。ゆっくりと、非常な努力をして、小さな鳥たちは負傷者を道路脇へと運び、そこから近くの草むらへ移してしばらく休んでいた。ついに、集団でまた非常な努力をして負傷者を持ち上げ、最寄りの庭の塀を越えて飛んで行った。この出来事は一考に値するものである」と、メナセは続けている。「この羽毛の生えた小さな生物の中には、ひきわりトウモロコシの料理の味付けをするための二三オンスの肉だけではない何かがある。この出来事ではっきりわかったことは、彼らをただ成長するだけで何の感情もない生物だと考えてはいけないということだ。小さなスズメは、人間に狩り立てられてはいるが、あんなに大勢の人びとの面前でも、仲間を救おうとしたのだ。人間がふだんと違って情けをかけてくれたことなど気が付いていたはずがない」

動物がお互いに心配りをし気遣いをする証拠は、いくらでもある。ネズミは食物に毒が入っていることがわかると、それに糞を被せて、比較的無神経な仲間に警告する。

野生状態で捕獲された動物は、たいてい動物園では交尾しようとせず、もっとも強力な自然本能を抑える。それは自分の子孫が捕らわれの身で成長することを望まないからである。中には、出産をしても、子供が死んでいるほうがいいと思い、育てようとはせず殺してしまう者もある。しかし自由な状態では、彼らは模範的な親なのである。

人間は、動物がその本来の生息環境で子供を育て保護し、抑圧せずに独り立ちさせようとする知恵と自己犠牲の態度を手本にしうるであろう。子供が成長すると、親は子供を放棄してしまったような振りをするが、遠くから彼らを見守り続け、本当に困った状態にいるときはすぐ駆けつけて助けてやるのである。トラはこの点で有名である。

ドイツの医師エルヴィン・リークは、『ある医師の見解』の中でつぎのように述べている。「ある水族館で、一匹の大きなエビが仰向けにひっくり返って、その重い甲羅のために姿勢を直すことができなくなる。仲間が救助に駆けつけ、いろいろとやってみて、うまく立たせることができるようにする……南米では、ヴィスカチャというウサギに似た動物が農作物を荒らす。農夫は定期的にその地下の坑道の出口を塞ぎ、閉じ込めてしまう。農夫が立ち去るとすぐに、他のヴィスカチャが大勢でやって来て、彼らを救出するのである。これは、愛他行為と隣人愛の明白な例である。多くの動物は、幼い孤児を養子にする」彼らは他の種族の子供を養子にすることさえある。ネコは親なしの子イヌを育てることもある。

チャールズ・ダーウィンの祖父で、博物学者兼医師で詩人でもあったイラズマス・ダーウィンは、エビが脱皮するため防御が弱体になるときは、他のエビが絶えず見張りをしていることを観察記述した。彼はまた、ペリカンが盲目の仲間に餌をやっているのを見たことがあった。魚を海から運ぶのに三十マイルも飛行しなければならなかったのであるが。

イギリスのある坑夫が、二匹の大きなネズミが一本の藁の両端をそれぞれ口にくわえて、道端をゆっくりと進んでいるのを見たことがあった。坑夫はその一匹を棒で殴り殺した。驚いたことに、あとの一匹は動かなかったので、坑夫は屈んでよく見ると、そのネズミは盲目であった。

サルは自分の身の危険を冒して、ハンターに射たれて傷付いた仲間を安全な所まで運ぶ。群れの一員が死んだときの悲しみは、あまりにも人間と似ていて心を動かされるので、つぎのサルを射たないハンターが多い。

私は自分の子供が飼っている三匹の子ネコが餌の鉢を離れて、一匹の重病の兄弟が苦痛で鳴いているのを気遣わしげに取り囲んでいるのを見たことがある。妻は「実験」をしてみようと思った。子ネコが餌の鉢を与えられたときに、彼女はベッドの上に横になり、まるで苦しんでいるような声で呻いた。すると果たせるかな、ネコたちは鉢を離れて妻のベッドに飛び上がり、彼女を慰めようとしたのである。

二匹の野生の動物が生死を賭けた戦いをすると、負けたほうはまるで慈悲を乞うかのように、降伏の印として腹を上にして動かなくなり脚を広げる。そしてたいてい慈悲をかけられるのである。

しかし、実験室ではそうはゆかない。

激しい苦悶

大体において、実験そのものは長い恐ろしい苦悶の一段階に過ぎない。

一九七四年に南アフリカで実施された調査によると、その前の二年間に地元の実験室に送られることになっていた五百頭から千五百頭のヒヒが、実験開始前に死んだが、そのほとんどは輸送中の喉の渇きと熱射病のためであった。この輸送の間に母親は乳飲み児の首を切ってしまうことがよくある。

ドイツ語で「アッフェンリーベ（サルの愛）」という言葉は、大げさな母親の愛情の意味である。であるから、サルの母親が自分の子供を殺そうと決心するまでに、どれほど絶望し悩むかは想像がつく。しかし、自分の子供が実験者の手にかかるよりは死んだほうが幸せだということがわかる程度の知能は、明らかに持ち合わせているのである。一つの疑問が残る。つまり、誰がそのことを教えたのかということだ。

実験室で一番使用されるのはチンパンジーである。この霊長類は人間にもっとも近いので、実験者のお好みの実験動物である。知能の高いヒヒや敏感なアカゲザルも需要が多い。すでに一九五五年に、タイムズ・オブ・インディア紙（九月十六日付）は、インドは年間二十五万頭のサル、主としてアカゲザルを輸出していると報道した。今日でさえも、研究用に供給される大多数のサルは、アフリカ、アジア、ラテンアメリカの森林で大がかりな猟を行って捕らえられる。したがって、人間の実験という愚行の増大の結果、いろいろな種の動物が絶滅の危機に瀕している。ロンドンの『医学ニュース』（一九七二年八月二十八日号）は、この問題に長文の記事を掲載した。

サルはたいてい子育てをしている母ザルを射殺して捕まえる。乳飲み子は瀕死の母親におびえてすがりつくので、簡単に捕まるのである。そこから苦難の道は始まる。檻に入れられ、往々にして地球を半周して輸送されるので、これらのおずおずして敏感な子ザルたちはますますおびえ、惨めな気持ちになる。檻にはぎゅうぎゅう詰めにされるため、多数が死ぬ。消化不良、肺炎、炎天に曝されること、窒息、喉の渇き、あるいは単に旅行による恐怖、ストレスなどが原因である。ロンドンのデイリー・ミラー紙（一九五五年一月四日付）が報じた一つの事例では、三百九十四頭のアカゲザルが、デリーからニューヨークへの輸送の途中、ロンドン空港で窒息死した。新年の浮かれ騒ぎで、誰も彼らの世話をする暇などなかったためである。

それ以来、事態はいっこうに好転していない。一九七二年五月二十九日、インドの福祉事業員のクリスタル・ロジャーズ女史は、インドのウッタルプラデシュ州のラックナウ地方の副弁務官に宛てて、彼女がラックナウ駅で目撃したことを詳しく知らせた。

「……檻は焼け付くような日向に置かれていて、サルたちは極度の疲労状態の徴候を示していました……多少苦労して、私は水を手に入れてきましたが、檻の中のからからに乾いた容器にそれを入れるのは不可能でした。サルたちが一滴でも水にありつこうと、押し合いへし合いをするものですから……私は意識を失っている二匹の小さなサルを檻から出しましたが、一匹はすでに死んでいました。もう一匹は水で何とか生き返りましたが、切り傷やほかの傷だらけで間もなく死にました」

平均して、実験所に渡されるサル一匹につき、あと四匹が狩猟中に受けた傷のためか、輸送の途中で死亡する。だから、一九七一年にアメリカの実験所だけで犠牲となった八万五二八三頭の霊長類には、約四十万頭の死亡が伴っていることになる。

ジョージア州アトランタのヤーキーズ霊長類センター所長のジェフリー・ボーン博士は、近著『ヒトニザルたち』の中でつぎのように書いた。「大型の類人猿たちは、その哺乳類の血統から進化するのに四千万年かかった。彼らが消滅すれば、永久に消滅するのであって、その消滅でわれわれの生活は淋しいものになるであろう」　もしつぎの事実を知らなければ、これはまことに心を打つ言葉であろう。つまりこれは、実験所の飼育センター所長の言葉であって、彼は多くの動物実験者の例に洩れず、ヒトニザルの絶滅を残念に思うのは、彼らが研究者のお好みの「材料」であるからなのだということである。

このような危機を防ぐため、アメリカでは約四万頭の霊長類が、その自然生育環境に似せて作った種々の飼育園で飼育されている。しかし自然の状態ではサルはきわめて多産であるが、実験所用に飼育されたサルは交尾したがらないために、需要の約一パーセントしか育たない。

ヨーロッパでは、「科学」実験所や大学教授が用いるイヌは、ほとんど自治体の捕獲人かいくつかの私企業者によって供給される。彼らはまた、体が弱っていて捕まってしまう野良ネコを集める。これは主として野良ネコの多い南ヨーロッパで行われている。ローマでは、野良イヌの常時の数は市の関係者によれば、十万頭から十五万頭、野良ネコは百万匹から二百万匹の間と推定されてきた。それらの多くは飼いイヌ・ネコであって、飼い主は休暇が近づくと捨ててしまうのである。もっと「進んだ」ヨーロッパの国々、たとえばスイス、イギリス、スカンディナヴィア諸国では、野良イヌ・ネコは稀であるので、大半の実験用動物はアメリカの場合と同じく、特別の飼育センターから送られる。それは、檻の金網と人間の暴力のほかは生涯のうちに期待できるものは何も知らず、生まれ、成長し、苦しむ不運な動物たちなのである。

実験動物にとっては、死ということが慈悲と楽園の同義語である。しかし彼らの大半——おそらく類人猿は例外であろうが——には、死の概念はない。だから、自分たちの苦しみには遅かれ早かれ終わりが必ずあるということを知る慰めすら持っていない。動物が自殺したという報告は稀である。明瞭な一つの事例が一九五四年七月八日付のセント・ルイス・ポスト・ディスパッチ紙に報道されたが、それには一頭の小さなイヌの写真が出ていて、そのイヌは実験所での恐怖に駆られて、ワシントン大学医学部の五階の窓から投身自殺をしたという記事があった。もう一頭のイヌは、手術台に縛り付けられている間に、心臓発作で死んだ。

幸福なイヌは、大体十四歳かそれ以上までは生きることができる。檻に入れられると、イヌは惨めさと何もできないという欲求不満で、実験材料にならなくとも三、四年以内に死ぬ。だが、実験所がイヌにそれだけの期間生きて欲しいと望んでいることは稀である。

ロチェスターの有名な病院の医師、チャールズ・W・メイヨー博士は、動物実験の批判者を相手にしての長口舌の中で、つぎのように言った。「経験を積んだ生理学者は、生物体の持っている統合性に深い敬意を抱いている」そして、付け加えて「彼は誰よりも、動物を用いる自分の研究成果の妥当性は、大方のペット動物以上に実験動物の世話を焼くことに究極的にはかかっていることを知っている。研究用の動物の圧倒的大多数が受ける世話とは、このような類いのものである」と言った。

大教授が仰せられる、まことに分別と道理のあるお言葉である。ただし、動物の肉体と霊魂を破壊しにかかる前に、できるだけ動物を良好な状態にしておこうという意図は、どうも賞賛しかねるが。しかしこの美辞麗句と、動物実験者が自分たちのやっていることを何とか隠蔽しようとして張っている煙幕を通して漏れてくる一部の事実とを比較してみよう。

皮肉なことに、一九七三年に私が得た最初の情報は、ほかならぬこのチャールズ・メイヨーの血縁者——ニューヨーク動物実験調査連盟の会長で、WOR放送で毎日ラジオ番組を受け持っているペギーン・フィッツジェラルド夫人——から与えられたものであった。フィッツジェラルド夫人は私に、ソニー・クラインフィールドと署名された記事を読むように送ってくれた。これはニューヨークの学生新聞ワシントン・スクエア・ジャーナルに掲載されたもので、その一部を引用してみる。

「九月以降、ニューヨーク大学心理学科の離断脳（左脳と右脳の機能を調べるために、動物の脳梁を切断すること）プロジェクトの一環として、七匹のサルが首枷をはめられた。『そんなことはひどい非人間的な行為で、まったく不必要です』と、ニューヨーク大学の卒業生で現在コロンビア大学に在学しているレニー・ウェイバーンは、大学のブラウン棟の十階にある実験室を訪れて言った。ウェイバーン嬢の抗議は、この計画の担当者で心理学科准教授マイケル・ガザニガ*に向けられた。『私は自分で檻を手に入れて持ってきてもよろしいと言いましたが、彼はそんなことは不必要だと答えました』　サルの三匹は、座った姿勢でプレクシグラスの首枷をはめられ、首を動かせないようにされていた。あとの四匹は小さな椅子に座り、首と腰を固定されて両手と両足を動かせるだけであった。サルたちは、九月にプロジェクトが開始されて以来、この姿勢のままであった」

＊（訳注）マイケル・ガザニガ『社会的脳』（杉下守弘・関啓子訳、青土社刊、一九八七年）参照。

その記事によると、ニューヨーク大学でこのような事態を許容したガザニガ准教授は、つぎのような弁解をした。「他の大学では、動物たちは完全に体が麻痺してしまい、痛みを感じてもどうすることもできないのです。だから、ここのサルの扱いは比較すればまだましなのです」

実験動物に関して、人間がいかに非人間化したかを示したこの新聞記事は、注目もひかず、サルたちは依然として首枷をはめられたままであったが、ついにペギーン・フィッツジェラルドは十二月十一日のラジオ放送で、サルたちの窮状を報道した。そのときになって、そしてそのときだけ、米国動物虐待防止協会とニューヨーク大学保健学科は処置を行った。不幸なサルたちに檻が与えられ、こうして彼らは「離断脳プロジェクト」が開始されるのを待つまでの間は、少なくとも首を動かすことができるようになったのである。

さて、フレッド・マイヤーズの証言から多少抜粋してみるが、彼は米国人道協会を代表して、一九六二年に米国議会公聴会の席で証言した。このことについては、後でもっと詳しく述べる予定である。

「私はハーヴァード大学、ノースウェスタン大学、シカゴ大学、クライトン大学、ピッツバーグ大学、国立衛生研究所、ウェスターン・リザーヴ大学を告発します。これらの機関すべては、動物の管理怠慢と虐待の罪があったことを私は知っております。委員会のご要望があれば、いかようにでも詳細な点をご報告できますし、そうするつもりです……ジョンズ・ホプキンズ大学では、檻に入れられたイヌが疥癬が進行して出血しているのに、手当を受けないでいるのをつぶさに見ました……テューレイン大学では、ネコが天井から吊された檻に閉じ込められていましたが、檻の床の金網の目が非常に広いために、通常の状態で歩いたり、立ったり、横になったりすることができないのを見ました。ニューヨーク大学では、週末に数時間の間、建物の各階を歩いてみましたが、そこには檻に入れられたイヌ、ネコ、サル、ラット、ウサギ、ヒツジその他の動物がいて、その何十匹もが大手術を受けて包帯をしており、多くは明らかに重病の状態でしたが、医者も獣医も世話人もいませんでした……シンシナティ小児科病院では、われわれの調査員の一人が、小さなアカゲザルが首に鎖を付けられて鋼鉄の檻の中にいるのを見ましたが、檻があまりにも狭くて身動きもできない有様でした……私自身は、国立衛生研究所のある実験室で、大学も出ておらず専門の資格があるようなふりさえしない人たちが、外科医の仕事をしているのを見ました。またその同じ実験所で、胸部と腹部の空洞に口を開けた切開部がありながらまだ完全な意識を持っているイヌが、廊下のコンクリートの床の上に横になっていましたが、必死に身をもがいても立ち上がることができず、一方人間はそのそばを通り過ぎても横目で見ることさえしませんでした……」

受難

効果のある麻酔が施されたと仮定して、動物が外科手術からどのような状態で意識を回復するか見てみよう。実験所で好んで実習として行われる、お定まりの脳手術に使用される無数のネコの一匹を例にとってみる。

麻酔の後では、この動物は非常な吐き気に苦しみ、よく嘔吐する。きつく縛りつけられていて身動きできないこと自体が、究極的には拷問となる。下顎骨の関節は、開口器のために損傷されるか折れてしまう。それは手術中、口を「できうるかぎり広く開けて」おかねばならないと指示されているからである。舌には穴が開けられる。それで舌は腫れあがり、苦痛は一層増大する。口蓋は切断され、頭蓋骨は穿孔器で穴が開けられているので、外傷と耐えられない苦痛が増大する。

もし動物実験者が「ネコの大脳除去のもっとも手際のよい方法」を選んだならば、犠牲者はこういう状態にいるであろう。この方法はJ・マーコウィッツが、その動物実験の手引き書『実験外科学』（一九四九年、ボールティモア、ウィリアムズ&ウィルキンズ社刊第二版）の三三五ページに定義しているもので、「生理学実験室での標準手技である」と付け加えている。

この著者はトロント大学生理学教授で、以前はミネソタ州ロチェスターのメイヨー病院で実験外科の助手を勤めていたと紹介されている。彼の叙述を要約するとつぎのごとくである。「動物は仰向けに寝かせる。舌は先端から挿入した針金によって引き出す。軟口蓋は硬口蓋の外縁から始めて中央を切断する。粘膜と筋肉は大後頭孔の前縁に至る下方まで切り、頭蓋底部から分離し、横方向に切って鼓室洞を露出させる。このようにしてできた粘膜と筋肉の組織弁は結紮によって引き出す。現在では、歯科医の用いる電動式ドリルバーが、頭蓋底部に穿孔するのに用いられている。薄い骨膜が残った場合は、薄いスパーテルを用いて注意深く除去する。硬膜を切開し脳脊髄液を出すには、硬膜フックまたは針を用いる。内頸動脈を頸部に露出させ、結紮する。これは神経外科手術の簡単な実習作業である」実習作業はこの程度にしておこう。

そしてネコのほうはどうなるか？　もう一つの「科学的」著書が、これと類似した経験をさせられたネコの運命について知らせてくれる。何代にもわたる生理学者を魅惑してきた有名なドイツの定期刊行物である『総生理学のための実験開拓者の記録』の第二百二十二巻五九八ページに、四肢を空中に引っ張られた状態で仰向けに寝ているネコの写真が掲載されていて、つぎのような説明文がある。「脳手術の直後は、ネコは右側に向き、横転しようとする傾向があった……明らかに水頭症（頭蓋腔の中に液が異常に溜り圧迫する症状）にかかっていた。九月二十七日、このような発作の最中に、脳の右皮質を除去した。ネコは八月四日の最初の手術から、翌年の三月に至るまで生きていた」

前世紀に始まり、今日でも盛んに行われているこういった手術の記事が、一九七三年八月二十六日付のフィラデルフィア・サンデー・ブレティン紙に出ている。その記事には、ニュージャージー州ブリガンティーンの登録看護婦であるジュリー・メイヨーの言葉が引用してあった。

「私は自分の飼い犬を科学研究者の手に委ねるぐらいなら、屠殺業者に殺してもらいたいと思います。研究者は文明人のようなふりをしていますが、野蛮人の心と手を持っているのです。手段がどのようなものであれ、実験がどんなに身の毛のよだつようなものであっても、彼らは最終結果がそれを正当化するのだと主張します。彼らの生活は、脊髄を切断されたカエル、火傷を負わされたウサギ、大脳を除去されたネコ、手足を切られたイヌを中心にして回っているのです。でも、肩をすくめて背を向けてはいけません――つぎはあなたの番になるかもしれないのです」

エリア・ド・シヨンは、師のクロード・ベルナールから動物実験の理想を受け継ぎ、故郷のロシアに帰ってからセント・ペテルスブルグの生理学教授になり、その理想をイワン・パヴロフに伝えた。シヨンの分厚な手引き書である『実験と動物実験の方法』はドイツ語で書かれ、ドイツのギーセンにおいてリッカー社から、またセント・ペテルスブルグにおいても、一八七六年に出版された。これは世界最初の動物実験反対運動がイギリスで始まったのと同年である。この手引き書は、何代にもわたって生理学者に動物実験の喜びを教え込むのに役立ったが、たとえばつぎのような魅力的な情報を与えている。

「脊髄の切断と脳の損傷の直接的な結果を観察したいと望むときは、ウサギが都合がいい。他方、重傷、とくに脊髄の重傷の結果を、生きている動物で研究するときは、イヌが適当である。というのは、イヌ、とくに子イヌはこの種の手術にウサギよりも耐えられるからである。非常な重傷に対する抵抗という点では、私が同僚から得た情報では、ネコがとくに推奨される。私は個人的にはネコを扱ったことはない。というのは、私は大のネコ嫌いなので、ネコに実験することができなかったからである……」（二五ページ）

さらにシヨンはこう言っている。「実験を行った動物は、もしさらに観察をするために使用したいと望むならば、生かしておく。そうしないと故意に被った傷のために死亡するからである。後者の場合、手術で殺す必要があるならば、殺し方の選択は手術の種類に左右される。人工呼吸を中断して窒息させ、動物を死亡させることができなければ、最上の殺し方は――もし胸腔の外側の部分を観察したいと望むならば――メスを用いて出血させて殺すことである」

メスの正しい使用法はどうなのか？　シヨンの指示はまことに細かい。「メスは肋骨の間から心臓に入れ（刃が正しい位置に届いたことは、メスがかすかに鼓動を打つことでわかる）、それから各方向に十分動かして大きな傷口ができるようにする。動物はかなり速やかに出血による痙攣を起こして死亡する……もし胸腔の内部を観察したいならば、腹部大動脈あるいは末梢の大きな動脈を切断して、出血させねばならない。しかし、手術中血管をできるだけ完全に保っておきたければ、窒息させて動物を殺すか、脊髄を刺すか、あるいは頸静脈に大量の空気を吹き込んで殺す……」（四四―四五ページ）

麻酔については、シヨンはつぎのように言っている。「生理学実験に麻酔を用いるのは、主として二つの理由による。第一は、外科手術の介入を容易にするある種の全身効果を得る場合、第二は、研究の目的に役立つ、ある特殊効果を生じさせる場合である」（五二ページ）

シヨンが吹矢の毒クラーレについてクロード・ベルナールから学んでいたことは、五七ページに示されている。「クラーレの投与によって全身不随になった動物は（ただし生かしておくために、人工呼吸は必要であるが）、研究用としては申し分のない材料である。クラーレはほとんど循環系に影響を及ぼさないからである。運動神経は毒によって影響を受けず、その電気運動的および生理的な能力はそのままである。末梢および中枢の感覚領域の全体は毒によっても助かる。動物は自分の体内で起こっていることをすべて知覚することができる……」

その当時のネコは、もしシヨンが三一―三二ページにつぎのような記述をしているのを読むことができたとしたら、彼がネコが大嫌いで実験ができなかったことは、自分たちにとって何と幸運なことであったかということを知ったであろう。

「私が観察したイヌの抵抗力のもっとも顕著な事例はつぎのごとくであった。体の大きな頑強なイヌを用いて、私はヌスバウム輸血装置を試験するために、まず最初に大腿動脈から下腿部の静脈への輸血を行った。その直後、私はルートヴィッヒ血液循環測定器を用いて、頸動脈の血流速度を測定したいと思った。しかしこの試験は中断しなければならなかった。というのは、油が少しばかり誤って頸動脈の末梢部分に入ってしまったからである。イヌは麻酔をかけてなかったので、突然眠気を催した。おそらく脳の中に形成されていた塞栓の結果であったのだろう。つぎに私は脊髄の前索の刺激感応性の試験に取りかかった。脊髄の切開で、多量の出血が生じた。筋肉が頑強であったためである。この試験は大成功であった。まず第七頸椎の高さのところで脊髄を分断し、つぎに胸骨全体を持ち上げ、脊髄後索と灰白質をともに除去した。それから前索に電気的および機械的に刺激を与え、反応を見た。この試験が終わると、私は胸部脊髄を腰部脊髄から分離し、それを脊柱管から完全に除去した。まだ睡眠状態にあったイヌの胃の中に、大量の水を流し込んだ。数時間後イヌは蘇生し、前足で体を引きずって前進しようとしたが、あまり進まなかった。水をしきりに飲んだけれども、物を食べようとはしなかった。イヌはそれから二、三日生きて、多少元気を取り戻し、前足で苦労しながら動き、尾を度々振った。手術後四日目に、窒息死させたが、これは二酸化炭素の蓄積が下肢に痙攣を起こすかどうかを確認するためであった」

スティーヴン・スミス博士は、『科学研究――内部よりの見解』(一八九九年、ロンドン、エリオット・ストック社刊)の中で、つぎのように書いた。

「私は、著名な生理学者ゴルツ教授の科学上の本拠地であるストラスブール生理学研究所で相当期間過ごした……すでによく知られている事実を確かめるのに、なぜこんなに多くの時間が費やされているのかわからない……カエルには麻酔は使用されていないし、イヌの場合には麻酔は申し訳にすぎない……動物は拘束具に縛り付けられていて、哀れな声で呻きもがいているが、どうにもならない……それから手術者が思う存分切り刻むのだが、すべて何の目的もないのである……一人の使用人は、頭を支えることのできないハトや、ぐるぐると円を描いてしか歩けないイヌを自慢げに指差した……

「ある動物実験者は、カエルを沸騰している湯の中に投げ込んでも、ネコを生きながら火焙りにしても苦痛を感じないのだと公言した。普通の知性を持っている人間なら、こんなことを聞いてばかばかしいと思わない者がいるだろうか？……パリでは、私はパストゥール研究所でしばらくの間仕事をしていた。そこではウサギの開腹手術を行うのが通例になっていた。麻酔は用いられていなかった。私は、そこに数年間勤めている一人の助手に、麻酔を用いたことがあるのかと聞いてみた。彼は、『いいえ、全然』と答えた。あるとき、二人のフランス人の医師が研究所を見学に来た。一匹のウサギが解剖されていた。彼らは面白そうな微笑を浮かべて眺めていた……

「場合によっては、眼球を砕いてしまうというような残酷な手段を用いることがある。手術に耐えて生き残った動物は、再度の拷問に耐えられる程度に体力がつくまで、檻の中に入れられた。手術の結果は痛ましいものであった。体の一部が麻痺しているものもあれば、脳を除去されたものもあった……

「動物は知能が低いから苦痛を感じないなどと言うのは、ばかげている。苦痛は神経を通じて脳に伝えられるが、知能関係以外の神経、たとえば視覚、嗅覚、触覚、聴覚などがある。動物によっては、これらの神経が人間以上に発達していて敏感なものもあるのである……」

動物が人間以上に苦痛を感じることができ、それも単に肉体の苦痛だけではないと信じる理由がある。われわれは言葉と意思伝達の能力があるおかげで、多くの埋め合わせ——看護人がわれわれを快適にしようと努力することは別にしても——があるが、動物にはそれがない。実験室の動物は、高熱で震えていたり、肝臓や胆嚢の激痛状態にありながら、なぜ金網の檻に閉じ込められたり、結紮針を肉の中に入れるために手術台に縛り付けられたりするのかはわからない。また、周りを取り囲んでいる大きな白衣を着た怪物が、腹を絞り上げ、何度も何度も強制的に食物を与え、すでに裂けている食道の中に粉やら液体やらを押し込み、肝臓を破壊し腸をねじり上げ、何度も何度も嘔吐させたり排便させて、その後で檻を清潔にしておくために冷たいシャワーを浴びせられたりするのかわからない。また、陰嚢にさらに電気ショックを与え、腸や脳に苦痛を起こし、またもや痙攣を生じさせるのかわからない。

単に閉じ込められていることさえ、人間よりは動物にとっては耐えられないことである。刑務所に服役している人間は相当の年齢に達している場合もあろうし、精神的平衡状態を保つことができる——刑務所でいくつかの大著書が書かれたということが、その証拠であるが。そしてこれは、自分たちは何かの罪を償うためにここに入れられているのだという考えは別にしての話である。しかし監禁された動物は通常若死にするのである。

一部の動物実験者が、不用意にも動物の苦痛を確認している言葉を聞いてみよう。チューリッヒ大学のL・ヘルマンとB・ルフジンガーは、有名な『実験開拓者の記録』の中でこう書いている。「ネコをチェルマク拘束装置にかけて体を動かなくしてしまうと、足の裏が恐怖と怯えのために著しく発汗する」（第十七巻三一〇ページ）

同書の中で、ルフジンガー教授は少し後でつぎのように書いている。「長期継続する実験において、しばしば否定的な結果が出る理由は、動物があまりにもきつい緊縛で長い間身動きができない状態にあるという事実によることはたしかである」

檻から引き出したネコをどうやって身動きできないようにするか？　つぎに専門家の助言がある。「右手でネコの首を摑み、左手で腰の下部の脊髄を押す……両腕で圧力を加えれば、ネコは体が動かなくなる……もしネコが身を振りほどこうとしたら、脊髄を圧迫している左手で腰の柔らかい部分を絞り上げる。これで腎臓に耐えられないほど痛い圧力がかかり、すぐにネコはおとなしくなる」（O・ハーバーラント教授著『動物実験の技法』一九二六年、ベルリン）

また他の助言が、チャールズ・ライヴォンという人の『手引き書』（一三ページ）にある。「暴れるネコをおとなしくさせるには、首を吊して半ば窒息させるか、クラーレを投与する。ネコの短い鼻先を縛ることは難しいので、口を開かないようにする最上の方法は、両唇を縫い合わせてしまうことである（ヴァルター法）」

以上はすべて昔の話である。それ以来科学的蛮行は目覚ましい進歩を遂げている。そのことがうかがえるのは、一九七五年に至るまでパリのレコール・ド・メディシーヌ通り二十三番地のヴィゴー・フレール――獣医学文献を専門に発行している出版社であるが――が発行してきた『動物実験』という名の季刊雑誌の形態をとった手引き書からである。

私は一つの長い記事から一部を引用するが、この記事の筆者は有名なパリの獣医G・マリー・サン・ジェルマンで、記事はこの雑誌の一九六九年第二巻第一号七八ページから始まり、『専門的に飼育されたものでないイヌ・ネコを研究所に導入する方法』という表題である。この中で彼は、イヌを拘束台で身動きできないようにしたあとで、どのようにして簡単にイヌの口を「検査」するかについて、助言を与えている。「多くの場合、口を強制的に開けて開口器を挿入する必要がある。イヌの口を強制的に開けるとき、イヌの歯と自分の指の間にイヌの頬を入れる必要がある。イヌは歯が自分の粘膜に当るとあまり強くは噛まないものである。動物があまりにも扱いにくい場合は、上顎と下顎のそれぞれにリボンを縛り付けて口を強制的に開けるのを容易にすることができる」

八一ページには、ネコの扱い方についての項目がある。「長時間継続する手術の場合は、四足の指骨を完全に切断して、爪を除去すると行いやすい。開口器を用いれば、噛みつかれる危険はない。当然、ネコは大きな声で叫ぶが、手術者は安全である」

並体縫合は広く昔から行われている手術で、二匹もしくはそれ以上の動物を外科的に結合して、人為的にシャム双生児を作るものである。この手術は、万一成功したとしてもまったく無意味であるばかりでなく、生物の周知の免疫反応のために失敗することはお定まりになっているのである。どの生物でも、自己と結合される他者を必ず拒否する。この種の「実験」は失敗が内包されているにもかかわらず、予期される失敗にはお構いなしに、実験所ではばかのように繰り返されて頻繁に行われているのである。サルの頭の移植で有名なロバート・ホワイト博士でさえも、この実験を行ったことを認めている。

この異常な手術を施される動物がどのような経験をするかは、オーストリア、グラーツのH・プファイファー教授が行ったつぎのような指示から推測できるであろう。「外科的に結合された動物は、とくに最初の数時間はお互いに攻撃し合い、時には致命傷を負わせることがある。これを防ぐには、それぞれの動物の頬とそれに対応する前足を丈夫な絹糸できつく縫合し、二匹の動物の口が相手に届かず、噛むことができないようにしておけばよい」(一九二九年『総実験医学雑誌』第八十六巻二九三ページより)

最初の何度かの実験では、皮膚を縫合されたあとで、動物たちは数日間撚糸でお互いに繋がれた。しかし動物たちは何とかして自由になろうとし、皮膚が破れた。そこで今度は筋肉と腹部も縫合した。それでも動物たちは体を引き裂いても自由になろうとし、筋肉組織と腹膜をずたずたにし、内臓をさらけ出した。それで石膏の型に入れて全然身動きできないようにした。それでも効果がなかった。「詰め物を使っても、動物たちの胸部がいかに速やかに変形してゆくか、驚くほどである。おそらくこれが原因で多くの場合彼らは死亡するのであろう」こう書いたのは、ドイツの実験者J・フロッシュバッハ博士であった(『実験病理学および薬理学のための記録』第六十巻、一九〇九年)。

『動物実験の方法』は、ウィリアム・I・ゲイが書いた三巻本(一九六五年、ニューヨーク、アカデミック・プレス社刊)であるが、サルが褥瘡、つまり何年も拘束椅子に縛り付けておく結果生じる床ずれで死亡するのをいかにして防ぐかについて、興味のある見解を述べている。サルの姿勢を、頭を下にまでして変えると、一つの床ずれは治るが、また別の床ずれができる。こうしてサルは数年間間断のない拷問状態で生かしておくことができるのだが、過去には数カ月以内で死亡した。

「単純な」給餌実験の対象となる動物の生死も、それと同様羨ましいものではない。ビタミンAが欠乏している食事から生じる疾病状態では、眼球の顕著な異常変化が見られる。角膜の事実上の潰瘍化と穿孔が、「亜麻仁油や酸化したバターを食べる子イヌに、種々の場合に見られる」状態であった。この実験は、イギリス医学研究評議会の『特別報告』(第六十一号)に、医学博士メランビー教授が叙述している。その他の症状には、麻痺、強直性痙攣症、痙攣症状などがあった。

この評議会の『報告』の第百六十七号には、モルモットに実験によって生じさせた壊血病の結果、「関節が柔らかくなって腫れ上がり、動物はしばしば横臥する姿勢をとり、炎症を起こした手や足を空中に上げてひくひくさせていた」とある。壊血病で死亡する動物の場合は、「出血が手足にもっとも頻繁に起こる。出血が腸管に起こる場合は、血液がしばしば排出され、急死する」

『イギリス医学雑誌』の一九三四年五月十二日号(八四九ページ)には、ラットに対する不自然な食餌の影響をつぎのように述べている。「動物は檻の片側から反対側へと、猛烈な勢いで放り出された……」

百十三匹の子イヌにビタミンDを過度に与えた結果が、一九三二年十月号の『イギリス実験病理学雑誌』(四〇三ページ)に述べられている。「子イヌ一号は、急激に体重が減少し、嘔吐、下痢を起こし、また結膜炎のために眼瞼がほとんど完全に塞がってしまった。そして十一日目に死亡した。子イヌ四号を死後解剖した結果、腸は出血状態で一部壊疽を起こしていることが発見された」

『イギリス医学雑誌』の一九二八年一月二十一日号(九一ページ)には、「栄養に関する実験」のつぎのような結果が述べてある。「時には発作がおよそ十八日目まで延びることがあるが、この時には発作がはるかにひどくなる。発作と発作の間の時期には、動物はまるで絶えず伸筋の痙攣を起こしているかのように、爪先立って歩き、発作が継続して起こるときは、檻の中を激しい勢いで突進し、叫び声を上げたり、口を開けたままで痙攣を起こして転がる。たいていそのあとは死亡する」

生命体は水なしの状態よりも食物なしの状態のほうが長く生きることを、太古以来人間は知っていた。しかし実験生理学者が何千回となく行っている、動物は飢えや喉の渇きの状態でどのくらい生きられるかという実験から判断するかぎりでは、彼らだけがこのことを知らないらしい。実験の一例が、一九二八年十一月二十八日号の『医学新報』に報告されているが、この種の実験は、新世代の連中が絶えず繰り返し行っているものなのである。

「珍しい動物実験がデ・ボーアによって報告されている

が、彼は、食物を全然与えない場合、もし液体も与えなければ死亡の時期が早いと述べている。絶食と水断ちをしたハトは四、五日で死ぬが、水だけを与えておくと、十二日間生きることがある」

動物実験賛成者が好んで指摘する事実は、非常に多くの実験ではマウスやラットが用いられているが、これは、この動物の友人は人間にはほとんどいないことがわかっているからだということである。しかしそうであるのは、われわれはこの種属に馴染みが薄いからにすぎない。ラットはとくに知能があり、敏感な動物であって、残酷な「行動主義」の実験によっても、彼らの行動は人間とあまり変わらないことが絶えず立証されている。

この小さな齧歯類の動物の一匹が、毒を与えられると、実験室の檻の中で身悶えし、口に泡を吹いて排便し、腸や胆嚢の痙攣と疝痛を起こすが、その苦痛は同じ状態にある人間と変わりはない。そしてその小さな体に刺される注射針は、人間に突き通される槍に相当するものなのである。だから、この段階になっても、実験室で無菌のラットを得るために何百万という母ラットに施される帝王切開手術が、麻酔をかけて行われるのだなどと考えるほどおめでたい人がまだいるであろうか？

しかし言うまでもなく、研究者のお好みの動物は、これまで一番人間に類似している霊長類であった。彼らは身体に及ぼすいろいろな作用の影響を試験するのに用いられているが、それはつぎのようなものである。放射性物質、毒ガス、高性能爆発物、種々の照射、脳に埋め込まれたラドン粒、地上二十マイルの高度での宇宙線（プラスティックの気球に乗せて）。またつぎのような目的で使用される。脳の機能領域の決定、癲癇発作の再現（脳に対する多数回注射、脳組織の乱切、あるいは電気ショックを与えることによって）、重度のノイローゼを起こした後での白質切断（脳手術の一つ）の影響の研究、また癌、流行性水腫、眼のトラホーム、胃潰瘍、糸状虫侵入、肺炎、灰白髄炎（小児麻痺）、リューマチ、疲労・極寒・傷害による重度のショックの再現、日射病・種々の手術による臓器移動の影響の研究、毒薬の試験などである。さらに、彼らは炭疽、マラリア、狂犬病、梅毒、そして事実ありとあらゆる疾病に感染させられ、また麻薬中毒、およびとくに電気ショックに対する応答を調べる「行動主義」の研究に次第に使用されている。ここに列挙したものが全部であるなどと思わないでほしい。

サルがどのような経験をするかという一つの実例が、一九三一年九月十九日号の『ランセット』からの抜粋に見られるが、この頃は、科学者が今日用いられているような煙幕的言辞で自分たちの胸糞が悪くなる実験の事実をごまかそうと望んでいない時期であった。それは、リスター研究所で狂犬病に感染させられたサルに関するものである。

「十二月十日。サルは檻の棒につかまって、普通の叫び声とはまったく違う金切り声を上げていた……動物たちは極度の恐怖状態にあるようである……

「十二月十五日。サルは前方をじっと見つめて、餌や檻の仲間たちや観察者の存在は意識していないようである。絶え間なくキーキーと鳴いている。妨害（挑発のことである――著者注）しても、噛もうとはしない。顎は絶えず指で毛をむしっているので、皮膚が擦りむけてしまった……

「サルはきわめて攻撃的になり、ある場合は檻の仲間を殺してしまったが、時折体ごと檻にぶっつけるほどの激しい衝動発作が生じた。次第に全身が弱り、やがて死んだ……」

三匹のサルは自分の体を激しく噛み、二匹は一本の指先をしゃぶり取ってしまい、一匹は前膊の皮膚全体をしゃぶり取って肘から手首まで筋肉がむき出しになった。

大衆向けの麻酔剤

動物実験賛成者が自分たちの活動を永久に続けるためには、何か工夫をせねばならない。人間は生来あらゆる生物の中で一番苛酷なものである。栄養をとるためだけではなく、衣服を作るため、装飾のため、好奇心のため、虚栄のため、利益のため、狩猟のために動物を殺す唯一の生物であるが、また道徳的な生物でもある。したがって、いったん大衆が動物実験に避けられない残忍さのことをすっかり知ってしまったら、大多数はそれには賛成できず、即時の廃止を求めるであろう。

だから、大衆に干渉させないようにするため、動物実験賛成者は麻酔効果のある神話をこしらえ上げ、大衆に対して、動物は全然苦痛を味わっていない、動物の苦痛などは少数の気違いじみた変人が空想で考え出したものだということを納得させようとした。

ヨーロッパでは、この麻酔的神話は、あらゆる実験がひそかに行われることと、動物実験を「規制」している一見厳しい法律があると宣伝することによって、顕著な効果を挙げてきた。大半の国においては、身を守るすべのない動物に苦痛を味わわせることは非道徳的であると認めざるをえなくなってきた。公布された法律が、そのことを証明している。しかし、あらゆる国で法律の目的は、実験をひそかに行うことだけでなく、どのような拷問も合法的になるような条項を追加することで、骨抜きにされてきた。

たとえばイタリアでは、大半の国々よりも包括的で頼もしいつぎのような条文がある。「イヌおよびネコに対する動物実験は、通常禁止する」それでもイタリアでは、動物実験の対象となるのは、主としてイヌ・ネコなのである。動物落とし穴は「通常」という言葉にある。なぜなら、この条文はつぎに続く但し書きによって、ただちに空文化してしまっているからである。つまりつぎには「ただし科学研究の実験にとって不可欠であると考えられる場合、もしくは他の動物が入手不可能である場合を除く」とあるのである。

別のイタリアの法律には、つぎのようにうたっている。「動物実験は、麻酔を施す場合にのみ行うことができ、麻酔は手術の全過程中効果がなければならない」なんと人道的で、またこの法律を反対者に見せつける実験者にとっては、なんと有益なものであろう。だが、彼らはすぐつぎに続く条文を見せつけはしない。「ただし麻酔が実験の目的と両立しない場合を除く」

さらに、「新たな実験を行う際、すでに実験の対象となった動物を使用することを禁じる。ただし必要やむを得ざる場合を除く」とある。

動物実験に関連する事柄が、必要か不必要かを判断するのはいったい誰なのか？ もちろん、――「科学者」という資格での――動物実験者である。そうなると、これはつぎのような法律を公布するのと同じことになる。「殺害は禁止する。ただし殺人者が必要やむを得ずと判断する場合を除く」

イギリスでは、「苦痛条件」という名称で知られている規定が実験者に課せられている。それはつぎの規定である。「いかなる動物も、当該実験の間のいかなる時点においても、激烈であるか継続する可能性のある苦痛を被っていると思われる場合、また実験の結果が得られた場合は、動物はその後苦痛を与えず殺害するものとする」

この煙幕的な表現には、落とし穴が一つならずある。例によって、「実験の結果が得られた」かどうかの決定は、ほかならぬ実験者に委ねられている。また、苦痛を測定し評価する基準などは存在しないし、犠牲者が「激烈」と考えるかもしれない苦痛は、実験者自身が苦痛を味わっているわけではないから、些細なものとして顧みられないかもしれない。同じことは、「継続する可能性のある」ということについても言える。さらに、動物実験の教養教育のおかげで、似而非科学者の種族が誕生し、彼らは（自分自身の肉体以外のいかなる生物にも）苦痛を与えることなど「今日では問題ではない」と考えているのである。この最後の言葉は、クリーヴランドのロバート・ホワイト教授が、『アメリカの学者』という論文集の中で書いているが、この論文については後ほどまた検討することとする。

その上麻酔を使用することは、神経系、苦痛、行動、ストレスに関する実験や長期継続する実験、および「研究」の名目で、あらゆる新薬の予防効果や毒性試験を行うための疾患を生じさせる実験を伴う、手術後の観察とは両立しないものであるから、たとえ実験者の中に心の優しい人がいたとしても、麻酔を使用することが稀であるのは明瞭である。

実際は、麻酔を動物に用いるのは、通常重要な外科手術の最初で、主として動物を静かにさせておくためだけである。しかし、動物は拘束装置で身動きができず、しっかりと口を塞がれているか外科手術で声が出ないようにされているので、不快感を訴える手段がないから、彼らに施された麻酔がどの程度、どのくらいの時間効果があるのか、誰にもわからないのである。

いずれにせよ、麻酔の効果は、手術後の苦痛がつねに苛酷で長引くのに反して、つねに短時間しか続かない。動物の場合は、苦痛は数年続くこともある。

イギリスのみが、政府が認定する実験の件数と種類を明示することを法律によって定めている。内務省発表の数字によれば、一九七一年の間にイギリスで動物に対して行われた五八〇万件の実験のうち、四五〇万件以上が麻酔なしで行われた。麻酔を施された動物のうち、大多数は麻酔の影響から回復し、その後の苦痛を味わった。使用された何百万の動物の三パーセント足らずが、睡眠中に死亡させられた。

動物実験賛成者は、この公式の数字を論議の対象として、多くの実験は「ほんの針でつつく程度」で、当然麻酔など不要であると主張する。その通りである。しかし、その針でつつくことの目的は、たいてい動物に癌や流行性水腫、トラホーム、肺炎、灰白髄炎（小児麻痺）、髄膜炎、狂犬病、梅毒、その他の結構な病気を感染させ、それから動物が次第に衰弱してゆくのを観察することなのである。

本書の初めの箇所で、動物実験という問題は誇張することは余計であるばかりか不可能であると言った。事実、内務省の公式の数字でさえ、楽観的態度という罪を犯している。本当の麻酔は、すべての意識、感覚、感情を喪失させる。そして立法者は麻酔という語をまぎれもなくこの意味で用いていたのである。しかし、『ランセット』や『イギリス医学雑誌』やその他の刊行物の中では、麻酔を当然用いねばならない実験者が、麻酔ではない他の薬物を用いて手術を行っている記述がある。

前イギリス空軍大将ダウディング卿は、一九五七年七月十八日、上院につぎのような報告をした。「たとえば、ダイアル麻酔剤（アロバルビタールの商品名）がネコの眼を摘出する最中に、ケンブリッジ大学で用いられた」ダイアルはダウディング卿が指摘したような麻酔剤ではなくて、神経性の不眠症に用いる鎮静剤兼催眠剤である。ダウディング卿が同じ演説の中で明らかにしたことであるが、イヌの腹部を切開するのに、アミタール（アモバルビタールの商品名）が用いられた。

最近イタリアで行われた珍しい監察で明らかになったことは、一部の動物実験施設の所長は、麻酔に関する法律が存在していることすら知らなかったという事実である。実験者たちの動物の苦痛に対する態度は、どこでもいつでも同じなのである。

すでに一世紀前に、ロンドンの聖バーソロミュー病院で教職にあったドイツの生理学者エマヌエル・クライン博士は、動物実験を調査する任務にある王立委員会にあまりにも正直な返答をして、英国人の同僚たちを相当困らせてしまったことがある。彼より前に証人席に立った動物実験者はすべて調査委員たちに、動物は眼球、膵臓、胆嚢の摘出や毒物投与および火傷にはまったく無感覚であるか、さもなければつねに有効な麻酔を施されていると証言した。最近イギリスに来たばかりのクラインは、こんな偽善的発言に当惑して、要点だけを明言した。

「授業の場合は別として、私は麻酔を絶対に使いません……特殊な研究を行っている者は、動物の感情や苦痛などは、まあ、考えてみる暇などはありません」（一八七五年『王立委員会報告』三五三八―三五四〇節）

動物を保護する目的で、動物実験に関する法律が存在している国では、その法律は動物実験者を保護する役目しかしていない。なぜなら、実験が広く極秘に行われているため、法律の効力がほとんどないからである。

国によっては、世論を鎮静させるこんな煙幕的な法律を導入しようともしないものがある。アメリカ、カナダ、インド、パキスタン、南アフリカ、オーストラリア、ニュージーランドがそうである。スウェーデンの法律では、実験所の動物の管理はスウェーデン獣医局に任されていて、この局が実験者に免許を与え監査をする権限を持っていることになっているが、この権限を人もあろうに各研究所の所長に代行させている。

スイスでは、大学の実験室を監察する委員会のある委員が私に話してくれたが、監察は予告によってしか行われず、実験者には数日間の猶予期間が与えられるとのことであった。私は、なぜ委員会は抜き打ち監察をしないのかと質問して、大失策をやらかしてしまった。「私たちは、大学教授を犯罪者と同じように扱うわけにはゆきません！」というのが憤慨した返答であった。

興味のある策略がフランスで使われているが、ここではほとんどの医師は動物実験が存在することを否定するだけである。彼らは、そんなものは過去のものだと言う。もちろんフランスは、現代動物実験の発祥地であるだけでなく、ヨーロッパでもっとも活動的な動物実験所の一つであるパストゥール研究所のある国であるが、動物実験に新しい妙案を加えさえした。ボルドーの近辺の森林地帯に、フランス教育省はＣＥＢＡＳ――野生動物生物学研究センター――を設立し、そこでフランスの何も知らない納税者の費用で、Ｒ・カヴァンク教授は動物実験用に森の動物を捕獲している。

一九七四年の手紙では、この教授は私に、自分がこんなことをしているのはすべて「人間の苦しみを緩和するためだ」と請け合った。詳細を知らせてくれという私の手紙には、返事がなかった。内々ではカヴァンク教授は、もし自分の実験所を閉鎖してしまうと、二十人あまりの人間が職を失ってしまうだろうと白状していた。そんなむごいことはできなかったのである。

フランス人が考え出したもう一つのインチキは、学校の教科書のなかでは動物実験（vivisection）という言葉の代わりに「解剖（dissection）」という語を用いることである。

アメリカ製麻酔剤

アメリカの動物実験者は、巨額の研究助成金に魅惑されて、動物実験を抑制しようとするすべての法案をこれまでうまく葬り去ってきた。これは、大物の政治家に贈賄したり、一般大衆や議員連に、実験所の動物は動物実験者自身の生来の人道的態度によって、すべて十分に保護されているのだと信じさせるための組織的な宣伝によって、成し遂げられたのである。彼らの揺るがぬ人道主義の良心の保証は——利害関係のある当事者自身によって——下院の公聴会の席で繰り返し行われてきたが、このことについては、他の箇所でまた引用することにする。

アメリカの動物実験に関する手引き書はどれも、ハトまで含むあらゆる種類の動物に麻酔を施す際の入念な指示と処方を載せている。もっとも、一羽の鳥にうまく麻酔が効いているという確信をどうして得られるのかは、誰も説明していないが。人間の患者の場合は、患者が声に出して数を数えるのを止めてしまった途端に、外科医は麻酔が効いてきたことがわかる。もし手術の途中で麻酔が切れてくれば、患者が叫び出すので、外科医はそのことを知る。私にもそういうことがあった。だが動物は数を数えることはできないし、叫ぶこともできない。

事実、これまで考え出されてきた一番効果のある「一般大衆向けの麻酔剤」の一つは、実験動物をいわゆる「無声化」することである。犠牲動物の叫び声で隣人や通りの通行人が疑惑を起こさないようにするにはどうするのか？原則としては、その声帯を除去する手段を用いる。これで犠牲動物には、とくに食物を呑み込む際に、苦痛がさらに加わるのである。だが重要なのは、動物の苦痛を避けることではなく、一般大衆の感受性に与える苦痛を避けることなのだ。

「吠え声消去（デバーキング）」と「無声化（デヴォーカライジング）」は、動物実験者がアメリカの言語を豊富にしてくれた二つの語である。ヨーロッパでは、声帯の除去は広く行われているが、不法行為であって、実験者は実行してはいるがそのことを認めることはできない。アメリカでは、「医学」に関連することで不法なものは何もないので、動物実験者は、声帯の除去は日常行われる手順であると大っぴらに認めている。彼らは、それを実施するための「進歩した技術」を開発した。この技術の一つが「電気焼灼」であって、ほとんどイヌに対して行われるが――おそらくイヌは長い間人間と関係があったため――一番はっきりとまた絶えず苦痛を訴えるからなのであろう。

ニューヨーク州バッファローのロズウェル・パーク・メモリアル研究所のガンサー・クロース博士は、『アメリカ獣医師会雑誌』（一九六三年十一月一日、第一四三巻第九号）の中で、つぎのように書いた。「われわれの研究所では、イヌの無声化は、近辺に人間を収容している病棟があるため必要である。これまで三千頭以上のイヌを無声化するために、電気焼灼を用いた」

電気焼灼は、声帯を焼き切るために灼熱した焼灼器を用いる方法である。クロース博士の言うところでは、動物には十分に麻酔をかけねばならない。それは動物に苦痛を与えないためではなくて、「十分に麻酔をかけないイヌの場合、熱い焼灼器が痙攣的な運動を引き起こすかもしれない」からであって、そうなると、初めからやり直しをせねばならず、科学者の貴重な時間を無駄にしてしまうからである。無声化の結果は、慢性的な気管支炎、喉頭炎、肺炎、および激しい出血である。

イヌを黙らせるために考案されたさらに「進歩した」もう一つの方法は、声帯ではなくて脳の一部を焼灼することである。これは動物を拘束装置で身動きできないようにした後で行われる。この方法は、アイオワ大学医学部神経外科の准教授ナイルズ・スカルテティ博士によって考え出された。

『神経学記録』（一九六二年三月、第六巻）によると、手術に先立って、イヌは苦痛に対する反応と、コッヘル鉗子で尾を挟んで出させる発声の量と種類の試験を受ける。大半のイヌは、苦痛を受けていても、脳の傷害の後は声を出さなくなる。しかし、結局のところ、旧式のやり方で声帯を除去されたイヌも同じなのである。しかし、電気を用いる新式の方法はアメリカの動物実験者には魅力があるのである。ただしその結果の一部は普通の人間から見れば、感服しがたいものではあるけれども。そのような傷害を受けた一匹のイヌに関する記述はつぎのごとくである。

「そのイヌは、手術後三日間は立とうともせず、飲食もしなかった。四日目には体を起こすことができ、檻の中を這い回っていた。後ろ足はうずくまっている動物に似た格好で、前足は曲がっていた。殺された日（十六日目）までは、ちゃんと体の平衡を保つことができず、少し押しただけで簡単に引っくり返ってしまうほどだった。痛みを感じるほどつねってやっても、そのつねった場所に頭を持ってゆこうとするのだが、うまくゆかなかった」

一般大衆向けのどのようなアメリカの教科書を見ても、

実験所の動物が「人道的に」扱われているという記述がある。大衆はこのような麻酔剤をかけられているのである。だから一九七四年の百科事典『アメリカーナ』の国際版には、「動物実験」の項目につぎのように述べられているのである。

「麻酔技術と神経生理学の著しい進歩――主として動物実験の結果であるが――のおかげで、科学者たちは、現代医学において用いられている方法と同じくらい人道的な実験動物の使用方法を開発できたのである」

第三章でその代表的実例が提示されている、科学論文で毎日明らかになる種々の実験に照らしてみて、このような叙述をどう説明したらいいのか？　きわめて簡単である。生理学の学校教科書は、すべて動物実験の考え方で教育されて大半が自己の「科学上の」地位を動物実験活動に負っている、他の生理学者が編集するものだからである。

そして、ジョージ・バーナード・ショウがこの問題に関する種々の議論の中で言っているように、「動物実験をためらわない者なら誰でも、そのことで嘘をつくことをためらわないのである」。

第三章　証　拠

読者の皆さんは、この第三章全体を飛ばし読みをしても何の損もないし、事実そうすべきであると思う。ここでは、過去行われ現在も行われている実験のごく一部を述べているに過ぎないのであるから。経験上わかっていることだが、多くの人は、実際の実験を描写する箇所にさしかかると、読むのをまったく中止してしまうのである。ところが私の目的は、できるだけ多くの人に、本書を読んでいただきたいということなのであるから。それならなぜこの章に時間と紙面を費やすのか？ それは、多くの動物実験者が、こんなことが事実行われていることをまったく否定するのだが、しかし、実際は行われているし、常時昼も夜も全世界の何千という実験所で行われている証拠があるからなのである。

証拠をほじくり出すことは、愉快な仕事ではない。しかしそれを入手することはさして困難ではない。なぜなら、動物実験者自身が、鎮痛的な言葉で用心深くくるんであるが、自分の実験結果を専門の刊行物に報告したがっているからである。記憶しておかねばならないのは、現在動物実験に関する二百万件以上の報告が毎年刊行されていることである。しかし言うまでもなく、大多数は報告されない。つまりそれは実験者自身が無益であり、同じことの繰り返しであり、失敗であると考える実験である。さもなくば、あまりにもサディスティックであって、たとえ「科学的な」論文の形式であっても、実験者が公表するのをはばかる実験である。彼らは報告を仲間同士の間で、印刷して回覧している。

実験はいつ、どういうふうにして始まったのか？ もちろん、起源は旧約聖書のカインにある。しかし、われわれに関心があるのは、動物実験が大多数の人びとに暗黙のうちに受け入れられ、献身的な愛他主義者が行う人道的な仕事であるとのごまかしが通用している現在、何が行われているかということである。

まずわれわれは、いわゆる現代生理学派の創始者の何人かを記憶しておかねばならない。というのは、今日の「公的な」医学は、彼らを台座の上に祭り上げ、後世の人が従うべき模範として奉っているからである。彼らの行った無意味な実験の多くは、すでに何百万回となく行われ、全世界の私的な実験所や医学部で繰り返されている。

こういったすべての実験の主要な特徴は、動物に治療を施すのではなくて、病気にすることである。研究者の創意工夫はすべてこの計画に集中する。健康な動物を捕まえて、彼らの中に実験により疾病や傷害を作り出すのである。この疾病や傷害は、恣意的な介入によって故意に外部から生じさせたものであるから、自然発生的あるいは偶然生じた疾病や傷害とはまったく異なるのは必然である。

一八二五年、すなわちクロード・ベルナールが自分のパリの家の地下室を私的な動物実験室に改造した二十年前、コペンハーゲンで『現代動物実験の生理学上の結果』という表題の書物が出た。それはドイツ語で書かれていたが、北部東部ヨーロッパでは、ドイツ語が科学的言語としてラテン語に代わっていた。デンマークの著者ペーター・ヴィルヘルム・ルンドは、その時期の風潮にうまく乗っていたので、コペンハーゲン王立アカデミーから賞を受けたのである。

この本の中でルンドは、自分がもっとも「興味がある」と考えた生理学実験の結果を概観しているが、それは全ヨーロッパの実験所で行われていた何千の動物を使用する実験であった。ルンドの著書ですっきりしている一つの点は、今日の報告とは対照的に、著者は実験が人類に役立つものだと正当化しようとしていないことである。それぞれの実験は、単に誰かの「好奇心」を満足させるのに役立つだけか、それで論文を出して教授の地位か少なくとも「科学者」という悪名を手に入れることができる助けになるだけであった。

ルンドが収集する価値があると考えた代表的実験は、ウマを殺すためにはその肺に何クォートの水を注ぎ込まなければならないかというものであった。八三ページには、つぎのような例が挙げてある。

「グッドウィンがすでに観察したことであるが、ウマは異常に多量の水を注ぎ込んでも平気で、別に害はない。またシュレプファーが指摘したことだが、水は気管に割れ目を作って流し込まなければならない。さもないと喉頭が収縮して、ウマは窒息してしまう。こういった所見はフランスのリヨンの国立獣医学校で確認され、学生たちがウマの気管に水を注ぎ込んで殺そうとした。ところが驚いたことに、いちどきに三十クオートも流し込んでもウマは何ともなかった。その実験をもう一度行ってみた別のウマは、四十クオートをいちどきに流し込んだ後でようやく死亡した」この著書はさらに、他の場所で他の実験者が種々形を変えて行った類似の実験を引用している。

一四九ページの「脳の活動」と題する章では、つぎの記述がある。「ドリニュイはつぎに一頭のイヌの足先を乱切し、切る度ごとに脳の活動が促進されることを発見した。脊髄を脳のすぐ下のところで切断したとき、頸動脈に血液が流れ込んでいるのに、脳の活動は停止した。頸部神経叢に刺激を与えると、脳の活動は再び開始した。同じことは、気管を結紮して神経幹を刺激したときにも起こった。頸動脈と椎骨動脈を結紮したときは活動が停止したが、これはビシャーとリシュランがすでに報告していた通りである。だが、頸部神経叢に激烈な刺激を与えたとき、活動は再開した」

一九一ページの「磁石の心臓に及ぼす影響」という章には、つぎの記述がある。「生後八日目の子ネコの脊髄から、ヴァインホールトは髄質を除去した。心臓が鼓動を止めた後、彼は脊柱管に鉄の鑢屑を詰め、磁石の両極に接続した導線を挿入した。五分後、脈拍が生じた徴候と、約四十分間心臓がかすかに収縮するのを感じた。疑いもなく、ここに生理学と物理学のもっとも見事な結果が得られたのである。あまりにも見事であると思われた。だから、その結果が他の実験で確証されるまでは、私は事実であると信じたくない」

ルンドは、信じられないほど見事な結果が得られたさらに多くの事例を引用しているが、たとえば三三二ページに、「神経能力と電気との類似性に関する実験」と題する章の中に、つぎの記述がある。

「生命の徴候をなんら示していない一匹のネコを用いて、ヴァインホールトはその頭蓋腔と脊柱管を水銀と錫と銀のアマルガムで満たした。二十秒後、ネコは蘇生した緊張状態を見せ、頭を上げ、目を見開き凝視して、前方に這って行こうとしたが、横に倒れ、また何とかして立ち上がり、それから倒れぐったりとなった。その間血液循環と脈拍は、ヴァインホールトがネコの胸部と腹部を切開したときも、活発であった。もう一匹のネコには、ヴァインホールトは頭蓋腔のみをアマルガムで満たした。すると瞳孔が収縮し、ネコは炎を近づけると恐怖を示し、テーブルを鍵で叩いたときぎくりとし、その音を聞いていたのである」

この賞を受けた著書の三四四ページの残りの部分を飛ばして補遺の部分を見ると、この著書を感謝をこめて献呈した恩師J・ラインハルト（別の動物実験者は類似の著書を自分の母親に献呈しているが）の列席のもとに、コペンハーゲンの王立自然史博物館でルンド自身が行った実験の記述がある。

「第一実験。ウサギの第七脳神経（顔面神経）を左側部で露出させた。神経をピンセットでつまんだとき、動物は苦痛を表し、顔の筋肉が引き吊った。以下すべての事例においてこのことが起こったので、再度言及はしない。手術の結果多量の出血が生じたので、他の結果は観察できなかった。

「第二実験。頭蓋骨を開き、左脳半球を摘出した。第五脳神経（三叉神経）は脳の外層で覆われていたが、それを露出させ切断した。その間動物は大きな声で鳴いた。顔の左側からあらゆる感覚の徴候がなくなり、左眼は死んだようになって不透明になったが、右眼はそうではなかった。第七脳神経を左側部で露出させた。神経をつまんだとき、体がびくりとし頭が動いたので、明らかに苦痛を感じていることがわかった……」

この実験はきわめて規則的に続けられた。第五実験だけが不成功であった。頭蓋骨を切開し、左脳を除去して第五脳神経を切断したとき、ばかな動物は科学者の期待を裏切って、死んでしまったからである。

新世界の曙

フランスの国民的英雄であり、現代動物実験の使徒であるクロード・ベルナールは、動物の頭を外に出しそのままにしておき、一方体は中で焙り焼きにする炉を作った。このおかげで彼は、その多くの似而非科学的著作の一つ、『動物の熱、熱の影響および発熱に関する講義』(一八七六)を出すことができたのである。今日の動物実験方法の創始者である彼は、その炉を用いて「発熱の秘密」を発見しようと実際望んでいたのである。まるで焙り焼きによって発生する体熱が、疾病感染によって起こる発熱と同じものであると言わんばかりであった。ベルナールもその弟子も、彼が原因と結果を混同していること——つまり患者の場合は高熱は疾病の結果であって原因ではないこと——に気付いていなかった。ベルナールは生きながら焙り焼きされるイヌやウサギの緩慢な死の状態を微細に描写したが、彼の炉の科学に対する唯一の貢献は、頭を外に出しているイヌは、全身を炉の中に閉じ込めた場合よりも、死ぬのに時間がかかるという情報であった。

ベルナールと同時代のドイツ人、エマヌエル・クライン教授は、数匹のネコの眼にジフテリアの病原菌を感染させた。彼は、その感染の結果眼に穴が開き、二週間激しく苦しんだあげく、ネコは死んだと報告した。

後ほどもっとよく知ることになるが、クロード・ベルナールは、動物実験という行為を広め普及させるのに力を貸した数世代の実験者たちを生み出したのである。その一人である彼の親友ポール・ベールは、公教育大臣でもあったが、自分の実験の一つを一八六四年九月一日号の『両世界評論』に述べている。大量のクラーレを投与して、一頭のイヌを全身不随にしたあと(神経を全面的に麻痺させてしまうので、生かしておくためには人工呼吸を施さねばならないが、感覚は障害を受けず、かえって鋭敏にさえなる)、ベールは動物を切り刻みにかかった。まず片側の肉を頭から尻まで全部除去し、内臓神経、正中神経、迷走神経、交感神経、眼窩下神経を露出させた。十時間連続してこの露出した神経には電気刺激が与えられたが、クラーレを投与され身体不随の動物は、被っている苦痛を訴えるのに鳴き声一つ立てることもできなかった。実験の成果はつぎのように報告された発見であった。「苦痛が最高状態に達すると、イヌは排尿した……」それから実験者たちは平然として家に帰り、イヌは翌日まで呼吸させておく機械に任せ、また翌日になったら「観察」を継続するつもりであった。しかしばかなイヌはその期待を裏切り、夜間に死亡してしまった。

スコットランドのセント・アンドルー大学で動物実験を広めたジョン・リード教授は、主としてイヌの脳神経に関する実験で記憶されているが、これには激痛が伴った。彼もまた麻酔なしで実験したからである。彼はまた恐怖の心拍数に及ぼす影響の「研究」を行ったが、これにはすでに苦痛を伴う実験を経験した何匹かのイヌを用いた。彼の報告の抜粋にはつぎの記述がある。

「手術後、長い期間あるいは短い期間をおいて、心拍数を測定した……測定はイヌの恐怖心を鎮めるためにしばらく愛撫した後行われた。それから以前に縛られて手術を受けた手術台の上に乗せられ、叱責の言葉を与えた後、心拍数を再び測定した……七匹目のイヌの場合、手術後八時間半では心拍数は百三十であった。手術台に乗せられ、身をもがくようにさせられたとき、心拍数は確認しうるかぎりでは約二百二十であった。苦痛を与えてもっと激しくもがくようにしたとき、心拍数はあまりにも早くなって正確に測定できなかったが、少なくとも二百六十程度であった」

リードが詳細に記録しているこのような不潔な数字は、秘密の重要性が実感されている今日では公表されないであろうが、リードの時代では少なくとも三度公表する価値があると考えられたのであった。最初は『エディンバラ医学外科学雑誌』、つぎは英国科学協会での口頭発表、そしてリード自身の著書『生理学研究』である。

パヴィア大学の大胆な病理学教授で、また故国のイタリアでは小説家としても知られているパオーロ・マンテガッツァは、『苦痛の生理学』を書くために新たな拷問道具を考え出した。それは三段階動作のピンセットで、「拷問具」と名付け、それを用いて彼は「苦痛の影響下での呼吸作用の仕組みを研究する」ことを目指した。この道具で五分間痛めつけられた一匹のウサギは四十分後になってもまだ興奮動揺していたので、マンテガッツァは実験の目的である呼吸数測定ができなかった。もう一匹のウサギはこの道具でまる二時間拷問にかけられ、その後マンテガッツァはさらに二本の長い釘を足部を通して後肢部に打ち込んだ。こうしてそれまでよりももっと激しい苦痛をウサギに生じさせたと、彼は書いている。また、二匹のラットを数時間拷問にかけたところ、ついにお互いに攻撃し合い、嚙みつく力がなくなってしまうと固く抱き合って息を切らし鳴き声を立てていたとも報告している(非常に類似した実験で、何千匹ものイヌやネコを用いた例が、今日アメリカの大学で行われている)。

マンテガッツァの結論は、動物実験という狭い世界できまって起こることだが、一部の同僚たちから疑問を提出された。この場合はウゴリーノ・ムッソとハイデンハイムの二人で、彼らは同じ実験を再度やってみたが、何ら最終結論には到達しなかった。

マンテガッツァは、競争者の一人であるモリッツ・シフが苦痛に関する真剣な研究ができないと言って非難した。それは彼が「動物に対して優しい心を持ちすぎる」からだというのである。何事も比較の問題である。フィレンツェに住んでいたドイツ人のシフは、新たに創設された動物保護連盟の会員になったとたんに、彼の実験室で行われていることを知って憤慨した市民たちによって、市から追放されたのである。事実、シフはその当時の動物実験者の中でも高い地位にいたのである。マンテガッツァは、彼が「感受性」がありすぎると言って慨嘆したが、それは誇張であって、その「感受性」のために彼は実験動物の声帯を切除してしまったのだが、目的は彼の言うところでは「生理学研究に不信感を抱かせるかもしれない夜間の音楽会」を防止することであった。彼の「研究」の一つは、イヌの腸を縫合してしまったあと、胃に砂や小石を詰め込んで、それに熱湯を注ぎ込み、死ぬまでどのくらいの時間がかかるかを調べることであった。

こういった報告は狂人の日記から引用したものではなくて、その当時の有名な教科書に書いてあることの典型的な例であり、実験者自身によって報告されているものである。一八七〇年に上院議員に任命されたパオーロ・マンテガッツァに対して、イタリア百科事典は一つの欄全部を割いている。その執筆者——おそらく自身生理学者であろうが——は、マンテガッツァを「人類学者、衛生学者、病理学者、および作家」と定義している。

フランスのブラシェー教授は、当時「精神」実験と呼ばれていたつぎのような心理実験を報告した。

「私は一頭のイヌをありとあらゆる方法でいじめて、私に対してできうるかぎり憎悪感を抱かせるようにした。イヌの眼をくり抜いたあとでは、私が近づいても怯える様子はなかった。それから、その鼓膜に穴を開けて、耳に熱い蠟を流し込んだ。音が聞こえなくなってしまうと、私は近寄って撫でることができた……イヌは私の愛撫を喜んでいる様子だった」

動物実験の無益さを示す無数の業績の一つが、アメリカの医師ジョージ・W・クライルが行ったショックに関する「研究」であるが、彼はこの目的で百四十八頭のイヌを犠牲にした。つぎに彼の著書『外科的ショック』（一八九九年、ニューヨーク、リッピンコット社刊）の要約を掲げてみる。

「私はイヌの何匹かにタールを塗り、火を付けてみた。また内臓を出して体腔に熱湯を注いでみたものもあった。足にブローランプの火を当ててみたものもあった。何匹かの雄イヌの睾丸を砕いてみた。四肢の骨を全部折ってみた。眼球をえぐり出して眼窩の中をこそぎ取ったものもある。腸を処置したものもある。気管にエーテルを注入したものもある。三十八口径のピストルで撃ち殺したものもあり、三十二口径のピストルで撃ち殺したものもある。一匹は腎臓についで肝臓に手を付け、それから腎臓の片方に重傷を与え、三十二口径のピストルで射殺した」

だが、五十五年にわたり何十万件もの同じようにばかばかしくて残酷な「ショック実験」がその後行われたにもかかわらず、実験生理学者はクライルが実験を始めたときの知識と同じ知識しかショックに関しては持っていなかった。つまり、何もわかっていなかったということである。

「第一次世界大戦が終わったときは、ショックに関するいくつかの競合する説があったが、現在ではそのすべてが誤りであったことがわかっている——いや、『誤りであると信じている』と言ったほうがいいだろう。なぜなら医学においては真実と誤りは一過性の用語であるからだ」これは、外科学修士へネッジ・オーグルビー卿が、一九五四年十月二十日号の『医学新報』三五四ページに書いた言葉である。そしてさらに何十万もの類似の実験が行われたあとでも、今日の実験生理学者たちは混乱だけを増大させたが、単純な問題「ショックとは何か?」ということについては、以前と同様答えられないのである。

前世紀の動物実験者の活動に価値ある結論をもたらしたクライルの著書は、クロード・ベルナールの似而非科学的著作と同じく、実験生理学者を魅惑した。生きている動物に対する実験は、大量の不毛の資料、無益の事実と数字を集めただけの業績でしかなかったが、医学の技術と外科技術は、動物を使用せずに長足の進歩を遂げた。つまり、人間の知性と臨床観察を通してである。

クロロホルム、エーテル、笑気、ヨードチンキ、ジギタリス、キニーネ、アスピリン、ベラドンナ、ストロファンチンは、すべて動物を媒介とせずに発見されたものである。体温計、脈拍検査、聴診器、聴診法、打診は、動物試験によらず考案されたものである。パストゥールはワインとビールの醸造に関する種々の研究にもとづいて、細菌の理論を公表していた。レントゲンによるX線の発見は、数年後のラジウムの発見と同様、動物実験によるものではなかったことは、一般外科学における衛生と無菌法の重要性の再発見と変わりない。もしこのような発見をすべて取り去ってしまえば、現代医学にはほとんど何も残らなくなるだろう。そしてそれらの発見は、外科学を中世の停滞状態から向上させたのであるが、それはベル、クレイ、キース、ファーガソン、テイト、トリーヴズのような偉大なイギリスの改革者のおかげであって、彼らはみな、動物実験は医学技術を邪道に陥らせるだけだとはっきり明言したのである。

外科学の進歩については、第四章で検討することとする。その前に、前世紀の生理学者たちが自己欺瞞の後、他人をもさらに欺瞞し、自分たちのやっていることは決して腐敗した鈍感な事柄ではなくて、有益で賛美すべきことであると次代の人びとに信じさせた状況を見なくてはならない。

二十世紀

名高いロシアのイワン・パヴロフはシヨンの弟子であり、シヨンはまたクロード・ベルナールの弟子であった。モスクワの実験所で七十人にも上る助手とともに実験を行ったパヴロフは、ギリシア人がすでに知っていたこと――つまり、食物のことを考えただけでも唾液が出ること、したがって人間と同様イヌの場合も胃液が分泌されること――を「発見」した。彼の発表された著作は、動物実験の無益さを示すもっとも顕著な業績の一つであり、この意味で読んでみる価値がある。

それはまた人間の無目的の残酷さを示す業績でもあり、この残酷さはサディズムと呼んでしかるべきものであるが、動物実験者は「科学的な好奇心」と言いたいであろう。

パヴロフは、動物に精神的苦悶を生じさせる新たな方法をつねに考案する面で、非常な独創性を示した。ある例では、レニングラードの大洪水を経験したイヌを使用した。彼らは水が流れ込んできたとき、犬小屋に閉じ込められていて、多くは水の上に辛うじて頭だけを出して何日も耐えていたのである。パヴロフはこれらの動物を檻に入れて、その下に水を流し、洪水が戻ってきたと思わせた。この実験は同じイヌたちに何度も繰り返され、そのたびごとに彼らは怯えて苦悶したのである。

別の動物は、二個のメトロノームの刻む拍子の相違に恐怖を感じるよう教え込まれた。拍子を刻みはじめると、イヌは体が震え出し、眼を見開いて口から涎れを流し、深い喘ぐような呼吸をし、時折唸り声を出し、いきなり机の上にどさりと身を沈めた。同じイヌは階段から落ちるのを恐れるように訓練され、恐怖に悶えて階段の上で立っていた。

数多くのイヌの脳に二度手術を行ったあとで、パヴロフは彼らの苦痛の表示、落ち着かない態度、極端に敏感で痙攣的な状態、それに伴う――明らかにパヴロフは意外であったようだが――拷問者に対する発作的な敵意を描写した。報告の中で、この一九〇四年のノーベル賞受賞者は、つぎのように書いた。「彼らの痙攣状態のひどさは次第に大きくなり、死に至るが、それは通常手術の二年後である」二年という歳月……しかし、パヴロフが特別の愛情で記憶していた一頭のイヌがいた。それは雑種犬で、二年間に百二十八回の手術に耐えて死んだ。

（パヴロフより後の時期には、消化過程を観察するために胃を開かれたままで九年間生きたイヌがいた。その生涯のほとんどの期間である。「イヌの一生だ〔惨めな一生の意味〕」と、実験者は言った。この男はとりわけユーモアの才能があったのである。）

大半の人間は、花粉の粒が眼に入ると、十秒とがまんしていられない。ネコやウサギの眼は、人間よりもはるかに敏感である。アメリカが科学面での後進性を脱し、「文明的」になるやいなや、アメリカの生理学者たちはヨーロッパの同僚たちを名誉にかけて追い抜こうとした。一九〇四年、『アメリカ生理学雑誌』は、ネコの眼瞼を（効果を上げるために）切除し、種々の物質で眼に炎症を起こさせる多くの実験の一つについて報告した。これは新世界で発明された一連のぞっとする実験の手始めにすぎないものであって、そこから旧世界へと跳ね返ってきたのである。

実際は、ヨーロッパはまだアメリカの猿真似をする必要はなかった。あるドイツの医学教科書にはつぎのような記述がある。「ゾンネンベルクはイヌに一連の実験を行った。彼はイヌの足を沸騰している熱湯に入れた。中にはあらかじめ脊髄を切除しておいたものもあった。六頭目のイヌは大きなドイツシェパードであったが、六時間に三回熱湯に浸した後死亡した」（一九〇八年、ハイデルベルク刊。クレホェー教授著『一般生理学提要』）

チューリッヒ大学のモナコウ教授とミンコウスキー教授は、多くの脳実験を行ったが、彼らもネコやイヌの眼球を摘出した。彼らは「手術後、動物を三、四カ月以上生かしておくことは不可能であった」と報告している（一九一三年、チューリッヒ大学脳解剖学研究所ミンコウスキー教授論文より）。

ノーベル賞受賞者になった、チューリッヒ大学のワルター・R・ヘス教授は、サル、ネコ、カエルを用いて広汎な実験を行った。一つの実験では、彼は五十匹のカエルを使用したが、こう書いている。「針で突き刺した動物の当初の動作からわかることだが、激痛を生じさせたことは疑いない。この激痛はついで迷走神経に伝達される」（一九二二年『実験開拓者の記録』一九七ページ）

一九二三年三月号の『アメリカ生理学雑誌』は、二百匹以上のネコの瞳孔の反射運動に関する実験について述べている。これらのネコは前もって毛様体神経と神経節全体を摘出してあった。報告から引用すると、

一、ネコを袋の中に入れ袋を縫合し、頭だけ出しておく。それをイヌを入れた箱に向き合わせる。イヌに激しく吠えさせると、三分半後にはネコの足の裏が発汗する。四分後には毛が逆立ってくる。五分後には瞳孔が拡張する。その後でネコの副腎を摘出し、実験を繰り返す。

二、ネコを冷水に数回浸し、濡れたままの状態で送風機に吹かせる。
三、ネコを氷水に入れる。三分後ネコは震え出す。十分後瞳孔が散大する。それから副腎を摘出し、実験を繰り返す。
四、ネコの口と鼻をテープで密閉する。窒息死は四十秒後に起こる。
誰かほかにいい考えはありませんか？

「ブルームの観察では、上皮小体を取り除かれた動物は精神的変化の明瞭な徴候を示す。幻覚作用が起こり、自分自身に暴力を振るうようになり、体を掻きむしって鼻や眼に深い傷をこしらえる……中には茫然となり、身動きせず、頭を垂れ眼を閉じて、よろよろして倒れてしまったものもある」（一九二五年『スイス医学週刊誌』第二十八巻六五七ページ）

時が過ぎ去り、多くの著名な医学者の抗議にもかかわらず、動物実験は実験所の閉ざされたドアの背後で、一般大衆には無視されて相変わらず広く行われている。一般大衆は、実験から何かの利益が生じているのかもしれないと希望しているのである。ドイツ、フランス、アメリカ、スイス、イギリス——科学技術面では世界の先進国——が他を引き離して先頭を切っており、マスコミの暗黙の了解によって保護されているのである。

一九二七年のベルリン。ネコが人肉を食べるかどうかを調べようとして、シュトラウハ教授はもっとも適切な材料と彼が考えたものを用いた。それは政府機関から手に入れた死産の新生児であった。小さな死体はネコとともに地下室に運ばれたが、ネコには餌を与えず、水だけを飲ませてあった。数日間ネコは死体のどの部分にも触れなかった。食欲をそそるようにしようと、教授は他の死体から取った肉を少し与えてみた。ネコはそれをがつがつと食べ、その後は人肉に対する当初の不安がなくなり、耳や腕をちびちびと食べるようになった。この実験は種々のネコについて繰り返し行われた。シュトラウハ教授は、この「研究」の結果を、損傷された死体の写真を発表することで飾ったのである（『ドイツ総法医学雑誌』第十巻第四—五号）。

ケンブリッジ大学生理学研究所のJ・バークロフト教授は、一九二七年から始めた一連の実験を、『生理学雑誌』に二篇の論文にして述べた。たとえば、彼は一頭のイヌの脾臓を摘出し、その後でイヌを深い水中で強制的に泳がせた。もう一頭のイヌは、同じく脾臓を摘出した後で、一時間十二マイルの速度で自転車の後を四マイル強制的に走らされた。

『アメリカ生理学雑誌』（一九二七年一月号）は、オハイオ州ウェスタン・リザーヴ大学のロゴフ教授とステュアート教授が三十頭の妊娠しているイヌに対して行った実験を述べている。報告では、イヌの中には苦悶して「狂気のように吠え」てから死んだものもあったと言っている。

同じ雑誌の一つの論文は「無胎盤のオポッサムの卵巣摘出による妊娠中絶――移植の生理に関する一研究――オースティン、テキサス大学動物学科」という表題である。ここには、何百匹ものオポッサムを用いた実験が報告されている。妊娠中あるいは妊娠していない雌のオポッサムの生殖器官を切開、除去、部分的切断、あるいは焼灼したが、その生存期間は二日から一カ月までの差があり、その間絶えず試験観察された。こういった実験はきわめて一般的なものであって、それは異常に長い参考文献目録によってもわかる。そのなかには、ウシ、イヌ、ウサギ、モルモット、サルに対して行われた実験も含まれている。

一九二〇年代には、動物を用いる治療法の試験は、どのようにまたなぜ行われたのであったのか？　チューリッヒ大学教授のジークヴァルト・ヘルマンが、それを説明している。「コンブチャ（昆布茶のことか？――訳者）」という名の民間薬が非常に薬効があることがわかり、彼はそれを工業的に生産する仕事に取りかかった。しかし医師たちは、それが「民間薬」つまり「非科学的」であると考えていたので、処方しようとしなかった。さて、教授が何と言っているか聞いてみよう。

「私の同僚たちの黙殺は、私が動物実験の結果を公表すればすぐになくなると確信していた。私は多数のイヌ、ネコ、ウサギ、マウスを集め、血管やいくつかの器官の重度の石灰沈着の原因となるビガントール（ビタミンD3の商品名）を与えて疾患状態にした。そしてコンブチャを投与すると、彼らの状態は改善された」（一九二九年『展望』第四十二巻）

ヘルマン教授の叙述。「ネコは八日から十二日で疾患状態になり、嘔吐して物を食べなくなる。ビガントールをさらに強制的に与えると、ネコは異常な喉の渇きが募り、体重が五〇パーセント減少し、血尿を出し、直立できなくなり、三週目の終わりには死亡する。コンブチャの投与がこの疾患状態を治癒させる」

もっとも権威ある医学誌と考えられている『ランセット』は、その一九三〇年五月号で、腸の末端を縫合し、排便できないようにした何頭かのイヌに関する実験を報告した。五日目から十一日目の間に、イヌは激しい苦痛の後死亡した。この実験は他のグループのイヌに対しても行われたが、こちらは八日から三十四日生存した。まったく同一の実験は、クロード・ベルナールの一派によってすでに行われており、それ以来何千匹もの動物に絶え間なく、そして今日でも主としてアメリカで行われている。

一九三一年である。癌の増加が憂慮すべき状態となり、精神病、神経症、癲癇、糖尿病、関節炎、リューマチ、心臓血管疾患も同様の状態となった。これらすべての疾患を、実験者たちは動物実験で何とか治癒しようとしたのである。他方、衛生学、ホメオパシー、カイロプラクティックは、動物実験とはなんら関係なく、医学技術を次第にヒポクラテスの頃の水準に再び高めていっている。それにもかかわらず、実験熱は大学の研究所で高まり、為政者との結託やその無感覚的態度によって、絶えず国の富をいや増しに呑み込んでいる。為政者は、「専門家」だけが医学研究の長所欠陥を判断しうるのだと公言している。他方これらの専門家たちは、何か実験「企画」を提示しないことには補助金が得られないことがわかり、人体実験はまだ公的には許可されていないので、動物を用いねばならないのである。

クロード・ベルナールが行った実験があらゆる場所で繰り返されているだけでなく、十七世紀前のガレヌスの実験さえ繰り返されているのである。また、独創的な改良もある。ドイツのケルン大学では、雌のヒヒが脚を空中に直角に広げられて、拘束装置に縛られ、カテーテルと膀胱鏡が膀胱と腎臓の中に入れられる。二回以上の実験まで生き延びているものはない。というのは、器具がヒヒには大きすぎて尿管を破ってしまうからである。さらに、このばかなヒヒどもは聡明な科学者に協力せず、尿管が破られる間身をくねらせるからである。それはつぎの言葉からも推測できる。「麻酔を施していない動物の体を、完全に動かなくすることは不可能であった」これは『ドイツ臨床医学記録』（一九三一年三月二十五日、第百七十巻）の報告である。

『臨床研究雑誌』（一九四五年三月、第二十四巻第二号、一二七ページ）は、ニューヨーク州ロチェスター、ロチェスター大学医学歯学部放射線学科で行われた、何百匹もの動物——主にイヌとウサギであるが——の緩慢な死を伴った一連の実験を報告している。イヌの足がブレロック・プレスで砕かれたが、これは、実験者のレナート・A・リッカ、K・フィンク、レナード・I・ケイジン、スタフォード・L・ウォレンが、他の実験者がこれまで科学的に徹底して足を砕かなかったことを立証したいと望んだからである。彼らは「多くのショックに関する報告があるが、標準化が欠如しているために、多分に混乱と論争の要素を招来している」と公言した。

これらの大学「科学者」たちは、一つの点に留意した。すなわち、動物が拷問とショックで死亡する時点は室温によって変化するということである。彼らは他の点には関心はなかった。ある場合には三百頭のイヌが使用された。他のまったく同一の実験では、もっと多く使用された。「科学者」たちは、ショックを受ける動物は、その体温をできるだけ正常に保っておけるような周囲状況では生存時間が長いという結論を得た。彼らはこんな結論に、常識を絶えず働かすことでは到達できなかったらしい。

以前の同種の実験を調べてみると、有名な動物実験者はイヌの足を砕くのに種々の手段を用いていたことがわかる。たとえば、ブレロック・プレスの代わりに生皮を張った槌などである。それと、もう一つわかることはシカゴのある医師が指摘したように、科学がこれらの実験から得られる結論は二つあるということである。すなわち、(一)動物はあまり手ひどく扱わなければ、さほど早くは死なないこと。(二)イヌの足を砕くという問題になると、動物実験者には仲間が大勢いるということである。

人類のために

動物実験の野蛮性、規模、まったくの愚劣さの点で、新世界は師匠である旧世界を長い間凌いできた。この事情が生じたのは、アメリカ政府および私的な個人が「医学という科学」に供与する莫大な助成金が与える刺激のためであった。「科学」という語は、アメリカにおいては「研究」と同義語になっている。個人の助成金は、たとえばロックフェラー家のような人びとが出すのである。この一族は、彼ら自身には一番よくわかっている理由からであるが、自分たちの巨大な富に深刻な罪悪コンプレックスを抱いているらしい。そして拠金は、「癌撲滅を助けましょう」と書いてある箱に五セントを入れる街の子供まで行っているが、彼らは、癌克服の諸団体はほとんどといっていいほど動物実験に関係を持ち、癌撲滅の研究に資金が足りないことは決してないが、頭脳が足りないということは知らないのである。

ロックフェラー王朝の創始者ジョン・D・ロックフェラーが、一九三七年九十八歳で亡くなったとき、彼がそれまで五億三千万ドル以上の金を自己の慈善財団に寄付したことが公表された。一九〇一年に、彼はロックフェラー医学研究所を設立したが、これは何年か後に特別の立法措置によって、生物学と医学の研究を行う大学に改組された。こうして――動機は善意であったのだが――これまで世界にないほどの科学的野蛮行為と残酷行為を行う最大の企業基礎が作られたのである。ロックフェラーは、一九一八年に亡くなった妻の供養のためにそれを意図したのであった。しかし、自分のために使われている金の大半が動物の無益な拷問に費消され、それがやがては人類に測り知れない苦痛を与えることになると知っていたら、彼女は果たしてありがたいと思ったであろうか? ロックフェラー自身、多くの大衆と同様、自分が洗脳されて、動物実験は人類に有益であり、動物には無害であると信じさせられていたことを知らなかったらしい。

皮肉なことに、王朝の創始者も、一九六〇年八十六歳で亡くなったその息子のジョン・D・ロックフェラー二世も、自分たちが健康であったのは薬を避けたことが原因であったとし、自然食品の質素な食事以外に奇跡的な治療法には頼らなかったのであった。そして二世の個人医師ハミルトン・フィスク・ビガー博士はホメオパシーの医者であって、猛烈な動物実験反対論者であったのだが、自分の著名な患者が抱いている、動物実験に貢献することが自己の富を償う最上の方法であるという錯覚は治癒できなかったのである。

ロックフェラー王朝の時期に、多くがロックフェラーの資金で行われたいくつかの実験を検討してみよう。

イリノイ大学精神科のアーサー・A・ウォード・ジュニアーは、『神経生理学会誌』（一九四七年三月号、一〇五―一一二ページ）に、ネコとイヌの「脳波」を測定したいと望んだことを報告した。このような波は、致命的な痙攣を起こしている生物の脳の極微の電気活動から生じる。ウォードは該当する多くの脳波図を提供したが、それが何かに役立てられるのかについては、何も示唆しなかった。彼もわれわれと同様、五里霧中であったにちがいない。しかし、動物に化学物質（フルオロ酢酸ナトリウム）を注射して痙攣を起こさせることには、大いに成功した。彼が述べているのはネコの反応だけである。

注射後一時間して、ネコは嘔吐を催し、涎れを流しはじめ、「恐怖の外見」を示し、隠れ場所を探し求め、ウォードの表現では「苦悩の鳴き声」を出した。それから動物は癲癇の激しい発作を起こした。背中が自然に曲がり、脚が硬直し、しばしば地面に投げ出された。最初のうちは、発作は十分ごとにしか起こらなかったが、次第に頻繁で激しくなり、ついに動物は絶え間ない発作の状態になり、死亡したが、それまでの経過時間は三時間から五時間であった。

類似の実験が、ボールティモア市サイナイ病院神経精神科研究所で行われた。実験報告者はアルバート・A・カーランドとH・S・ルビンスタインで、報告番号一五九五七、一九四七年六月、『実験生物学医学会報』第六十五巻、三四八―三五一ページに記載されている。

この二人の「科学者」は最初に、ネコは痙攣を生じさせる恐ろしい電気ショックにも死なないで耐えられるが、ショックを受けている間のネコの脳波の正確な種類と型に関するグラフを用いた報告がほとんどないと言っている。そこで彼らは、何か手を打たねばならないと決めたのであるが、何の役に立てるかは説明しようとしていない。

実験には十二匹のネコを用いた。それぞれの頭には脳波を記録する電極が装着された。他の電極がネコにショックを与える目的で、他の場所に装着された。麻酔を施さない状態で、ネコは小さな箱の中に閉じ込められ、恐ろしい電気ショックが開始された。

各ショックは顕著な痙攣を起こさせるのに十分な強さであった。ショックは五分間隔で与えられた。ネコが相当数のショックに耐えて生き残ると、箱から出され、別の日にまたショックを与えられた。ネコの中には、三週間に九十五回もの痙攣を生じさせられたものもある。その前に死亡したものもある。十二匹のネコの中で、七匹が死に、五匹が生き残った。実験者の結論は、ネコはショックから回復する「驚くべき」能力を持っているということであった。これらのネコに与えられたショックと、熱心に疾患を和らげようとしている医師が人間の患者に与えるショックとがどういう関係にあるのか、なんらの説明はなかった。前者は後者よりはるかに強力なものであるのに。

ロンドンのミル・ヒルにある国立医学研究所W・フェルドバーグとS・L・シャーウッドは、いくつかの非常に性質の異なる薬品をネコの脳に注射した。報告によると、ある薬品は「独特な高い調子の鳴き声を出させるか、ネコが嘔吐を催すか、あるいはその両方である」別の薬品は、「重度の運動障害」を引き起こす。多量のツボクラリンを脳に注射したところ、ネコは「テーブルから床へ、ついで檻の中へ」跳躍し、「そこで引きつったような動作をしながら、次第次第に喧しく鳴きはじめた……つぎの数分間で、動作はさらに激しくなった……ついにネコは肢と首を引きつらせ、間代性の痙攣発作を立て続けに繰り返し倒れた。これは癲癇の状態であった……数秒もしないうちにネコは立ち上がり、数ヤード猛烈な勢いで走り、またもや痙攣を起こして倒れた。つぎの十分間にこの一連の動作が数回繰り返されたが、その間にネコは糞をし、口に泡を吹いた」この動物は注射後三十五分で死亡した。一九五四年の『生理学雑誌』は、この科学の偉業を後世のために記録している。

だが言うまでもなく、同種の実験はそれよりずっと前にすでに行われていた。一九四九年五月十五日号の『生理学雑誌』には、アルヴァーストークの王立海軍研究所でネコに対して行われた実験報告が出ている。ネコは一〇〇パーセントの酸素を当てられたが、痙攣を起こすか死亡した。幸運なネコは痙攣を起こしたが、絶え間なく酸素を当てられたため、三日後には死んだ。一匹は六十七時間に十五回短い合間をおいて痙攣を起こし、引き出された後殺された。一匹の不運なネコは、四十五日間間欠的に酸素を当てられ、つぎにまた四十五日間回復の期間を与えられ、再び酸素室に連れ戻されたが、一週間で死んだ。この雑誌には、妊娠しているネコの脚を切断して行った実験や、反感を催すような眼に対する実験の報告がある。また、ネコの胸部に窓を開け、電球を入れて実験中観察できるようにした報告もある。

偶然の一致かもしれないが、ネコは一番広く嫌われている動物であり、また同時に特に残酷で苦痛が多く無意味な種類の実験の材料としてもっとも多く用いられている。この表向きの理由は、その神経系が人間にもっとも近いということなのだが、実際はこれほど人間と似ても似つかない神経系を持つ種を、ほかには探せないほどなのである。カエルの神経系でさえも、ネコよりは人間に近いのである。*

＊（訳注）この表現はあまり正確ではない。

多くの動物実験を行ったが、後に主義を改めたイギリスの臨床心理学者のリチャード・ライダー博士がその名著『科学の犠牲者たち』（一九七五年、ロンドン、デイヴィス＝ポインター社刊）の中で報告していることだが、イギリスの大学では、ネコの脳を動物の体に付けたままで分離し生きたままで保存してきたとのことである。この麻酔を施さず、一見して完全な意識のある脳は、それから種々の薬品を注射して反応を観察された。

一九七五年十月八日付のウィニペッグ市のトリビューン紙は、このライダー博士がトロントで開かれたある会議の席上で、聴衆にある実験について話したことを報じている。その実験では「ネコの尾を切り、盲目にして、それから回転ドラムの中に入れ、死ぬまでどのくらいの間意識を持っていられるかを観察された」とのことであった。

しかし、ネコに非常な興味を持ってはいるが、研究者は人間の最大の友イヌを無視してはいない。イヌはネコよりも多く、あらゆる場所で異なった種類の実験の犠牲にされている。

クリスチャン・サイエンス・モニター紙（一九七三年七月十八日付）に公表されたラトガーズ大学の推定によると、一九七二年にはアメリカでは実験の犠牲となったネコは二十万匹であるのに対し、イヌは約五十万頭であった。もちろん、イヌに対して行われる実験も、気楽な休暇仕事ではない。単にイヌを腹膜炎で死なせるだけの目的で常時続けられている実験がある――これは人間が虫垂が破裂したあと、非常に苦しむ疾患である。この種の実験の一つが、一九四七年九月号の『外科学』五五〇―五五一ページに報告されているが、報告者はいずれもカリフォルニア大学医学部実験外科学教室所属のサンフォード・ローセンバーグ博士、ヘンリー・シルヴァーニ博士、H・J・マッコークル博士である。論文の中で博士たちは言及しているが、イヌに腹膜炎を起こさせる方法はすでに存在していて、それは虫垂の基部を外科的に縛って、それからイヌにコップ四分の一量のひまし油を飲ませることである。しかし、自分たちはこの方法を「改良」したいと思ったと彼らは説明している。これはさらに苦痛を与える方法を考案して行われた。

それぞれのイヌを縛り付け、腹部を開いた後で、「外科医」たちは――同意を求められたことのないアメリカの納税者の助成金で――虫垂を縛ってから圧迫し、それから腸管と脾臓の一部を切除した。腸組織がこのように切除され正常な機能が果たせなくなった状態で、イヌは多量のひまし油を飲まされた。執筆者たちは、このようにして「致命的で、電撃的に発生し、広汎性の、虫垂から生じる腹膜炎をどのイヌにも均一に作り出すことができる」と述べた。

この実験で五十六頭のイヌが用いられたが、腹膜炎の治療法を発見する努力はなされなかった。当然のことながら、実験の唯一の目的は腹膜炎を発生させることであって、また実験者たちに「現代科学者」という資格を与える論文を発表することであったのだ。この論文から読者は、イヌはすべて「平均」生存時間三十九時間の後で、ひどい苦痛のもとに死亡したことを推定できるのである。

他の新規の実験の一つが、ボストン大学医学部生理学教室のハンス・O・ヘイテリアス博士とジョージ・L・メイソン博士の行ったもので、彼らはこのまたもや無意味の実験を『物〈生カ〉理学雑誌』（一九四八年二月号）で報告した。彼らは二十一頭のイヌを氷水の桶の中に浸し、イヌが「虚脱」するまでどのくらいの時間がかかるかを観察した。一頭のイヌを虚脱させたあとで、ヘイテリアスとメイソンはそれを温水の桶の中で再び暖めた。そのイヌが何とか生きていたら、それを再び氷水の桶の中に戻した。一頭はわずか六十七分で虚脱し、もう一頭は百九十三分も虚脱しなかった。「科学者」たちは、極冷状態にある動物の最上の療法がわかった。つまり、それを暖めることである。彼らは論文の中でそう言っているし、これが彼らの科学面の貢献の全部なのである。

二十一頭のイヌのうち、十三頭が生き残った――おそらく後でほかの気紛れな動物実験材料にされるために。

『イェール大学生物学医学雑誌』（一九四九年五月）に述べられている実験によると、それぞれイェール大学医学部とインディアナ大学医学部のE・レンプキーとハリス・B・シューマカー・ジュニアーは、すでに人間の経験からわかっていることをイヌに適用してみようとした。つまり、凍傷の影響は、外科手術で神経を切断された足や肢の場合にはさほどひどくないということである。「周知の事実を基礎として……交感神経切除手術によって、凍傷がある程度防止されるであろうということが予測できた」と彼らは書いている。このことは、実験者でさえも、凍傷の可能性を防止するために、人間は神経系を外科手術でめちゃめちゃにすべきであるとはいくらなんでも提案できない程度の、学問的関心事項であった。十頭のイヌを用いて、彼らは後脚の一方の神経を神経系から「分離」した。イヌには八日間の治癒期間を与え、それから両後肢の毛を全部除去し、ドライアイスで冷却したエーテルの冷凍液の中に膝まで入れておいた。

両後肢を凍結させられたそれぞれのイヌは、檻に戻され、実験者の言う「軽い」（つまり存在しない）麻酔から覚めて、凍結した脚が解凍しはじめ腫れてゆく感じはどんなものかを経験したのである。イヌによっては腫れのために皮膚が裂けてしまったものもあった。「科学者」の観察は、機能を失った脚に壊疽ができるまで、あるいは特定のイヌがなんとか回復するまで続いた。すべてのイヌは重傷を負った。中には患部が脱落してしまったものもあった。

イリノイ大学臨床部門のヘンリー・D・ジャノウィッツとM・I・グロスマンが、『アメリカ生理学雑誌』（一九四九年十月号、一四三―一四八ページ）で述べている実験は、つぎのような深刻な問題に解答を与えるためのものであった。つまり、生物はいったん胃の腑が一杯になると、もう食べたくなくなるのはなぜかということである。

もし読者が、いったい二人の正気で成人した人間が、実際の目的があると考えたことは言うに及ばず、なぜこんな実験を思いついたのかと不思議に思われるならば、あえてお答えしたいのは、この大学の「科学者」たちは正気でもなく、普通の基準からしても実際に成人していなかったということである。また、こんなまったくばかげた実験を相も変わらず公認し、それを行うための費用支出をするような、今日の大学学部の執行部も同様である。そして、臆面もなくこんな報告を掲載するいわゆる「科学」刊行物はどうであろうか？

それぞれのイヌの胃に挿入したチューブによって、科学者たちは食物（不消化性の腸内拡張性食物）を入れ、イヌに満腹感を与えた。このことで注目すべき発見がなされた。つまり、食事の時刻以前にイヌの胃に四〇パーセントの食物（腸内拡張性食物）を入れると、イヌは普段よりも食べなかったことである。これは前段階に過ぎなかった。つぎにはイヌの喉を切り、何を食べても食道の切り口から床に落ちるようにした。これまた興味ある結果が出た。普通の正常なイヌは二分半で食事を終えるが、食道を切断されたイヌは平均十四・一分も食べ続けたことである。科学者たちにとってさらに驚くべきことは、そのイヌは一時間後にはまだ腹が減っているだろうということである。おそらく胃が空であるという事実の結果であろう。

つぎの実験を報告する前に、読者にこういった質問をしてみたほうがいいだろう。つまり「あなたの医者があなたの何かの病気を効果的に治療するためには、ハトが零下の気温で何も食べずにどのくらいの間生きていられるかを知ることが絶対必要か？」ということである。もしあなたの答えが「イエス」であるなら、つぎの実験は重要であった。あなたにとっては、ということである。それは一九五〇年五月号の『アメリカ物理学(生カ)雑誌』三〇〇―三〇六ページに、メリーランド州陸軍化学センター医学課のユージン・ストライカー、ドナルド・B・ハッケル、ウォルター・フライシュマンが報告した。

多数のハトのそれぞれが、華氏零下四〇度の冷凍室で密閉した壺の中に入れられた。二十四時間から四十八時間の間隔をおいて、何羽かのハトが取り出され、殺されて調査された。冷凍室でそのまま冷凍され、飢えたままの状態におかれたものもある。最終的に科学者たちにわかったことは、体の頑丈なハトはこのような状況でも、百四十四時間――まる六日間――も生きられ、やがて寒さと飢えで死んだということであった。

ハトがどのような感情を持っているかはほとんどわからない。ただ、彼らもまた、不自然な手段で死ぬ生命体はどれも、死ぬ前に苦しむという普遍法則に従わねばならないことはわかっている。サルの感情についてはそれよりもわかっている。人間に非常に似ているのである。

それで実験室ではサルが次第に用いられるようになっているが、その理由の大半は、サル以外の動物を用いた実験結果は、信頼が置けず、相互に矛盾し、往々にして危険なほど誤解が生じるということを、公表はめったにしないが、研究者たちは次第に確信するようになってきたからである。

雌のアカゲザルに対する一つの実験があるが、これは移植手術を行って、月経の流れが正常な経路とは異なる経路で出るようにしたものであった。すべての実験例において、腹部を開き、子宮頸を切り、その下部は正常な位置のままにしておき、子宮と子宮頸の上部を別の場所に移し、切開部から出る月経の流れが新しい位置にくるようにしたのである。サルの多くは何年も苦しんで死んだ。事例を挙げてみよう。

サル八七二号の場合は、移植は腹膜腔の中へ行われた。その結果腸閉塞を起こし、手術後三年と三十五日で結腸穿孔と腹膜炎で死んだが、それまでの間腹膜腔の中へ毎月月経排出をした。サル八八九号は膣の壊疽によって致命的な出血を起こした。サル八七四号は、尿管閉塞とその結果としての腎臓膨張と子宮頸と瘻孔への出血という合併症に耐えて生き延びたが、体内器官への広範囲の被害が明らかになった手術後四年七カ月の時点で殺された。サル八八四号は、切られた子宮頸が前部腹壁へ付けられたが、その後は経血はこのようにして作った瘻孔から排泄された。二年後に子宮の位置が再び移され、その結果月経排出は下部腹直筋の部分から生じた。このような惨めな状態で、そのサルはさらに三百四十三日間観察された。

そして最終結果はどうであったか？　それは『アメリカ産科学婦人科学雑誌』（一九五三年十一月、第六十六巻、一〇八二ページ）に掲載された論文であって、この白痴的行為を思いつき実行することができた個人集団に、「科学者」という後光を与えたのだが、この行為に彼らは有頂天になってしまったようで、それを「画期的」とまで言ったのである。彼らの結論は、「この実験方法は非常に有望であるように思われ」、詰まるところ、例のごとく「もっと研究が必要である」ということになったが、これは「もっと資金をよこせ」という意味で繰り返される決まり文句になってしまった。

その論文が現れてから約四半世紀が経った。それ以上の研究が行われたのか？　期待が実現されたのか？　誰も問うてはみない。大衆は科学が毎日行っている、たいていは繰り返しの実験のばか騒ぎにはついてゆけないのである。

つぎに腎臓を除去したらどういうことになるかを調べるもう一つの実験がある。オーガスタのジョージア医科大学のH・F・ハミルトン・イータルは、十七頭のイヌを材料に用い、その所見を『アメリカ生理学雑誌』（一九五八年八月、第百九十四巻第二号、二六八ページ）に発表した。イヌが「良好な臨床状態」にあるうちに、両方の腎臓を除去した後で、約五〇パーセントのイヌが廃棄されねばならなくなったが、それは「嘔吐して具合が悪くなった」からであった。イヌは胃へ管を通して強制的に給餌されたが、もちろん、これは苦痛を増大させた。もっとも、「試験の一部には」麻酔が使用されたと主張してはいるが。しかし、麻酔がどの程度効果があったかはわからない。声帯を除去されたイヌは口が利けないし、実験は通常麻酔の効果よりもはるかに長期間続くからである。実験者の結論は、腎臓のないイヌは腎臓のあるイヌとは反応が異なるというのであった！　この重大な発見には、一九五八年に助成金H二四〇によって二万七百ドル、一九五九年に助成金H二四〇によって二万四四九一ドルの資金が与えられた。

脳に注射したり、種々の物質に曝してみたり、あれこれの器官を摘出したりすることは、今日に至るまで続けられているが、一方電気ショックを与える方法は医学校でもっとも広く行われている実験の一つになってきた。熟練技術も骨の折れる作業も知的活動も必要としないからである。もちろんほとんどの実験は報告されていない。だが、一九五八年に『サイエンティフィック・アメリカン』が報告する価値のある実験として挙げているのは、J・B・ブラディなる者が、サルを拘束装置にかけて六時間の間に二十秒ごとに電気ショックを与えた実験である。二十三日後にサルたちは胃潰瘍で非常に苦しみ急死しはじめた。興味があることではないか？

ストレス製造工場

チェコスロヴァキアのプラハで生まれたカナダ人のハンス・セリエは、モントリオール大学で小動物の大量拷問を創始したが、その結果公表した発見は、彼と同僚たちにとって大きな重要性を持つものであった。すなわち、動物は種々の残忍な取扱いに対して、一定の典型的な反応を示すということである。

この種の「研究」を促進させようとして、同大学のR・L・ノーブルとJ・B・コリップは、一九四二年に自分たちの名を冠したドラムを作り出したが、その用途は閉じ込められた動物を上下、前後に、回転ドラムの鉄の瘤にぶっつけることであって、この装置は今日に至るまで生理学実験室で用いられている。この処置の後で、動物は腸をいじくりまわされ、組織を潰され、歯や骨を折られ、肝臓や脾臓を切り裂かれ、脳や胃に内出血を生じさせられる。というわけで、このドラムが導入されて二十年後、『実験医学生物学会報』(一九六二年三月号、六七四—六七五ページ)の報告によると、シカゴのイリノイ医科大学では、何百匹ものラットが「約二千四百回」回転させられていることがわかるのである。

ハンス・セリエがその画期的で自称科学的な著作『ストレス』(一九五〇年)を編集するためには、何百匹、何千匹どころではなく、何百万匹の動物——主としてマウス、ラット、ウサギ、ネコ——が無数の実験所で残忍な処置を受けた。それは、毒物投与、火傷、外傷および電気ショック、種々の欲求不満、骨・筋肉を潰すこと、へたばるまで泳がされること、極寒やサイレンの騒音に曝すこと、種々の腺や器官(胃や腸全体を含め)の摘出などであって、しばしばそれは動物がノーブル＝コリップのドラムに入れて回転させられる前に行われ、このような扱いはすべて今日でも行われ続けている。

セリエは「ストレス」という国際的に周知の医学用語をこしらえたが、彼とその同僚たちは、その意味が何であるかを今日に至るまで何とか説明しようとしている。彼の著書については、『イギリス医学雑誌』(一九五四年五月二十二日号、一一九五ページ)のある啓蒙論文が、イギリス人特有の控え目な表現でこう述べた。「セリエの考え方の中には受け入れるのに困難なものもあり、彼の用語も理解の助けにはなっていない。他の研究者たちも、彼の実験結果を再現しようとして必ずしも成功していないし、結果の解釈と意義、とくにそれが人間に適用された場合は、明瞭ではない……あらかじめ腎臓を除去し高塩分の食事を与えてきたマウスに、実験によって発生させた病理学的障害が、それと関連のある人間の結合組織疾患に生じるものと同一であるかどうかは疑問である」

一九五六年にセリエは、著書の表題を『生命体のストレス』(ニューヨーク、マックグロウ＝ヒル社刊)と改めて再出版し、種々の紛らわしい個所を削除し、全体をより明瞭にさせようとしたが、私の見るところでは、大して成功していない。四六ページで彼が言っていることは、科学上の目的では、ストレスとは汎適応症候群(通常GASと省略)によって表れる状態と定義するということである。「後者は、副腎刺激、リンパ器官縮小、胃腸潰瘍、身体の化学的組成などである。これらすべての変化は症候群、すなわち同時に出現する症候を形成する」

彼は自分の言わんとすることのますます込み入った説明をし、ストレスではないありとあらゆるものを列挙するのに相当な紙面を割いた後、再びストレスとは何であるかを定義しようとしている（五四ページ）。「ストレスとは、生物組織の内部に非特異的に発生させられたすべての変化から成る特異的な症候が表す状態である。したがって、ストレスは独自の形態と組成を有するが、特定の原因はない」

この最後の言葉に対する私の素人としての見解——セリエの著書は事実素人を対象として書かれたものであるが——は、何百万もの小動物のストレス状態には特定の原因が実際あったということだ。つまりそれは、ハンス・セリエ医学博士とノーブル＝コリップのドラムである。

事実ハンス・セリエは、マウスやラットに胃潰瘍を発生させるのに大成功した。当然のことであるが、回転ドラムや電気ショックや他の残忍な干渉によって発生させられた潰瘍は、人間に発生する潰瘍とはほとんど無関係である。第一に、人間はマウスではないこと、第二に、人間はマウスのような拷問を受けないので、人間の潰瘍は全然異なった原因から生じるからである。したがって、この種の「研究」からは何の治療法も予防法も発見されるわけがない。だが、現代の医学校で洗脳を受けていない人だけに、この簡単な事実がわかるのだろう。

ハンス・セリエは大半の他の動物実験者よりも手間をかけて、素人に動物実験者は人道的なのだということを納得させようとした。六九ページで彼はこう言っている。「私は専門の研究者の中で、動物に対する残酷行為に関心を持たず、それを避けようとしないような人に出逢ったためしはない……実験を行う外科医がたとえ品性の低いサディストであっても、大手術の場合は動物に麻酔を施さねばならないだろう。なぜなら、手のこんだ手術は動物が暴れるとできなくなるからである」だからどうだと言うのか？　地獄の状態が始まるのは、動物が麻酔から覚めたときであり、その状態は、あまりにも長い先にやってくる死によってしか結末を告げないのである。それに、他の者を苦しめるには、何もサディストである必要はない。無関心で無感情であれば済むことなのだ。

彼が動物実験のおぞましさを過小に見せようとする努力は、つぎのページにもっとはっきり表れている。「昨年中に私たちの研究所では、一週間に約四百匹のラットを研究に用いた」一週間に四百匹と言うと、一年間に二万一千匹と言うよりかなり少なく聞こえる。ただし、彼の言う数字が正確であればの話だが。それに、セリエと同じ実験を一九四〇年代から行っている、他の何千という「研究所」はどうなのか？

それからまたもや（七〇ページに）、麻酔の神話が出現する。「標準の実験では、ラットにはエーテル麻酔を施し、完全に意識を失って動いたり苦痛を感じたりすることがないようにする。それから実験者は、一つの腺を露出させて除去し、ラットがこの器官を失った状態でストレスにどのように反応するかを調べる……」事実は、こういった手術の直後、手術後の影響の非常な苦痛の中で、動物が意識を完全に回復するやいなや、タンクの中に投げ込まれたり、火傷や冷凍などの処置を行われて、傷害を負った状態で動物がハンス・セリエの言うストレスにどう反応するかを調べられるということなのだ……

詰まるところ、セリエとその一派は、実験室の残虐行為を受ける動物から分泌される一つのホルモンを確認したと称しており、それを化学的に合成もした。その結果、今日医師が患者を診断して、「神経性胃炎」とか「ストレス状態」とか、「心身不調」（利口な医者なら誰でも自己流の定義を創作することができるが）と言うとき、この患者は何かの合成「補償ホルモン」——ACTHとかコルチゾンの配合剤、あるいは何か他の同様に有害な薬物——を投与される危険がある。これは最悪の治療法であって、新たな毒物の追加によって、患者のすでに機能の低下した心身状態を必ず悪化させるのである（コルチゾンは「コルチゾン性精神異常」という新しい種類の精神異常さえ作り出した）。

その著書の二〇五ページで、セリエは事実こう主張している。「適応の結果生じる疾患の中には……たとえばホルモン剤の投与、内分泌腺の除去、ないしは内分泌あるいは神経活動を抑制する薬物による治療で……矯正しうるものもある」

しかし、セリエが推奨している療法は、それが治癒するとされている疾患よりも比較にならないほど大きな被害を生じさせると主張する医師が増えてきている。事実、セリエの出現で問題はあまり明確になってはいないようである。彼は七三ページでつぎのように言っている。「私がこの種の問題を初めて扱った著書である『ストレス』を発表した一九五〇年には、関連する諸問題を扱った五千五百の原著論文や単行本を論じなければならなかった。その時以来、私の協力者と私は毎年『ストレスに関する年次報告』と題する書物を発表してきた。この各書物の中で、われわれは二千五百から五千七百の刊行物について報告せねばならなくなった」

誰か質問はありませんか？

追記。ストレスに関する気晴らし仕事で、ハンス・セリエは十六の大学からの名誉博士号と約五十の種々の賞、賞金、賞与金、名誉市民資格を授与され、一方アメリカ国立衛生研究所（NIH）助成金（アメリカの納税者の金であるが）だけでも、彼の大量殺戮の資金援助に与えられた額は、一九五〇年から一九六三年の間に、少なくとも七二万八九二六ドルに上った。

現在の状況

時が経つうちに、実験の数と規模は大きくなり、新たな拷問、とくに電気ショックと心理的虐待を用いる拷問が考案されてきた。しかし同時に、実験を包み込む秘密性と欺瞞の煙幕も厚くなりつつある。

ヨーロッパでは、大半の国で実験廃止論者をなだめるために導入された法律で禁止されている実験を、実験室の秘密性が保護している。しかし、一般大衆に実験の情報を与えることはまず不可能である。なぜなら、マスコミはそれを報道しようとしないし、それを報道する場合でも、動物実験反対者には発言させることがいつも少ないからである。

アメリカでは法律上の制限は何もない。動物実験賛成者は完全な「動物実験の自由」を、まるで思想と表現の自由を求めているかのように要求し、獲得した。そして研究者たちは相も変わらず自分たちの偉業を公表し続けているが、専門の定期刊行物にしか公表していない。また彼らは報告を鎮痛的な慈悲深い言葉で注意深く覆っているが、その中には絶えず「麻酔」あるいは少なくとも「軽度の麻酔」ということが挙げられるのである。とくに反感を催すような実験に関する論文となると、いくら言葉遣いに注意してもごまかせないので、実験者たちは専門雑誌に掲載して公表し記録に残すよりも、「㊙」と印を付けて謄写版刷りにして自分たちの間で回覧している。

また一般大衆の態度は、ヨーロッパよりもアメリカのほうが無関心であるようだ。アメリカの大衆は「科学」の旗のもとに航海しているものなら、何でもおとなしく受け入れるように馴らされてきたのである。

まず、医薬品や化粧品の数が増えてきたことは、何百万という動物が苦しみ死んでいるという意味なのである。おしろいの成分は、ビーグル犬の胃のなかに破裂するまで送り込まれている。これらの成分は毒性は持っていないので、破裂させるのは量が多いという問題に過ぎない。製造業者は、裁判沙汰に巻き込まれた場合に、自衛をするためにこんな試験を行っているだけである。裁判になれば、彼らは自分たちには過失はない、広範囲の試験を行ったからだと主張できるのであるから。ウサギは拘束装置にかけられて数週間身動きできないようにさせられ、毛を剃って露出した皮膚に刺激剤を数週間塗り、重度の火傷を負わせたり、金属製のクランプで開けたままになっているウサギの眼にそれを入れたりする。

新しい物質がどの程度毒性があるかを決定するということになっている毒性試験は、いわゆる「LD—五〇」試験、つまり「対象動物の五〇パーセントに対する致死量」

という意味の試験によって行われている。これは粗雑な当り外れの多い試験で、科学者はどこでもその妥当性に疑問を表明してきた。しかし大半の国では、衛生当局はこの試験を義務付けており、一番ありふれた鎮静剤、緩下剤、睡眠剤、風邪薬などにも適用している。

標準のLD―五〇試験は、多数の動物の喉を通して大量の試験物質を強制的に送り込み、どの程度の量で動物の半数が死亡するかを発見する。つねに悲惨な状態で十四日以内に死亡するが、残りの半数は数日間生死の間をさまよいながら、何とか辛うじて回復する。往々にして、強制的に与えねばならないほど多量の新物質が、動物を殺すためには必要であるが、そのこと自体が拷問であり、たいてい食道を損傷させてしまう。この試験は投与量を減らして繰り返され、いわゆる研究者が「安全な」分量を発見したと一応認めるまで続けられる。しかし、その安全性はつねに特定の動物に適用されるにすぎない。けれども、現代の「科学者」はこんな些細なことであげつらわれることを拒否する。彼らは平然としてその特定の種の動物――通常ラットかマウスであるが――の体重を、人間の体重に比例して増加させた形で考え、うまくゆけばいいと望むのである。LD―五〇の試験は、口紅の材料成分試験にさえ用いられており、これまた主としてラットやマウスに、その半数が死ぬまで強制的に与えられる。さもなくば、新製品の口紅はウサギの肛門に大量に入れられる。科学者によると、ウサギの肛門は女性の唇に生理学的にきわめて類似しているのだそうである。ジョンソン・アンド・ジョンソン、メアリー・クウォントや他の世界的に有名な会社は、自社製品の「安全性」の試験に動物を用いている。

グロテスクなほど粗雑なやり方であるが、これが科学者が毒性と刺激性を決定するのに考え出すことができた唯一の方法なのである。そしてジュネーヴの世界保健機構がそのテクニカル・レポート第四八二号（一九七一年）で推奨している方法である。それは「公的な」医療当局が到達した最低線を示しており、彼らは製薬業や化粧品製造業の大手会社に雇われているか欺されているのだ。製造業者は、早晩たいていそうなるのだが何か不都合が生じた場合は、自分たちは「決められている試験は行った」と、つねに主張できるのである。

『突然変異誘発性に関する医薬品の評価と試験』副題『WHO科学グループの報告』というWHOの報告には、表題のページに小さな印刷部分があって、WHOの当局者も心底では、この報告書を編集する任務を負った「科学グループ」には盲目的な信頼を置いていないことを示唆している。その印刷部分にはこう書いてある。「この報告は国際的な専門家集団の集合的な見解を掲載しているものであって、世界保健機構の決定や表明された方針を必ずしも表しているものではない」

毒性と刺激性試験と同程度に残酷で誤っているのが、新製品の鎮静剤を評価するための実験である。新製品はつねに新しい配合で（店ざらしの品物という意味の「市販の薬」という言葉がある）生産されているが、その理由は、大衆が既存の薬は効かないことがわかったためか、それが有害であることを隠しおおせなくなったためかである。

『精神薬理学抄録』副題『精神衛生情報のための全国情報センター』は、アメリカ保健・教育・福祉省が、アメリカの納税者の税金で発行している雑誌である。各号には「抄録」すなわち要約の長いリストが掲載されていて、それぞれが何百、何千匹の動物を用いた実験結果を反映している。

これらの抄録にはやたらに化学記号や専門的な定義が出ていて、素人の読者はそれを書いた人間は天才で、重要で知的な仕事をしているに違いないと、当然思ってしまう。もっとよく調べてみると、その業績はあまり知的なものではないことがわかってくる。

項目。「マウスを通常殺さないラットの場合、結晶カルバコールの外側視床下部への注射が殺戮を惹起せしめた……カルバコールは、内側、背側、腹側視床下部に注入する場合は効果がなかった……参照文献十件」（一九七一年二月号、八一ページ）

以上のことの意味は、何かの新薬を不運な動物の脳のいろいろな部分に注射して、それによる反応が報告されたということに過ぎない。だから、普通の水道の水を突然注入しても、一匹のラットの行動を相当変化させるであろうということはありうる。それは動物であっても人間であっても同じである。「参照文献十件」とは、十件の種々の研究者や研究所の詳しい実験結果や速報結果がもとの論文で引用されているということである。

同じ号の八〇ページから引用する。「トリプトファン水酸化酵素阻害剤、パラクロロフェニルアラニンの投与前、投与中、投与後の二十六匹の雄ネコの行動観察によって明らかになったのは、性行動過剰、攻撃性および知覚障害の増大が、薬品の長期的投与の続発症であったということである……参照文献二六件」

八三ページより。「成猫がL—ドーパのノルエピネフリンのレベルに対する影響を研究するのに使用された……投与後四十五分以内に、L—ドーパは顕著な興奮状態を発生させせた……誘起された行動は、逃走の特徴が支配的である偽りの憤怒状態に類似していた……参照文献六二件」

一九七三年十月号一三七ページより。「興奮剤のNMAを用いてネコの尾状核に化学的刺激を与え、尾状核が行動および皮質の電気的活動を調整するのに関与する程度を調べる研究を行った。無麻酔および麻酔状態にあるネコの場合、NMAの尾状核内部への極微量注射は、広範囲の興奮反応を発生させたが、その反応は、憤怒（無麻酔の場合のみ）、震顫および大きな身体運動、散瞳、流涎であった。

麻酔状態の場合、尾状核内部へのNMAはまた、皮質を活性化し（脳波のスピンドリング活動の停止）、動物を興奮させ、開眼、不随意的運動、発声、呼吸数の増加、心拍数の増加を生じせしめた点において、賦活的作用を及ぼした……結論としては、尾状核は運動機能的、行動的、皮質の電気的活動を調整するのに直接的に関与し、また局所NMAの脱分極的作用は尾状核の抑制作用を撹乱し、中枢神経系の広範な興奮を生じさせることである。参照文献一九件」

ニューヨークのノースポートにある復員軍人局病院で行われたつぎの実験は、『遺伝心理学雑誌』（一九六三年、第百二巻）に報告された。

実験の目的は、子ネコを精神異常にすることであって、エマニュエル・ストーラーの指揮する「科学者」のチームが、二組の同腹から生まれた子ネコを用いて行った。生後七日目から三十五日間、子ネコは後肢に総計五千回の電気ショックを与えられた。ショックは徐々に導入され、最終的には一日七百回も与えられた。観察者たちは、「子ネコは時には檻の遠くの側に逃げて行った」という驚くべき発見をした。

ショックは授乳期に行われた。実験者たちはつぎのように書いている。「母ネコの行動は注目に値するものであった。授乳のときや子ネコが自分の体のそばにいるときにショックが与えられることがそのうちにわかって、母ネコは爪を立てあらゆる手を尽くして実験者の邪魔をしようとし、それから電線を嚙み切ろうとしたが、ついに子ネコの肢に電極が付けられるときはいつでも、子ネコを置き去りにしてできるだけ遠くに逃げて行った。電極が外されたときの母ネコの態度は、深い母性愛の態度であった。子ネコのそばに駆け寄ってそれに乳を与えたり、できうるかぎり慰めようとした」

子ネコに多少回復の期間が与えられたあとで追跡実験が行われたが、またもや後肢に電気ショックが与えられ、「科学者」たちは、子ネコは「以前の精神分裂症的な行動を再び開始した」と報告した。これらの実験者たちが求めていたのは、自分自身の精神状態の身代わりのヤギに過ぎなかったことは、何も精神科の教授でなくともわかるのである。

二十八歳のケンブリッジの生理学者コリン・ブレイクモア博士は、レスターでのイギリス科学振興協会の席で、斜視を治す方法を発見するという名目で、三十五匹の子ネコの眼を縫合したことを語った。彼にわかったのは、生後間もなく片目を縫合したネコは、抜糸した後でもその眼では見えないということであった。両眼を縫合したネコについても同じであった。ロンドンのデイリー・ミラー紙との会見（一九七二年九月六日）で、ブレイクモア博士は、自分の実験は「倫理的」である、なぜなら「ネコは暗闇の中で暮らすことが好きだからだ」と言って弁護した。

彼は、「動物を扱う他の大半の科学者と同様」、自分は動物愛好者だと言った。そして、「ネコは理想的な材料だ。その眼は他の動物より人間に似ているからだ」と付け加えた。

もちろんまったくのたわ言である。ネコの眼は、構造においても反応の点でも、人間とは大幅に異なっている。ネコは暗闇でも物が見えるが、われわれは見えない。ネコの眼は生後長い間閉じたままであるが、人間の眼は開いている。ネコの眼の瞳孔は垂直であるのに対し、人間の眼の場合は水平である。ネコの眼は距離をおいて特定の物体に焦点を合わせねばならないが、人間の眼は広角の視野を持っている。最近発見されたことだが、ネコの眼は、他の動物では耳にしかない細胞を持っているなどである。事実、ネコの眼ほど人間の眼と異なっているものはありえないのである。しかし、人間ともっとも類似しているという名目で、あらゆる種の動物が実験に使われてきた――マウス、ブタ、ゾウに至るまで。

ブレイクモアの実験に使用された子ネコは、十六週間の後「人道的に」殺された。「私はアメリカでやっているように、もっと研究するために生かしておきたかったのだが」とブレイクモア博士は未練がましく付け加えた。「しかし内務省の裁定で殺さねばなりませんでした」

イギリスの実験者がブレイクモアのように、深い人類愛に動かされてやったのだと倫理的な根拠を主張し実験を正当化しようとするのに対し、アメリカ人はそんなおためごかしに時間を無駄にしたりはしない。アメリカでは実験の「独創性」が、それ自体利点なのである。だから、オレゴン大学で最近新しい実験を始めたとき、週刊誌『サイエンス』（一九七三年二月十六日号）は、全世界の「科学的精神を持つ」読者のために、実験を誇らしげに報告し図解したのであった。

六組の同腹のマウスの子が、一組につき七匹から九匹を選んで実験に用いられた。幼マウスの前肢の片方あるいは両方が切断され、それから「切断が身づくろいの行動に及ぼす影響」が五カ月間観察された。実験者が公表したことは、通常のマウスは前足を舐めてそれを鼻面に沿ってあるいは頭の上部にこすりつけて、身づくろいをすることである。報告によると、前肢のない動物は、前肢の切れ残りの部分が「舌から離れて動いている」のに、それを舐めようとして身づくろいを試みた。彼は「前足と舌との通常の接触をなくした」これらの動物は、檻の床や側面、あるいは「他の仲間さえ」舐め、まるで伸ばした舌から何かの接触感を予期しているかのようであったと述べた。彼の結論は、遺伝的要因がマウスの身づくろいの行動では「大きな重要性を持つ」ということであった。

脳の実験

脳の研究は、おおむね自分自身の精神の平衡状態に専念している人びとにとって、大きな魅力のあるものであり、今日では絶えず手段を増やし複雑な道具を用いて行われている。ヴァインホールトのような孤独な科学者が、野良ネコの空になった頭蓋腔に金属のアマルガムを流し込んだ時代もあった。今日では複雑で高価な電子装置が何万匹のネコの脳を研究するために用いられていて、脳実験者が必然的な費用増を賄える場合はいつでも、人間にもっとも類似している霊長類、すなわちサルの脳が研究される。

本物の医学者にとってはつねに明瞭なことであり、彼らは半世紀以上もそう言ってきたのだが、こんな実験は実験者自身の脳を支配している混乱状態と同等の混乱を除いては、何も結論は出ないということである。その理由は容易に理解できる。

霊長類動物の脳は、人間と同様、測り知れない複雑さを持つ電子実験室である。その平衡状態は、百億をはるかに越える神経細胞と千億もの「膠」細胞との調和のとれた相互依存にかかっている。外部からの干渉は――カニューレや電気配線の野蛮な挿入は言うまでもなく――何であろうと、この微妙な平衡状態を必ず失わせる。さらに、脳の灰白質は湿気を持っていて、電極は電極であるから、相互間の無数の予想できない接触が確立し、どのような結果も誤ったものにしてしまうのである。またさらに「実験用動物」は、拘束装置にかけられ身動きできないようにさせられてしまうときまでに、必ず被る暴力で外傷を受け怯えてしまい、そもそもその精神状態は彼らの拷問者と同様平衡を失っているのである。

何度も繰り返し指導的な医学者たちは、人間の脳の研究のために動物実験を行うことは無駄であると指摘してきたが、効果はなかった。バーナード・ホランダー博士は、一九三一年にすでにイギリスの雑誌『医学新報』（五月二十日号、四一一ページ）につぎのように書いた。「六十年前は、生きている動物の脳を露出させて実験を行えば、脳の内部作用がすぐわかり、精神障害は永久になくなるであろうと自信をもって予測されていた。この過度の希望的観測は実現されなかった。サルやイヌやネコの脳組織の一部を刺激したり破壊したりして、人間の脳の作用を解明しようと期待したり、精神障害の原因を探る手がかりを得ようとすることは、途方もないことであった」

チューリッヒ大学の教授でノーベル賞受賞者であったヴァルター・R・ヘスが大量のネコを徐々に死に至らせて虐殺したこと（中には数回の脳手術に耐えて、数カ月生き延びたものもあった）は、何の医学的目的にも役立たなかったが、彼はつぎのように主張することはできたのである。すなわち、彼は「肉体に対する脳の支配を研究した」こと、そしてネコの脳に三千五百ケ所もの種々の反応点（刺激部位）を突き止めたことである。動物実験者の主張はみなそうであるが、この主張もそのうちに化けの皮が剝がれた。彼と同じくノーベル賞を受けたポルトガルの「科学者」アントニオ・エガス・モーニスは、外科手術で精神障害を治癒できたと誤って宣伝された。両者とも同僚たちに、自分は人間の脳の解明の新しい手がかりを見つけたと信じ込ませるのにうまうまと成功したので、一九四九年のノーベル生理学医学賞を授賞する価値があると考えられたのであった。しかしネコやサルに対するその後の実験で、二人の申し立てている発見は全部馬脚をあらわしてしまった。不幸なことに、ヘスも、そしてまた今日に至るまでネコやサルの脳の実験を喜んで行っている同僚たちの誰も、イギリスの脳専門家ヒューリングズ・ジャクソン（一九四三―一九一一）が、頭部の傷を受けた患者を観察し、死体解剖を行って発見し記述した事柄に、何も付け加えることはしなかったのである。

アルバータ大学教授で、ロンドンのセント・ジョージ病院精神科の主任講師であるピーター・ヘイズは、『精神医学の新しい展望』（一九七一年、ロンドン、ペリカン双書第二版）で脳の問題をきわめて広範囲に論じたが、たとえばつぎのように書いている。

「脳の機能領域の決定の見込みが失われてしまったのとともに、全体としての精神病患者の治療における神経外科の持つ重要性の見込みも失われてしまった。なぜなら、もしある機能単位が過剰活動をして症状が生じているとするなら、それを外科手術で破壊すれば、同時に他の単位に害を与える可能性があるし、事実そうなのであるから」

そして『サイエンス・ダイジェスト』（一九七二年十一月号）で、科学者W・H・ウィーラーはつぎのように書いている。「これまで脳の研究に関する実験の大半は、ネコやサルに対して行われてきた。このような資料を人間の脳の判断の基礎にすることは危険である……電極は脳の他の部分に送られている過渡的な信号を単に捕らえているのかもしれない――電話の傍受と同じである。会話を聞いていたところで、話し手がどこにいるかは必ずしも判明しない。同じことは、行動を制御するために埋め込まれた電極についても言える……電極を用いて行動を制御しても、脳の機能領域がどのように組織化されているかについての資料は得られない。このような機能領域の存在そのものが、これまで広く論議されてきたし、確たる証拠はまだ摑めていないのである」

しかし、われわれの医学研究者たちは絶え間ない失敗にもめげず、脳の実験は意気揚々として進軍してゆく。

『鳥の飛行の謎』という見出しで、チューリッヒの一流新聞ノイエ・チューリッヒャー・ツァイトゥングは（一九七二年十一月十二日)、ザールブリュッケン大学の「若い動物学者のチーム」が、鳥の飛行の「生物物理学」を研究することに決定したと、笑いもしないで報道した。彼らは例のごとく、捕獲した多くの渡り鳥の脳に電極を挿入して、複雑な電子装置を用いて鳥の生理的反応を微細に記録しようとした。記事は読者を安心させようとして、電極は鳥の脳に「麻酔をかけて」埋め込まれたと忘れずに保証したが、麻酔のことを取り立てて言ったのはもちろん読者のためであることは指摘しなかった。なぜなら、どの鳥も麻酔がどの程度効果があったかは、われわれに話してくれなかったからである。

脳に電極を挿入するには頭蓋骨に穴を開ける必要がある――これは高度の外傷を被る経験で、そのために生物個体の全体の均衡状態と本来の反応が狂ってしまう。犠牲者の精神的均衡状態に与える電極の影響は言うまでもない。そしてこのような惨めな状態で、鳥は再び解放され、その古巣――たいていはきわめて遠方で、健康な鳥でさえも途中で落下することがあるのだが――まで飛んで行き、さらに機械論的な研究者のチームに「飛行の謎」を明かすものとされたのである。

しかし、この記事を読んだ読者が将来いつか、鳥の飛行に関するあの研究はどうなったかと忘れずに聞いてみることは、まずあるまい。彼らは医学がつねに人類を驚かそうとしている新たな驚異に関する記事を読むのに忙しいのだから。

私がザールブリュッケン大学に書面で問い合わせたところ、一九七五年付の長々しい論文を返事として送ってきた。それには鳥の飛行や鳥の翼の空気力学に関するグラフやフローチャートや代数式がやたらに並べてあったが、鳥の飛行の「生物物理学」の謎を明らかにする言葉は一言も書いてなかった。その謎は、渡り鳥の頭蓋腔の中に埋め込まれた電極が、「若い動物学者」のチームに明らかにすることになっていたのだが。

「深甚なる敬意」

「経験を積んだ生理学者は、生物組織体の統合性に深甚なる敬意を抱いている」(一九六三年十一月二十一―二十六日、テキサス州ギャルヴェストンにおける西部外科医協会の第七一回年次総会での会長挨拶より。一九六四年四月『外科学記録』に報道された。会長はミネソタ州ロチェスターの著名なチャールズ・W・メイヨー医学博士であった)

これまで紹介された実験、そしてこの最終部分でつぎに紹介する実験は、年間を通して行われているもののごく小部分であるが、その独創性の理由で選んだものではなく、逆に手当たり次第選んだもので、まさに代表的見本である。そして、それらの実験は、動物実験反対論弾劾の長口舌に入る前、ギャルヴェストンで述べたメイヨー博士の崇高な言葉とはどうも一致しないようである。つぎに挙げる実験の中には、学生が上級の学位を得るために要求されているものであって、古参の研究者の監督と指導のもとに行われたものもある。その研究者とは、学部の教授連で、自分自身でも動物実験を行っているが、学生に行わせる実験は、アメリカの高校でやっているような、生徒と教師が組になって、あらゆる種類の無力で罪のない動物を教育的拷問にかける「監督付きの」実験と似ている。こういうわけで、チャールズ・メイヨー博士は、故意に誤解される声明を行ったのである。

『動物・人間・道徳』（一九七一年、ロンドン、ゴランツ社刊）の中で、リチャード・ライダー博士は、テキサス州サン・アントニオのテクノロジー社の研究者が行った実験を述べている。彼らは空気圧で動かすピストンをこしらえて、これをＨＡＤ　Ｉと名付けた特殊のヘルメットに取りつけられた鉄床に衝撃を与えるために用いた。このヘルメットを彼らは数匹のサルに使用した。衝撃が震盪を起こさせるのに不十分だったため、彼らはもっと強力なＨＡＤ　IIという装置を作り、同じサルに使用したが、それはサルの頭蓋骨の下に埋め込んだプラスティック製のリングが突出しているために、心臓障害、出血、脳障害を引き起こした。サル四九―二号は六日後、再びＨＡＤ　IIにかけられ、さらに三十八日後、死ぬまで繰り返し衝撃を受けた。一時的に生き残った動物の中には、その後発作を起こしたものもあった。研究者たちはサルの行動が「明瞭に異常となったこと」がわかり、「感銘」を受けた。「衝撃加速後の檻の中での通常の行動は、隅に縮こまって逆さまにぶら下がることであった」

『外科学・婦人科学・産科学雑誌』は、その一九六三年三月号で、医師のＣ・アンドルー、Ｌ・バセット、およびダニエル・Ｋ・クレイトン・ジュニアーが、十六頭のイヌの肢から一部の筋肉を取り去り、それを他の筋肉と交換したことを報じた。四頭が三十日後、残りは六カ月後苦しんで死んだ。

本書ですでに扱った腹膜炎は、かつては腹腔のきわめて危険な疾患であって、腸あるいは虫垂の破裂によって放出されるる糞のために生じるものであるが、何年も前に抗生物質によってほぼ制御されるようになった（抗生物質は動物実験によって発見されたものではない）。しかしミシシッピー大学の三人の医学実験者が、九百二十三頭のイヌの腹腔に糞を注入して、腹膜炎を起こさせるようにしたことが報告された。腹膜炎は激痛を生じ、嘔吐感、嘔吐を伴う。そして治療しなければ死亡する。この周知の事実が確認されたのであるが、それには何百頭ものイヌが治療されずに死に、治療を受けて長い苦痛の後回復したものもあった。既存の知識に付加された唯一の「事実」は、『外科学年報』(一九六二年五月号、七五六—七六七ページ)の一つの論文で、実験者はカーティス・P・アーツ博士、ウィリアム・O・バーネット博士、J・B・グローガン外科学修士であった。バーネット博士に対する助成金は、一九六一年に二万二七五〇ドル、一九六二年に二万四五〇ドルであった。

単調なほど繰り返して行われる喫煙実験に、ミネソタ州セントポールのセント・ジョウゼフ病院のサミュエル・W・ハンター博士、ドム=ベルナデス博士、ヴィクトリーン・ロング外科学修士が新たな妙案を加えた。彼らはイヌの気管に組織の移植手術を行い、それを延長して胸壁から体外に出した。呼吸をするたびに、イヌは肺のなかに強制的に煙を入れさせられて、ついに肺の機能が停止し、感染と肺炎のために死亡した。報告は一九六〇年八月『胸部疾患』第三十八巻第二号に掲載されている。

アメリカ最高の科学者と将来の国家指導者を養成するハーヴァード大学において、三十頭の雑種の野良イヌが、障害物跳躍に際しての「可能な最大の」電気ショックの影響を試験するために用いられた。実験者たちはつぎのように述べた。もし筋肉を麻痺させる強さよりわずかに弱い高圧の電気ショックを与えると、イヌは「仕切られた部屋の中を激しい勢いで這い回り、壁にぶっつかり、それを飛び越そうとする。高くて鋭い鳴き声を上げ、同時に多量の涎れを流し、尿や糞を排泄し、眼を急速に痙攣的に動かす」また彼らが言うには、イヌの毛が逆立ち、筋肉が震え、呼吸が早く不規則になり、遅かれ早かれイヌの「激しく這い回る運動」は障壁を越えて安全な場所に行く結果になる。実験者たちは、イヌがその経験から学習するものが何であれ、それを「外傷性学習」として定義したいと思ったと言う。彼らは器具を用いなかったのでイヌの内臓変化は観察できなかったが、一頭のイヌが、ショックがやってくる合図となっていたが、ゲートを上げると、それが見えないように頭を隠したのは、「原始的知覚による防衛」であると報告した。実験者たちは、実験結果を説明しようとしたとき、「現在の学習理論がいくつかの点で不適切であることが明らかになった」と結論した(ロックフェラー財団社会関係研究所の費用負担によるハーヴァード大学の実験。『心理学モノグラフ集』第六十七巻第四号、一九五三年の通巻第三五四号全体に報告)。

少なくとも四十頭のイヌが、「跳躍に対する電気ショックの影響」を試験するのに用いられた。動物は「シャトルボックス」に入れられたが、これはイヌの背の高さに設定してある可動障壁で二つの部分に仕切られていた。「強烈な」電気ショックが試験室の格子床を通じて数百回イヌの足に与えられた。実験者の言では、ブザーの音と足の電気ショックを関連づけるように訓練されたイヌは、ショックが与えられないときでも、ブザーが鳴ると障壁を跳び越えたとのことである。一頭のイヌに跳躍を「思いとどまらせる」ようにするため、実験者たちはイヌが跳躍するとショックがくるように百回訓練した。するとイヌは跳躍するとき、「予想するような小さな叫び声を上げたが、電流の通じている格子床に降りたとき、吠え声に変わった」実験者たちはそれから跳躍の通路をガラス板で塞ぎ、もう一度同じイヌに試してみた。彼らの報告によると、ブザーが鳴ると、「前方に跳躍してガラス板に頭をぶっつけ」、十日から十二日後にはイヌは「この装置の中に入れられていることに抵抗しなくなった」彼らは「この状況は強迫神経症の臨床状況に驚くほど類似している」と述べた。実験者たちの結論は、ガラス板の障壁と足部への電気ショックは、イヌの跳躍を止めるのに「きわめて有効であった」ということである（ロックフェラー財団の費用負担。ハーヴァード大学社会関係研究所が「施設提供」。一九五三年四月『異常心理学および社会心理学雑誌』発表）。

自分の苦労して稼いだ金のどのくらいを、実験者お好みの題目である「ラットに対する性欲付与」に使いたいと思うだろうか？　一つの研究企画がこの重大な問題にもとづいて立てられた。「ロマンティックなラットは、雌を替えたときでも前の関心を保持しているだろうか？」この問題に連邦の官僚はいたく魅せられたので、議会の議決により、保健医学研究に対し巨額の金を支出することにし、（一九六二年）助成金第一九五一号として二万二八八五ドルをピッツバーグ大学の実験者アラン・E・フィッシャーに与え、解答を発見するのに専心できるようにした。彼は入念な試験を行い、全七ページにわたる彼の報告は、納税者の費用で発行され、一九六二年八月『比較心理学・生理心理学雑誌』第五十五巻第四号に見ることができる。

これは決してこの種の実験の終わりではない。類似の実験を一九六二年に自分でも行い、その詳細を述べた後、最終結論でビーチ博士という者が、雄のラットは雌を替えることで刺激を受けるという点で、見解が一致した。また彼の報告では、牡ウシや雄ザル、牡のスイギュウと人間の男性は、性生活に関するかぎりでは、ラットと比較しうるとのことである。「多くの夫は、」と彼は報告した。「妻以外の女性と交渉を持ちたがっている」しかしこの点に関する資料を集めるのは容易でない、なぜなら「人間の性行動は、社会慣習や道徳律に方向づけられ制約されているからだ……」と彼は指摘した。ビーチ博士はまた、つねに連邦の助成金を多額にもらって援助を受けている。ラットの性生活に関する一九六二年の研究で、彼は助成金第四〇〇〇〇三号として三万二〇八五ドルの納税者の金を与えられた（一九六三年六月『比較心理学・生理心理学雑誌』第五十六巻第三号、六三六―六四四ページ）。

一匹ずつ檻に入れた小さなアカゲザルに、棚の上に跳び上がることを教えた。この棚はサルが苦痛の多い電気ショックを逃れることのできる唯一の場所であった。サルがこのことを習得した後、実験者は檻の中に二匹のサルを入れた。電流が通され、二匹のサルはすぐさま安全な棚の上に跳び上がろうとした。ここから面白いことが始まった。というのは、棚の上には一匹のサルしか乗れる場所がなかったからである。「敗北して」非常に苦痛の多い刑罰を受けねばならなかったサルの哀れな反応を、実験者たちはその報告で詳述した。サルは泣き声を出し、叫び、体を縮めて何とかショックから逃れようとかわいそうな努力をした。「敗北者」は棚に一緒に乗らせてくれと、「勝利者」に頼んで交渉した。多く大喧嘩が起こり、「戦闘者たちに深い裂傷や他の外傷を生じさせる結果となった」と実験者たちは報告した（実験者、ピッツバーグ大学J・バンクスおよびロバート・ミラー。助成金第四八七C八号による一万八千ドルが実験に供与。一九六二年二月『比較心理学・生理心理学雑誌』第五十五巻第一号、一三七―一四一ページ）。

カリフォルニア州バーバンクのセント・ジョウゼフ病院の実験者たちは――もちろん、「医学」の名において納税者の金を使ってであるが――ロスアンジェルス市動物管理局が管理している動物保護シェルターから老犬を多数手に入れて、心臓発作（冠動脈閉塞、あるいは心筋梗塞）を起こさせるのに使用した。

まず老犬には四日間絶食させておいて、それから放射線照射を行った。「三頭がおそらく照射による障害に起因すると思われる重度の出血性胃腸炎で、二週間以内に死亡した」

生き残ったイヌは、脂肪とコレステロール濃度の異常に高い餌を与えられ、甲状腺の活動を抑える薬を投与された。（イヌの中には実際の実験開始を待たずに、この間に死亡したものもあった。）生き残ったイヌに対しては、つぎにピトレシン注射と電気ショックの形で「ストレス」が与えられた。（ピトレシンは動脈の血圧を上げるホルモンである。）

二頭のイヌが、ピトレシンの最初の注射の後、運動失調症で死亡した。八頭がそれに耐えて生き延びたが、すでに種々の「ストレス」を受け、疾患にかかっていた。そのイヌたちは、「パヴロフの枷」にかけられた。これはそれを考案したロシアの動物実験者の名にちなんで名付けられた拷問道具である。

この実験にかけられたイヌたちは、枷で頭を動かないようにしっかりと固定され、肢の周囲を革紐で縛られた。前肢と後肢の中間の胴体の周りには革帯がかけられ、動かないようにした。心搏、運動、呼吸が、イヌに接続した機械で監視された。九時間の間、これらの病気の老犬は枷にはめられ、その間電気ショックが加えられた。二頭がストレスを与えた直後死亡した。一頭のみが、三十七週間に及ぶ実験の後、「窒息」で死亡したが、そのときは「パヴロフの枷のなかでもがいた……」。要するに、その老犬は何とかして自由になろうと枷のなかでもがいたので窒息したのである。

イヌ「K」は、七十七週間の実験——六十回のショック処置——の後死亡した。そのイヌが実験者たちが望んだ通り、心臓障害の症状を最初に見せはじめたとき、数日おきに枷にかけられ、ストレスを与えられた。ついに、その右目が発作、すなわち脳卒中の徴候を示した。

これに勇気を得て、実験者たちはその老犬に「最大ストレス付与」処置——一分間に九十回のショック——を行った。「最後のショックの後一時間十五分で（六七五〇回の電気ショックが与えられたと思われる）、動物は絶命した」と実験者たちは報告書に記録した。

イヌ「A」も、最大ショック付与処置（実験期間四十週）を受けて死亡した。三十回の連続ショックに耐えた後でも、このイヌ「A」は実験者たちの要求に添うほどの心臓障害を起こさなかった。それで「……ショックが継続された。動物はまもなく一時的な呼吸困難の状態になったようであった」と実験者たちは報告した。「おそらく枷と苦闘した結果であろう」イヌはそれから人工的に呼吸させられ、ショックが続けられたが、ついにくたびれた心臓が機能を停止し、拷問の枷の中で死亡した。

二十三頭のうち、九頭が実験で死んだ。他は苦難の種々の段階で殺され、死後解剖された。実験者は、ハリー・ソーベル博士、カール・E・モンドン外科学修士、ルービン・ストロース医学博士であった。一九六二年の連邦助成金第H〇〇六八五八号により、ソーベル博士の「動脈疾患研究」なる実験に供与された金額は二万一六四六ドルであった（一九六二年十二月『循環研究』第十一巻、九七一—九八一ページ）。

もう一人の研究者が、生後八カ月の間完全な孤立状態で箱に閉じ込めておいたイヌは、通常のイヌのように苦痛に対しての反応を示さないことを発見した。このように異常な飼育を受けたイヌがついに正常な環境の中に解放されたとき、ほとんどあらゆるものを恐れる。「旋回発作」を起こし、見慣れない事物に非常な興奮と感情を示して反応する。もちろん、イヌに示されるあらゆる事物が見慣れないものなのであって、イヌは小さな箱の内部しか見たことがないのであるから。これらのイヌに電気ショックを与えるとき、彼らは格子の上でときどき「凍りつき」、逃げようとする努力をなんらしない。

このように苦痛から逃れようとしないことが、実験者を魅惑した。彼はこの反応を何度も試験してみて、火のついたマッチをイヌの鼻先に当ててみたり、「……解剖用の針でつついてみたりした」　情緒障害のあるイヌは、実験者が苦痛の根源であることはわからないようであった。この似而非科学者はまた、帯電した玩具の車で恐怖におののくイヌを「追跡」して、それをぶっつけてみようとした。イヌの体に触れると、車は千五百ボルトのショックを与えた。

これは、知能の遅れた人間がやっている残酷な遊びではない。「科学」の名においてマギル大学で行われたものである（実験者、マギル大学およびオレゴン大学に以前所属、その後ケンブリッジのマサチューセッツ工科大学に所属のロナルド・メルザック。彼は一九六二年に二万二三七〇ドルの連邦助成金を受け、一九六一年には三万四二五一ドルを受けた。以上の実験および過去の実験の報告は、一九六二年九月二十一日の『サイエンス』、一九四四年の『比較心理学・生理心理学雑誌』第四十七巻、一六六―一六八ページ、一九五七年の同誌第五十巻第二号、一五五ページに掲載）。

『外科学・婦人科学・産科学』（一九六八年三月号）は、四十五頭のイヌと四十七匹のウサギの眼に長さ一・七ミリメートルの切開口を作り、七日間にわたって治癒過程を観察する実験の報告をした。この過程が人間の場合と動物の場合と同一であるとの前提が妥当であるかどうかは、問題外である。なぜなら人間のおびただしい眼の傷害例は長年にわたり研究され、詳細に記録されているからである。

ピッツバーグのO・S・レイとR・J・バレットは、一〇四二匹のマウスの足に電気ショックを与えた。彼らはそれから動物の眼に取りつけた型の電極か、耳に取りつけた圧力ばねクリップを通じて、もっと強いショックを与えて痙攣を起こさせた。残念なことに、「実験第一日の訓練をうまく完了したマウスの中には、第二日の試験の前に病気にかかったか死んでしまったものもあった」（一九六九年『比較心理学・生理心理学会誌』第六十七巻、一一〇―一一六ページ）。

一九六九年の『イギリス眼科学雑誌』は、H・ツァウバーマンの行った実験を報じているが、これは、ネコの眼から網膜を除去するのに必要な力の実際のグラム数を測定したものであった。ツァウバーマン博士は、この実験、あるいは以前および今後の同種の実験が、人間の網膜剥離の治療にどのように役立つのかは、誰にもこれっぽっちも説明しようとはしていなかった。

スコットランドのアバーディーン大学心理学科では、一つの実験が行われたが、これはラットの膣の粘液を除去すれば、その後の行動が積極的になるかならないか、つまり、そのことがラットの「探査行動」に影響するかどうかということであった。

実験者は、二十四匹の雌のラットを三つのグループに分けた。八匹の一つのグループは膣の粘液を取り除き、仰向けに寝かせて膣をガラス棒で刺激した。もう一つのグループも同じ処置を受けたが、膣でなく直腸に刺激を与えた。第三のグループはガラス棒を挿入する代わりに、実験者が腹を撫でてやった。各グループの四匹は密閉場所に入れる直前にその処置をし、残りの四匹は直後に行った。密閉場所はパースペクス（アクリル樹脂）の四壁と屋根があり、床には正方形の区切りが印してあった。二分の間にラットが入った正方形の数が記録され、ラットの積極性の程度を測定する目安とした。密閉場所に入れたラットは一日に一回二時間の間、十六日間観察された。実験者の結論は、膣の粘液除去は、「この研究のラットの探査行動にはなんら影響はなかった」ということであった。ただ、動物のE・F・C（脳活動記録試験）は「一時異常であった」（一九六八年『動物の行動』第十六巻、五三四―五三七ページ）。

実験者自身の脳活動はどうなのか？　ここに興味ある実験の可能性があることを誰か見落としていないか。

百五匹のモルモットが、「視覚のショック回避に及ぼす影響」を試験するために用いられた。一部のモルモットの眼を除去し、眼窩を縫合した。脳の後部の皮質に損傷を与えたものもあった。また眼の除去と脳の損傷の両方を施したものもあった。正常なモルモットの一グループが、盲目状態の疑似状況として暗黒の中で試験された。モルモットはすべて、ブザーの音と実験用の「シャトル・ボックス」の中で足に与えられる電気ショックとを関連づけるよう訓練され、それから逃走反応が観察された。実験者の言では、盲目のモルモットは箱の壁を伝って逃走することを学習し、「正常な動物より能率的であったが、ただ逃走路にドアや他の障害物がある場合はだめであった」（博士論文。バッファローのニューヨーク州立大学。費用負担は国立衛生研究所。一九七一年九月『比較心理学・生理心理学雑誌』）。

飢餓の摂食行動に与える影響を試験するため、二十四羽のハトが用いられた。一部のハトは正常な体重の七〇パーセントに減少するまで飢えさせられた。実験者の報告では、ハトは飢えているときのほうが飢えていないときよりも多くの食物を食べる……とのことである。彼らは飢餓状態と摂食行動との関係は「きわめて複雑な」問題であると述べた（ニューヨーク市立大学シティカレッジ研究歴奨励賞。国立精神衛生研究所の費用負担。一九七一年九月『比較心理学・生理心理学雑誌』）。

三十八匹のネコに外科手術によって脳損傷を与え、電極が脳に埋め込まれた。それからネコの口と脳に電気ショックを与えた。実験者たちの言では、脳へのショックはネコに口へのショックを忘れさせ、また電流は脳細胞インパルスの「ミミズの這ったような」波形から判断して、ショック付与の役目をしていると思われるとのことであった（ユタ大学。国立精神衛生研究所が費用負担。一九七一年十月『比較心理学・生理心理学雑誌』）。

十二匹のサルが三つの実験に使用された。サルは拘束椅子に縛られて、電気ショックが尾に与えられた。ショックは百六十ボルトから三百ボルトの強さであったが、三分から六分の間、三十秒から六十秒おきに与えられた。ショックはサルの行動によってなんら調整されなかった。実験はショックがサルのバーを押すこと、キーを押すこと、チューブを噛むことという反応に及ぼす影響の試験であった。一つの実験では、五匹のサルが「頭がチューブが噛める程度の近辺に確実にあるように」蝶番のついた首枷にかけられた。実験者たちの言では、「つぎのショックの時刻が近づいてくると」サルは噛む力を増大させ、チューブを撤去すると、サルはキーをもっと頻繁に押すことで攻撃性を表した。噛むことがサルが「優先選択する反応」であって、バーを調べてみると、「しばしば噛んだ証拠があった」十二匹のうち六匹は、三度目の実験には使用されなかったが、それはすでに他の実験で使用されていたか、「他界」したからであった（アンナ州立病院およびサザン・イリノイ大学。費用負担イリノイ州精神衛生部。一九七二年五月『行動の実験的分析雑誌』）。

三歳から五歳までの七匹のアカゲザルが使用された。その嗅覚機能を外科手術によって奪い、二匹のサルの眼を摘出した。顔にX線照射をした。実験者の言では、実験中のサルはX線に気が付いたとのことである（博士論文。フロリダ州立大学。費用負担アメリカ原子力委員会およびアメリカ空軍。一九七二年二月『比較心理学・生理心理学雑誌』）。

八匹のサルを、出生時に七分から十分窒息させ、八カ月から十八カ月の年齢時に視覚反応の試験を行った。実験者たちの結論では、出生時に窒息させたサルは、窒息させなかったサルに比べると視覚刺激に敏感だとのことである（修士論文。ブルックリン、ユダヤ病院および医療センター。費用負担国立児童保健人間開発研究所。一九七二年三月『比較心理学・生理心理学雑誌』)。

四十八匹のラットから卵巣を除去し、膣口をマスキング・テープで覆い、それから雌ラットを雄ラットの中に置いた。実験者たちは、雌ラットが雄を避けたことを記録した。彼らの言では、完全に性交の刺激を受けることを許されている雌は、雄の求愛をさほど受け入れようとはせず、これは「重なるペニスの挿入による組織の損傷に関連があるのであろう」とのことであった。結論は、性交の刺激作用は雌のラットの場合は「過大評価されてきた」ということであった(サン・フェルナンド・ヴァレー州立大学。一九七二年三月『比較心理学・生理心理学雑誌』)。

三十一匹のラットに七日間絶食をさせた。実験者はそれから彼らに、生きているマウスと生後二週間の子ラット、離乳したばかりの子ラットを与えた。空腹のラットは、マウスと同じくらい、子ラットを殺して食べた。実験者の結論では、空腹がラットの殺傷行為の強力な決定要素であるとのことである(テンプル大学。一九七二年一月『比較心理学・生理心理学雑誌』)。

二十七匹のウサギの耳の先端と目尻に電極が埋め込まれた。縫合糸の輪が右眼の内部の可動膜に結び付けられ、光電管監視装置に結合された。上下の眼瞼は、その末端に掛けられ頭の革帯に取りつけたフックで開くようにされた。ウサギはそれから暗闇の箱の中に入れられた。電流が通され、眼の運動が膜を通して記録された。結論。膜の運動は、眼窩の苦痛刺激に直接関連がある(モンタナ大学。費用負担国立精神衛生研究所。一九七二年五月『比較心理学・生理心理学雑誌』)。

障害を生じさせる電極が、四十四匹のネコの脳に挿入された。また脳の基部に埋め込まれた電極で刺激を与えるようにした。脳の障害とショックによって、ラットを与えると嚙みついて攻撃し、荒い息を吐き、唸り声を上げ、耳を平らにし、毛が逆立ち、眼の瞳孔が散大した。足にさらにショックを与えると、ネコは足を上げ立ち去ろうとした(博士論文。ミネソタ大学。費用負担国立科学財団。一九七二年十二月『比較心理学・生理心理学』)。

これまでの数世紀間に、医師たちが診察し、研究し、治療してきた骨折の数は、確かに何百万にも上るであろうが、しかし動物に対して行われている実験から判断するかぎりでは、骨折とは何であるかを発見したばかりだと考えたくなるだろう。さらにもう一つの骨折実験が『外科学・婦人科学・産科学雑誌』の十一月号に報告されているが、これは二十七匹の成長したウサギを使用している。十八匹が一連の実験用として用いられ、それぞれの肢の一本を鋸で骨折させ、それから腱の一部を手術で切断した。他の九匹は対照群として使用され、肢を骨折させたのみであった。

第一の群の二匹と対照群の一匹は、一日、三日、一週間後、それ以降は一週おきで六週間後までに屠殺された。三匹は九週間後に屠殺された。屠殺の際には、ウサギは心臓に管を通して、染料が全身を廻るように灌流された。さらにその他の技術を用い、最後には骨が透明となり、血管枝の立体像が観察できるようになったが、その目的は、治癒作用が進行する際の血管の骨折に対する反応に注目することであった。そしてまた、ついにウサギは死んでしまい、骨だけが残った。

というわけで、今ではわれわれは骨折については古代エジプト人、あるいはフットボールチームのシカゴ・ベアズぐらいの知識を持っているのであろう。

次第に流行してきたもう一つの実験は、一群のラットをある条件に反応するように訓練しておき、それから殺して脳を細かく潰し、新しい一群のラットに食べさせて、「訓練を受けた脳」を食べることで「後天的な学習」が伝達されるかどうかを調べることである。

この実験は、アトランタのジョージア工科大学でも行われてきた。いちどきに何百匹ものラットを用い、電灯のそばに絶えず噴水が出ているガラスの檻の中に入れる。電灯がついていないときは、噴水に電流を通じておく。それで、もし一匹のラットが水を飲もうとすると、ショックを受ける。「成功した試み」の率を決定するのに、小さなコンピューターが用いられる。その率が一定値に近づくと、そのラットは「訓練終了」という資格を与えられる——つまり、いわば学士号を授与されたわけである。そのラットはそれから屠殺され、その脳が新たな候補者に餌として与えられる(この一連の実験は、一九七三年一月十七日号の『コンピューター世界』に報告された)。

実験者たちや、彼らに助成金を供与する連中は、徹底的な精神科の治療を受けるか、さもなくば公共資金の乱用のかどで告訴すべきであることにまだ確信が持てない人がいたら、つぎに決定的な根拠資料がある。一群のハトの食餌を制限して、正常の体重の八〇パーセントまで落とし、それからショックを発生する電極が恥骨の周囲(性器の近辺)に埋め込まれた。ハトは餌を食べるためにはキーをつつかねばならないように訓練し、つつくと「刑罰」のショックが与えられた。モルヒネ、ペントバルビタール、アンフェタミン、メスカリン、クロルプロマジンを含む薬品が、胸部の筋肉に注射され、キーをつついて刑罰を受けた回数に対する薬品の影響を試験した。(一羽のハトは濃厚な薬品の溶剤のために死亡したので、同等の体重のハトと交換された。)実験者の言うところでは、試験用に用いた薬品の大半は、つついて刑罰を受けた場合と受けなかった場合の両方の率を低下させたが、「刑罰を受ける行動に及ぼす薬品の効果は、種々の要因に左右されるので、刑罰を受ける行動に一つの薬品が効果があると言うのは、あまりにも単純な断定であろう」とのことであった（チャペル・ヒルのノース・カロライナ大学。費用負担ホフマン＝ラ＝ロシュ社およびアメリカ公衆衛生局。一九七三年一月『行動の実験的分析雑誌』）。

「強力な」電気ショックがニワトリにどのように影響するかを調べたいという好奇心で、ニューオリンズのテューレイン大学の実験者たちは、生後三週間の三十六羽のニワトリを用い、二十七分間電気ショックを与えたが、その間彼らは身動きをしなかった。実験者たちの結論では、「ニワトリが体を動かなくする行動には、重要な恐怖の要素」があるということであった（一九七二年一月二十二日『比較心理学・生理心理学雑誌』）。

カリフォルニア大学の科学者たちは、キンギョが恐怖実験には「理想的な種」であると断定した。なぜなら、他の動物とは異なり、怯えたときに「身を固く」しないからである。それで、国立精神衛生研究所からの資金援助を受けて、つぎの実験を行った。試験用の箱は、高さ三インチの水壁で二つの仕切られていて、それを水の深さ四インチの水槽の中に入れた。したがって、側壁と側壁の間に電流を通じたとき、百五十六匹のキンギョがショックから逃れるためには、障壁の上方に一インチの空き間があることになる。ショックの強度は六ボルトから十八ボルトであった。実験者たちの言では、一部のキンギョが死ぬには、十八ボルトで「足りる」とのことであった。九ボルトのときが一番うまく逃げられたが、ショックの強度が高いときは、「一種の抑圧作用が生じる」ため、遊泳能力が低下した。実験者たちはさらに付け加えて、六ボルトのショックに比べれば十二ボルトのショックはキンギョにとっては「心理的に強い」けれども、同じキンギョに十八ボルトのショックを与えれば、十二ボルトは「心理的に弱い」と言った（一九七一年四月『比較心理学・生理心理学会雑誌』）。

それからアリに対する実験が見つかるのであるが、ここらでもう読者は、大体のことがおわかりになったと思う。

第四章　事実と幻想

古代には、悪い知らせをもたらす人間は首を斬られた。今日では単に無視されるだけである。

動物実験の前線からの悪い知らせをあえて無視しようとする大多数の人びとは、内心では罪悪感を持っているので、よく知られている心理的なごまかしを用いる。つまり、動物実験は人類にとってこの上もなく利益になるのだ、そして動物にとってけっして残酷なものではない、また、動物実験者は崇高で聖なる個人であって、人類の福祉に専念しているのだ、と自分を納得させることである。それで、動物実験のあからさまなばかばかしさに疑問を持ったり、それに不利な証拠を検討しようとさえしないのである。

動物実験者が口を開けば、必ずその言葉を進んで熱心に聞いて信じてくれる多くの人がいる。なぜなら、彼は「科学者」であり――並みの人間は持っていない何かの魔法のような神聖な知識を具えているからである。

現代の世界では、科学は一種の国教のようなものになってしまい、科学者はその司祭ないしは牧師で、その言うことには耳を傾けるべきであって――さもないと…… こういうわけで、アメリカーナ百科事典は、「動物実験」の項に、「医学上の重要な知識で、動物実験に多少なりとも恩恵を受けていないようなものは一つもない」などと、平然と断言できるのである。そして、この記述がブリタニカ百科事典（医学部で動物実験者の最悪の動物虐待が普通に行われているシカゴ大学の編集委員会に、一九六一年以来牛耳られているが）にもつぎのように繰り返されている。

「現代の実質的な医学知識で、動物実験に多少なりとも恩恵を受けていないようなものは一つもない」

このような主張がまったく偽りであることを医学の歴史が立証していることには、大学医学部やマスコミは平気なようで、今日の研究は無事平穏であると信じさせるほうを選んでいるのである。

防衛線

シカゴのノースウェスタン大学医学部の、アメリカ有数の「科学者」であるアンドルー・C・アイヴィー博士が、一度馬脚をあらわすような言葉を不用意に述べたことがある。彼は、ゴム風船をイヌの胃の中に入れて、それを水で膨張させ、イヌが長時間苦しんで死んだ実験をやった「研究者」で、『内科学記録』（一九三二年三月号、四三九ページ）にその報告がある。アイヴィー博士はまたクレビオーゼンの産みの親で、この薬は二、三十年前は癌の問題を最終的に解決するものとしてもてはやされたが、そのうちにまったくのインチキであることが判明した。それでも、彼の名声は医学界であまりにも高くなったので、ニュルンベルク裁判では、強制収容所の収容者に対して人体実験を行ったドイツの医師たちに不利な証言をする「動物実験の専門家」の役を務めた。

『臨床医学』（一九四六年八月、第五十三巻、二三一ページ）の三ページにわたる論説の中で、動物実験反対者を激しく非難したこのアイヴィー博士は、つぎのように慨嘆した。つまり、ニューヨーク州の動物実験反対法案を潰すのに二万五千ドル以上かかり、数年後のカリフォルニア州の同種の法案を潰すのに少なくとも同額の金がかかったことである。アメリカドルのその後の推移を考えれば、今日では十万ドルを使ったことに相当するであろう――どんな動物実験反対団体でも、真実を宣伝するのに自由に使えれば嬉しいと思うような金額である。

すでに引用したJ・マーコウィッツの動物実験手引き書『実験外科学』の中に、もう一つ、語るに落ちた言葉がある。「たとえば自動車の使用に反対する多くの人びとがあるにちがいない。彼らは団結して街路から自動車を追放する立法化を行おうと望んでいるだろう。しかし彼らの立場は最初から勝ち目はない。なぜなら、何十億ドルもの金がかかっている企業を相手にして成功するはずがないからである」

動物実験者のマーコウィッツが、機械的製品と組織的に拷問にかけられている有情の動物との相違がわかっていないらしいという特徴はさておき、以上の両方の言葉は、動物実験とは多額の金が自由にでき、実験を永続化するためにその金を進んで使っていることを露呈している。

技術の優位を信頼しているアメリカは、他のいわゆる文明世界に対し医学研究に関する事柄の動向の舵取りをしているが、文明世界はこれまで、生物体は無生物と同じ反応をし、健康と疾病は飛行機や宇宙船と同様、コンピューターで計算できるという、デカルトやベルナール流の神話を受け入れてきた。

この国の国会議事堂では、製薬産業の高給取りのロビイストがいつも動いていて、下院議員や上院議員に、動物実験に少しでも干渉すれば重大なことになるだろうと説得している。片や全国の宣伝係は、マスコミ関係者を雇ったり影響力を行使したりして、世論や政府に、人類の救済は動物実験者――企業に雇われていようが医学校の関係者であろうが――にかかっているのだと説き伏せる助けにしているのである。

きわめて責任のある高い地位にいる知的な人びとの中にも、彼らが「科学者」と好んで名付けている動物実験者は博愛主義者であり、良きサマリア人であって、一頭のイヌよりは一人の子供が死ぬのを見るほうがましだと思っているような人間だけが、彼らに盾ついているのだと、真剣に信じている者もあるのである。

事実、動物実験者が会話の中で好んで用いる逃げ口上は、「ではどちらが大切ですか、一頭のイヌですか、それともあなたの赤ちゃんですか？」という言葉である。

「イヌか赤ん坊か」という言い方は、もし動物実験者が動物を使うことができないとすれば、赤ん坊を使わねばならないだろう――そして動物実験反対者は、彼らにそれをやってもらいたがっているのだ――という意味合いを伝えている。

しかし、現存するすべての証拠が示しているのは、実験という虫に食われている医学者たちは、動物および赤ん坊に対する実験両方を望んでいて、面倒が起こらなければ、赤ん坊のほうをむしろ望んでいるということである。「人間モルモット」と題した後出の項で、今日の医学「研究」のその側面を扱うことにする。

動物実験者が自分たちの批判者に対して向ける人間軽視という非難は、喜劇的な側面もある。『実験外科学』の五四六ページは、既知の動物実験手術の実施方法についての指示が詰め込まれているが、マーコウィッツは、まるまる六ページを割いて、動物実験反対者にありとあらゆる道徳的堕落という非難を浴びせているが、その中には何と……サディズムが含まれているのである。

動物実験者が自分たちの行為を正当化しようとして考え出さない理屈は一つもない。それは自衛のためであり、宗教にまで高まっている。だから、スイスのバーゼル大学生理学研究所での討論で（一九〇三年一月三十一日）、その大学のレオン・アシャー教授はこう言った。


「あなたがた動物実験反対者は、いつも倫理のことを口にするが、生の神秘を解決する要求に従うことが神聖な良心の問題ではないのか、そして神がわれわれの心の中に宿し給うた探求の欲望を満足させることが、一つの宗教的義務ではないのかということを自問し、われわれの生の探求に医学的価値や他の実用価値があるかどうかは問わないほうがよいのである。そして、もしこれを達成するために、生理学者が動物に苦痛を与えねばならないとしても、彼は動物実験反対者よりも苦しんでいるのである。なぜなら彼は動物の生命を知っており、素人は知らないからである」

この言葉は、おそらく動物実験賛成論の偽善の極まったものであろう。そして、反対者すべてに「素人」という烙印を押すことで、この教授は、反対者の中には医学界の最高者の名も含まれている事実を故意に無視したのである。

それに私は、名前は幸いにも忘れてしまったが、ある動物実験者がつぎのように言ったのを聞いたことがあるのだ。「動物実験反対者の連中がいかに愚かであるか、信じられないほどだ――自分自身の利益に反することをやっているのだからな！」

教育のない人間あるいは明らかに精神障害のある人間が犯す凶悪犯罪は、公衆道徳に対する危険はない。なぜなら、このような人間は刑務所に入れるか、精神病の治療を受けるべきだという点では、誰しも意見が一致しているからである。しかし動物実験は、崇高で人道的な行為だと宣伝されている。誰がそんなことを言っているのか？　有名な病院や研究所の管理者、著名な「科学者」、重要人物、大学のお偉方である。それだからこそ、ジョン・D・ロックフェラーの個人医師であったハミルトン・フィスク・ビガーはつぎのように言いたくなったのだ。「こういった野蛮な行為が、尊敬され賛美されている人びとによって行われているからこそ、国民道徳にとってきわめて危険なのである。医師の同情心が硬化すれば、自分の手に任されている患者に対する無神経で非情な治療となって表れてくるだろう。人間より劣った動物に対する実験を喜んでやっているような精神状態では、医師の患者に対する実験が許容されることになりかねない」

自分たちの考えが受け入れられ、政府やマスコミの支持を得るようにと、動物実験賛成論者たちは、つぎのような信条を広めてきた。

動物実験は生物学と医学の発展にとって不可欠である。過去の偉大な発見は動物実験に負うものであって、まず血液の循環に始まり、スパランツァーニ、ガルヴァーニ、ヴォルタ、クロード・ベルナール、パストゥール、コッホの諸発見から最近の薬品、ワクチン、ビタミン、外科手術の発達、癌の研究等々に及んでいる。動物実験のおかげで、平均寿命が長くなり、さらに長くなるであろう――事実上限界はない。動物実験によって、われわれはサリドマイドの悲劇を回避してきた。動物実験によって、われわれは癌、関節炎、リューマチ、循環器疾患、心臓疾患、精神病、性病を絶滅しようとしている。動物実験は、盲人に視力を、聾者に聴力を、不妊者に妊娠を、老人に若さを与えるであろう。われわれ動物実験者はすべて、われわれの批判者よりは動物愛好者なのである。われわれの行為は人類のみならず動物にも利益となる。われわれの反対者は、単に一握りのヒステリックなオールドミス、異常性行為者、頭のぼけた頑固者老人たちである。われわれと見解の一致しない医学者は知ったかぶりの馬鹿者である。おまけに、動物は苦しまない――苦痛を感じることができないからか、われわれが人間の患者を扱うのと同じように、彼らを扱っているからかのどちらかの理由によるものである。

この動物実験賛成者の信条に、私は自分の言葉は一語も加えなかったし、忘れたことは何もなかったことを承知している。

第一の反対理由は、道徳的なものである。もし動物実験が害にならず益になると言うのなら、それは情状酌量の事情よりもむしろ立場を悪化させる事情であろう。なぜなら、それは目的が手段を正当化するという原則を容認するからである。この原則は使い古された錠前開けの道具で、アウシュヴィッツとブーヒェンヴァルトに至るまでの悪事にすべての門戸をつねに開放してきたのである。もし人間がこの原則を受け入れるならば、もはや自己を道徳的に優れた存在とは考えられなくなる。

「一握りの退行的で誤った考えの愚か者」が、動物実験にあらゆる点で反対してきたという言い方については、その愚か者の中にはたまたま――英語圏世界に知られている故人の一部を挙げただけでも――レオナルド・ダ・ヴィンチ、ヴォルテール、ゲーテ、シラー、ショーペンハウアー、ヴィクトル・ユゴー、イプセン、ワグナー、テニソン、ラスキン、トルストイ、マニング枢機卿、ニューマン枢機卿、マーク・トウェイン、G・B・ショウ、マハトマ・ガンジー、C・G・ユング、クレア・ブース・リュース、ノーベル賞受賞者のアルベルト・シュヴァイツァーとヘルマン・ヘッセがいるという事実がある。もし人間の文化に声があるとすれば、それは彼らの声である。もし地球上における人間の存在に正当な理由があるとすれば、このような少数の個人を生み出したことであろう。決して実験室という下位文化が生み出した原人どもではない。

動物実験反対論者にはまた、ガリバルディ、ビスマルク、ダウディング卿のような著名な行動人がいた。そして彼らはすべて時代の現実にしっかりと足を据えていたのであって、その数人はまた科学の進歩に貢献したのである。

万能の天才レオナルドは古今最大の芸術家であり技術改革者であるばかりではなく、世界最高の解剖学専門家の一人でもあった。シラーの卒業論文「生理学の哲学」は、心身医学に関して知られている最初の研究である。生理学はもう一人の万能天才ゲーテの多くの関心事項の一つであって、彼の観察は人間の頭蓋骨の構造についての新たな手がかりを与えてくれた。世界的な名声を持つ偉大な人道主義者、哲学者、音楽家のアルベルト・シュヴァイツァーは――バッハのオルガン音楽解釈の第一人者でもあるが――また開業医でもあって、生涯の大半を密林の病院で黒人の医療に捧げた。上院で動物実験反対の戦いを行った空軍大将ダウディング卿は、ロンドンの空中戦でイギリス空軍を指揮した。したがって、このような名前が、「一握りのヒステリックな変人ども」等々の一部なのである。

動物実験が無意味で誤解を生じさせるものとして非難した医学者については、その名前を挙げればまるまる一冊の本ができるほどであって、事実その通りなのである。四十年以上前に、チューリッヒの歯科医であるルートヴィッヒ・フリーゲルは、『動物実験に反対する一千人の医師』という表題の書物で、彼らの一千人の言葉を引用した。

さて、動物実験賛成者の、動物実験は過去、現在、未来にわたって医学にとって重要であったし今後もそうなるであろうという主張を、歴史の観点に立って検討してみよう。幸い、入手しうる証拠をざっと見ただけでも、こういった主張が誤っていることがわかるし、歴史的証拠はつぎの通りなのである。つまり、臨床観察が医学の唯一の道であり、もっとも影響力を持つマスコミの一部は、組織的に偽りの情報を広めてきたということである——それが瞞そうという故意の意図があったのか、それともそう信じてやったのかは、ここではまったく問題外である。

歴史

ヒポクラテスは古代最大の医学者と考えられているし、多くの人はまた彼を近代から見ても最大の医学者とも考えている。今日では、ヒポクラテスの原理と知恵に帰れという傾向が強まっているが、ギリシア人はこの原理と知恵を、医学と外科学の技術が非常に進んでいたペルシアとインドから取り入れたのであろう。

ヒポクラテスは紀元前五世紀の人で、すべての歴史家の一致した見解では、彼は流行病、熱病、癲癇、骨折、悪性と良性の腫瘍の区別、全般の保健、そしてとくに衛生の重要性と医学倫理の価値を正しく教えたのであった。偉大な臨床医であった彼は、患者を注意深く観察して、それから「最高の治癒者である自然」の力を借りて治療した。彼は衛生と食事に最大の力点を置いたが、必要な場合は生薬と外科手術を用いた。

実際、彼について確実にわかっているのは、彼が生存していたということだけである。というのは、プラトンの著作に彼の名が挙げられているからである。彼自身の著作は伝わっていない。それでも、近年多くの出版社が『ヒポクラテスの著作』を刊行しているが、すべて典拠のあるものではない。

ライプツィッヒ大学とジョンズ・ホプキンズ大学の医学史講座を担当しており、多くの人に現代の傑出した歴史家と考えられているスイス人ヘンリー・E・ジゲリストは、ヒポクラテスの医学観についてつぎのように語っている。

「自然が治癒する。医師の仕事は、自然の持つ治癒力を強化し、それを導き、そしてことさらにそれに介入しないことである。食事療法が最上のものである。食事によって治癒力は甦るのである。ヒポクラテスの食事療法は、今日の眼で見てもわれわれがもっとも賞賛すべき水準に達していたのである」（一九六九年『偉大なる医師たち』ミュンヘン、レーマン社刊、第六版二八ページ）

彼の医学的著作のもう一つ、『病気と文明』*（一九五二年、フランクフルト、A・メッツナー社刊、二三七ページ）の中で、彼はつぎのように述べた。「ヒポクラテス派の医師たちが患者のために考え出した食事療法の処方は、今日の処方と同じものである」

＊（訳注）邦訳は『文明と病気』。松藤元訳、岩波新書一九七三年刊。なおこの一九五二年版は、英文原著（一九四三年）のドイツ語訳である。

ある患者の健康を回復させる力のある食事が、健康な人間の肉体の健全さを維持するのにも役立つということ——ヒポクラテスの時代でも今日でも変わりないことだが——を理解するのには、大して頭を使う必要はないのである。

しかし今日になって初めて、臨床観察と真の医学的直観のみを基礎とするヒポクラテスの教えがどれほど貴重なものであるかを、われわれは十分に悟るのである。であるから、われわれは手術や死後解剖で、間違った食事習慣によって冒され犠牲になった肝臓も——その被害が過大でなければの話だが——適切な食事療法によれば比較的短期間(一—二年)で完全に復旧する可能性があることを知るのである。それに対し、「肝臓薬の小さな錠剤」を飲めば、必ず状態を悪化させ、肝臓をさらに汚染させることになる。今日薬ばかり飲んでいた肝臓病患者が回復するときは、幸運にして薬の効力がなければであるが、薬を飲んでも回復したのであって、薬のせいではない。

フランス、スイス、アメリカの普通の医学校で教育を受けた歴史家のジゲリストは、動物実験反対論者ではなかった。だから、彼が現代最大の医学者と見なしており、また腰椎麻酔の発明者でもあったドイツのアウグスト・ビアについて書いたときも、動物実験反対の傾向が見られるふしはどこにもない。

「一九二〇年以降は、ビアは個別の実験に完全に背を向けた。今日の医学技術が以前より高い水準にあるなどと信じることは誤りであると、彼は考えたのである。それで彼はまったく新しい医学体系を確立することを提唱した。真の医学技術は、実験室の研究の陰に隠れて衰退してきた。全体に対する感覚と理解力が失われ、実験の結果が無批判に人間の場合の推断の基礎とされた……カエルやウサギは何も語らない……ヒポクラテスを偉大な模範として持ったことは、医学の幸運である。われわれは真の医学的考え方、つまり『臨床的視野』に復帰しなければならない」(『偉大なる医師たち』四三六ページ)

一九〇四年三月二十日付のニューヨーク・ヘラルド・トリビューン紙のパリ版は、すべて動物実験反対論者である数十人の著名な医師の見解を掲載したが、それにはサリヴァス博士という医師のつぎの見解が含まれていた。「不滅のヒポクラテスは動物実験を行ったことはなかったが、それでも現代の偉大な発見と称するものを誇っている今日のわれわれよりはるかに高い水準まで医学の技術を向上させたのである」

すべての歴史家は、ヒポクラテスには高度の倫理感があったとしているが、その倫理感は動物実験の行為とは相容れないものである。医師がヒポクラテスの名において誓言し、ガレヌスの名において誓言しないのは、偶然のことではない。

ガレヌス（一三〇―二〇〇）は、熱心な動物実験者で、動物実験の医学に与える危険を身をもって立証した、記録に残る最初の医師であった。動物実験は彼に人間について は何も教えなかったばかりか、以後一五世紀にわたって人類に大きな災厄を与えることとなった嘆かわしい過ちの源泉となったのである。たとえば接骨の方法とか、ある種の薬草の治療面での価値のような彼の正しい知識はすべて臨床経験から得られたものであった。

ガレヌスが生地であるギリシアのペルガモンからローマにやって来たのは、三十歳のときであった。故郷では彼はすでに剣闘士の医者として名声を博していた。そしてそれ以降の三十年間に、五人の皇帝の侍医となった。

彼はまた医学技術についての多作な著述家であり、さらに彼の一神教の理想と至高存在の信仰のために、カトリック教会は後に彼の学説を唯一の「正しい」説と定めた。それからの何世紀もの間、ガレヌスの説に疑義を挿し挟もうなどという者は、宗教裁判所の拷問で自説を撤回させられたのである。その結果、人類は一五世紀にわたって多くの重大な過誤を犯さねばならなかった。

紀元一九二年に、ガレヌスの個人蔵書は火事で焼けてしまったが、その中には彼の医学著作の四百篇が含まれていた。もし火事で著作が全部焼けていたら、ガレヌスは古代最大の医学者であったとする伝統的な説をおとなしく信じるほかはなかったであろう。しかし九十八篇が焼け残った。そしてその著作からわかることは、彼の正しい知識はすべて臨床経験、患者との接触から得られたということである。たとえば、器官の反応は精神に影響されるという考えである。それに反し、彼の大きな間違いのすべては、動物実験に起因するものであった。彼は薬草に関する知識も広かったが、この知識をアジアから導入したギリシアの医師はすべてそうであったのだ。

時が経つうちに、ヒポクラテスの人道的で衛生を重視する教えは軽蔑されるようになった。歴史家のプリニウスは、第一帝国までのローマ人は、上水道や公衆浴場が典型的に示すように、衛生観念や衛生設備のおかげで、健康な国民であったと言っている。しかし次第に、質素で簡単な食事と厳格な清潔さといった合理的なヒポクラテス流の教えは、金のかかるものではなかったのだが魅力を失ってきて、魔術、魔除け、占星術の重要性を説いたほうが金になることがわかった新しい医者たちが生まれてきたのである。

東洋や古代エジプトだけでなく、第一帝国のローマにおいても、外科学は高度に発達していた。古代に行われた手術には、扁桃摘出、白内障および甲状腺腫除去、頭蓋開口術、腫瘍切除、胆嚢・腎臓結石の除去、形成外科術さえあった。動物実験反対論者であり、ヒポクラテスの信奉者であった、独創的な科学者の名に値するローマ人のケルススは、紀元一世紀に出した外科学の手引き書の中で、これらの手術の多くについて述べた。しかし次の数世紀間に、無菌手術という考えがまだ知られていなかったこともあり、ヒポクラテス流の衛生思想が次第に放棄された結果、外科手術の危険性が増大しはじめ、少しずつ手術は減少して最小限になってしまった。

中世では、手術はほとんど切断手術に限定されたが、これは万やむを得ない場合だけ行われた。細菌感染の避けられない危険と出血防止の困難性があったためである。ギリシア人が用いていた血管結紮の技術は古代外科学の運命をたどり顧みられなくなり、切断痕は、すべて灼熱した鉄か沸騰した油で焼灼された。

ガレヌスの教えの多くは、人類にとって災害をもたらした。たとえば、化膿は傷の治癒にとって有益であり必要だという考えや、果物は有害だという考えである。ガレヌスは、イヌやネコが果物を避けるのに注目し、また中世の人間にとっては不運なことであったが、果物に手を付けなかったガレヌスの父親が高齢まで生きたので、このことから果物を避ければ長命は保証できると断定したのである。

こういったことや、ガレヌスの他の誤った考えは、中世を通じて悲劇的な影響を与えた。解剖学の教師たちは、ガレヌスの教科書しか知らなかった。女性には二つの子宮があり、一つは男の子供、もう一つは女の子供用といった考え。尿は大静脈から直接分泌されるといった考え。血液は心臓の右心室から見えない細孔を通って左心室へ流れるといった考え。ガレヌスはこれらすべて、そして多くの誤った考えを生きている動物に対する実験からか、あるいは実験を行ったにもかかわらず、得たのであった。

それに、彼の行った多くの動物実験でも、ガレヌスは血液が循環することはわからなかった。もっとも、その問題の研究は行ったのだが。事実彼の功績とされている発見は、静脈には同時代の人びとが信じていたように、空気が入っているのではなく、血液が入っているということであった。

衛生思想を、古風な異教徒の迷信であるとして放棄したことは、教会に歓迎された。教会は性と裸体を極度に忌み嫌っていたためであるが、教会が肩入れしたために人類にとって重大な結果をもたらすことになった。ヨーロッパの大半の国で、古代ギリシアの彫刻や裸体像が破壊され、あるいは衣服を着せられたり色を塗られたばかりでなく、ギリシア人やローマ人の健康管理に大いに役立っていた公衆浴場は閉鎖された。体を洗うことや、単に自分の裸体を眺めることでさえ、罪と堕落の証拠と考えられ、時折医者に入浴をするようにと命令された少数の人は、浴槽に衣服を着たままで入れられた。今日に至るまで、一部のイタリアの教会経営学校の珍しい入浴時には、浴槽の中では行儀のいい水着を着ていなければならず、鏡は置いてない。

すべての医学史家（ジゲリスト、デュボス、イングリス）の意見の一致している点は、ヨーロッパの人口の約半数を死滅させた腺ペストを含む中世の大疫病の消滅は、特殊の療法によるものではなくて、衛生処置と下水設備、および都市部の上水設備の導入によるものであり、これらの設備がもたらした著しい状況改善によって、大規模の予防接種が採用された半世紀前に平均寿命が大幅に延びたということである。奇妙なことであるが、これらの歴史家が誰一人思いつかなかったらしいことは、彼らが疾病の「不可解な」襲来と定義しているものは、別に不可解ではなく、教会に後押しされたガレヌス主義、つまりヒポクラテスの衛生思想の放棄がもたらした不可避的な結果であったということだ。中世のペストの災厄は、教会の性嫌悪と長く結合した、動物観察の結果を人間に関する推論の根拠とする態度から当然生じたものなのだ。動物はたとえば生まれた後で、湯や石鹸を大量に使って体を洗う必要はない。なぜなら、その唾液の殺菌効果だけで、産褥熱を防止するのに十分であるからである。今日でも、人口が過密状態で不潔な場所はどこでも、伝染病が発生し続けている。衛生状態の悪い南部イタリアでは、一世紀前と同数の人間が産褥熱で死亡している。

古代ギリシア人ローマ人は、反逆者は盲目にし、敵の兵士は串刺しにし、征服した住民は剣に掛けることを当り前と考えていたが、人間の死体を切断することは死刑をもって禁じていた——だが、生きている動物はそうではなかった。そして後に教会がその態度を受け継いだ。こういうわけで、西欧においては、今日の動物実験者のように動物を切り刻むことによって、「人間の生命の秘密を発見しよう」としていた医学者は、前進しないで後退し、ヒポクラテスの教えを忘れ、魔術や占星術や宗教で味付けされたガレヌスの思想の泥沼に次第に深くはまり込んでいったのである。そして現在と同じく、大多数の者は何も考えずに過ごしていたのであった。

暗黒時代の間、ヨーロッパが置き去りにしていたギリシア文化と医学の一部は、東洋で生き続け進化していた。それは、ギリシア語の原文がシリア語に翻訳され、シリア語からアラビア語に翻訳されたためであった。中世の霧の中に、少しばかり東洋の光が輝いたことがあった。一〇世紀には、中央アジアからやって来たが、西欧の歴史家には見過ごされたアル＝ブールーニがいたし、つぎの世紀にはペルシアのラゼスとアラビア人のアヴィケンナがいた。しかし大きな変化は、マルティン・ルターが無知蒙昧状態の帳を引き上げるのに力を貸すまでは、やって来なかった。

中世の暗黒からの第一歩は、ベルギー人アンドレアス・ヴェサリウスが踏み出した。彼は子供の頃から生きているハツカネズミやネコやイヌを解剖し、自分の気に入っている動物はブタである、それはブタはナイフで切っても鳴くのを止めないが、ほかの動物はあるところまでくると、鳴くのを止めてしまうからだと公言した。

彼は動物実験から何も学ばなかった。絞首刑になった人間をリュティッヒの町の城壁の外から盗み出して解剖しはじめて、ようやくガレヌスの説の誤りがわかり、その所見を一つの論文にして発表したが、これは今なお記述解剖学の傑作と考えられている。ティティアーノの工房で挿絵を入れ、一五四三年にバーゼルで出版した『人体の構造について』がそれである。

しかし、ガレヌスは誤っていたとほのめかすことも危険であった。それより数年前、パラケルススは、ガレヌスの著書を公然と焼き捨てたかどで、バーゼル大学の教職を失った。彼の解雇を要請したのは学生自身であって、彼らは公認されている基準に対してこのような不敬な扱いをしたことを懸念したからであった。一五六〇年になっても、医師になりたがっていたあるイギリス人が、ガレヌスの教えに対して彼が表明していた疑念を撤回するように、まず求められたのである。

事実イタリアのパドヴァ大学で解剖学を教えていたヴェサリウスは、異端の刑罰を受けて火焙りになったかもしれない。これは十年後、死体を解剖した医者であり司祭であったスペイン人のミグエル・セルヴェトゥスに起こったことであった。しかしヴェサリウスは、自分はガレヌスに盾つくつもりはないのであって、むしろ彼の記述がいかに正確であるかを証明したいだけだ、ただし四つ足の動物に当てはまることが同じように人間にも当てはまると当然考えたガレヌスの微罪は別であるが、と釈明した。しかし、彼の教師ヤコブス・シルヴィウスを含む大学の教授陣の大多数は、ヴェサリウスを遠ざけ、「異端と愚行」のかどで彼を非難した。それでヴェサリウスはスペインに赴くことになった。

それでも真実は次第に明るみに出てきた。とはいえ、ガレヌスの説はなかなかしぶとかった。無知、とくに知識人の無知は、つねに容易にはなくならないものである。たとえば、四つ足動物の観察にもとづいてガレヌスは、人間の寛骨は牡ウシのようにじょうご形に開いていると述べていた。ヴェサリウスの著書が真実を明らかにしたとき、大学の教授連は、自分たちが千年間も誤った説を信奉してきたことを認めようとせず、ガレヌスの時代以来トーガ（寛衣）の代わりにズボンをはく習慣になったので、人間の寛骨の形が変わったのだと説明した。

ヴェサリウスの著書の発表からほぼ二世紀経って、ようやくガレヌスの霧の残りが消散した。しかし、つぎに現れたのは、同じくらい誤っていて横暴であり、はるかに有害な説であった。

ヴェサリウスの著書が現れて後一世紀足らずの一六二八年に、もう一つの有名な書物が出現した。すなわち、パドヴァで研究をしていたイギリス人ウィリアム・ハーヴェイの血液循環に関する論文であった。医学史家は、彼を循環の「発見者」と呼び、後続の歴史家たちに青写真を示してやったが、歴史家の研究はたいていお互いの引き写しをすることなのである。そしてハーヴェイの発見と称するものが、動物実験者たちの乗る軍馬の一頭になったのである。

血液が循環することは、何千年も前から知られていた。ガレヌスは知らなかったけれども、東洋人は知っていた。中国の医学文献の基礎になっている『内経』は、紀元前二六五〇年に科学者である黄帝によって編集されたが、その中につぎの言葉がある。「体内の血液はすべて心臓が支配している……血液は循環して絶え間なく流れており、休止することはない」

今日でさえも、東洋の知識のすべてが西欧に入っているわけではない。まして中世はなおさらであった。中国からスパゲッティを故国のイタリアに輸入したマルコ・ポーロが、中国人がすでに何世紀もの間用いていた紙と印刷術を紹介するのを忘れたということを想起するだけで十分であろう。それでも、血液が循環することは、中世の学者には秘密ではなかった。そのことに言及している者はあまりにも多くいたのである。一三世紀には、アラビア人のイブン・アン・ナフィスは、血液は心臓の右側から出て肺を通過し、左側に入ると書いていた（彼の著作は第二次世界大戦の直前に忘却の状態から再発掘された）。

血液循環について知っていたもう一人の人間は、レオナルド・ダ・ヴィンチであって、彼は自分の芸術の目的で、例によって絞首刑になった人間の死体を研究し、多くの内部器官の機能を発見した。事実、ヴェサリウスよりもレオナルドのほうが、彼の著書用の挿絵を再現していた助手が死なかったとすれば、近代解剖学の知識の父と考えられていいであろう。レオナルドの原画は、今では方々の国に四散している。レオナルドがすでに認めていたのは、心臓から血液を送り出す経路となる二つの大動脈の基部には、血液が逆流して心臓に戻らないようにする弁があるということであった。

血液の循環の問題は、西欧世界ではなかなか展開しなかった。それは、当時の「公式」の科学と相容れなかったからであった。つまりそれはガレヌスの説であって、それによると、血液は潮の干満と同様、絶えず満ちたり引いたりするということになっていた。また異端者のセルヴェトゥスも、その『キリスト教の復旧』の中で、血液は心臓の右側から左側へと肺を通過して移動し、その通過中に空気から摂取される何かによって「一新される」と説明していた。これは実際の状態をまったく正確に記述したものである。だから、ハーヴェイが循環作用を発見したという主張が、ただちに論争を引き起こしたことは不思議ではない。

明らかなことだが、彼が論文の中で述べている説は、動物実験から得られたものではなくて、死体と自分自身を実験台にして得られたものであった。彼は自分の腕を結紮してどちらの側に血液が溜るかというまことに簡単な実験を行った。このようにして、動物を解剖しなくとも、彼はそれまでよく知られていた事実を「発見」したのであった。つぎに、絞首刑になった人間の心臓の右側に水を流し込み、それから左側に流し込んで、それぞれの場合の水の流れる経路と方向を観察した（ウィリス編『ウィリアム・ハーヴェイの生涯と業績』シデナム・ソサイアティ刊、五〇九ページ）。

イギリス王に献呈されたこの論文の中で、彼は自分が法を犯して死体実験をしたことを認めるわけにはゆかなかったので、八十のいろいろな種類の動物を解剖して結論に到達したのであると主張したが、これは明らかに不合理な主張である。いったん原理が確立してしまえば、八十の種の動物について同じ実験を繰り返すことは無意味なことであっただろうから。しかしこのおかげで、彼は熱心で徹底した「科学者」であるという名声を得た。ガレヌスは血液に関する「事実を発見する」ために、動物実験を続けたのだが、間違った結論に到達してしまったのである。

近代最大の外科学改革者であり、医学界の第一人者であったローソン・テイトは、一八八二年四月二十日、バーミンガム哲学会の席上で論文を読み上げ自己の見解を発表したが、ハーヴェイの功績の問題について、つぎのように述べた。

「ハーヴェイの血液循環の発見と称する問題については、ハーヴェイが知った程度のことは、それ以前にすでに知られていたことは明瞭である。彼が動物実験によって本問題に関する事実になんらかの実質的な寄与をしたなどということは、決定的な反証が上がっており、委員会の席上でアクランド博士やローダー・ブラントン博士のごとき優れた権威者によって事実上この問題は承認されている。血液循環は、マルピーギが顕微鏡を用いて初めて立証したものであって、彼は観察に動物実験を用いたけれども、この手続きはまったく不必要なものであり、カエルの肺よりも足の水掻きを使用したほうが、もっとうまく容易にできたであろう。さらに、血液循環を現在新たな題目として立証する義務が誰かに生じたとすれば、それは動物実験という過程を経るのではなくて、死体解剖と注射によってただちに満足な結果を得るであろう。事実、全身の循環作用については、顕微鏡による組織注入の検査がなされるまでは、立証は不完全なままであったと言ってもいいのではないかと考える」

科学にとって真の価値のあったものは、アントン・レーウェンフク（一六三二―一七二三）による顕微鏡の発明であった。このオランダの乾物商は、余暇に次第に倍率の高いレンズを磨き上げることを好み、ついに彼はわれわれが今日顕微鏡と呼んでいる道具を用いて、今日微生物と言われている単細胞生物を最初に発見した人となった。

このオランダ人が亡くなっていくらも経たない頃、イタリアにラザーロ・スパランツァーニが生まれ（一七二九年）、やがてレッジョとパドヴァの大学教授になった。彼は司祭であったが、動物実験を含むあらゆる分野の根気のよい実験者であった。「生命の秘密を発見する」ために、彼は交尾の際のヒキガエルの脚を切断しはじめた。しかし、科学に対する彼の貢献は、別の方面から行われたのである。

その当時のいわゆる「自然哲学者」*の大多数は、偉大なフランスの博物学者ビュフォンを含めて、昆虫やカエルやハツカネズミのような小動物は、すべてひとりでに生まれ、ウシの糞や泥から発生すると信じていた。スパランツァーニは、無生物といえども無からは生じないことを初めて立証した。顕微鏡で単体の微生物を観察し、それが中央がくびれ、それから分裂し、増殖することを目のあたりに見た。一連の実験を長期間繰り返し、容器を密閉しておくかぎり、それに入れた液体を熱すれば液体中の微生物はすべて死滅し、新たな微生物は発生できないことを証明した。（密閉のために彼は瓶の首を炎で溶かした。）

＊（原注）「科学者」という語はまだ作られていなかった。その語を作り出したのは、物質科学に関心を抱いていたイギリスの哲学者ウィリアム・ヒューエルであるとされている。一九世紀の初めは、われわれが「科学者」と呼んでいるものは「哲学者」と言われ、その道具は「哲学的器具」と言われていた。現代の意味での「科学」という語が最初に用いられた事例は、オックスフォード英語辞典によると、一八六七年である。

この発見の意義はあまりにも重大なもので、スパランツァーニ自身を含む誰にもすぐにはわからなかった。それをどのように実用に供しうるかということは言うまでもない。事実後のパストゥールやコッホの業績の発想はすべてこの発見を基礎にしていたし、保存のための缶詰という発想もそうであった。缶詰があったら、ナポレオンはロシア遠征に勝利を収めて、歴史の流れは変わっていたかもしれない。

一七九九年のスパランツァーニの死とともに、人類にとって新しい時期である一九世紀を迎える間際になった。世界はガレヌスの迷信を払い退けていたが、ただ一つの迷信だけは、スパランツァーニの微生物と同じように、すでに分裂し増殖し、次第に怪物のような姿になりはじめていた。

しかし、まだ誰もそれには気付いていないようであった。

いくつかの進歩

停滞状態にあった一八世紀にきっぱりと別れを告げる前

に、その期間中にどのような重要な進歩がレーウェンフクとスパランツァーニのほかにあったかを、手短かに眺めてみることにしよう。

壊血病のためにイギリス海軍の乗組員が激減し、国内艦隊の機動性を危険に陥れるほどにまでなったとき、ポーツマスの海軍病院の医師ジェイムズ・リンドは一七五七年に、長期の海上生活を送る乗組員の食事にライム・ジュースを加えるように海軍省に進言した。一六世紀以来、東インド諸島に航海するオランダの交易船には、ライム・ジュースがきまって補給されていた。それで乗組員は壊血病にはかからず、また後にはイギリスの商船もライム・ジュースを使用して効果を上げていた。しかし海軍省の中枢部は、こんな簡単で安価な療法で致命的な疾患を治すことができるなどとは信じなかった。それでも、クック船長はリンドの進言に従ったので、三年の海上生活の間に、彼の船には一件も壊血病は発生しなかったのである。だが、一七八四年にギルバート・ブレイン卿が壊血病を治療してようやく、海軍省もこの問題を真剣に考えるようになり、一七九五年にイギリス海軍の乗組員にライム・ジュースを支給することを規則として定めた。そのようなわけで、イギリスの船員たち、後にはすべてのイギリス人が、ライミーというあだ名で呼ばれるようになったのである。

ライム・ジュースはビタミンCを含んでいて、これは壊血病の強力な予防治療剤である。そしてこれは動物実験で発見されたものではない。というのは、動物の多数にとってライム・ジュースは致命的となるからである。後に動物実験者は、動物に不自然な餌を与えて致命的な壊血病を発生させ、一六世紀のオランダ人がすでに知っていたことを立証したり改めて立証するだけの目的で、今日もその実験を続けている。しかし現代の医学者が、逆にビタミンCの投与によって壊血病を人間に発生させるという器用なまねをどうしてやったのかについては、「悪魔の奇跡」の項で後ほど検討することにする。ここでは、主要な進歩のみを見ることにしよう。

ウィーンの臨床医レオポルト・アウエンブルッガーは、一七九一年に打診法を診断に取り入れた。これは患者の胸部や腹部の表面を軽く叩いて、その音で内部の器官の状態を見るやり方である。それで肝臓や心臓の肥大、肺の浮腫がわかることがあり、今日の診断法でそれと同じく重要な聴診法の先駆けをなすものであった。

心臓病の治療法への最初の——そして今までのところは最後の——大きな第一歩は、一七八五年にイギリスの医学者であり植物学者であったウィリアム・ウィザリングが、ジギタリスを発見したことであった。彼はキツネノテブクロの乾燥した葉から作った浸出液——これは田舎の人びとの間で水腫や浮腫の治療薬として用いられていたが——を、心臓病の患者に試してみて非常に効果があったので、それは間もなくエディンバラの薬局方に取り入れられるようになった。ジギタリスと名付けられたのは、キツネノテブクロの花びらは指（DIGIT）のような形をしていたからである。

ジギタリスは世界の薬局処方薬のうちで、永続的な価値を立証された少数の薬品の一つである。そして他の基本的な薬品すべてと同様、動物実験によって発見されたものではない。現在心房性細動と呼ばれている心臓疾患にかかっている患者の心室鼓動速度を低下させるのに、これほど有効な治療薬は今日ないのである。

ヨードチンキはこれまた永続的な価値を持つ基礎的な薬品であるが、約百五十年間外傷治療に用いられてきた。つまり細菌理論が開陳される以前からのことである。したがって、細菌感染とはどのようなことかが医学で再論議される前からであるが、医学は数世紀にわたってガレヌス説を信奉していた間は、古代の衛生に関する教えを嘲笑していたのであり、新しい知恵のおかげで人間は旧来の説を忘れるということを確証している。

殺菌剤の効用について英語で書かれた最初の標準的な著作であるワトソン・チェイニーの『殺菌外科術』（一八八二年）の中で、外傷治療用としてのヨードチンキの使用は、一八五九年には周知であったことが記録されている。引用されている典拠はフランスの外科医ルイ・ヴェルポー（一七九五—一八六七）の言葉で、彼はその年、この習慣は少なくとも三十年前から確立していると主張した。三十年前といえば一八二九年で、これはヨードという元素自体がベルナール・クルトワによって純粋な状態で分離されて十八年後のことであった。

南米では原住民がキニーネを「沼沢病」（マラリア）治療に用いていたが、その自然薬療法の助けを借りて、ヨーロッパでもこの疾病が制圧された。すでにそれよりずっと前から、一部の思慮のある人びとは、マラリアは沼沢の近辺で一番頻繁に発生するという観察事実を述べていた。それでその理由で多くの沼沢の排水を行うよう、命令が出された。これはマラリアは蚊が媒介し、蚊は沼沢に発生することが発見されたはるかに以前のことであった。

最初の「近代的な」種類の予防接種はエドワード・ジェンナーによるものであって、彼は一七九六年一人の少年に、自分が開発した天然痘のワクチンを接種した。この事実は医学史ではきわめてよく知られているので、改めて述べることはしないが、ただジェンナーが自己の結論に達したのは、今日「臨床観察」と言われている、二十一年にわたる彼の忍耐強い観察と思考の結果であったことを忘れてはならない。

ジェンナーは、パストゥールの八十年前にこれを行ったが、それでも彼の予防接種は歴史上最初のものではなかった。予防接種は東洋では古代から行われており、東洋式の天然痘予防接種は、イギリスでは一七一七年に初めて実施されたが、これはコンスタンティノープル駐在のイギリス大使の夫人、メアリー・ワートレー・モンタギューが導入したものであった。

トルコ式の方法は、感染した人間の膿疱から針の先に溜る程度の液を取り出し、それを接種を受ける人間の皮膚に擦りつけることであった。時にはこの接種方法は今日と同様、死を招くことがあった。それで液の活性を弱める種々の方法が考え出された。数日間水に浸して弱めておくか、痂皮を使用する前に水に浸しておくかなどである。中国人は粉末にした痂皮を接種を受ける人間の鼻に吹き込んだ。

メアリー夫人は社会的地位があったので、このトルコ式方法をイギリスの王室に紹介したが、王室は前世紀の終わりに若い美人であったメアリー女王が天然痘で亡くなった後、天然痘をひどく恐れていた。しかし安全を期するために、国王はニューゲイト監獄で死刑を待っている六人の囚人に先ずワクチンを試させてみた。

このような事情で、予防接種法の発見と開発には、動物実験は何も関係はなかったし、重大な感染は動物には移らず、移ったとしても異なった形をとるので、関係のあろうはずはなかったのである。後になって、ワクチンを大規模に儲かるように生産しようとして、企業は動物を利用するようになったが、これは医学界の思考が動物の利用という片寄った方向にすでにはまり込んでいたからであった。そしてそれがどのような重大な結果になったかは、別の項で見ることにする。さらに後になって、ワクチンの生産に動物よりも安全な方法を開発する必要が生じたとき、その手段が発見された。こうして動物の利用は、またもや医学の発達を遅らせ、人類に計り知れない災厄をもたらしたのである。

しかしこの問題に立ち入る前に、ガレヌス説を信奉していた状況での外科学を停滞させた原因となったばかりでなく、それを有史以前の水準にまで低下させた二つの主要な障害からどのようにして外科学が解放されたかを見ておかねばならない。

外科学

西欧世界の他の科学や技術の分野の大半では、重要な発見がつぎつぎと行われていたにもかかわらず、一つの分野ではすべての知識が泥沼にはまり込んでいた。それは外科学の分野であった。一層悪いことに、中世から一九世紀の前半に至るまで行われていた外科術は、数千年前インド、エジプト、バビロン、さらにギリシア、帝政ローマで実施されていた種々さまざまな細かい手術に比べてみると、大幅の後退状態であったのである。

古代の外科医はきわめて高度の技術を知っていたにちがいないが、それは古代エジプトやローマ、南米社会の建築技術と同様、失われてしまっていた。今日に至るまで保存されている古代の外科用具の中には、どのように使用されたのかはわからないものがある。しかしわかっているのは、ヒポクラテス以前に、医学技術に劣らず衛生措置が外科技術に基本的な役割を果たしていたことである。インドの外科医は手と爪を綿密に洗い、手術中は傷に感染が生じてはいけないので、絶対に口を開かないように指示されていた。

ギリシアの解剖学と医学に影響を与えたのは、紀元前六世紀頃のインド医学派の二人の医師、アトレーヤとスルスータであったのだろう。サンスクリット語のこの種の文献では最高のものに数えられるスルスータの著作は、外科学にとってとくに重要なものであった。彼は手術について叙述し、外科手術の練習として死体解剖を主張し、燻蒸法によって傷を消毒した。近代外科学の進歩は、退歩、つまり数千年前には周知のことであったがその後忘れられてしまったことについに復帰することにあったと言って差し支えない。

歴史家たちは、古代の外科技術がなぜ忘れ去られたか説明がつかないと言ってきたが、理由は明瞭である。その理由は、中世に疫病が流行した理由と同じものである。衛生措置が迷信として嘲笑されるにつれて、手術後の致命的な感染が頻繁になってきたので、大手術は事故や戦傷などのやむを得ない場合は別として、次第に行われなくなった。

また血管結紮技術も捨てられ、熱い油や熱した鉄を用いる簡単で手早い焼灼法がそれに取って代わった。おそらく中世の大戦争の間は、こんなことが行われたのであろう。

確実にわかっていることは、前世紀の中頃まで、外科学の分野における進歩の障害になっていたことは、(一)苦痛に対する恐怖と(二)簡単な手術の場合でも発生率の高かった手術後の感染による死亡に対する恐怖であった。

外科医の手にかかると、患者は拷問に等しい非常な苦痛を味わわねばならなかったので、中には手術を受けるより自殺をするほうを選んだ者もあった。それでも手術を受けるほどの勇気と愚かさを持っていた少数の者は、手術台の上でわめきもがいて、気が狂うか意識を失うか、死んでしまった。それで外科医の手腕は、その手術の速さで決まった。胆石の摘出手術の記録は、五十四秒であるとされてきた。一八三五年まで手術を行い、一番手術が手早いのでフランスで一番収入の多かったギヨーム・デュピュイトランは、苦痛は出血と同じく死の原因になることがあるとよく言っていた。

人間は他人の苦痛にはどれほど無関心であろうと、自分が苦痛を味わうことは嫌がるし、まして死ぬことはまっぴらご免なので、前世紀の外科医は随分と暇な時間があった。外科手術はほとんど床屋が行い(ママ)、手術もたいてい骨折修復か外部の腫瘍の切除で、やむを得ない場合は切断手術も行ったが、それで感染のために死ぬことが多かった。血管の結紮術がフランスでアンブロワーズ・パレ——彼はいわゆる床屋外科医であったが——によって再発見されたために、致命的な出血は減少したが、「血液中毒」すなわち感染による死亡はそれに応じて増加した。今日ではその理由はわかっている。

中世に血管結紮に取って代わった焼灼法は、傷を消毒する効果があった。しかし細菌理論がまだ公表されていなかったために、外科医はそのことを知らなかったし、清潔さの重要性も、まだ再発見されていなかった。その当時の外科医は、長い衣を汚さないように、その上に古い外套を着ていたが、それは洗濯したことがなかった。それはその上に付着している血液や膿の固まりが着用者が経験豊富であることを証明していたからであった。その固まりが厚く付いていればいるほど、料金は高かったのである。

苦痛と感染というこの二つの障壁は、前世紀の中頃ほとんど同時に崩れはじめた。

西欧世界で、麻酔剤の一般的使用がなぜ長期間遅れたのかは説明がつかない。ある種の植物、たとえば阿片やハシッシュに苦痛を抑える力があることは、古代においても、未開民族の間においてもすでに知られていたからである。古代東洋の医師たちは、種々の高等外科手術に何かの種類の麻酔剤を使用したにちがいない。ただ中国の鍼療法だけが今日に至るまで伝えられているが、熟練した手にかかれば、それが麻酔術として大いに役に立つことは現代科学にも疑う余地のないほど立証されている。

一三世紀には、アラビア語から医学の著作を翻訳したスコットランドの占星学者であり錬金術師であったマイケル・スコットは、外科医に対して、マンダラゲ、阿片、ヒヨスを成分とする鎮痛剤の処方を記した。しかしおそらく誰もそれを使用する勇気はなかったであろう。というのは、スコットは魔術士と考えられていたからであって、その理由でダンテは彼の居場所を地獄に定めたのであった。「魔術の邪法の業にまことに長けしマイケル・スコット居たり」（『地獄篇』第二十章、一一六—一一七行）

三世紀後に、パラケルススが東洋からもう一つの麻薬アヘンチンキを輸入した。彼の死後発見された処方の中に「甘い硫酸塩」と彼が称していたものがあるが、これは検証の結果今日のエーテルであることがわかった。事実中世は種々の睡眠剤があった時代で、シェイクスピアを含む文学作品には、睡眠、死のような睡眠を催す薬品についての多くの言及がある。

近代最初の麻酔剤は、個人経験によって偶然——としか考えられないのだが——発見された。一八〇〇年に早くもハンフリー・デイヴィー卿は、亜酸化窒素が麻酔剤として役立つかもしれないと示唆したが、一八〇三年にはドイツの薬剤師フリートリッヒ・セルトゥルナーが阿片からモルヒネを抽出した。しかし彼はそれをイヌに実験してみたためであろうが(イヌはモルヒネで異常な興奮を示すことがあるので)、麻酔剤としてのその効用は数十年後まで認められなかった。

アメリカの歯科医ホラス・ウィルズは、ハンフリー・デイヴィーの亜酸化窒素を同僚の歯を抜くのに使用し、こうしていわゆる笑気ガスが用いられるようになった。つぎに一八四六年最初の麻酔医となったアメリカの歯科医ウィリアム・モートン博士のおかげで、ジョン・コリンズ・ウォレンはマサチューセッツ総合病院において、多数の学生と医学者の面前で、エーテル麻酔による最初の外科手術を行うことができたのである。その手術は完全に成功した。苦痛に対する戦いは勝利を収めた。

翌年ジェイムズ・シンプソンは——自分と友人に行った試験の後で——一八二八年以来知られていたクロロホルムを初めて外科手術に用いた。しかし外科学の情報は前世紀は今日より伝達が遅く、フランスでは数年後フルランスがクロロホルムを動物に実験してみたが、その結果彼はクロロホルムの麻酔剤としての用途を捨て去ってしまった。一方イギリスでは、ローダー・ブラントン卿がハイドラバッド委員会の後援により、四百九十四のイヌ、ウマ、サル、ヤギ、ネコ、ウサギに行った実験結果は、主要なイギリスの麻酔医たち全部から嘲笑を受けた(一八九〇年二月八、十五、二十二日号『ランセット』)。

というわけで、動物実験は古今を通じてきわめて有益な薬品の採用をまたもや遅らせてしまったのである。

腰椎麻酔の発明者はドイツのアウグスト・ビア博士で、彼は効果を観察するために自身の脊椎にコカインの一パーセント溶液を注射させた。歴史家のジゲリストは前に挙げた著書の中で、こう述べている。「ビアは一八九九年に不滅の腰椎麻酔を発表したが、この発明は医学史に彼の名を留めることとなった」

動物実験に関する第二次イギリス王立委員会報告が公に断言したように、「麻酔剤の発見は、動物実験に負うものは何もない」(二六ページ)のである。

しかしその間、長い間忘れられていた衛生の原則に復帰しはじめることで、医学技術は最大の進歩をすでに遂げていた。一八四七年は、感染に対する戦いの開始された年であるが、これはウィーンの総合病院(アルゲマイネス・クランケンハウス)の院長であったハンガリア人フィリップ・イグナス・ゼンメルヴァイスのおかげである。この市立病院では、産褥熱のために産婦の四人に一人が死亡していた。これはマサチューセッツ総合病院における切断手術のための死亡者数と同程度であった。パリでは状況はさらにひどく、切断手術を受けた者の五九パーセントが死亡していた。麻酔剤の発見以前は、腹部手術はめったに行われず、行われたにしても、結果はさらにひどいものであった。イギリスでは帝王切開を受けた女性の八六パーセントが死亡した。

ゼンメルヴァイスは、ヒポクラテスと同様、細菌などは見たこともなかったし、まだ発表されていなかった細菌理論のことも聞いたことはなかった。しかし両方の医学者はまったく同一の結論に達していたのである。これは真の医学的直観と知力の行使——つまり、多くの重大な医学問題を解決してきた知的な臨床観察——のおかげであった。

ゼンメルヴァイスより前にも、産褥熱は伝染性疾患であって、衛生措置により防止できると示唆した者はあった。動物は出産しても病気になり熱で死亡はしない。なぜ人間がそうなるのかというわけである。一七九五年にスコットランド人アレグザンダー・ゴードンは、『アバーディーンにおける伝染性産褥熱に関する研究』と題する論文で、この疾患が伝染性のものであるという豊富な証拠を提出し、産婦を看護する医師や看護婦を消毒する必要性を強調した。彼が提出した証拠は論議の余地のないものであったが、当時の医学の大家たちには広く滑稽であると思われたに過ぎなかった。

一八四三年、ハーヴァード大学解剖学生理学教授で、同名の法学者の父であったオリヴァー・ウェンデル・ホームズは、『産褥熱の伝染性』を著した。これもまた主要な産科学者たちから猛烈な反対に遭ったが、その著書が一八五五年に増補され再版された後で、ようやく事実が認められはじめた。イギリスの歴史家、故モイニャン卿は、その著書を「医学史上最大の論文」と呼んだ。ゼンメルヴァイスは、同一の結論に達し実行に移したときでも、この英語の著作のことは知らなかったのである。

ゼンメルヴァイスは、ある日産褥にある患者に質問をしていたとき、彼女は産婆担当の病棟でなくて産科医学生担当の病棟に割り当てられたことで絶望していると言った。彼女から聞いてゼンメルヴァイスにわかったことは、ウィーンの女性たちは、医学生の手にかかると産婆の場合よりも死ぬ危険が多いと確信していることであった。その瞬間に、ゼンメルヴァイスに直感が閃いた。そしてそれが現代医学をもっとも重要な征服の道へ向けたのであって、それが、ガレヌス以前の衛生原則をパストゥールが現れるはるか前に復活させたのであった。

数日前、ゼンメルヴァイスは同僚の一人が死亡するのを見たが、その男は産褥熱の死亡者を死後解剖して外傷を受け、感染したためで、この疾患で死んだ女性と同じ症状を示していた。学生も死後解剖を行っていたが、産婆は行っていなかった。そこでゼンメルヴァイスは、産褥熱は伝染性のものであるに相違ないと結論を下したのである。この理由で、そして別に技術が下手だからではなく、医学生のほうが産婆よりも産婦に疾患を感染させる場合が多かったからであった。

その日から、ゼンメルヴァイスは感染に対する戦いを開始した。彼は産科病棟に関係するあらゆる人間に絶対の清潔さと塩素消毒を要求した。しかし医師たちはこの改革手段を好まず、屈辱的でばかげていると考えた。だが二、三年経たないうちに、ゼンメルヴァイスは産科病棟の死亡数を九〇パーセントも減少させた。それでも、彼はそれを功績とすることはできなかった。当時すでに非常な流行状態にあった動物実験で、自分の理論を証明することができなかったからである。それで、依然として手を洗おうとしない産科医を彼が暗殺者と呼びはじめたとき、オーストリアの医師たちは結束して彼を追放した。

ゼンメルヴァイスは故郷のブダペストに帰り、自分の経験にもとづく所見を著書にまとめた。しかし彼の同国人もまた彼を嘲笑したので、精神異常になり、自己の思想の勝利を見ることなく死んだのである。

ゼンメルヴァイスおよび彼と類似した考えを抱いていた少数の者は、細菌理論が公表された四半世紀後、世間に認められるようになった。この理論も動物実験には何も負うところのなかったもう一つの基本的な進歩であった。このようにして、外科術の第二の大きな障壁、つまり手術後の感染の危険は除去されたのである。

外科術の進歩を妨害していた二つの大きな障壁――苦痛と感染――が取り除かれるとすぐに、外科術は急速に発展した。近世では行われたことのなかった手術が可能になったからであり、外科医たちは最初は死体、ついで生体に手術を施して、数年足らずで今日でも基本的に変わりなく用いられている技術を完成した。

それまで一世紀以上にわたり、動物実験者は動物に与える苦痛や感染の危険の心配なしに、動物を手術の実験台にしていたが、外科術は中世の泥沼の状態から這い上がることはできなかった。麻酔術と無菌手術のおかげで人間に直接手術することが可能になって、初めて外科術は中世の暗黒時代に失ったものを数十年で取り戻すことができたのである。

そしてこれまた動物実験とは何の関わりもないもう一つの発見に外科医は助力を得て、前もってどこを切開したらいいかがわかるようになった。それはレントゲンによるX線の発見であった。

外科術の訓練

「イヌを練習台に使えばいい獣医にはなれるかもしれない。ただしその種の開業医がかかりつけの医師として望ましいとすれば の話である」国際的に著名なシカゴの医学者ウィリアム・ヘルド博士はそう記した。彼は動物実験が医学技術を危険な方向に導くと考えていた多くの偉大な医学者の一人であった。

イヌ——外科術の実験者が好んで用いる動物であるが——を練習台に用いても、人間の患者に関する手術技術は向上しないことは、容易に理解できる。イヌの幅の狭い盛り上がった胸部では、手術の領域は人間とはあまりにも異なっているために、手術は部分的には特殊の器具を用いねばならない。またすべての器官の形状と配置も著しく異なっている。それで、たとえばイヌの大腿動脈の位置がわかるようになった外科医は、後で人間の患者でその位置を突き止めようとしても困難なのである。また皮膚、組織、腱、要するにイヌのすべての部分はメスを用いるとき異なった反応を示し、人間より弾力性があるか、固いか、その逆であるかである。手術後の反応もまた異なっている。したがって動物はすべて人間より細菌感染の可能性ははるかに少ない。だから、イヌを殺さずに手術に成功した外科医は、それを動物の優れた抵抗力よりも自分の技術のせいにするが、これは危険な錯覚である。

同様に、人間の心臓外科の知識はイヌを用いる練習で得られたという動物実験者の主張も、明らかにばかげている。なぜなら、イヌの脈拍はきわめて不規則で間欠的なものなので、これほど人間の心臓の知識の参考にならないものはないからだ。人間の心臓に関するすべての知識は、死体解剖、また医師が生命を救うために直接人間に介入せねばならない事故——戦傷や交通事故の無数の事例のように——、そしてまた放射線学的な観察によって得られたものである。明らかなことであるが、たまたま動物実験を好む開業外科医は、自分の技術は動物を用いて得たものだと主張するであろう。外科治療を必要とする人たちに私が忠告したいのは、このような医師は避けよということである。危険な外科医で、非情な人間であるからだ。

同じことは脳外科にも当てはまる。大脳機能の位置決定を行うとの主旨で行われてきた数百万件の動物実験は、ただ混乱を作り出しただけで、動物実験を決して行わなかったヒューリング・ジャクソンの説に何も有益な知識を付け加えなかった。そしてこのことは、現代神経学の父であるジャン＝マルタン・シャルコー（一八二五—一八九三）が明確に予言していたことなのである。「大脳機能の位置決定を目的とする動物実験では、せいぜいその特定の種の動物の局所解剖図がわかる程度で、人間の局所解剖図は決してわからない」とシャルコーは言った。クロード・ベルナールでさえもそのことは知っていた。

さて、今度は動物実験者の軍馬とも言うべき「青色症（チアノーゼ）乳児」の場合をX線のように観察してみよう。

「青色症乳児」とは、肺に静脈血を運ぶ肺動脈に通じる弁に欠陥がある新生児のことである。血液への酸素供給は、このような子供の場合には不十分なので、皮膚が青味がかった色になり、息切れの状態が昂じてくる。治療をしないと成人まで生きられることはめったにない。

そのような状態の治療法として、アメリカの外科医アルフレッド・ブレロックは、ドイツの亡命者である心臓専門医ヘレン・B・トーシックが行った臨床観察にもとづく手術技術を一九四四年に導入した。ブレロックは、自分の技術はイヌに対する数多くの練習によって開発したものだと主張した。このような言葉は、人間とイヌの心臓の解剖学的、器質的、機能的相違を知っている者にはまことに不可解に聞こえるのであるが。

ついでロンドンのガイズ病院の外科医R・C・ブロックが、死後解剖の綿密な観察を生前表れた症状に関連づけ、健全な推理を用いて全然別の技術を開発した。『イギリス医学雑誌』（一九四八年六月十二日号）に掲載した報告は、この手術作業全体はどの段階においても動物実験なしで案出されたものであることを明確に述べている。

これまた動物実験を伴わない第三の技術が、ロンドンの聖トマス病院の二人の外科医、N・R・バレットとレイモンド・デイリーによって開発された。この技術は『イギリス医学雑誌』（一九四九年四月二十三日号）に述べられているように、論理的推理の方針に沿って開発されたものであった。

この三例の場合の生存率は同一である。そしてまたもや——証拠の追加が必要であれば——まず最初に動物で何かを試してみようという連中は、それが必要だからそうするのではなくて、そうしたいからそうするのであるということを立証している。熱烈な動物実験主義者アルフレッド・ブレロックがそうであるが、彼はイヌの足を簡単に潰すための「ブレロックのプレス」の発明者なのである。

イギリスの外科医であり歴史家であるM・ベドウ・ベイリーは、その著書『臨床医学上の諸発見』（一九六一）の中でつぎのように述べている。「後者二つの方法は、ブレロックの方法による治療が不適当な症例において、価値あるものであることがわかったことは、意義深いことである……最後に、ブレロックの手術はブロックの手術と同様、論理的な推理を基礎としたものであるけれども、前もってイヌに対する実験を行わなかったならば人間の患者にもうまく適用できなかったであろうなどと信じる理由は何もない。動物実験がわが国におけるブロックの成功には不要であったとすれば、同様にアメリカにおいても不要であったと結論づけることはきわめて論理的なことである」

イギリスでは外科医はこれまで一世紀間、人間の患者についての経験しかない。それは一八七六年の動物虐待防止法で、手術の技術を獲得するために動物実験を行ってはならないと定められているからである。であるから、ガイズ病院および王立メイソニック病院の医師であり顧問外科医であるW・ヘネッジ・オーグルヴィー卿が『イギリス医学雑誌』（一九五四年十二月十八日号、一四三八ページ）で明言したつぎの言葉に異を唱えることは今日でさえ誰しも困難であろう。「イギリスの外科学は高い地位を占めている。その理由は根拠のないことではないが、重要な外科学の進歩はすべてこの国から生じたからであると主張しうるからである」

しかしもっと実態を暴露しているのは、動物実験者自身が時には無用心にも、動物実験が医学には無益であると述べている点である。

動物実験の重要な手引き書である『実験外科学』の中で、著者のマーコウィッツは、序文でつぎのような正当な警告を与えている。「本書に述べられている手術上の技術は、動物、通常はイヌに対して妥当なものである。しかし、そうであるからといって、それがつねに人間にも適当であるということにはならない。われわれは学生に対し、自己が行っていることは疾患を治療するための患者の手術であるなどと考えることを禁じるものである」

であるから、最高の専門家が、動物実験は実際は外科医の訓練には役立たないと明言しているのである。彼はさらに、動物実験は誤解を生むものであると言って、記憶すべき実例を挙げている。「われわれの学生の頃は、胸郭内の外科手術はまことに不可解な点が多く難しいものであると思われていた。今日では必ずしもそうではないことをわれわれは知っている。困難の原因となったのは、外科医はイヌで経験する気胸の性質が人間の場合も同様であると当然考えていたことであった。これは切開する一方の側だけについて言えることである。というのは、人間は二つの別個の胸郭があって、それぞれに肺を収容し、それぞれが生命を維持できるからである……イヌの場合は、一つの胸腔にわずかの損傷が生じても、両方の肺が機能を失い致命的となる」

したがって、長年の間多くの人命を救ってきた気胸術は、外科医が動物実験を指針として用いたとしたならば、試みられることはなかったであろう。

マーコウィッツの場合は、実験が単なるパラノイア的な固定観念になってしまった証拠が随所に表れている。たとえば、つぎのようなすばらしい考えが浮かんだときである（四四六ページ）。「イヌから腎臓を二つとも除去して、三日後死ぬ間際に他のイヌの一方の腎臓を取って、このイヌの頸部に移植するのは興味のある実験であろう」

彼がすべての「練習実験」から何か有益なものが生じることなど期待していないことは、四四〇ページに出ている。「一般論としては、外科術は無菌法、熟練、手術前手術後の注意深い看護によって、可能なかぎりのことを達成してきた。何か新しい生理学的原則が発展しないかぎり、外科術はその限界に到達したようである」

では、このようなすべての外科「実験」を動物に実施し続けるのは、どういう意味があるのだろうか？　著者はその謎解きをミステリー小説のよき伝統に従って、著書の最後である五三二ページで行い、つぎのように書いている。
「これほど魅力があり、満足でき、同時に金になる研究はないだろう」

主要な外科医の発言

スコットランドの解剖学者、内科医、外科医であるチャールズ・ベル卿（一七七四―一八四二）は、脳と神経系の研究に寄与したことで有名である。彼は開業内科医、外科医であり、またロンドン大学およびエディンバラ大学の解剖学、生理学、外科学の教授でもあった。一八〇七年に、彼は一つの発見を公表したが、それは脊髄神経の前根は運動機能を司り、脊髄神経の後根は感覚機能を司るということであった（「ベルの法則」）。ブリタニカ百科事典はつぎのように記述している。「これらの発見は、ウィリアム・ハーヴェイの血液循環の発見以来、生理学における最大のものと見なされる」

彼の基本的な著書（これは「王立協会に提出された神経に関する論文の再版」との断り書きがあるが）の中で彼はつぎのように書いた。

「実験は発見の手段であったためしはない。近年生理学で試みられた研究を概観すると、生きた動物の手術は、解剖学的構造と自然な運動の研究から得られた見解を確証するよりも、誤った見解を広めるのに力を貸してきた」（一八二四年、ロンドン、『人体の神経系の解説』三三七ページ）

医学博士チャールズ・クレイは、『（イギリス）国民伝記辞典』（補遺第二巻、三十ページ）によると、「ヨーロッパに関するかぎりでは卵巣切除術の父と称してもいいであろう……彼はまた腹部外科手術に排液法を用いた最初の人であり、『卵巣切除術』の用語の使用を定着させた……マンチェスター医学会の会長であり、ロンドン産科学会の生え抜きの会員である彼は、ロンドン・タイムズ紙の報道（一八八〇年七月三十一日）では、つぎのように明言したとのことである。

『外科医として、私はこれまできわめて多くの手術を行ってきたが、自分の知識や技術は何一つとして動物実験に負っているものはない。動物実験が医学と治療学の進歩に僅かでも貢献したなどと同業者が立証したら、論外のことと信じる』」

バーミンガムの婦人科医であったローソン・テイトは、開腹術がまだ珍しかった時代に二千件以上のこの種の手術を行ったが、外科学の巨人が輩出した時代と言うべき時期に、一頭地を抜きんでている。今日の外科技術の多くは彼が創始したものである。彼はまだ二十一歳であった一八六八年に最初の卵巣切除手術を行い、一八七二年頃には、彼の名は医学史に、英米では「テイトの手術」として知られるようになったものとともに記されていた。すなわち、慢性卵巣炎の場合の子宮付属器官切除手術である。一八七七年には、疾患状態の卵管切除を開始し、一八七八年には子宮慢性逆位の新たな治療法を述べた。このすべてを、彼は三十五歳前に行ったのである。また一八七九年には最初の胆嚢切開手術を行った。一八八〇年には、虫垂炎治療のための虫垂切除手術に成功した第一号の医師となった。(ドイツではこの「最初の」手術の功績は通常スイスの外科医ルドルフ・ウルリッヒ・クレンラインに与えられているが、彼が初めてそれを行ったのはテイトの約五年後であった。)一八八三年には、破裂卵管妊娠の患者の手術に成功した。彼は、リスターの石炭酸噴霧の無菌手術法が有害であるという理由で疑問を提出し、今日の無菌手術法の最初の提唱者となった。一八八七年には、新たに結成されたイギリス婦人科学会の会長に選出された。一八八八—一八九〇年を通して、彼は「外科的方法により実地医学にもたらした偉大な恩恵」により、カレン賞、およびリスター賞を授与された。

であるから、外科学について論じる人間で自己の発言に責任を持てる者がいるとしたら、それはローソン・テイトであった。そして彼が過去に行った動物実験について述べ書いていることは、すべて実験に対する容赦のない告発である。なぜなら、彼は動物実験は、全体としての医療行為のみならず医学的精神にとっても有害であると考えていたからであった。テイトの見解は、それが昔のものであるからというだけで、今日は不適当として退けてしまうことはできない。その逆である。その見解が重要であるのは、現代の最大の外科学の進歩の時期に発言し、またその時期について発言しているからである。その進歩は、動物実験者の言い分では、自分たちのおかげだというのである。彼らの意識的な嘘八百は、ここで手心を加えないで徹底的に暴露しなければならない。

バーミンガム哲学会の会報には非常に長い論文があるが、それはローソンが一八八二年四月二十日、同僚の面前で読み上げたもので、動物実験をあらゆる点で反論の余地のないほど非難している。論文は多くの枚数にわたっているが、例としていくつかの抜粋を挙げてみよう。

「私は単なる教育の目的で生きた動物に実験を行うことは、絶対に不必要なものであるとして即座に退け、いかなる種類の留保事項も付けずに立法措置によって禁止すべきものであると信じる……」

さらに、

「これらの問題にすべて解答するためには、特定の事例が挙げられねばならず、またその事例を細心の注意をもって歴史的に綿密に分析する必要があることは、きわめて明瞭である。このことはすでに多くの事例について行われており、私は自分が承知しているあらゆる事例においては、動物実験の主張はまったく根拠のないものであると言わざるをえない……研究方法としては、実験はそれを用いた人びとをまったく誤った結論に絶えず導き、動物が無益に犠牲にされたのみならず、その誤った考え方のために人命を犠牲者の列に加えてきたのである」

バーミンガム・デイリー・ポスト紙（一八九二年十月四日）に、テイトはつぎのように書いた。

「数年前、私は人間が被っている最大の災厄の一つを、約二百年前科学的に提示された手術を用いて処理することを始めた。つまりそれは子宮外妊娠である。提示されていた手術の理論的根拠は約五十年前に十分に説明されていたのだが、正常な妊娠過程の生理全体および異常な妊娠過程の病理が、ウサギやイヌに対してあるフランスの生理学者が行った実験のために曖昧となり不正確な説明をされてしまった。私は実験者たちの結論を度外視して、以前の病理学者や外科医の真の科学に立ち戻り、何十人もの患者に手術を行ったが、ほとんど同じように成功した。私の前例に全世界がただちに追随し、過去五、六年に数千人とまでは言わぬが、数百人の女性の生命が救われた。他方四十年近く、この大きな成功への簡単な道は、一人の動物実験者の愚行によって閉ざされていたのである」

テイトはさらに、動物実験者のねじ曲がった思考の実態がよくわかる情報を付け加えている。

「私の手術から得た結論の一つは、この上もなく簡単なもので、夜のつぎに昼が来るのと同じぐらい確実な事実から得たものである。つまり、腹膜腔は初期胎児の柔らかいゼラチン状の組織を消化しうるということであった。しかし、ドイツの科学者たちはこの結論に納得しないで、その一人はただちに数匹の動物の子宮から未成熟の胎児を引き出し、それを同一の動物の腹膜腔に移植した。こうして、彼は私の述べたことを『確証』したと考えたのである。私はこれらの哀れな動物たちの苦痛がどれほどであったかを描写して、読者の方の心を苦しめることは止める。というのは、私はこの問題の単なる感情面だけを取り上げているのではないからである。私が明言しておきたいのは、このけしからぬ実験作業全体が無益であり、ばかげていることである……」

ロンドン病院の院長であり、イギリス王室の外科医、また腹部手術の世界的権威であるフレデリック・トリーヴズ卿は、『イギリス医学雑誌』（一八九八年十一月五日号、一三八九ページ）につぎのように書いた。

「以前、私はヨーロッパ大陸の国で、イヌの腸の種々の手術を行った。しかし、人間とイヌの腸は非常な相違があるので、人間の手術を行う段になると、この経験が大きな邪魔になって、覚えたことを一切放棄せねばならなかったし、実験手術は人間の腸を扱うのに私を不向きにさせた以外には、何の役にも立たなかった」

パストゥール研究所とストラスブールの生理学研究所に勤務していた外科医のスティーヴン・スミス博士は、著書『科学研究——内部よりの見解』（一八九九年、ロンドン、エリオット・ストック社刊）の中でつぎのように書いている。「私は、動物実験が人類にとってなんらの価値もないとの主張や見解を述べているイギリスの著名な外科医たちに同意する」

さて半世紀飛ぶことにする。

メキシコ国立医学校の校長であるサルバドール・ゴンザレス・エレホン博士は、『ニューヨーク・ジャーナル・アメリカン』誌（一九四七年七月十三日号）に動物実験を非難する長文の論文を発表したが、その中でつぎのように書いている。

「医学生がイヌの解剖で学ぶことが何であろうと、人間との関連では重要なものではない。なぜなら、この動物の諸器官、脾臓、神経等の位置は、多少は人間に似ているが異なっているからである。明瞭であることは、動物実験で学生が高度の手術を行って結果が得られるのは、動物が非常な肉体的耐性を有しているからだけであって、この耐性のために彼らは無責任な手術をする。学生に、そんなに容易に人間の胃の切開ができるなどと教えることが賢明なことであろうか？　学生に不必要な手足を切断する手術をイヌに対して行うことを今日許し、明日また許し、さらにまたつぎの日に許し、イヌが死ぬまで行わせることは、正当化できない残虐行為でないというのか？　それは生命の尊重や、人間にふさわしい感情、敬虔の念を損なう非道徳的な教授法ではないのか？　明らかにそうである」

さらに何年か後、ナポリのプレス・クラブでの動物実験に関する円卓会議の席上、ナポリの大病院ペルレグリーニ病院の主任外科医であるフェルナンド・デ・レオ博士は、歯に衣を着せず動物実験を非難し、「破廉恥で無益な行為」とそれを定義した。

さて、動物実験をあらゆる根拠に立って非難している、これまで挙げた近代の医学の権威者たちの発言と、動物実験は医学の進歩に不可欠であると主張している動物実験者の矛盾をどう説明したらいいのか？　私にできる説明は、繰り返しになるが、ジョージ・バーナード・ショウのつぎの言葉である。

「動物実験をためらわない者は、そのことで嘘をつくことをためらうことは滅多にないものである」

それでは、優れた外科医はどのようにして作られるのか？　それをとりわけ見事に説明したのはアベル・デジャルダンであった。彼はフランス外科学会の会長であり、フランス最高の教育機関であるエコール・ノルマル・シュペリウールで医学の講義をしており、またパリ大学外科学教室の主任外科医であった。つぎは一九三二年三月十九日、ジュネーヴでの動物実験反対会議の席上における彼の演説の要約である。

「外科学の基礎は解剖である。その理由で、外科医はまず解剖学の論文や解剖図から、ついで多数の死体解剖により知識を得なければならない。こうして解剖的構造について学ぶだけでなく、不可欠な手術の技倆を習得するのである。その後は外科治療の実態を学ばねばならない。これは病院で日常患者に接して行うほかはない。一人前の外科医になる前には、助手を勤めねばならない……最後に、実際の外科手術に至るまでの過程を検討してみよう。まず観察をし、外科医の介添えをする。このことを数多く繰り返す。一つの手術の種々の段階と、発生する可能性のある困難を理解し、かつその克服の方法を習得したら、その時になって初めて手術を開始することができる。最初は簡単な手術を経験を積んだ外科医の監督のもとに行う。外科医はこちらが間違った操作をしたら警告し、手術の進め方について疑問を抱いたときは助言する……これが外科研修の真の姿であって、このほかにはないと明言しておく……外科研修の真の姿をこのように説明した後では、イヌに対する手術を基礎にする外科実習課程がすべてみじめな失敗であったことが、容易に理解できるであろう。自己の技術を心得ている外科医は、このような実習課程から学ぶものは何もなく、初心者もそれから真の外科技術を学ぶことはできない……さらに、動物実験は性格を堕落させるものである。なぜなら、それは手術によって与えている苦痛を何ら重要視しないことを教えてしまうからである」

アメリカで行われているような、動物実験によって外科技術を習得しようとするやり方の無益性と危険性をもっともよく示しているのが、『タイム』誌（一九七三年十二月十七日号）に掲載された記事である。『タイム』誌の見出しは、一八九八年の連邦最高裁判所の一見解である「性格は知識に劣らず重要な資格である」という言葉を思い出させる。ほとんどすべてが動物実験で訓練を受けている通常のアメリカの開業医たちの性格と知識について、『タイム』誌は種々の批判的な見解の中でつぎのように述べた。

「毎年アメリカでは、何千人という患者が、無能な医療を受けたために、不当な理由であるいは不当に早く死亡したり、余命の質に取り返しのつかない損害を受けている……誤った医療に関する訴訟は現在裁判所に山積している……医学の科学的側面は、ほとんど場当り的な状態のままである……広い範囲にわたって、無能で根拠のない外科手術が行われている。大量の子宮摘出手術やその他のいかがわしい手術の一つの理由は、外科医の数が多すぎるからだけであろう。アメリカには人口割りにするとイギリスの二倍の外科医がいる——そしてアメリカでは人口当りイギリスの二倍の手術件数がある。それでも平均すればアメリカ人のほうが若死にする」

医学界は例によって、この批判は蛙の面に水で、ましてや、やり方を改めようなどとはしなかった。一九七五年には、チューリッヒのターゲス・アンツァイガー紙（七月十七日）によると、アメリカのシドニー・ウルフ博士は下院委員会の席で、アメリカ人は不必要な外科手術のために年間五十億ドルを使っており、このために毎年約一万六千件の不必要な死亡が発生している事実を明らかにしたとのことである。一例を挙げると、フロリダ州フォート・ローダーデイルのドロシー・オグレイディーという女性は、背中に痛みを感じると医者に訴えたが、医者はただちに彼女に子宮摘出手術をした。そのために合併症が発生し、患者は一年間入院せねばならなくなった。別の医者の診察で、背中の痛みを除くのに必要であったのは、彼女の左かかとを半インチ高くすることだけだったということがわかったのである。

ワクチンおよび他の事実混同

動物実験主義者の主張にはすべて解答しておくために断っておくが、ガルヴァーニとヴォルタの実験では——そもそもこれは医学実験ではなくて、電気実験であるが——生体のカエルが用いられたのではなくて、カエルの死体が用いられたのである。「金属の電対はカエルの死体では、筋肉収縮を司る神経に刺激を与える」（イタリアーナ百科事典「ガルヴァーニ」の項）ヴォルタは間もなく実験材料としては無機化合物のほうが適当であることがわかったので、カエルの死体で実験することを放棄してしまった（同書「ヴォルタ」の項）。

今日の医学を支配している信じられないほどの事実混同は、歴史記録や学校の教科書にまで及んでいる。アメリカーナ百科事典（一九七二年版）は、チャールズ・ベル卿が一八〇七年に、脊髄神経前根は運動機能、脊髄神経後根は感覚を司ること（ベルの法則）を発見したと述べているが、マジャンディの項には、「……マジャンディの法則として知られているもの、すなわち、脊髄神経前根は運動機能を司り、脊髄神経後根は感覚を司ることを証明した」と述べている。この二人の記録に残っている会議での発言や著作を歴史的に検討してみると判明するのは、マジャンディは無数の動物実験を行ったが、生理学には何らの貢献もせず、ベル卿の業績を横取りしようとしたことである。これまた事実の混同であるが、ブリタニカ百科事典は、ガレヌスが約二千年前にほぼそれと同じことをすでに発見していたと主張している。「彼は脊髄を種々の部分で切断し、その結果生じる感覚および運動障害や失禁作用を観察した」

しかし、同一書の「科学」の項では、別の学者がこの発見は一つの学派全体が行ったものであると書いてあるのがわかって、驚くのである。「アレキサンドリアでは、動物に対する実験を教師が行った結果、感覚を伝達する脊髄神経後根と運動刺激を伝達する脊髄神経前根との区別ができるようになった」

パストゥールに関しては、ブリタニカとアメリカーナを含む大半の百科事典が、つぎの発見を彼の功績にしている。すなわち、微生物は自然に発生して生命体となるのではなく、他の微生物から発生すること、また熱で死滅することである。事実は、スパランツァーニが一世紀も前にそのことを証明していたのであった。

スパランツァーニは、レーウェンフクが細菌の存在を発見したのについで、細菌学に大きな足跡を残したのであった。パストゥールはスパランツァーニの実験を一歩進めて、細菌が死滅する正確な温度と熱を加える時間を決定したのである。微生物理論でパストゥールに先んじていたのは、医学・理学博士、パリ大学生物化学および物理学教授であったアントワーヌ・ベシャン（一八一六—一八九五）であった。パストゥールとは対照的に、ベシャンは人道的な研究者であった。興味があるのは、ベルとマジャンディ、テイトとリスター（殺菌法と無菌法）、パストゥールとベシャン、コッホとベシャンとの論争の場合のように、時の経過とともに人道的な研究者の説のほうが正しいことが判明した事実である。

パストゥールとコッホにとっては、微生物が疾病であり、疾病は微生物であった。今日わかっているのは、微生物は必ずしも疾病の原因とはならず、疾病は特定の微生物が存在しなくとも発生することがあるという事実である。ベシャンは、「土壌」（肉体）のほうを「種子」（微生物）より重要視した先駆者の一人であった。さらに公的な記録からわかることは、パストゥールの功績とされている多くの発見、たとえばカイコの微粒子病の原因発見などは、ベシャンのほうが先に行ったということである。

事実パストゥールは、他人の発見で利益を得た少数の科学者の一人なのである。オランダ人のレーウェンフクが最初に微生物を発見し、イタリア人のスパランツァーニが微生物は他の微生物からのみ発生し、熱によって死滅することを示した。フランス人のカニャール・ド・ラ・トゥールは一八三七年以来、ビールの発酵は彼が確認した微生物の作用で起こることを知っていた。またドイツのシュヴァムは、肉の腐敗は微生物の侵入の後にのみ起こることを証明した論文を発表した。しかし一八六四年にパストゥールは、自己の「微生物理論」を提示して、先駆者たちの業績に一言も言及せず、これらの業績のすべてを自己のものであるとする傲慢な態度をとった。おまけに非常に自信を持っていたので、ロンドンの大外科医リスターは彼に感謝の手紙を書き、今日の百科事典類は事実は他人のものである業績をパストゥールに相も変わらず一人占めさせているのである。

ロベルト・コッホは、ウシやヒツジの疾病の原因である炭疽菌の純粋培養に成功した最初の人であった。そしてパストゥールは、細菌の力を弱めて、それからワクチンを作った。多くの歴史家はそれが歴史上最初のワクチンであったと言っているが、これではまるでジェンナーも東洋人も存在していなかったような口振りである。ともかく、パストゥールとコッホの間にすぐさま論争が起こり、お互いに相手を剽窃者と非難した。

パストゥールはそれから、狂犬病すなわち恐水病のワクチンを開発したが、これはワクチンという、効果確認の困難な分野全体の中でも、最たるものであるかもしれない。

狂犬病にかかっている動物に噛まれた人間で、感染するのはごく小部分である。しかしそれがひどくなると必ず命取りになると思われている。それで狂犬病の疑いのある動物に噛まれた人は用心のために、誰でもパストゥールが開発した特別の治療を受ける。しかし時にはワクチン接種を受けた人はいずれにせよ死ぬことがある。その場合は、死亡はワクチンに欠陥があったからだとされる。しかし、噛まれたことではなくてワクチンが感染の原因になったことがしばしば立証されてきた。たとえばその動物が後で健康であることがわかった場合などである。たとえ動物が狂犬病であったとしても、噛まれたことが感染の原因になることは滅多にない。そして通常の衛生措置の原則、たとえばただちに傷を水で洗うといったようなことを守れば、感染は絶対に生じない。

ベストセラーとなった『微生物の狩人』(一九二六、一九五三年、ハーコート・ブレース・アンド・ワールド社刊。邦訳は秋元寿恵夫訳、岩波文庫、一九八〇年刊)の中で、ポール・ド・クライフは、狂犬病であると主張されたオオカミに噛まれた十九人のロシア人の農夫が、公表されたばかりのパストゥールの治療を彼自身の手から受けるためパリにやって来たという、想像をきわめて交えている記述をしている。クライフによると、これらのロシア人の患者のうち十六人がパストゥールの注射で救われ、「三人のみが」死亡したとのことである。その偉業の後でパストゥールは国際的な英雄になり、「現代的」実験室科学を美化するのに多大の貢献をした。十九人のうち三人の死亡といえば、死亡率は一五パーセント強である。しかし、今日わかっていることだが、狂犬病のイヌに噛まれた百人の人のうち一人も感染する可能性はないことを知れば、これらの三人の農夫の少なくとも一部もしくはおそらく全部は、パストゥールのワクチンのために死んだのであると推論しなければならない。その後同様の無数の例があるからである。おまけに、当時のロシアにはオオカミが狂犬病にかかっているかどうかを検査する設備もなかった。飢えたオオカミが冬に村人を襲うことは、よくあることだった。今日でもたとえばイタリアでは多くの人が、人を嚙むイヌは必ず狂犬病である、さもなければ嚙みはしないと信じているのである。

情報に詳しい医師の中には、単独で識別しうる疾病としての狂犬病は、動物にのみ存在するものであって、人間には存在しないこと、そして狂犬病と診断されたものは、類似の症状を持つ破傷風であることが多いと信じている者がある。どのような傷でも汚染すれば破傷風の原因となることがある。そして興味のある事実は、今日ドイツでイヌに嚙まれた人はきまって破傷風予防の注射のみを受けていることである。ドイツの最も権威ある週刊誌によれば、過去二十年間に狂犬病で死亡したドイツ人は五人であるとされている（『シュピーゲル』誌一九七二年第十八号、一七五ページ）。しかしその五人が狂犬病で死亡したことは確認はできない。何百人もが破傷風で死んでいるのであるから。

アメリカおよびヨーロッパで私が質問した多くの医師の中で、自分は人間の狂犬病の患者を見たことがあると請け合えた人には一人も出会っていない。米国公衆衛生局がその一九七〇年の『罹病率および死亡率についての年間補遺』に報告している件数は二件である。これは二億五百万の人口の中でのことである。また診断が正しかったとしての話である。これに比べて、報告されている破傷風は一四八件、サルモネラ症は二二、〇九六件、伝染性肝炎は五六、七九七件、連鎖球菌感染と猩紅熱は四三三、四〇五件である。

狂犬病の疑いのある患者に初めて接した医師は、参考になる前例がないとこぼす。パストゥールが自己のワクチンと主張するもの（しばしば麻痺状態を引き起こしたが）を完成させる際に遭遇した主な困難は、狂犬病のイヌを見つけることであった。ついに彼は健康なイヌを利用し、その頭蓋を切開し、それまでに入手できた一頭だけの狂犬病のイヌの脳材料を用いて感染させるほかはなかった。

パストゥールは狂犬病のウイルスを確認できなかった。今日でも、この疾病に関連しているすべてのことは、パストゥールの時代よりさらに不明確になっているのである。

一つのことだけは明確である。パストゥールが「ワクチン」を開発して以来、狂犬病の死亡数は減少しないで増加したことである。

最近、狂犬病は「ネグリ小体」の存在が死後解剖で発見されれば確定すると考えられている。これはイタリアの医師の名にちなんでそう呼ばれている小体であるが、彼は一九〇三年に、狂犬病のイヌの神経細胞と脊髄神経の細胞質にそれを発見したと公表した。しかし、著名なアメリカの獣医ジョン・A・マクロクリン博士は、一九六〇年代にロードアイランド州で狂犬病と称するものが広く発生し、その調査を依頼され、流行の絶頂期に多くのイヌの死後解剖を行ったが、「狂犬病」の症状を示していたがネグリ小体が見当らないイヌがおり、逆に関係のない疾患で死んだイヌに大量にそれが見つかった。狂犬病に対する固定恐怖感があるナポリ出身のある獣医が、ネグリ小体の写真を教科書で見せてくれたことがあったが——彼はそれしか見たことがないと言っていたが——、それはジステンパーにかかっているイヌに生じるレンツ＝シニガリア小体と見たところ区別はつかなかった。熱意が知識を上回っている衛生当局者の命令で、単なるジステンパーにかかっていたイヌが何頭殺されたかはわからない。

数年前、著名なフィラデルフィアの医師および外科医で、ペンシルヴァニア大学医学史の講師であるチャールズ・W・ダレス博士は、つぎのように述べた。「私は狂犬病であるとされたイヌに嚙まれた人びとに対する私自身の治療の経験を例に引いてもよいが、それまでの三十年は重病例が一件もなく、おそらく医師の中で私が一番いわゆる恐水病の患者を見たことになるかもしれない」

真の専門医なら誰でも知っていることだが、ヒポクラテスがすでに知っていたこと以外は、何も確実にはわかっていないのである。つまりこの感染を防ぐ最上の方法は清潔さであるということだ。世界保健機構のテクニカルレポートシリーズ第五二三号、一九七三年『狂犬病に関するWHO専門委員会第六次報告』(つまり、それまでこの問題に関するWHOの報告は五回も出されているということだが)は、非経口の狂犬病予防ワクチンの注射は、「特定状況では」人間の死の原因となる証拠が集まっている(二〇ページ)と明言し、「委員会はフェルミ型のワクチンには生きたウイルスが残っているがゆえに、生産を中止すべきであると勧告する」と述べている(一七ページ)。

「生きたウイルスの残存」とは、ワクチンに対して上部の機関が行うかなり重大な告発である。しかし誰もこのことには大して注意せず、何の意味なのか理解していないようである。つまり簡単に言えば、狂犬病との診断を受けて死亡した人間の数少ない患者は、イヌから受けたものではなくて医師から受けたもので死亡したのであろうという意味である。

しかし、WHOの報告の最高頂は二七ページにある。「委員会は事後の処置の最も効果ある方法は、傷の局所治療であることを強調した。これは石鹼と水で完全に洗うことである……」さらにつぎのページではこの点が繰り返されている。「推奨される救急措置は、傷口を水と石鹼でよく洗うことである」したがって、ヒポクラテスが主張していた結論に到達するのに、WHOの「専門家」は六回もの報告書を書かねばならなかったというわけである。

事実、この報告書や他のWHOの報告書を注意深く読む人は誰でも気付くことだが、真面目な医学研究者はヒポクラテス流の衛生原則と常識以外はほとんど信頼することはできないということである。しかし、WHOはそれを認めることができないのである。認めてしまうと、公衆がつぎのように質問するだろうからだ。「WHOは何の役に立つのだ？」と。広いがらんとしたホールと世界各地の医学出版物が並べられている図書室、何もしないで高給をもらっている多くの役員、それを助けるスマートな秘書たちのいる、現代最大で最も金のかかる建物の一つに住んでいるのは何者なのか？　ジュネーヴの郊外にあるこの上なく美しいアルプスを背景とし、静かな手入れの行き届いた芝生と花園に囲まれた巨大なこの建物は、世界中で科学の拷問を受けて消費されている何百万の実験室の動物たちと対になっている一方のものなのである。

最近、またもや新しい狂犬病予防ワクチンが開発されたが、WHOの担当者たちはこれを「すばらしい画期的なもの」と言った。『タイム』誌（一九七六年十二月二十七日号）の報道ではつぎのように言っている。「アメリカ医師会雑誌の掲載記事として、アメリカとイランの医師たちのチームは先週つぎのように報告した。すなわち、彼らは最近狂犬病の動物に嚙まれた四十五人のイラン人に、わずか六回のワクチン注射を行ったが、一人として狂犬病にかからず、激しいアレルギー反応を示した者もいなかったことである。その理由は、新しいワクチンは古いワクチンとはちがって、動物の細胞ではなく人間の細胞で培養したものである。したがって、患者は狂犬病に対する抗体を形成してゆく間に、異物である動物蛋白に対する反応の苦痛を受けないからである」

過去百年間、動物実験反対者や他の分別ある人びとは、医学にとってはクロード・ベルナールが推奨した方法よりいい方法があるにちがいないこと、そしてパストゥールの狂犬病予防ワクチンと称するものはいかさまであると言ってきた。今や公的な科学は、この明白な真理にようやく気付くようになり、お偉方はみな行動に参加したがっているのである。

ドイツの医学情報週刊誌である『セレクタ』（一九七七年五月十六日号）は、「狂犬病のワクチン問題は解決か？」という見出しの記事を掲載したが、これには多くの読者は意外であっただろう。彼らは今まで洗脳されて、パストゥールがその問題をとっくの昔に解決したと信じていたからである。それが彼の主要な功績であるとされてきたのであるから。記事はドイツのウイルス学者の円卓会議を報じていたが、彼らはパストゥールのワクチンと称するものをこき下ろし、リヒアルト・ハース博士という学者がそれを「時代遅れの怪物」と定義した言葉が引用されていた。

芝居がかって勢いのいいパストゥールに比べると、コッホは穏やかな人間であった。パストゥールと同様、コッホも顕微鏡による観察で功績を挙げたが、他方人間と動物を等置しようとする彼の試みはすべて失敗し、医学研究を遅らせ悲劇的に誤った方向に導いてしまった。それでも、コッホは、教科書では現代医学の巨人として挙げられているのである。

事実、コッホがその時代最大の過誤を犯したのは、動物実験を信頼してしまったことによるものである。それが過誤であることが明らかになったのは、後年コッホがノーベル賞を受け、多くの人命が失われた後のことであった。

前世紀の終わり頃、北部の大工業都市では七人のうち一人が結核、すなわちTBで、それも若い年齢で死亡していた。コッホが一八八二年に結核菌を発見分離したという発表は、全世界で爆発的な歓呼の声をもって迎えられた。その初期の段階では、人間の結核が蔓延する可能性のある動物の場合は、この疾病はまったく異なった形をとることには誰も気付いていなかったのである。

結核菌の発見は、それまで主張されていたTBの他のすべての原因を一掃してしまったように思われた。すなわち、環境、空気、食事、および土壌とも呼ばれていた個人の精神的肉体的状態などである。世界は、医学も実際に精密科学となり、コッホの師であるヤコブ・ヘンレが一八四〇年に初めて提示した「六条件」、後にコッホの六条件と再命名されたものは正しいことが立証されたと固く信じるようになったのである。

その六条件はつぎのように要約されるだろう。

一、原因となる特定の生命体（病原体）が一つの伝染性疾病のすべての症例において発見されねばならない。

二、この生命体は、他の疾病に発見されてはならない。

三、それは分離されねばならない。

四、それは純粋培養で入手せねばならない。

五、それを実験動物に接種した場合、すべて同一の疾病が生じなければならない。

六、それは実験動物から回収できねばならない。

ブリタニカ百科事典は、今日でもいまだにつぎのように述べている。「現代の細菌学研究者はすべてコッホの条件を基礎訓練の一部として学ぶのである」

今日の医学史の教師たちは、とっくの昔に虚偽の仮面を剝がれたことを、大真面目で絶対の事実として報告している。たとえばチューリッヒ大学で教鞭を取っていたエルヴィン・アッカークネヒト教授がそうである（『医学小史』一九七五年、シュトゥットガルト、F・エンケ社刊、第二版一五七ページ)。

今日ではこのような主張はまったくのナンセンスであることをわれわれは知っている。しかし、教科書はつねに散見される誤記のすべてを訂正しようなどとすることは放棄してしまい、新版でもそのままにしているのである。

今日わかっているのは、人間の疾病の原因となる「特定の生命体」(すなわち細菌)は、動物には人間と同一の疾病を発生させないということである。動物は人間のコレラ、腸チフス、黄熱病、ハンセン病、天然痘、腺ペスト、種々のインフルエンザなどには感染しない。われわれのありふれた感冒でもそうである。コッホの同時代人と、彼をノーベル賞候補者に推薦した「科学者」たちは、まだその事実がわかっていなかったのである。

前世紀末までに広く信じられていたことはこうであった。つまり、あらゆる疾病が特定の病原菌によって生じるとすれば、この病原菌を確認し、培養し、動物をそれに感染させ、感染した動物からそれを回収し、ワクチンを入手し、人間にそれを接種しさえすればよいのだ、と。このことは、しばらくの間は公的な科学の教義となり、それに疑念を表明する者は誰であろうと異端者であり、退行的な愚か者であった。人類のすべての疾病は、まだこの先十八年あったが、世紀末までには一掃されてしまうであろうということを、誰も疑うことが許されなかったのである。

パストゥールがその感情たっぷりの声と気取った表現でつぎのように宣言したときは、誰もそれを疑う者はいなかったであろう。「もしこれまでの人類に有益な諸々の征服が諸君の心を動かし、もし電信術やその他多くのすばらしい発見の影響に諸君が驚異を感じているとすれば、実験室と呼ばれる聖域に当然関心を持つべきである……それは未来と富と幸福の神殿である……人類が向上する場所である……」

パストゥールがこの美辞麗句を並べていた間にも、人類は歴史上初めて、非常な努力と経費をかけて行われる動物虐待により、実験室で製造された命取りの病気にかかりはじめていた。結核菌が確認されて八年後、コッホはツベルクリンと名付けたワクチンを完成し、それで結核のモルモットが奇跡的に治癒したと、恍惚状態の世界に宣言した。それでそれからの数年間、何千人もの人びとが、この現代最初の「奇跡的な」薬品といみじくも定義しうるものの接種を受けようと争って押しかけた。

その効果は、その後の何千もの奇跡的な医薬品が見せた奇跡と同じ種類のものであった。それは、製造業者とコッホを含む医師たちに、経済的な奇跡を演じた。コッホは一九〇五年にノーベル賞をそれによって受けた。しかし、信じやすい大衆には災厄のもととなっていたのである。相当の年月が経って、新たな医学者たちは、ツベルクリンは結核のモルモットだけにしか効かないことを認めざるを得なくなった。人間がTBにかかることを防ぐどころか、それは健康な人間が結核にかかる原因となりうること、そして潜在している結核を必ず活性化させることが判明したのである。ツベルクリンはワクチンとしてはとっくに廃棄されたが、診断の一手段としては用いられてきた。人間の肉体はこの薬品に非常に強い反応を示すので、個人の感染に対する素因が明らかになるからである。

今日では、TBの発病を事実左右するのは、環境、空気、栄養、個人の肉体的精神的素因であることがわかっている。このことは、結核の人間に日常接触しながらその疾患にかからなかった何百万の人びとが証明してきたことであり、また今日でも、栄養状態のいい人よりも貧困者や栄養不足の人のほうが四倍もかかりやすいことも事実である。しかし、一方コッホは、一九〇一年にすでにロンドンでの結核会議の席で、TBは動物に発生する場合と人間に発生する場合は、全然別個の疾病であると発言して、みんなを啞然とさせていたのであった……。

それより以前の一八八三年、エジプトのアレキサンドリアでコレラが発生した。ただちにドイツとフランスはそれぞれの「微生物の狩人」を派遣して、元凶の細菌を探し求め撲滅しようとした。ドイツ隊の長はコッホで、フランス隊の長はパストゥールの助手の二人、E・ルーとL・テュイリエであり、それぞれ独自の活動をし、お互いを出し抜こうとしていた。ある意味では、コッホとパストゥールが戦争状態にあったので、それは普仏戦争の延長であった。

アレキサンドリアでは、両隊はコレラで死亡したばかりのアレキサンドリア人の遺体から腸液を採取して、それをイヌ、ネコ、サル、ニワトリ、マウスに注入した。しかし、動物たちはそれでも平気であった。「微生物の狩人」がまだその理由に首をひねっている間に、過去も現在もそうであるが、その疫病は発生のときと同様謎のように消滅し、狩人たちは帰国した。ただ全員ではなかった。出立の日の朝、テュイリエにコレラの症状が出て、夕方前に死亡した。

事実コッホは、死亡したアレキサンドリア人の腸から、コレラに関係のあるコレラ菌なるものをすでに回収していた。しかし、それを培養したものを動物に注入してもなんらの害も生じなかったので、それが病原菌であるという可能性を除外していた。今日では、コレラ菌は動物の体内に入るとただちに死滅することもわかっている。

コッホは、それからドイツ皇帝を説得して、自分をカルカッタに派遣させるようにした。この町では現在もそうであるが、衛生状態の悪い密集した住民の間に、つねにコレラが潜伏していたからである。またもや、彼はコレラで死亡した人間の腸内にコレラ菌を発見したが、検診した健康なインド人には一人として見当らなかった。そこで、コレラ菌は動物には無害であるが、人間の場合には病原菌になるという結論に達したのであった。

今日では、そうではないということがわかっている。時にはコレラ菌はコレラで死亡したとされる人間には発見されないことがあるし、逆に健康な人、いわゆる健康な保菌者に発見されることもある。ともかく、コレラの撲滅はワクチンのせいにする人もいるし、衛生状態の改善のせいにする人もいるが、これまたコッホの動物実験信仰で遅延させられてしまったのである。

インドから帰還すると、コッホは英雄並みの歓迎を受け、皇帝自身の手で星王冠勲章を授けられた。しかし、ミュンヘンでは興醒めの人間が彼を待ち受けていた。それは衛生学の古参教授マックス・ペッテンコーファーで、彼は入念な衛生措置の導入でミュンヘンをヨーロッパ一の衛生都市にしており、種子の猛威ではなく、土壌の不適切さが感染の原因であるとする信念を固執していた。

「あなたの病原菌は何の効力もありませんぞ、コッホさん」とその老獅子は当惑している英雄に咆えかかった。「重要なのは肉体です。もしあなたの説が正しければ、私は二十四時間経たないうちに死んでしまうでしょう」そう言って、彼はコッホの手から一連隊の兵士を感染させる量の純粋培養のコレラ菌が詰まっている試験管をひったくり、恐怖の表情を浮かべている同僚の面前でそれを全部呑み込んでしまった。

しかし、コッホだけが発病したような気になってしまった。

細菌が相手の生物によって、疾病を発生させる場合と発生させない場合があるのはなぜであろうか？　コッホとパストゥールはそのような問いかけはしてみたことはなかった。そして今日でもまだ解答が出ていない。ただ動物実験者は、何百万という動物から手荒な方法でそれを引き出そうとしてきたのであるが。

一つの疾病に関係のある細菌が環境の中に充満しており、人間の体内にも存在しているのに、症状が出てこないことがあるのは、現在では周知の事実である。一九〇九年の『ランセット』（三月二十日号、八四八ページ）はつぎのように指摘した。「病原と考えられている多くの生命体が健康体の人間にしばしば発見される。腸熱（主として腸チフス）、コレラ、ジフテリアの病原体がこの例として挙げられるであろう」

いったん科学が一つの理論に教義的な正当性を与えてしまうと、いくら反証が上がってもその理論に固執しようとすることは、信じられないほどである。「六条件」の理論は実験者自身によって誤っていることが立証されたにもかかわらず、教義的な正当性を与えられてきた。それが教科書から削除されない理由は、つぎの版を出すまでに新しい理論が現れて、それがもっと妥当であると立証される保証がないという認識によるものであろう。古い誤説を新しい誤説に替えるのに、何で時間と金を使う必要があるかというわけだ。

ワクチン接種の有効性はつねに決定しがたいものである。あらゆる事例に反証がないからである。一つの感染が減少したのがワクチンによるものかどうかは、知るすべがない。確実にわかっているのは、ヒポクラテスが知っていたこと、つまり、感染を防止するもっとも有効で同時に無害の方法は衛生措置であるということだ。

中世に何百万という死者を出した腺ペストが消滅したのは、ワクチンのおかげではない。ハンセン病は何かの特別な治療法でヨーロッパから消滅したのではない。スイスの医学史家アッカークネヒトはこう言っている。「古代はまれであったはハンセン病は、六世紀に顕著となって蔓延し、一三世紀には恐るべき頂点に達した。それから謎のようにヨーロッパから消滅したのである」(『医学小史』八三ページ)。梅毒は往時の威力を失ってしまった。多くの他の伝染病も何世紀かの間に変遷し、新しい伝染病がそれに替わった。こういったことすべては、人類の大疫病にはそれ自体のライフサイクルがあるということを立証していると言ってよい。発生し、成長し、衰退するが、すべて明確な理由はない。例によって人間は地球の主人公であると自惚れているが、自然が主人公なのである。今日の医学は、ヒポクラテスが以前知らなかったことを確実に知っているわけではない。一方医学は、新しい生化学理論をほとんど毎日のように、不動の過信を抱いて生み出してゆくことで、多くの正当な考え方を忘れるか無視しているのである。

一九三一年にパリの日刊紙ル・マタンは、つぎのことを報じる記事を掲載した。「再び国勢調査で判明したことは、フランスの人口減少は出生率の低下によるものではなく、死亡率の増加によるものだということである……死亡率の増加は幼児が最大であり、それはまとめて『予防的な』ワクチン接種を受けているまさにその年齢層なのである」

ドイツの医療指導官であるG・ブーフヴァルト博士は、種痘接種の影響で脳炎が発生する調査研究を広範に行い、その結果、ドイツ政府は最近種痘接種を全面的に廃止する決定をしたが、いくつかの科学的著作の中で、多発性硬化症もまた種痘の後遺症ではないかという疑念を表明した(『ドイツの医師』一九七一年、第十九巻、一〇〇七ページ。同書一九七二年、第三巻、一五八ページ。『医学界』一九七二年、二十三号、七五八ページ)。

ルネ・デュボス教授は、すでに『人間・医学・環境』(一九六八年、ニューヨーク、プレイガー社刊、一〇七ページ)の中でつぎのように書いていた。「種痘は少数の人の場合は、細心の注意をもって行っても、重大な脳炎を起こすことがある。天然痘に罹病する可能性は現在ではきわめて少ないので、種痘が原因で生じる事故の危険性のほうが、疾病そのものにかかる可能性よりはるかに大きいのである」

また、フランスの雑誌『ヴィー・エ・アクシオン』（一九六六年三―四月号、九ページ）は、つぎのように述べている。「イギリスでは一八九八年以来種痘は強制的ではないのに対し、フランスでは強制的である。それなのに、天然痘で死ぬ人の数は、イギリスではフランスの五分の一である。オランダも強制的ではない。現在イギリスとオランダは世界各国、とくに天然痘が頻発する国からの何十万という船員に絶えず接している。それなのに種痘の廃止と環境衛生措置の実施だけで、天然痘およびいわゆる伝染性疾患の排除には事足りることを明らかに実証した」

強力なアメリカの製薬業界圧力団体は、イギリスの製薬業者よりもはるかに長く強制種痘の廃止に反対することができた。一九七一年までは、アメリカに入国する何百万の人びとは、種痘を受けなければならず、その有効期間は五年のみと考えられていた。種痘を受けた人びとの間に天然痘の症例がこの期間内に増大してくるにつれて、ワシントンの圧力団体は、種痘の「効力」期間は五年ではなくて二年であると連邦保健当局を「説得する」のに成功した。これでワクチン業者に新たな途方もない利益が保証されたが、片や脳炎（重症で、しばしば脳の致命的な炎症を起こす）などの新たな症例が種痘を受けた人の間に出てきた。シカゴ大学の著名な医学研究者チャールズ・ヘンリー・ケンプ博士のような少数の人の抗議の声は注目されなかった。彼はフィラデルフィアのイーヴニング・ブレティン紙（一九六五年五月七日）で、種痘の廃止を勧告し、一九四八年以来アメリカでは天然痘による死亡例は一件もないが、同期間に三百人以上が種痘および種痘による脳炎で死亡したと述べた。

数年後、ついに強制種痘はアメリカではそっと廃止された。種痘の結果の死者が天然痘の死者よりも多いという事実を、もはや大衆に隠しおおせなくなったからである。そして多くの国がただちにこの例にならった。

アメリカの動物実験賛成者は、種痘がアメリカで不必要になったのは、以前の接種のおかげで天然痘が事実上一掃されたからであると説明しようとした。彼らが無視していることは、毎年何百万という外国人――カナダ、メキシコ、アフリカ、極東からの何十万もの不法で種痘を受けていない入国者を含んでいるが――が国境を越えてアメリカに入って来ている事実である。

ヘンリー・ジゲリストからブライアン・イングリス、ルネ・デュボスからベドウ・ベイリー、イヴァン・イリッチに至る今世紀のすべての医学史家の意見が一致している点は、中世に大災厄をもたらした疫病の衰退は、ワクチンの導入ではなくて衛生措置の導入によるものであったということである。なぜなら、疫病は大規模の予防接種が始まるずっと以前に下火になっていたからである。そしてもっとも広い意味での衛生——肉体、精神、食事面での衛生——が、健康の唯一の秘訣であって、これは、ガレヌスの思想が古代の衛生原則にとって代わったときの中世の疫病流行が証明している通りである。しかし、今日の大半の医学ジャーナリストたちは主要な歴史家の言葉や統計上の証拠を軽率な態度で無視し、相も変わらず大衆を欺瞞し、疫病はワクチンのおかげで根絶されたのだと述べている。

ワクチン製造業者にとっての経済的な利潤の側面が、疑問の余地のないことである。

ソークが小児麻痺のワクチンを発見したことは、コッホのツベルクリンを歓迎したのと——それが最初に公表されたときであるが——同等の熱狂をもって迎えられた。この類比は大げさなものではない。しかし、ソークがワクチンを開発する以前からすでに、小児麻痺は絶えず減少しつづけていた。一九四二年に記録された十万人につき三十九人という数字は、毎年次第に減少し、ワクチン接種が実施された一九五二年にはわずか十五人になった。これはイギリスの外科医で医学史家であるM・ベドウ・ベイリーが述べている。

しかし、間もなくソークのワクチンは危険であると見なされるようになり、セービンのワクチンがそれに代わったが、これもまた間もなく新たな危険があることが判明した。この問題は「発癌性薬品」の項で検討することとするが、これらのワクチンに発癌性の物質が含まれている疑惑が持たれたからであった。

小児麻痺の問題がさらにわからなくなるのは、一九二二年から一九六二年の間のニューヨーク州（ニューヨーク市は除く）衛生統計局の基礎的な人口動態統計数字を検討したときである。人口十万人についての死亡率はその期間はほとんど変動はない。集団ワクチン接種は、一九五八年から一九六二年にかけて、人口が集中している都市で行われたが、そこでは小児麻痺の患者数はすでに下り坂になっていた。しかし、広い田舎の地域、とくにほとんどワクチン接種が行われなかったロッキー山脈沿いの諸州では、患者数はワクチン接種が通常のことであった人口集中区域と同率の減少を示していた。三八人のアメリカの医師による全国ラジオ・テレビ討論会では、一人としてこの現象の理由を説明できた者はいなかった。ましてや、大多数の住民が接種など受けたことのないヨーロッパから、小児麻痺がほとんど完全に消滅した事実は説明不可能であった。

コレラのワクチン接種もコッホの時代と同様、疑問のままになっている。一九七五年にポルトガルのポルトで数人のコレラ患者の発生が公表されたとき、スイスの保健当局は、ポルトガルへの旅行者全部にコレラの予防接種を勧告したが、この接種で罹病しない保証などはないと付け加えた（一九七五年八月一日、バーゼル、ナツィオナール・ツァイトゥング紙）。翌年、コレラのワクチン接種は症例の五〇％しか効力はないと告げられたスイスの大衆は当惑した。こうしてばかばかしいこととぺてんが増大していったのである。コレラが発生する場合はいつでも、ワクチン接種を受けていない人びとの感染する割合は非常に少なく、ごくわずかの死者しか出ないことを考え、そして五〇％しか効力がないとされた現在、どのような証拠――そして反証――もこの部分的有効性に対して提出するわけにはゆかない。要するに、ワクチンが果たして効力があるのか、害がどの程度あるのかは誰も本当のところはわからないのである。

この問題は明瞭であるなどと考える人がいたら、一九七三年の夏にコレラ騒ぎが起こったときのナポリ地区に行ってみるべきであった。疫病は大したことはなかったのに、全般的な恐慌が起こった。地元の保健当局は頭がおかしくなり、ぐるぐる走り回ってローマの当局者が事態を放置していると言って非難し、ローマの当局者も非難を返した。一人の医師は恐怖のあまり安全措置として、コレラのワクチンを三回立て続けに注射して、死んでしまった。恐怖で死んだのか、コレラで死んだのか、誰も確かめようがなかった。民衆は身代わりのヤギを求めて、その間嬉々として野良イヌ・ネコを何千匹となく殺してまわった。もっともナポリの野良は、市の衛生当局よりも厨芥処理能力にかけてはつねに優れているのであるが。だが民衆は昔ながらの伝統に従って、疫病の発生の原因を動物のせいにし、自分たちの不潔のせいにはしなかったのである。その後の数年間に、サルモネラ症とウイルス性肝炎の発生で、この地区の新生児が多く死亡し、同じ大騒ぎがまたもや繰り返されたのである。

過去数世紀間、医師は患者から血液を抜き取ることが時世にかなったやり方だと考えていた。事実、患者の血を抜き取って殺してしまったのと同程度に、健康を回復させたことも多かったのである。今日では血液を抜き取るのではなく、患者に注入するのが時世にかなっているとされているが、次第に多くの医師が、こういった輸血が果たして有益なのか、いや果たして無害なのかと疑問を持ちはじめている。生命体が多量の他人の血を入れられても生き続けていられるのは、一つのことを立証しているだけだと確信している者もある。つまり、人間が母なる自然から受け継いだ巨大な抵抗力である。

何世代にもわたってイギリスとアメリカの子供たちは、嫌いなホウレンソウを食べさせられて泣きの涙であった。そして食べないと体の発育が遅れ、知能も伸びないと言われたものであった。すると一人の科学者がつぎのように宣言した。つまり、ホウレンソウは体内のカルシュウムを急激に減少させ、骨を脆くし、脳の欠陥の原因となり、肝臓中毒を起こし、その蓚酸塩は胆嚢結石や腎臓結石のもとになる、と。避けなければならない野菜があるとしたら、それはホウレンソウだというわけである。それからカリフラワーを非難することとなった。それから今度は牛乳の番になり、これは一部の科学者の考えでは成人の一部には害があるばかりでなく、南米のような場合は住民全体にとって害があるというのである。

ある時期には、肉ほど健康的によい食物はない、心身の活力を与えるからだと信じられていた。すると新しい医学の学派が、肉は人間の食物には不向きであると宣言した。なぜなら、人間は草食動物特有の長い腸を持っていて、食肉動物の短い腸のようにすぐには肉は排泄されず、危険な発酵作用を起こし、関節炎、肝臓・心臓疾患、癌を含む種々の疾患の原因となるからだというのである。

何十年もの間、われわれは喫煙は心臓に悪いと信じさせられてきた。ところがあるアメリカの「専門家」が、チューリッヒ大学の会議の席で、そんなことはナンセンスだと語った。チューリッヒの日刊紙ブリックが一九七五年十一月十日報じたところでは、アメリカの六十七歳のカール・セルツァー博士は、アメリカ、フィンランド、オランダ、ユーゴースラビア、イタリア、ギリシア、日本を徹底的に調査した結果、喫煙と心臓疾患の相関関係は出てこなかったと語ってスイスの聴衆を仰天させた。彼の見解では、この誤った考えは種々の嫌煙団体が広めたもので、この音頭取りをしているのは非喫煙者だというのである。しかしセルツァー博士自身が病みつきの喫煙中毒者であるという事実――一日に紙巻煙草一箱とシガリロを十本――で、これまた「科学者」が自分勝手な考え方をしているのではないかという疑問が出てきたのである。

「公的な」科学の前線から、昨日は絶対神聖な真理であったことを今日は取り消すという、混乱した状態をよく表しているもう一つのニュース種が届いた。「アルコールは消毒剤ではない。薬局にそれが置いてあることは疑問である」誰がそんなことを言ったのか？　ミラノのコッリエーレ・ディンフォルマツィオーネ紙（一九七四年四月八日付）によると、イタリアの化学療法学会の会長であり、パヴィア大学の結核病学の教授であるカルロ・グラッシは、前記の言葉にさらにつぎのように付け加えた。

「われわれはアルコールが燃えるというだけで、効力があると信じている。それは粗雑な推論である。燃えるということは刺激を与えるということで、細菌を殺すことではない……アルコールの神話は終わった」

平均余命

無菌法、殺菌法、エーテル、阿片、クラーレ、コカイン、モルヒネ、クロロホルム、および他の種類の麻酔剤は、すべて外科学の再生を決定づけた重要なものであったが、動物実験の恩恵は何も受けていない。また、体温計、顕微鏡、細菌学、聴診器、検眼鏡、X線、打診、聴診、電子顕微鏡はすべて診断にきわめて重要なものであるが、これまた動物実験の恩恵は何も受けていない。

同じことは、ワクチン接種の開発、および基本的な薬品、たとえばジギタリス、ストロファンチン、アトロピン、ヨードチンキ、キニーネ、ニトログリセリン、ラジウム、ペニシリンなどの著名なものについても言える。事実、論議の余地なく動物実験によるものだとしうるような療法上の重要な発見は一つもない。それに反し、動物実験が臨床研究を誤った方向へ導き遅延させたことに加えて、人類にまぎれもない災厄をもたらした事例は、何冊もの本ができるぐらいあるのである。

さらに平均余命が延びたことも、動物実験のおかげではない。前述の諸発見が平均寿命を延ばしたことは明瞭である。同じことは外科学の進歩にも当てはまる。虫垂炎が腹膜炎と死亡の原因となった時代があった。今日では、ローソン・テイトが始めた虫垂切除——動物は虫垂炎にはならないから、明らかに動物実験のおかげではない——は、帝王切開と並んで非常に多くの人命を救っている。他の多くの人命も、イギリスの動物実験反対者の外科医たち——クレイ、ファーガソンなど——がもっとも多大の貢献をした腹部手術によって救われている。しかし、平均余命の延長にさらに決定的な影響を及ぼしたのは、衛生措置による乳幼児死亡率の大幅な減少であった。

前世紀の中頃は、乳幼児の死亡の最大の原因となる伝染病は六つあった。産褥熱、ジフテリア、猩紅熱、腸チフス、コレラ、天然痘である。この六つはその存在の主要な理由が発見されたときほとんど一掃され、平均寿命を著しく延ばした。その理由は不潔ということであって、これはガレヌスの責任であった。ガレヌスの動物での経験が、衛生などは重要なものでなく迷信にすぎないと教えたからであった。

パストゥールの伝記作者のルネ・デュボスでさえも、伝染病が現代の化学療法によって克服されたとは考えていなかったことがわかる。彼は、その衰退は大部分が「汚染されていない栄養物、清浄な空気と水を勧める運動の効果によるものである」と書いた。

かつては高かったTBによる死亡率が著しく抑えられたのも、同様に経済的衛生的状況の改善によるものである。栄養、したがって経済的条件がこの疾患に影響を与えるという新たな証拠は、第二次世界大戦中の経験であった。食糧が欠乏していた場所では、TBを除くあらゆる疾病——主として糖尿病と心臓血管疾患——が減少し、一方TBが盛り返したのである。

一九七三年三月三十一日、ローマの日刊紙メッサッジェーロは、ローマ大学小児科診療所長で国際小児科学会員であるアッリゴ・コラリーツィ教授のつぎの言葉を引用した。「われわれが気付いている健康状態の向上は、一部は自然発生的なものであり、一部は社会的、経済的、衛生的状況の改善によるものである。薬品はそれには何の関係もない」

今日最長寿の人びとが薬局から安全な距離をおいた所に住んでいるということは、偶然の符合ではない。ローマ帝国時代の平均寿命が二十歳であり、中世では三十歳であったという、よく聞く言葉は、作り話である。信頼できる記録は最近になってようやく保存されるようになったばかりであり、しかも少数の国に限られているからである。歴史上の人物から判断すると、奇跡的な薬品など誰も聞いたことのなかった過去においても、高齢に達した人の数はかなり多かったのである。ローマ皇帝のティベリウスは病身であったが七十九歳まで生きた。画家・建築家・詩人であったミケランジェロは八十九歳、哲学者・数学者のピタゴラスは九十一歳、悲劇作者のソポクレスは九十二歳、雄弁家のセネカは九十四歳、哲学者のヘラクレイトスは九十六歳、作家のイソクラテスは九十八歳、画家のティティアーノは九十九歳まで生きている。古代において若死にした有名人の大半は毒殺されたか、暗殺されたか、戦死したかであった。過去の例外的な高年齢は、今日では過去以上に例外的なのである。

それなのに、一九七六年九月十七日付の『テンプル大学新聞』には、「博士課程の学生でテンプル大学生理学教室の研究班の指導者」と紹介されているエアロン・ブルーメンタルという動物実験者が、厚かましくも歴史的事実をすべて無視して、つぎのように言った。「通常の人が七十二歳まで生きるのは、医学研究に動物のモデルを使用したためである」この種の言葉には、幸いジョージ・バーナード・ショウが決定的な回答を与えている。

動物を虐待することで人間の生理について何かを知ることができた時期は一つもないことを、私は知っている。ただわれわれは動物について何かを学んだのである。そして、もし心理的な面で動物から学びうるものがあるとすれば、それは鋼鉄や電気ましてや心理的な暴力という手段によってではないことも、私は知っている。

感覚のある生物を組織的な拷問にかけることは、どのような名目、どのような形であろうと、それがすでに達成したこと以上は達成しえない。つまり、人間がどれほど堕落の最低点に到達できるかということを示したことである。もっとも、そんなことを知りたいとすればの話であるが。

第五章　新しい宗教

新しい時期の開始時点を決めるのは、やむを得ないことだが、つねに恣意的な選択を行わねばならず、したがって論議を伴うものである。中世のルネッサンスはいったい何年に始まったのか？　スイスのパラケルススは典型的なルネッサンス人であったが、彼のように重要な人間でも、一人で一つの時期が始められるわけではない。こういうわけで、パラケルススはたとえ数年でも時世に先んじた先駆者と考えられるであろう。医学に関するかぎりでは、その再生の始まりを一五四三年、つまりヴェサリウスの『人体の構造について』が発表された年に置いていいであろう。この年は、たしかに偶然ではないのだが、コペルニクスの『天球の回転について』が発表されたのと同年であった。

パラケルススの時代の中世的暗黒の中では、彼の知性の光明が同時代人の目には眩ゆかったことであろう。ヴェサリウスとコペルニクスが登場したとき、新しい日の曙はすでにヨーロッパの方々で見られ、同時代人は新たな太陽が昇るのを恐れずに眺めることができたのであった。

新たなガレヌス主義、つまり動物実験に基礎を置いた教義で、現在では反対証拠が山とあるのに公的な医学が正しい研究方法と定めているものは、その開始時期を一八六五年と決めていいだろう。この年は、パリでクロード・ベルナールの『実験医学研究序説』（邦訳『実験医学序説』三浦岱栄訳、岩波文庫、一九三八年刊）が発表された時である。この書物は、今日に至るまでフランスが、デカルトの『方法序説』と並んで科学文献の最高作品と見なしているものである。

クロード・ベルナールは、動物実験を少数の生理学者たちの地下の実験室から引き上げて、それを学問的な地位にまで高めた。それ以降、動物実験は徐々にではあるが抑圧できない力をもって普及していった。

一つの教義は、それを考えた個人とは切り離せないものである。したがって、この新ガレヌス主義、――「ベルナール主義」とも呼べるが――を十分に評価するためには、ベルナールの業績のほかにその人となりを知る必要がある。

使徒

クロード・ベルナールのさまざまな伝記作者は、すべて彼の熱烈な賛美者であるが、彼らの述べていることの背後を探り、批判者たちの言い分もとり入れてみると、この人物の正確な実像が浮かび上がってくる。以下引用する二人の伝記作者の作品は、過去数年間にフランスで出版されているのを私が発見したのはこれだけであり、両方とも表題は簡単に『クロード・ベルナール』となっているが、それまでの種々の伝記に書かれている興味のある記述はすべて抜粋してある。その一つはピエール・モーリアックのもの（一九五四年、パリ、ベルナール・グラッセ社刊第三版）、もう一つはロバート・クラークのもの（一九六六年、パリ、セゲール社刊）である。

クロード・ベルナールが自分と意見が一致しない人間と激しく論争したこと、誰かが反論を加えた――たいてい反論のほうが正しかったのだが――一つの命題を立証するためには、あるときは自分の娘の可愛がっているイヌまで含めてどんな動物でも実験材料にしたこと、自分が絶えず誤りを犯していることに気が付かなかったことなどは、すべて彼が偏狭な精神の持ち主であったことを物語っている。

本当に偉大な人間は共通な一つの特性を持っている。それは謙虚ということである。クロード・ベルナールはこのような責務を感じていなかった点が顕著である。それで、彼の犯した数多くの過ちがなおさら許せなくなるのである。その一例を挙げれば、イヌを材料とした多くの実験結果から、彼は門脈――つまり、血液を腸、膵臓、脾臓から肝臓へ運ぶ血管――には糖は絶対に発見されないと発表した。この誤った観察にもとづいて、彼は「肝臓が糖を産出する」と主張した。なぜなら肝臓から血液を運び出す静脈に彼は糖を発見していたからである。その権威を笠に着た声で――とクラークとモーリアックは述べているが――彼はある時あえて彼の説に反対するすべての科学者たちを粉砕し、アカデミーの恐れ入っている会員たちに向かって高圧的に断言した。

「これは不変の絶対的な実験です。門脈には決して、決して糖は発見されません。これに反することを証明しようと望み、皮相的な所説で実験生理学に対する不信感を起こさせようとするあらゆる研究を弾劾することを、私は自分の義務と考えます」

これが謙虚な人間の言葉であるなどとは、到底言い難いであろう。しかし一番悪いことは、クロード・ベルナールが誤っていたことである。ピエール・モーリアックは、この事件についてつぎのように見解を述べている。「クロード・ベルナールが行った実験の中で、彼が『基本的』なものと断言し、それを擁護するためには他のすべての実験を非難することも辞さない一つの実験がある。それは、断食している動物の場合は、門脈に糖が全然存在せず、糖は肝臓から出ている静脈中にのみ現れる。したがって糖の出所は肝臓であるというものである」（一三八ページ）

ピエール・モーリアックはさらにこう付け加えている。「クロード・ベルナールが証拠として引き合いに出しているる実験は誤りである。彼はそれを基本的なものと考えているが、それどころか何の価値もない。彼が過誤を犯したのは、実験中心の宗教のおかげであり、そのためにまた、迷走神経の穿刺に続いて心収縮の停止が起こると断言したり、瞳孔の神経と筋肉の働きの分析で誤りを犯したのである」

また、クラークはこの過誤についてつぎのように言っているが、何世代もの生理学者たちがこのために誤った方向に導かれた点から考えれば、記憶すべき言葉である。「何というむごい皮肉であったことか！　今日では、糖が門脈に存在することは疑いのない事実としてわれわれは知っている。クロード・ベルナールは、他人には警告していたくせに、自分自身の掘った落とし穴にはまってしまったのである」

　数年前までは決定的なものと思われていたが、今日では疑問が生じている考え方によると、肝臓は糖の一種であるグリコーゲンを濃縮し、肉体が必要とするときにそれを排出するとのことである。われわれは、肝臓は糖を「産出」しはしないことを知っている。それなのに、クロード・ベルナールの名声が築かれたのは、主としてこの「発見」——そのうちに誤りであることが立証されたが——を基礎としていたのである。しかし、彼の誤りはすべて、動物実験に依存していたガレヌスの誤りと同様、あまりにも数が多かったのだが、非常な確信をもって公表されたために、彼の死後長年経ってようやく化けの皮が剝がれたものが多かったのである。

　一世紀後、一九五一年七月五日に、彼の誤謬に関するもう一つの見解が提示された。これはガイズ病院付属医学校で開催された第五回アディソン記念講演の席で、ケンブリッジ大学の生化学教授F・G・ヤングが行ったものである。「ベルナールは、注射が迷走神経の切断後もまだ有効であることを発見し、また反射分泌という考え方が支配的であったため、まったく誤った理論を構成する結果になった。それによると、肝臓による糖の分泌に対する神経的刺激は肺から発生するというのである……」（『イギリス医学雑誌』一九五一年十二月二十九日号、一五三七ページ）

　劇作家になり損なったクロード・ベルナールは、自分の真の天職に偶然入り込んだのであった。リヨンの近辺の農民の家に生まれた彼は、ヴィルフランシュのイエズス会の寄宿学校に入学して成長したが、凡庸な学生であった。リヨンの薬剤師の助手として職歴を始めたが、この薬剤師は彼に、万病に効く儲かる万能薬を調合することを教えた。そのことでこの若い徒弟は、医術全般と医師に対する拭いがたい軽蔑の念を抱くようになった。

　二十一歳のとき、彼はパリに行き、それまでに書き上げた二篇の戯曲で文名を挙げようと決心した。最初にその作品を読んだ人は、演劇のことなど忘れて、すでに薬局で仕事をした経験があるのだから医学校に入学しろと彼を説得した。

　彼の医学校時代は、以前の学校時代と同じく凡庸な学生であった。ピエール・モーリアックはつぎのように書いている。「文学の野心が挫折して、彼は医学を勉強しようと決心した……彼は二流の学生で、几帳面なところはあるが

怠け者で、試験の準備勉強などはろくにしなかったようである」（二〇ページ）

しかし突然、奇跡が起こった。コレージュ・ド・フランスの実験室で、クロード・ベルナールは初めて動物が生きながら解剖される有様を見た。そしてその後、彼が動物実験に対して示した熱意は非常なものであったので、医学教授フランソワ・マジャンディは間もなく彼を自分の助手にした。

ロバート・クラークはその辺の事情をこう言っている。「彼は医学には興味を持たなかった。実験研究にすぐさま情熱を燃やしたのである」（二二ページ）そしてピエール・モーリアックは「彼は特定の患者が気に入った場合以外は、病院より実験室に興味を持っていた」（二〇七ページ）と述べている。

一八四三年三〇歳で、クロード・ベルナールはようやく卒業した。成績はまったく見栄えがせず、二十九人中二十六番目で、翌年[*]、医師開業の資格試験に落第した。

＊（訳注）これは誤解である。ベルナールが一八四四年にパリ大学医学部解剖生理学助教授選考試験に失敗したこととの混同であろう。

彼の卒業論文は、これまた彼の伝記作者の一人、J・L・フォール教授によって「可以下」と評定された。それから、今日でも最終試験に落第した多くの医学生の進路を決定していることだが、彼は動物実験にもっぱら専念することとなり、やがてマジャンディの後継者となった。

クロード・ベルナールの職業上の観点のほかに、その人生観を形成するのに力を貸したマジャンディは、その当時と同じく今日でも動物実験賛成者の賛嘆の的になっている。百科事典の編纂者もこの点では同類である。「優れた実験者で、大胆な動物実験者……」とブリタニカ百科事典は彼を形容している。

しかし、マジャンディの公の資格をもってしてもいかんともしがたい他の証言もある。ロンドンの生理学教授であったジョン・エリオットソン博士は、マジャンディの授業を見学して、つぎのように書いた。「マジャンディ博士は、動物のあちこちを切り刻んでいるが、はっきりした目的はなく、ただどうなるかを見ようとしているだけである」このことでブリタニカの筆者は、マジャンディを「大胆な動物実験者」と言いたくなったのにちがいない。

マジャンディとチャールズ・ベル卿との間には、激しい論争があった。チャールズ卿は前に述べたように、スコットランドの医学者・科学者で、医師としての正常な職務を遂行しながら観察力と知力を働かして、もっとも重要な生理学上の結論（「ベルの法則」）に到達したのであった。

ベルは人道的な人間であった。しかし、彼は動物実験によって確証されない主張を行ったというので、動物実験賛成者から嘲られた。彼が一つの実験によって自分がすでに知っていることを証明しようとしたとき、これで論争は終わり、それ以上の動物実験を防止できればよいと望んだからそうしたのであった。彼はつぎのように書いた（『人体の神経系の解説』二九ページ）。

「私がこの問題の着想を得たのは、解剖学的な構造からの推論によるものであった。したがって、これまでに行った二、三の実験は、神経系の基礎となる根本原則を確認するという目的しかなかった。フランスでは、すでに無数の無慈悲な実験が生きた動物に対して行われてきた。それは、解剖学的な知識にもとづくものでもなく、正当な推論を指針とするものでもなくて、神経系に関する偶然的な若干の事実を把握したいという希望で、残酷かつ無頓着なやり方で行われたものであるが、その事実を実験者たちは十分に理解していなかったことは明らかである。手術が不快であったため、長い間ためらったあげく、私は一匹のウサギの脊柱管を切開し、最下端の神経の後根を切断した。ウサギは這い回っていたが、長時間残酷な解剖作業をしなければならないので、実験を繰り返して行うことは思い留まった」

この古典的な著作の最後、三七七—三七八ページで、ベルはこう書いている。「私のこれまでの論文に対する外国のある批評では、この結論で実験をするのに有利な証拠がますます出てきたと書いてあった。私の結論は、それとは正反対に、解剖学的構造からの演繹的推理なのである。そして、私が実験的手段を用いねばならなかった理由は、自分の見解を固めるためではなくて、他人を納得させたいためであった。私が解剖学的構造を根拠として議論を進めたのに、私の最大の説得の努力が効果を挙げなかったことは、お詫びせねばならない。私はわずかしか実験は行っていない。だがそれは簡単なもので、容易に行えるものである。それでも決定的なものであると思っている」

たしかにそれは決定的なものであった。しかしベルは動物実験者の思考を考慮に入れてなかった。それは生理学者の世界に蔓延した病弊で、すべての生理学教科書に報告されている周知の実験を何度となく儀式的に反復するという考え方であったのだ。

ベルとは対照的に、マジャンディは釈明などはせず、不快感も覚えず、良心の苛責なども感じていなかった。「彼はチャールズ・ベル卿が感覚神経と運動神経の区別をしたことが正しいことを立証するために四千頭のイヌを犠牲にした。しかしその後、ベルの説が誤っていることを立証するために、さらに四千頭を犠牲にした」。こう言ったのは、クロード・ベルナールの先輩の動物実験者フルーランスであり、その言葉を報告しているのは、これまた当時の動物実験者H・ブラタンの著書『われわれの残酷性』（一八六七年、二〇一ページ）である。ブラタンはまた、ベルの説が当初から正しかったと断言し、こう付け加えている。「私もこのことに関して実験を行い、多数のイヌを実験したが、第一の説が唯一の正しいものであったことを証明した」

マジャンディの人となりの実態を明らかにする他の証言もあるが、百科事典の編集の責任を負った科学ライターたちは、そのような証言を伝記の欄には入れたがらなかった。その証言の一つは、フランスの医師ラトゥールが『医学の蜜蜂』の中で述べているものである。

「マジャンディは公開の実験を行った。私が数ある例のなかで記憶しているのは、哀れな一頭のイヌで、血にまみれ不具になり、彼の容赦のないメスから逃れていた。そして二度私はそのイヌが、前足をマジャンディの首に掛けて顔を舐めているのを見た。私は白状するが――動物実験者の諸君、笑いたければ笑うがいい――その情景をとても正視できなかった」(一八六三年八月二十二日号『イギリス医学雑誌』二一五ページ)

またある時には、マジャンディは、小さなコッカースパニエル犬の足と長い耳に釘を打って手術台に固定し、学生たちに視神経の切断、頭蓋の鋸引き、背骨の切断、神経幹の露出の状態を見せていた。結局、その小犬は死ななかったので、マジャンディは翌日また使用するためにイヌをそのままにしておいた。

以下の項の一つの中で、動物実験でマジャンディが笑ったことさえある話を述べることにする。そしてクロード・ベルナールは、今日の動物実験法の使徒であったが、あらゆる点で自分の師を上回った弟子であった。

クロード・ベルナールは、生理学の実験研究をそれ自体一つの目的と考えていた。それゆえ、一九四七年に初めて出版され(パリ、フランス・ユニヴェルシテール出版刊)、彼の終局的な思想と明確な人生観を述べている死後出版の大著『実験医学の諸原則』の中で、彼はつぎのように書いたのである。「職業的医学は、理論実用両面の科学的医学とは、明確に一線を画し分けなくてはならないと思う。そしてこのような性格を持ったものとして、職業的医学は純科学的なわれわれの医学教授の範囲内に侵入してはならないのである」(三五ページ)彼はまた医師という職業に対する軽蔑感をあらわにした。「大多数の開業医は医学を一つの産業と考えている。彼らは自分たちの行為を一つの必要物と考えているのである。そのようなことを考えているから、時には顔を合わせたときでも笑わずにいられるのだろう」(一八ページ)

クロード・ベルナールの活動については、彼の以前の助手であったジョージ・ホガン博士が、一八七五年二月一日にモーニング・ポスト紙に掲載された、今では有名な投書の中でつぎのように書いている。「四ケ月にわたる経験の後、私は動物実験のうち一つとして正当なものであり必要なものはなかったという意見を持っている」また、一八七五年、ディズレイリ首相が動物実験調査のために任命した王立調査委員会の『報告』には、ベルナールの実験室に勤務していたことのあるもう一人のイギリスの医師アーサー・デ・ノーエイ・ウォーカー博士の証言が含まれている。ベルナールの実験の一つに関して王立委員会に説明した後、ウォーカーはこう言った。

「私はこのおぞましい実験を批判することすらお断りしたい。実験者に対する軽蔑と不快感があまりにも大きいからである。あの男から生理学の講義者と教師としての地位を剝奪してやりたいほどであった」(議会記録四八八八号)

クロード・ベルナールの動物実験は絶えず違った結果が出たために、実験の数をさらに増やさざるを得ず、混乱がさらに増加していった。そして、追随者たちにそれらの実験を繰り返し行い、自分たちなりの栄誉を得る努力をするように勧めた。

クロード・ベルナールは、同僚たちの実験を絶えず批判したり嘲笑したりした。彼らがベルナールの犯した数多くの誤りの一つを明らかにしたときは、彼は平気で前言をひるがえしたりした。ピエール・モーリアックはこう言っている。「彼の誤謬は実験第一主義から生じたものであった。彼は同僚の反対などにはほとんど耳を貸さなかった。議論の場合には恥も外聞もなく前言を否定し、前後矛盾することを平然として言った。一八五四年に、彼は肝臓で産出される糖が肺で破壊されると主張して、糖の大半が破壊される肺の毛細血管に血液が到達する図を書いている。ところが一八五九年にはこう書いているのである。『彼らは私が言いもせず書きもしなかった見解を私のものにしている……』」(一四三ページ)

しかし、多くの医師、あるいは彼の仲間の動物実験者——フィギュイエ、パヴィー、シフ——でさえも彼の犯した誤りを明らかにしているにもかかわらず、誰も傾聴しなかった。クロード・ベルナールの名声が他をはるかに凌いでいたからである。

南米から矢尻に塗る猛毒のクラーレについての情報が届き、クロード・ベルナールのところにも、それが多少送られてきた。動物に使用してみて、彼はクラーレがこれまでの他の毒物とは異なった作用をすることを発見した。麻痺状態を生じさせるが、感覚神経には影響を及ぼさず、運動神経にのみ作用することである。したがって、その犠牲者は、麻痺状態がどの程度であろうとも、苦痛を感じる能力はすべて失わないのである。現代の「科学的」用語によれば、「クラーレは、抑制性シナプスを阻害し、興奮性シナプスに神経細胞をさらに興奮せしめる作用をする」(モーロックおよびウォード著『クラーレの皮質活動に及ぼす影響』シアトル、ワシントン大学、一九六一年二月、『E・E・G(脳電図)ジャーナル』六〇ページ)

換言すれば、クラーレは筋肉弛緩剤であって、鎮痛効果がないのみならず、刺激感応性を高めるので、まったく薬物を投与されない動物よりもクラーレを投与された動物のほうが、苦痛を感じる度合いが大きいということである。この発見に、ベルナールは有頂天になり、叙情的な霊感を得て一つの論文を『両世界評論』（一八六四年九月一日号）に書いた。その抜粋を示すと、

「われわれが知っているどの種類の死でも、終末近くには苦痛と生と死との戦いを示す何かの痙攣、叫び声、息切れがつねにある。クラーレによる死には、そのような徴候は何もない。死の苦悶はなく、生命がただ消滅してしまうように見える。単なる睡眠も生から死への移行と見えることがある。しかし事実はそうではない。外観は誤解を生むものである。実験手段を用いて生命の消滅の有機的分析を行ってみれば、死は逆に、人間の想像力で考えうるもっとも残酷な苦痛を伴うものであることがわかる……ある者がクラーレの毒に当てられたとき、知性、刺激感応性、意思は毒物によって影響を受けないが、運動機能は徐々に失われてゆき、言うことを聞かなくなる。われわれの機能の中でもっとも表現力に富むものが最初に失われる。まず声が、ついで手足の運動が、最後に瀕死の人間で一番長く機能する眼の運動が停止する……これほど恐ろしい苦痛が考えられるであろうか？　知性はそれに奉仕する役目のすべての器官がつぎつぎと機能を失ってゆくさまを目撃せねばならないが、それ自身は死体の中に生きたままで言わば完全に閉じ込められているのである。タッソー（イタリアの詩人）が、クロリンダが巨大なイトスギの木と生きながら一体化された有様を描写したとき、彼は彼女に少なくとも涙と泣き声で訴え、彼女の敏感な樹皮を傷付けて苦しめる者に哀れを催させる力は残しておいたのである……」

明らかに苦痛の観念のために、クロード・ベルナールは詩人になっているのである。しかし彼は、良心的な科学者であったから、自分の犠牲者が、完全な意識を持ちながらもまったく身動きできない状態ではなく、まだ多少の能力が残っている状態だとしても、犠牲者の涙や泣き声に動かされるような人間ではなかっただろう。彼がクラーレの特性を発見して以来——実験動物に対するその使用は、「あまりにも残酷である」という理由で、ヨーロッパでは今日公に禁止されているにもかかわらずアメリカの場合と同様、まだ広く用いられているが——この薬品はクロード・ベルナールが自分の犠牲者を無力にするために愛用した手段となった。

コレージュ・ド・フランスの実験室は大きな動物を飼っておくほどの広さがなかったので、クロード・ベルナールとマジャンディは、ときどきパリ郊外のアルフォールの獣医学校まで出掛けて行って、そこでウマやラバの「仕事」をしたり、また市の屠殺場に行き、そこで二人はウシには好き勝手なことをすることが許された。また晩と日曜日に

退屈しないように、クロード・ベルナールは自宅の地下室に個人実験室をさらに設けた。

エルネスト・ルナンは、彼の親友の一人であり、パリ大学ヘブライ語の教授で有名な『キリストの生涯』の著者であるが、彼の言葉から、ベルナールの個人拷問室でどんな不潔な儀式、どんな残酷な見せ物が行われていたかを推測できる。毎月曜日の夜、クロード・ベルナールは自宅の地下室の遊び場で「接待」を行ったが、これは伝記作者のクラークの言では「科学的サロン」とでも言うべきものになった。このサロンには四、五人の生理学者が集まったが、ときにはその実験室に出入りしていた唯一の文人であるエルネスト・ルナンも加わった。クラークはこの「接待」については何も述べていない。しかしわかっているのは、その「科学的サロン」にはどの隅にも死の苦しみにあるイヌたち、毒を盛られたイヌ、種々の器官を摘出されたイヌがいたことである。そのサロンに当時のパリのサロンとは異なったどのようなクラレット酒があったのか、どのような音楽が聞けたのかは、つぎのエルネスト・ルナンの演説から推測できる。これは彼がフランスのアカデミー会員となり、最近死去した友人のベルナールを追悼して、一八七九年四月三日に行った入会演説である。

「彼が実験室で仕事をしているさまは、まことに印象的な光景であった。考え込み、悲しげな顔をし、精神を集中し、気晴らしは何もせず、笑いもしなかった。彼は自分が司祭の職務を果たしていて、一種のいけにえを捧げているのだと感じていた。血まみれの傷口に差し込んでいる彼の長い指は、古代の占い者のようで、犠牲動物の腸に中に何かの不可解な秘密を探し求めているようであった……」

クロード・ベルナールの「生命の不可解な秘密を発見する」方法は、師のマジャンディから学んだものであった。それは、彼の言によれば、一つの器官を「破壊する」こと、つまり摘出することで、それからこのように不具の状態になった動物をできるだけ長く生かしておいて観察し、人工呼吸を施したりアンモニアを吸入させて、死なせてくれる慈悲だけを求めている苦しんでいる肉の塊を蘇生させることであった。彼は「糖尿病の秘密」を発見しようとして何千頭ものイヌを犠牲にしたが、無駄であった。彼はこの疾病についての論文さえ発表した。同時代の人たちはそれに感銘を受けたが、今日では彼の糖尿病に関する見解がいかに的外れであったかがわかっている。

種々の手荒な介入、たとえばイヌの第四脳室にメスを入れたり(クラーク、八五ページ)、ウサギの頭蓋に大きな針を差し込んだりして、ときには「人工的な糖尿病」を発生させること、つまり犠牲動物の尿に糖を生じさせることに成功した。しかしつぎに試みたときには成功せず、彼にはその理由がわからなかった。そしてこの疾病の原因については、漠然とながらも推測さえできなかったのである。

一度イヌの脊髄を穿刺して糖尿病の症状を発生させた後、彼は「糖尿病は神経疾患である」と確信をもって断言した。しかし、その実験をもう一度試みたとき、またもや失敗してしまった。

クロード・ベルナールは、糖尿病に関する重要な秘密が手近にあって発見されるのを長年待っていたのに、それを見逃してしまったのである。彼は何千頭もの麻酔を施さないイヌから、膵臓とそれを囲んでいる神経束全体を摘出した。これは記録に残っているもっとも苛酷な外科手術の一つであり、彼はその後イヌが死ぬまでありとあらゆる実験を行ったのだが、ただ一つだけ行わなかった。

クロード・ベルナールは、この膵臓を除去したイヌの尿を分析してみることを思いつかなかったのである。そうすれば少なくとも、糖尿病と膵臓の欠陥とには相関関係があることを発見したであろうに。

クロード・ベルナールの私的生活は、「科学的」活動ほど彼には満足を与えなかった。当時は動物実験は金銭よりは名誉をもたらしたので、クロード・ベルナールはある富裕な医師の娘と結婚し、生計を立てることに心を煩わさず、実験に専念できるようにした。

夫婦には二人の娘と二人の息子ができたが、息子は二人とも生後数カ月で死んだ。クロード・ベルナールにはその理由がわからなかった。医学は彼には不可解なものであったからである。そして、自然の秘密を発見するという名目で何千匹もの動物を苦しめた人間にとって、この事実は心の疼くことであった。事実あまりにも心が疼いたので、次男が亡くなったとき、彼は妻に当り散らした――彼女自身の嘆きなどは無視して。そしてそのときの言葉はひどいものであるが、よく彼の性格を表している。「もしおまえが飼い犬と同じくらい息子の面倒を見たなら、息子は死ななかったのだ!」

このような結婚生活が十七年も続いたことは、驚くべきことである。伝記作者のクラークは怒りをこめて報告しているが、ベルナールの妻は夫の実験を妨害し、動物保護連盟に働きかけて彼を告訴させようとした。またピエール・モーリアックも同じく怒りをこめて報告しているが、彼の妻と娘は動物を愛していたので、アスニエールに動物実験の拷問から救われたイヌたちの保護シェルターを建設したのであった。

クロード・ベルナールはときには苦しんでいる動物を一匹寝室に運んできて、ベッドから出ないで夜観察しようとした。妻はこれが気に入らなかった。それでモーリアックはつぎのように書いている(二六ページ)。

「彼の妻は、実験中の汚ならしくて悪臭を発する動物の世話を押しつけられたとき、抗議した」この伝記作者は教授の称号を持っているけれども、マリー=フランソワーズは、動物たちが汚ならしくて反対したのではなく、彼らが耐えねばならない苦痛に反対したことは思い至らなかったのである。

ベルナールが動物の苦痛に無関心であったことをさらに証拠づける事実は、彼の実験はすべてまったく麻酔を施さず、たいていきわめて長時間継続したことである。彼が書いていることからわかるのは、実験教授用のイヌは一時間かもっと前に切開され、実験後も殺されず「他の手術に」用いるために学生たちに任されたことである。

ベルナールの性格を示しているもう一つの事実をロバート・クラークが何気なく述べている。コレージュでの講義中、ベルナールはときどきぼんやりとして別のことを考え、何を話していたか忘れてしまうことがあった。すると彼は準備助手のダルソンヴァルに、脊髄交感神経を切断したウサギが手元にないかと尋ねた。

「いつもこの種のウサギが用意されていた」と、クラークはその興味ある伝記の中で書いている。「クロード・ベルナールはそのウサギを手にとり、一つの実験をし、その間にゆっくりと何を話していたかを思い出し、講義をまた始めた」

こういうわけで、脊髄神経を切断されて苦しんでいた不運な動物にさらに苦痛を与えることは、普通の人間が煙草を一本吸ったりお茶を一杯飲んだりすることと同じ影響しか与えなかったのである。


サディズムの問題は後に改めて検討することにするが、そこでわかることは、動物実験者すべてがサディストというわけではないのであろうということである。非常に限られた知性しか持たないという不利な条件のため、無感覚鈍感で自分のやっていることがわからないというだけの人間も多い。ただし何かの精神障害がある場合は別であるが。

その観点からクロード・ベルナールを検討してみよう。

成績の悪い凡庸な生徒で、ひねくれて人をばかにする薬局の助手、成りそこないの劇作者であり、頭が鈍く怠惰な医学生——医学には全然興味がなかったが——で、卒業の際には最下位に近く、最終の医学試験に落第したクロード・ベルナールは、初めて目撃した動物実験によって、慢性的な無感覚状態から突然目覚めた。その瞬間から彼は、つねに動物虐待のみを伴う実験に対する飽くなき欲望にとりつかれたのである。他の活動や学問分野には生涯を通じて何の関心も示さなかった。こういった事実に照らして見れば、クロード・ベルナールの精神状態の診断はあまりにも明白なものである。

しかし時が経つうちに、自己の弱点に甘えているすべてのサディストと同様、彼は個人の名誉と金持ちや権力者の賞賛以外のことには、すべて無感覚になった。彼は科学アカデミー会員に選出され、実験生理学の分野で四度その賞を獲得し、フランス帝国の上院議員となり、フランスのアカデミーの不滅の偉人に列せられた。これはすべてのフランス人の野心の究極の目標である。そして文学的な素養もあったため、不潔な主義に美しい衣を着せることもできたのである。そしてその主義の持つ虚偽は時の経過のみが明らかにすることとなった。

「デカルトの『方法序説』とクロード・ベルナールの『実験医学研究序説』は、フランス思想史の二つの大きな頂点となっている。しかし、このこともつぎの事実を付け加えなければ、陳腐な言葉となるであろう。すなわち、フランス精神は人間の思想の表現として世界に現存するもっとも美しい形式、つまり一七世紀のフランス語を古代語から得ることができたが、同時にもっとも美しい科学の言語――『方法序説』と『実験医学研究序説』の散文――を作り出したことである」

フランスの第一線の文芸批評家であるフェルディナン・ブリュンティエールは、クロード・ベルナールの記念像をリヨン市が建立した一八九四年に、除幕式でこう述べた。半世紀以上の後、クロード・ベルナールと同じ医学アカデミー賞の受賞者であるレオン・デルーム博士は、ベルナールの死後刊行の著作『実験医学の諸原則』（一九四七年刊）の序文で、同じように大げさな言葉を使った。

「デカルトよ！　クロード・ベルナールよ！　祖国の不幸な状態の中で、この二人の天才の声を聞くことは何という慰めであろうか！……彼らの思想の中にこそ、数世紀を隔ててフランスの真の魂が姿を現すのである。彼らの思想の中にこそ、われわれが人間として安全に形成されてゆくための、芸術、美、理性、感覚、判断、道徳的肉体的な正常性、人類の進歩の永遠の真理が保持されているのである……」

文芸批評家ブリュンティエールが美辞麗句を並べたとき、自分の英雄がどれほど不安定な支柱の上に教義の建物を建設していたのか、まだ推測できなかった。また、いまだに刊行されていない最終著作の中で、クロード・ベルナールが、おそらく動物実験が無益であることを発見したせいであろうが、人体実験を提唱していたことも推測できなかったのである。そしてデルーム博士はそれを承知していたのに、その長ったらしい序文の中ではそれに触れなかったのである。

さて、いろいろなブリュンティエールやデルームのような連中が賛美している華麗な衣の下に何が隠されているか、検討してみよう。クロード・ベルナール自身の言葉を聞いてみることにしよう。

教　義

まず、『実験医学研究序説』をざっと通読する。この著書は今後簡単に『序説』と呼ぶことにする。ページ番号は、一九六六年、パリのガルニエ＝フラマリオン復刻版のものである。

「動物を材料にして得られるあらゆるものは、人間に決定的に適用しうる」（一五三ページ）

「毒物を用いるか有害な状態で動物に対して行われた実験は、人間の毒性学および衛生学に決定的に適用しうる。薬用もしくは有毒物質に関する実験研究も、治療法の観点から人間に完全に適用しうる」（一八〇ページ）

一五世紀にわたってガレヌスの説が西欧世界に押し付けた無数の誤りのうちどれ一つとして、その重大性と深刻さの点で、クロード・ベルナールが、その理論全体を立脚させたこの根本的誤謬には及ばない。この誤りを、彼は何度となくありとあらゆる形で主張し強調し繰り返しており、それを次代の医師、生理学者、生物学者に伝えたのである。この誤りは、それを否定する莫大な数の証拠が絶えず増大してきたにもかかわらず、現代医学の中に一つの教義として確立してしまった。

「動物実験」という考え方は、医学に関するかぎり二つの単語と多くの誤謬から成り立っている。「実験」の前提は、病的な状態、病理学的な状況を故意に押しつけることである。しかし、この状態は人為的に得られるものであるから、自然発生的な疾患とはなんら共通点はない。第二の誤謬は、第一の誤謬を倍加させるものであるが、動物の反応は人間とは異なるという事実にある。

今日ではどのような医学者でも知っていることだが、個々人の生命力や精神状態や他の評価できない要素が、つねにさまざまの面であらゆる生命体の反応に影響を与える。それなのに、クロード・ベルナールの教義は否定されず、ベルナール主義は新たなガレヌス主義となり、同等の誤謬や誤解に満ちている、はるかに有害なものとなった。デカルトが中世思想の長い夜から目覚めさせ、あらゆる機械論的な理論を受け入れる準備をさせたばかりの世界は、クロード・ベルナールのつぎのような確信を熱烈に受容したのである。すなわち、医学は数学と同じ精密科学であり、どのような医学的征服であれ、可能であるばかりか緊急のものであるということである。ただし、「生命」とか個々人の「生気」などが有機体に影響を及ぼすという考えは放棄しなければならない。なぜなら、そのようなものは抽象的な言葉であり、感知できないものを指しており、数学的に定式化できず、測定や計量できないものであるからである。つまり、それは機械論——新たな神——とは異質のものである。

「生気論とは個人の数ほど種々の多少違った意味で用いられているが、とりとめのない空想に屈服しようとして科学を否定するものであり、あらゆる種類の研究の放棄である」と、クロード・ベルナールは『序説』の二〇二ページに書いている。そして二五八ページでは、つぎのように

「生気論」の同僚たちを批判した。「ジェルディによれば、一個人の生命力は他の個人の生命力とは異なり、したがって決定できない個人差があるとのことである。彼は考えを改めず、『生命力』という言葉の壁の背後に隠れてしまっている。だから、そのような言葉には意味はなく、何の解答にもならないことを彼に理解させることは不可能なのである」

クロード・ベルナールによれば、生命体に属するあらゆるものは、無感覚な物体、つまり生気のない物体と同様、正確な定式に還元できる。『序説』の出版以前、すでにパリの知識人の間では、このような革命的な思想を提示する人間がいる大学の講義に出席することが流行になっていた。大学を訪問した有名人の中には、イギリス皇太子、パリ伯爵、ブラジル皇帝などがいた。彼らはもちろん、いつもきまって失敗していた実際の実験は見学しなかった。ただ会議や抽象的なベルナール的理論を聞いただけであった。そして『両世界評論』に再録されたものもあるこれらの会議内容が、『序説』の基礎と本体となったのであるが、この著書は演劇面では得られなかった名声をクロード・ベルナールに与えたのである。

動物実験の倫理的側面は、クロード・ベルナールはいとも昂然とした立場で簡単に片付けている。彼の述べるところでは、人間は生活のあらゆる面で動物を使用しているのだから、人間に「知識を与える」ために動物を用いてはならないと禁止するのは「まことに奇妙である」とのことだ。故意に与える苦痛などという考えは、彼の頭には入らなかったらしい。

個人としてクロード・ベルナールが苦痛や不快に耐える能力に乏しかったことを指摘する必要があるだろうか？その必要はあるのだ。というのは、この特徴はすべての動物実験者に共通であるからである。「あの哀れな連中を見せたいくらいですよ」と、あるフランスの歯医者が私に言ったことがある。「治療室に入ってくるときは、青くなって震えていて、どうか痛くしないでくれと懇願するのですから」もちろん、誰でも苦痛を好む者はいない。しかし、多少なりとも毅然とした態度と威厳をもって、苦痛や不快感を忍ぶことはできる。だから、動物実験者が日常生活のちょっとした不便に絶えず泣き言を並べる種類の人間に属することは、まったく不思議なことであろう。クロード・ベルナールについては、モーリアックはつぎのように書いている。「一八七七年以降は、彼の書簡は長ったらしい不平不満の羅列にすぎない。『私はこんなに苦しみながら生き続けている』座骨神経痛、慢性腸炎、異常な苛立ち、すべての治療法に対する大きな不信感が彼をいかんともしがたい患者にした」

クロード・ベルナールの苦痛は、虚実いずれのものにせよ、息子の死んだときのように、自分が医師としては無に等しいことと、診断法や治療法にまったく無知であることを悟ったためにひどくなったのである。この無知は、何千という動物実験をしても消散させる助けにはならず、かえって悪化させたのであった。

ある時には、彼は自分の不可解な疾患を精神的な理由——つまり、最近フランスがドイツに戦争で負けたこと——のせいにした。この診断は、まったく正しかったのかもしれないが、そのことで彼は自分の機械論的な教義を支えている柱そのものを崩壊させていたのである。

クロード・ベルナールの死後刊行された『実験医学の諸原則』——一八六二年から一八七八年の死に至るまでの覚書であり、今後は簡単に『医学』と呼ぶことにするが——は、彼の名声を確立した書物というよりも、その人間性がよく表れている書物である。

最初の個所では、この使徒のそれまでの確信がいまだ揺るがない状態であることがわかるのである。「生物体に対しては無生物と同様に作用を及ぼすことができることを、私は証明している。これが基本である」（一九ページ）ところが、クロード・ベルナールの経験が年とともに進むにつれて、もはや個々の「生気論」の証拠を払い退けることができなくなった思考を、次第に疑念が狂わせていったことがわかるのである。

クロード・ベルナールは、「無感覚の物質」と「生命体」はけっして同一のものではないという驚くべき発見を実際行ったのであった。彼はこう書いている（一四五ページ）。

「無感覚の物質はそれ自体の自発性をなんら持たず、個体差はない。だから得られた結果を確信することができる。しかし生物体を扱うときには、個体差が恐ろしいほどの複雑さの要素となる。外面的な状態のほかに、固有の生物学的状況を考慮することが必要であって、私はこれを内部環境（le milieu intérieur）と呼ぶことにする」

クロード・ベルナールもわかりはじめていたのである。そしてこれがわかったのも、果てしのない失敗の連続のせいであったことは明らかで、同一の結果を二回続けて得ることもできなかった。この発見に彼はおびえないわけにはゆかず、自分の「科学者」としての全生涯が無益であったことが露呈する危険があった。

おそらく自分の動物実験から絶えず反証が容赦なく出てきていたために、彼の思考は平衡を失ってきていたのであろう。ともかく、それで彼の文学的性向が損なわれ、文体が明晰さを失い、推論過程が骨抜きになってしまった。『序説』が、時の経過とともに誤りであることが立証された考えを明確に表現していたとすれば、『医学』の中では思考さえもがときどき曖昧で、書いていることが意味を成さないのである。たとえば、つぎの言葉の終わりの部分である（二四九ページ）。

「つぎのようなことが言われてきた。動物によって毒になったりならなかったりする物質があるし、人間には毒であるが動物には毒にならない物質があるのだから、結論をどうして出せるのか、と。青酸の毒にも平気なヤマアラシ、ベラドンナを食べるヤギ、大量の砒素を呑み込むヒツジ、自分の毒には当てられないヒキガエル、自分の電気には平気な電気魚、塩分の影響を受けない海の動物などが例に挙げられてきた。こういったことすべては説明としては誤りである。なぜならこれを認めてしまえば、科学は成り立たなくなるからである」

この結論を読み直して、クロード・ベルナールはもっと明確にする必要が大いにあると感じたに相違ない。それで脚注を追加したのだが、結果はますます悪くなってしまった。

「事実には忠実でなくてはならない。これはひどい事実だなどと、非常に科学的なことを言っているような口を利くことがある。たしかに事実は信じなければならないが、盲信してはいけない。われわれは事実を解明する推理力を持っているし、片や事実は想像が過度に走らないように し、推理を停止させる。だから、ヒキガエルにそれ自体の毒を当ててみて何の結果も得られず、またベラドンナをヒツジに食べさせて何の結果も得られなかった実験者は、自分は矛盾してはいないと言うだろう。その通りであるが、思考の上で実態はそうではないのだという確信が持てるので、信じられない事実がある。この理由で、私はヒキガエルの場合を信じなかった。もしそれがうまくゆかなかったとしたら、私は生理学者を辞任していたであろう」

この著書の他の個所ではふんだんに注釈を付けているデルーム博士は、ここでベルナールが犯した大失策はあえて無視した。たぶん誰も気が付かないでほしいと望んだのであろう。なぜなら、いかに論理をねじ曲げ曖昧にしていようとも、著者は事実が自分の論理を嘲笑していることに気付いているからである。だから、彼はヒキガエルやヤギの「事実」を単に無視することにしたのである。そうしないと、彼は「生理学者を辞任」しなければならなかっただろうから。彼より後の多くの有名な動物実験者と同様、クロード・ベルナールは、自分の似而非科学全体が巨大な失敗の上に築かれていることを認めるだけの偉大さに欠けていたのである。

それで人もあろうに彼が、「思考の上で実態はそうではないのだという確信が持てるので、信じられない事実がある」などと突拍子もないことを言うのである。それではその「事実」とはどのような種類のものなのか？　また「思考」とはどのような種類のものなのか？　その思考はかつてつぎのように述べた思考とはまさか同じものではあるまい。「もし事実が支配的な理論と対立する場合は、事実を受け入れ理論を捨てなければならない。たとえ後者が大学者によって承認され、広く採用されていようとも」

「私は、病人に危険な療法を施す場合、まずそれをイヌに試してみないで行うことは道徳的であるとは認めない。なぜなら、これから証明することであるが、動物実験から得られることはすべて、実験をうまく行う方法を心得ていれば、人間にも完全に適用しうるからである」クロード・ベルナールは『序説』の中で(一五三ページ)そう書いた。

この著者の賛美の歌を歌っていた同時代人は、今日のわれわれにはわかっていることだが、彼の独断的な断言は二つの点で誤っていたことを知らなかった。科学的に見てそれが誤っているのは、クロード・ベルナールは自分が約束したこととは正反対のことを証明し続けたからである。彼は実験でイヌから得られることで、「人間に完全に適用しうる」ものは何一つないことを立証したのである。またその断言は偽善的である。なぜなら、クロード・ベルナールは、人体実験(human vivisection)を平気で提唱していたからであって、彼が言っている人道的理由とは、動物実験を正当化する言い訳にすぎないからである。今日の実験研究者が用いる偽善的言い訳と同じものだ。

事実『医学』――これは出版を予定していたのではなく、彼の個人的な覚書と本音の考え方が内容になっているが――の中で、クロード・ベルナールは異なった倫理を明らかにした。一四七ページで、「病理解剖学は、一部の人びとが考えたがるほどの重要性はない」――その個所に至るまでは、クロード・ベルナールほどそれを重要視している人間はいないとわれわれはつねに思っていたのだが――などと奇妙なことを言った後、彼は続けて、人体実験が実験医学の究極の目的であると提唱している。このことは後ほど見ることとする。

その当時クロード・ベルナールはつぎのことは推測できなかった。つまり、約六十年後、自分が言動で効果的な貢献をした人間性剝奪という分野で、彼の不潔な実験室の動物と同じくらい無力な何万人の人間――人種根絶のためのナチ強制収容所の政治的囚人――に苛酷な人体実験が行われる結果になったことである。それも親衛隊員の手によってではなく、クロード・ベルナールの科学上の後継者たち、彼が一番声の大きかった使徒であった動物実験派の訓練を受けたすべて資格を有する医師たちの手によって行われたことである。

絶えず失敗を繰り返していたことから考えれば、自分が「生気論」の医学者や科学者と激しい論争を行った記憶に、クロード・ベルナールの心は明らかに疼いていたに違いない。彼らの中には有名人、たとえば偉大な博物学者キュヴィエやパストゥールもいた。ベルナールは『序説』の中で、生物機械論に反対するあらゆる人間を嘲笑した。今となってはこの言葉は印刷として残り、抹消することはできず、出版されてしまい、否定はできなくなってしまった。

しかし、動物実験の大司祭は、信じやすい世間の人間に押しつけてきた偽りの神を否認するわけにはゆかなかった。そんなことをすれば、危険に瀕するのはフランスの名誉であり、科学の信望であり、また何よりも、他の生物の苦痛を踏み台にして新時代の創始者ともてはやされ、数々の名誉に輝く一人の男の虚栄心であった。

彼の友人であり、彼が心を許した相手で、後に科学アカデミーに個人書簡を寄贈したラファロヴィッチ夫人に宛てた手紙の中でのみ、クロード・ベルナールは晩年告白をした。

「人生の秋になると、秋に木の葉が散るように、魂から幻想が一つ一つこぼれ落ちてゆきます」

この言葉を書いた手がどれほど血に汚れており、幻想が自惚れた残忍な心から落ちこぼれてゆくのには、どれだけの破壊行為が必要であったかを知らなかったら、これは感動的な言葉であろう。そして幻想は秋の葉のように散りつづけ、木はまる裸になってしまう。そして彼の臨終の床には、親族は誰一人顔を出さず、他の動物実験者——準備助手のダルソンヴァルも含まれていたが——だけにとり囲まれていたとき、クロード・ベルナールはついに告白した。

「われわれの手は空だ。だがわれわれの口だけに約束が一杯詰まっている」

おそらく動物実験者がすべて真理を悟るのは、死に直面したときだけなのであろうか？　しかしそれでは遅すぎる、紳士淑女諸君よ。

フランスの科学者で国葬の礼を与えられたのは、クロード・ベルナールが最初であった。そして彼の伝記作者たちは、彼が死去した日、「フランス中が泣いた」と言っている。しかしこれは言い過ぎである。フランスで少なくとも三人はその日泣かなかった。彼の妻と二人の娘である。

糖尿病と肝臓——クロード・ベルナールに関する追記

現在でも、西欧世界の主要な百科事典と教科書は、クロード・ベルナールを相変わらず「天才」と呼び、彼が名声を得たのは、膵臓の役割と肝臓の「グリコーゲン生成作用」の発見のためであったとしている。

しかし、彼が解剖した何千頭のイヌをもってしても、アメリカの軍医ウィリアム・ボーモントがすでに一八三三年に、その著書の中で述べていたこと以外は明らかにならなかったのである。この著書は、はるかに事実に立脚した内容で、医学史の一部となったほどである（ジゲリストは『偉大な医師たち』の三六四ページでそのことに触れている）。事実ウィリアム・ボーモントは、世界中の動物実験者を束にしたより多くのことを消化作用について発見していたが、それは一人の患者を臨床的に観察した結果であった。その患者はたまたま胃に瘻孔を持っていた。これは胃に孔が開き、そのため医師は数年間消化過程を観察することができたのである。そして動物実験者のように多くの致命的な誤りを広めたものではなかった。

今日の動物実験者も同じことなのだが、クロード・ベルナールが理解していなかったのは、イヌの膵臓を摘出することでは――これは動物に与えるもっとも野蛮な傷害であるが――実験者は疾患にかかっている膵臓を再現したことにはならず、このような傷害を与えられた生物体をまったく異なった状態にしてしまうということであった。傷害が重大であることと苦痛を感じるために、誤った食事習慣や暴飲暴食によって徐々に欠陥が生じた膵臓とはまったく異なった反応を引き起こしてしまうのである。

事実、今日においてもヒポクラテスの時代と同様、糖尿病は適切な食事習慣で予防できる。疾患状態がひどくなった膵臓は完全な能力を回復することはできないが、被害が過度に進行していなければ、唯一の効果的な療法は簡素な食事である。これは他の誰にも利益はないが、患者には利益がある。

糖尿病は重大な疾病である。アシドーシス、ひいては動脈にとり返しのつかない損傷が生じることがある。また壊疽、尿毒症、狭心症、失明、そして肺結核を含む重大な疾患に至ることもある。糖尿病の原因は、動物実験で問題を混乱させてしまったことのない者ならば、誰でもよく知っている。糖尿病の発生率がもっとも高いのはアメリカであって、死亡件数も増加しており、最近は人口十万人につき二七・八人に達した。最低は日本であって、死亡数は人口十万人につきわずか二・四人である。そして日本人の食事で肉と動物性脂肪の占める割合は平均五パーセントであるが、アメリカ人は三五パーセントである。だが、日本人がアメリカ式の食事習慣を取り入れると、糖尿病の罹病率が増えてくるのである。したがって、糖尿病の原因は人種的なものではなくて、栄養によるものである。同一の国でも、たとえばインドの場合、糖尿病による死亡数は、大量の肉と動物性脂肪を消費する富裕階級では非常に多く、常食が米と野菜である貧困者階級ではきわめて少ない。だから、ヒポクラテス派の医師たちが知力の働きのみによって到達した結論を、統計の数字が裏づけているのである。それに反し、動物実験はあらゆる分野でわれわれの確実な知識を混乱させ、誤った方向に導いているのだ。

事実と統計の数字がはっきりと示しているのは、膵臓の機能低下と慢性的で治療不可能な糖尿病の原因は、不適切な栄養――濃厚で多量な栄養――によることが多いということである。であるとすれば、その予防治療法を知ることができる。すでに半世紀近くも前に、インシュリンの有用性についての疑念が表明されている。たとえばつぎに挙げる、著名な外科医J・E・R・マクダナが『疾病の性質に関する雑誌』（一九三二年、第一巻、一ページ）で述べた言葉である。「糖尿病は症状であって、疾病ではない。インシュリンはこの症状を緩和するにすぎない。この薬品は症状の原因についてはなんら解明の手がかりを与えるものではなく、効能書き通りの作用もしない。糖尿病の原因が発見され一掃されていたとしたならば、こんな薬品を用いる必要はなかったであろう」インシュリンや他の薬品が開発されて以来、治療に使用されているが、その効果は症状を目立たないようにし、疾患の原因を曖昧にするのに役立っただけであった。インシュリン療法は益をもたらすよりも害をもたらすほうが多く、生命を救うよりも、多くの人、とくに老人を、インシュリンショックによって死なせ、寿命を延ばすよりも縮めたのである。

事実、インシュリンの発見以来、糖尿病による死亡者数は減少せず、逆に増加している。発見前二二年の一九〇〇年には、アメリカにおける糖尿病による死亡者数は人口十万人につき一一人であった。それが一九五四年には一五・六人、一九六三年には一七・二人、さらに一〇年後には二七・八人になっている。そしてその率は上昇し続けているのである。何かうまい手段は……。

この状態を見て、ヨーロッパ有数の生物学者で、自身動物実験者であるフランスのアカデミー会員のジャン・ロスタンは、つぎのように書いた。「医学は疾病を培養している。保健状況は悪化しつつある……治療学は疾病の調達商人で、それに頼らなければならない個人を作り出している……顕著な例が遺伝性の糖尿病である。インシュリンの発見以来、この疾病は著しく増加した」（『自然研究者の権利』より、一九六三年、パリ、ストック社刊）

ブライアン・イングリスは、『医薬品・医師・疾病』の中でこう書いた。「研究が進むにつれて、糖尿病は予想外に複雑なものであり、膵臓固有の諸疾患は、大半の症例の場合主要原因ではないのかもしれないことが判明した……その原因、いやいくつかの原因は、いまだに研究者にはつかめていないのである」（七〇ページ）

さらに、動物実験者のジャーナリストであるウルリコ・ディ・アイヒェルブルグが権威あるイタリアの雑誌『エポカ』（一九七四年九月二十一日号）に書いた文から引用すると、「糖尿病を研究すればするほど、この疾病の相互に矛盾する側面が発見されるのである。インシュリンが発見された五十年前、われわれは糖尿病の謎は解決されたと考えていた。しかし現在では謎はますます深まるばかりである」アイヒェルブルグは「ただしわれわれ動物実験者にとっては」と付け加えはしなかった。

そういうわけで、現在では問題全体が再検討を迫られている。バンティングとベストがこの問題を解決したとされて以来、これほど議論が沸騰したことはなかったのである。

もちろん、誰もが適切で周知の食事を守っていれば、研究に費用をかける必要などはない。しかし、糖尿病の謎を改めて「解決する」ためのイヌを使っての実験には、費用が請求できる。そして、イヌの食事習慣や生物的反応が人間と大幅に異なることや、間違った食事で人間の糖尿病の原因となるもの（多量の肉と脂肪）そのものが、動物実験者が糖尿病の実験で好んで用いるイヌにとっては適切な食事であることなどは、どうでもいいのである。

私は個人的に何人かの糖尿病患者を知っているが、その人たちは、インシュリンやその他の「抗糖尿病」薬品を何も飲まずに、適切なヒポクラテス流の食事習慣を守って何年も丈夫に生きている。その一人はウルスーラ・フォン・ヴィーゼで、年齢七十二歳、本書をドイツ語に翻訳し終わったばかりである。

しかし、生え抜きの実験者たちの企画精神を見くびってはいけない。一九七一年一月号の『外科学・婦人科学・産科学』には、L・ビーティ・ペンバートンとウィリアム・C・マナクス両博士の報告が掲載されているが、彼らは糖尿病の「謎」と思われるものを解明しようと試みて、七十四頭のイヌの膵臓の複雑な横断切開、器官移植、組織移植を行い、その後刺激性の薬品を投与した。四頭のイヌは幸運にも比較的早く膵臓炎と腹膜炎で死亡した。十六頭は、血糖値が異常に上がり死亡した。八頭は血栓症、一頭は腎臓障害、さらに一頭は肺鬱血で死んだ。残りのイヌの最期はどうなったのか不明である。また、実験の実際的結果がどうなったのかはさらに不明である。おそらく、関係した似而非科学者たちの自惚れが増大し、例によって娯楽的価値か金銭的利益を与えたということであろう。

同じ『外科学・婦人科学・産科学』の一九七五年四月号に掲載された一四ページの報告には、ロンドンの三人の博士とコロラド州デンヴァーの三人の博士が、全部で一二三頭のイヌを用い、またもや同じ実験を行ったとある。結果は例のごとく「ゼロ」であった。

しかしその間、糖尿病に関する科学者たちの考えをさらに混乱させたのが、『アメリカ医師会雑誌』のある論説で、それは確定したと思われていた考え、たとえばインシュリンと血糖値について長い間受け入れられていた理論にさえ、疑問を提出していた。その論説によると、インシュリンを多く投与すれば血糖が少なくなるとは限らず、インシュリンを少なく投与すれば血糖が多くなるとも限らないとのことであった。

これでは、クロード・ベルナールがイヌの膵臓を摘出したことなどなかったかのように、糖尿病の研究のやり直しをするうってつけの理由になるだろう。

クロード・ベルナールが挙げたとされているもう一つの主要な業績は、肝臓の「グリコーゲン生成」機能の発見である。これはすでに述べたように、誤った実験に基礎を置いているもので、この実験でクロード・ベルナールは、肝臓が糖を無から作り出すと信じたのである。なぜなら、彼は肝臓への静脈中に糖が存在する可能性を抹消してしまったからであった。最近の理論によると、肝臓は不純物のフィルターであって、解毒機能を有するとのことだが、これはクロード・ベルナールは思ってもみなかったことであった。肝臓は、まだ明確になっていないので、「きわめて複雑な」過程とされているものを通して、糖を「貯蔵」し、必要な場合にそれをふたたび「放出」する力を持っていると考えている生理学者が多くいる。いや少なくともこれが二、三十年前までの「公的な」考えであった。現在ではこのような考えがすべてまたもや疑問になってきている。たとえば、イタリアの医学百科事典『エディツィオーニ・シエンティフィケ・サンソーニ』（一九五二年）は、九二八ページでこう述べている。

「多くの最近の調査で、肝臓の機能についてこれまで『発見』されてきたすべてのことに疑問が生じている」

また、ブリタニカ百科事典はこう述べている。「肝臓の構造はきわめて単純であるが、一九四九年（ママ）まではその顕微鏡的な構造については何もわからず、一九五二年（ママ）まではその肉眼解剖的構造についてもわからなかった。肝臓の種々の機能は、クップェル細胞（発見者にちなんで命名）によってすべて行われているが、その驚くべき種々の機能の細部が知られるにつれて、ますます理解がしにくくなっている」

われわれは偉大なクロード・ベルナールが、何千頭ものイヌを用いてとっくの昔にそれを解明していたと思い込んでいたのである！

ベルナール主義の赤い潰瘍

イギリスは、一八七六年の動物虐待防止法によって、動物実験を法律で制限することを約束した最初の国であった。法律で決められたのは、各実験に先立って特別の委員会の許可を得なければならないことで、委員会は、実験が絶対に必要であることが立証された場合にのみ、それを許可するとされている。さらに、動物には不必要な苦痛を与えてはならず、いくつかの実験は公開されねばならないことも決めている。しかし、その約束はイギリス本国でも他の地域でも守られてこなかった。

この法律が施行される前年は、約八百件の実験がイギリスで行われていた。それ以来、イギリスの動物実験者が人類の福祉に不可欠であると認めさせることができた実験の数は、多少の上下はあるものの、うなぎ昇りに増加してきている。一九七三年には、その一年間だけで、一万六七五九人の免許を持つ研究者の手によって、六百七カ所の公認実験室で、総数五三六万三六四一件の実験が行われた。四五〇万件強、すなわち総数の八五パーセントは麻酔を施さず行われ、麻酔から覚めて苦しい最期を迎える前に殺された動物は四パーセント弱であった。

それでもこの数字は、アメリカと日本の数字に比べれば大したことはない。動物実験の件数は、利益の可能性といわゆる科学研究に対する助成金に直接結び付いているから、アメリカが第一位を占めるのは当然である。ソ連では、助成金や薬品の利潤などは存在しないから、今日では動物実験は皆無に等しい。ただし広く喧伝された実験が最近あって、これはデミチョフ教授なる人が小犬の首を大きなドイツシェパードの頸部に移植したものであった。両方の頭は翌日水を飲みはじめたが、結局この人工の化け物は殺さなければならなくなった。苦痛に狂った小さな頭のほうが宿主のイヌに激しく噛みつき続けたからである。

アメリカ動物実験反対協会の会長オーエン・B・ハント氏は、私が一九七六年ジュネーヴで面談したときにつぎのように語った。「わが国では、動物実験の増加の主な理由は金銭です。動物実験から金銭をなくしてしまえば、実験企画の九割はたちまち潰れてしまいます。少し前に、金銭で健康を含む何でも買えるという考えを政府に売り込んだ人間がいました。金を十分に使うだけでいいというわけです。これは研究者、とくに生物科学者にはたいへんありがたいニュースでした。ジョンソン大統領はその考えを真に受けた一番最近の高官です。もっとも戦後の歴代の大統領はみな責任がありますが。ジョンソンは、数年後には癌や心臓病や何かを克服するだろうという、法外な約束をしました。彼は自分の約束が、音を上げている納税者の何十億ドルという金とともに下水に流れてゆくのを見てきました。また六十一歳という比較的早い年齢で動脈硬化と狭心症を経験しもしたのです。実験動物をしこたま殺しても、彼には何の役にも立たなかったのです。無駄遣いされた税金も何の役にも立ちませんでした。ただし、金に弱い動物実験者どもと、国立衛生研究所、保健教育福祉省や他の政府機関にいるおべっか使いどもで、アメリカの市民はすぐだまされて金を出すのだという考えを捨てない連中は別でしょうが」

ニュージャージー州のラトガーズ大学の発表によると、一九七一年には、種々のアメリカの実験室で犠牲にされた動物数は、霊長類八万五二八三匹、ブタ四万六六二四匹、ヤギ二万二九六一匹、カメ約一九万匹、ネコ約二〇万匹、イヌ約五〇万頭、ウサギ約七〇万匹、カエル一五〇〇万─二〇〇〇万匹、ラットおよびマウス約四五〇〇万匹である。これらの数字は途方もないものであるが、それでも実数はもっと多いと思われる。というのは、翌年、ある飼育業者が一年間に二億二〇〇〇万匹のマウスを種々の実験室に売ったと自慢していたからである。そして、動物実験よりも優れているという理由で、絶えず開発されている新しい代替方法があるにもかかわらず、企業の利益や比較的少数の個人実験者の愚行の犠牲にされる年間の動物数は、全世界的規模で、毎年五パーセント上昇し続けているのである。

数字はこんなところである。さて、人間をこのような逸脱行為に走らせているものは何かを見ることにしよう。

前世紀の間に西欧世界は、地球の表面を――いい方向にとまだ望んでいたが――変化させた偉大な発見や発明に熱狂していた。その当時は、大多数の人がベルナールの独断説に信頼を置いたことは、たとえそれを嘲笑していた科学者が多くいたにせよ、理解しうることであった。今日では、クロード・ベルナールの説が不合理であることは毎日のように証明されている。しかしその間に、動物実験賛成者は、ちょうどベルナールが自説を絶えず変えたように、常時実験が失敗することをごまかすために、理屈づけを変えてきた。

今日の「研究者」は、生命体を無機的な物質と同じ扱いで実験はできないこと、動物の反応は人間とは異なることは認めている。しかし、この論理を平気で無視して、だからこそ、動物実験は廃止するより強化せねばならないと主張しているのである。だから、ベルナール主義という逸脱思想は、中世の長い夜の間のガレヌス主義と同様、今日の社会機構にしっかりと食い込んでしまっているのだ。

公的な医学が誤った道を歩んでいることをなぜ認めようとしないのかということについては、二つの理由――物質的と心理的の理由――がある。第一は、製薬産業とその積極的な協力者、つまり開業医の経済的利益である。心理的な理由は、クロード・ベルナール自身がつぎのように書いた言葉で説明されている。「人間は自分が教えられたことを絶対的な真理として受け入れる傾向がある」(『医学二一四ページ)

アメリカでは、それに劣らず、自由と民主主義の名のもとに、動物実験者たちはまるで思想の自由と同等のものか人間の権利でもあるかのように、「動物実験の完全な自由」という原則を押しつけてきた。動物実験はアメリカでは賞賛されている。少数の忌憚のない批判者たちは、社会から村八分にされる危険があるか、反社会的、非人間的と非難される。ちょうど昔魔女狩りに反対したいのだが、火焙りの犠牲者に加わることを恐れてその勇気がなかった人たちに似ている。

子供たちに新しい宗教の教義を教え込もうと、不断の努力が行われている。そのまやかしの司祭たちは、この問題を大いに研究しているのである。たとえば、ニュージャージー州の理科教員協会は、毎年論文コンテストを行って、六年級から一二年級の生徒たちに賞金を出している。一九七四年の題目には、「動物を用いる医学研究が何百万の人命をどのように救っているか」とか、「動物を用いる医学科学研究の不断の進歩の必要性」などがあった。

アメリカの子供たちをこのように早いうちから洗脳する結果、この国には動物虐待を禁じる厳しい法律があるにもかかわらず、いわゆる「科学」は禁止の法律から免れているのである。

アメリカではウマを鞭で打つと厳しく罰せられる。しかし科学研究の名目で、一頭のウマを殺すためには何度殴らなければならないかを調べたいと思えば、何百頭のウマでも棒で殴り殺すことができ、しかもこれは「科学」であるという理由で、同僚から賞賛されるのである。

第六章　生化学のベルナール主義

意図的であろうとなかろうと、医学研究手段としての動物実験の愚行を暴露した医学者や科学者は無数にいる。それは、イギリスの『ランセット』や『アメリカ医師会雑誌』のような世界的に有名な医学定期刊行物、あるいはいろいろな国の一般新聞の古いもの新しいものを読めばわかることである。そこで述べられていることの一部はすでに本書で、とくに外科学関係で引用した。他のものは第九章で、スチルベストロールの悲劇に関連して引用することにする。ここでは、例としてさらにいくつかの言葉を挙げることにするが、それが示しているのは、警告は何も最近始まったことではなく、明らかに現今の詐欺行為に巨大な既得権益を有する保健当局が、今日その警告を無視しているのと同様、過去においても故意にそれを無視してきたことである。

「クロロホルムはイヌ、とくに小犬にはきわめて有毒なので、かりにこの麻酔剤が最初イヌに試験されていたなら、長年人間の役には立てられなかったであろう。フルーランスは動物に対する致命的な結果を観察して、麻酔剤としてのクロロホルムをまったく放棄してしまった。また、ローダー・ブラントン卿のイヌを使用した動物実験結果は、イギリスの主要な麻酔学者からはすべて嘲笑された」（ベンジャミン・ウォード・リチャードソン博士『生物学実験』一八九六年、五四ページ）

一九〇四年三月二〇日、ニューヨーク・ヘラルド・トリビューン紙のパリ版は、つぎのような書き出しで始まる長文の記事を掲載した。「マレシャル博士が行い、先週本欄に掲載した主張、すなわち動物実験反対の大義名分が成功を収めるためには、医学界自体からそれが出てこなければならないとの主張は、多くの著名なフランス医師によって支持された。それはこの数日間にヘラルド紙が集めたつぎの見解が立証している」

ヘラルド紙が報じた見解の一部を抜粋すると、

アンファン・アシステ・ド・ラ・セーヌの前医師兼監督者であるパケー博士の言。「動物実験は医学研究には無益である。またそれは生理学研究にも無益である。なぜなら、われわれが今日諸器官の機能について知識を持っているとすれば、それは器官が損傷を受けた場合に行った治療を通してであるからだ。われわれが人体の諸器官の果たしている生理的な役割を知ったのは、臨床経験によってであり、実験室においてではない。薬品の作用を研究する場合、まともな開業医なら、健康な動物の肉体で通用することが病人の人間でも同様に通用するなどと一瞬たりとも想像するであろうか？」

レオン・マルシャン教授。「動物実験が、外科学にせよ医学にせよ、真正の科学思想を与えてきたなどと考えることは誤りである。事実は全然逆である。私にこれまでつねにわかったことは、いわゆる「科学的実験」は、奇異で非人間的であるばかりか、錯覚を生じさせ危険なものであるということだ」

ネッケル病院のエドガルト・ヒルツ博士。「私は断固として実験には反対である。それは無益な拷問であり、不毛の残虐行為である」

ニコル博士。「科学的な観点よりすれば、動物実験は正しい判断を曲げて誤りに陥らせるだけである。道徳的な問題点については、このように残酷で野蛮な行為から得られる人類にとって有益な結果は何もない。それでも有益な結果があるというなら、それは実験者自身にとってだけであろう。私が動物実験者に勧告したいのは、お互いを手術し合ったらどうかということだ」

サリヴァス博士。「動物実験は不道徳であると同時に無益であると考える。不滅のヒポクラテスは動物実験は絶対に行わなかったが、それでも自己の技術を今日のわれわれよりもはるかに高い水準に引き上げたのである。われわれは近代に偉大な諸発見を行ったと称しているが、それはなかなか根絶しがたい法外な理論を導入した結果なのである」

C・マティユー博士。「私は医学の勉強をしていたとき、研究時代に、病院で生理学実験の準備をする仕事をやらされた。その実験は無益な残虐行為であって、私はそれから何も学ばなかった」

ヘラルド・トリビューン紙の記事にはまだいくつかの同主旨の見解が掲載されていて、最後に、いかなる理由においても動物実験に反対であると宣言した一七人の著名なフランスの医学者の名がさらに列挙されていた。面白いことに、動物実験を賞賛した実験者は一人として見解を発表していなかった。

二〇世紀初頭のドイツ有数の医学者であり、数点の論説の著者であるフェリックス・フォン・ニーマイヤー教授は、その手引き書『実地医学提要』（第七版）の中で、示唆に富む見解を述べている。それは、個人の虚栄心と好奇心を満足させる「科学的」結果と、患者に利益を与える実用的結果との区別である。「科学的価値はあったけれども、医学面での動物実験は疾病の治療に関してはまったく実りのないものであった。開業医は、自分の患者にとって有益なものであるが、五十年前には知らなかったというような事柄を、実験から何一つ学んではこなかったのである」

「動物実験は、人間に対する同一の実験の結果を確実に表示するものではない」（ロベルト・コッホ博士『動物実験に関する第二回王立委員会報告』一九〇六－一九一二年、三一ページ四八節）

ドイツの著名な医学者ヴォルフガング・ボーン博士が医

学雑誌『医学報告』（七／八号、一九一二年）に述べた言葉。「動物実験の公言された目的は、どの分野においても達成されておらず、将来においても達成されないであろうと予言できる。それどころか、動物実験は誤りより生じた被害を与え、何千人もの人間を殺してきた……動物を虐待せずに完成された多くの医薬品や治療法があるが、不当にも使用されず普及しなかった。その理由は、現代の研究者は動物実験以外の方法を知らないからである」

「モルモットの結核が人間の結核ではないことは、マウスの癌が人間の癌でないことと同じである。実験室で多くの動物が理由もなく殺されているからこそ、研究の成果が上がらないのである。何百匹のモルモットを犠牲にしたところで、私でも他の多くの科学者と同様に、一つのことしか証明できない。つまり、動物から得られる結果は、まかり間違っても人間には適用されないということである」（ドワヤン教授　パリ『廃止論者』一九一二年五月一日、第五巻、一一七ページ）

「麻酔剤の発見は、動物実験に負うところは何もない」（『動物実験に関する王立委員会報告』一九一二年、二六ページ）

ニューヨーク・デイリー・ニューズ紙（一九六一年三月十三日付）の記事として、古参記者のウィリアム・H・ヘンドリックスは、以前何回にもわたって掲載した有名なチャールズ・メイヨー博士（今日のチャールズ・メイヨー博士と混同してはならない）との会見を想起して、博士の言葉を引用している。「私は動物実験を憎悪する。それは廃止しなければならない。このような野蛮行為と残虐行為を伴わずには達成されなかった科学業績や発見の例を、私は一つとして知らない。全体が悪である」

パリ外科医学会の会長であり、その当時フランス随一の外科医であり、またエコール・ノルマル・シュペリウールで医学を講じたアベル・デジャルダン博士は、こう述べている。「動物実験から何かを学んだという優れた外科医を、私は一人として知らない」（『非妥協者』パリ、一九二五年八月二十五日）

「若い医師は、健康状態でも疾患の状態でも、人間は実験目的に使用される動物の反応と同一の反応を示すのだと信じ込まされる。この誤った考えは、治療技術と患者自身にとってきわめて有害である。このことは細部にわたってこの誤りを批判したハンス・ムッフ教授も立証している」（もっとも著名なドイツの医学者であるダンツィヒのエルヴィン・リーク博士の言葉。『医師の使命』一九三〇年ロンドン、ジョン・マリー社刊、五ページ。ハンブルク大学教授のハンス・ムッフは、二〇冊あまりの医学書の著者であり、結核菌の顆粒の発見者で、今世紀有数の医学者である。）

「……ラジウムの効果を理解できるのは、患者に対する効果の研究を通してしかない」（J・A・ブラクストン・ヒックス博士『英帝国癌征服キャンペーン』第七回年次報告、一九三〇年、五八ページ）

「細胞移植によって腫瘍を転移させる経験を積んだ人びとがずっと以前から認めていることであるが、この実験過程全体はまったく人為的なもので、腫瘍の自然発生とは対応しないという事実である」（W・E・ジャイ博士『癌の原因』一九三一年、ロンドン刊、二二ページ）

「われわれは、モルモットが人間より優れているとか劣っているなどとはあえて言わない。しかし、モルモットは全然異なった動物であるので、これらの実験が国立医学研究所の主催で行われなかったとしたら、実験は愚劣なものと言わぬまでも無駄であったと言いたかったであろう」（一九三二年七月九日、モーニング・ポスト紙掲載「アルコールの影響」）

「近年研究者は、動物実験で思考が混乱し誤解を起こして、ビタミン欠乏があれやこれやの疾患の原因になるなどと主張しているが、実際の原因は、動物が不自然な拘束状態（実験室での）に置かれていたり、ビタミン欠乏を別にしても、不十分な食餌や運動不足、新鮮な空気の欠乏、日光そしておそらく暖気の欠乏による併発症であったのかもしれない」（J・シム・ウォレス博士、ロンドン大学キングズ・カレッジ『医学回覧報告』一九三二年九月二十一日号、二二九ページ）

「新生物（癌）の構造、症状、診断、治療に関するわれわれの知識の全体は、直接の臨床的方法によって問題を扱ったことから得られてきたのである。この広範な知識に対して実験室の実験が寄与したものは、ほとんど皆無である」（ヘイスティングズ・ギルフォード博士、外科医。『ランセット』一九三三年七月十五日号、一五七ページ）

「私自身確信していることは、人間の生理を動物実験を通じて研究しようとすることは、人間の知的活動の全領域のなかで犯された、もっともグロテスクで途方もない過誤である」（G・F・ウォーカー博士『医学世界』一九三三年十二月八日号、三六五ページ）

「長年にわたり、多くの費用をかけて、癌の研究は各国の研究所の多数の研究者によって行われてきた。しかし、人間の疾病に関するかぎりでは、優秀な科学者が有益な成果をつねに上げていないということは、彼らがそもそも成果を生むことができない方針に沿って仕事をしている証拠である」（W・ミッチェル・スティーヴンス博士『イギリス医学雑誌』一九三四年二月二十四日号、三五二ページ）

「人間自体に対する観察が治療薬の決定を完全に支配しなければならないことを、さらに事例を挙げて示せば、ジギタリスがその例である。今日の薬局方においてこれほど貴重な療法はない……もっとも本質的な情報、すなわちジギタリスが心房性細動に及ぼす効果は、カエルや通常の哺乳類の観察では得られなかったであろう。それは患者の観察でのみ得られたものであった」（トマス・ルイス博士、外科医。『臨床科学』ロンドン、ショー&サンズ社刊、一九三四年、一八八－九ページ）

「それから生理学者がいる。ここに動物実験が無益である一番はなはだしい実例がある……このような実験は何の役にも立たない。事実それは医学の進歩を阻害している」（啓蒙論文『医学タイムズ』一九三四年三月、三七ページ）

「胃潰瘍および十二指腸潰瘍は、自然の状態では動物には発生しないし、実験によって再現するのは困難である。しかし、動物に発生させる場合は、身体にひどい損傷を与える方法でたいてい行われるので、人間の潰瘍の発生原因とはなんらの関係もない。さらに、この実験による潰瘍は表面的なものであってすみやかに治癒するので、患者に見かける頑固で慢性的な潰瘍とは類似点はほとんどない」（W・H・オーグルヴィー博士、ガイズ病院診療外科医。『ランセット』一九三五年二月二十三日号、四一九ページ）

「ジギタリスは動脈硬化と関連のある心不全の患者には貴重なものである。ところが、動物実験の結果を人間に適用する誤ったやり方のために、長い間そうではないと教えられてきた」（書評『医学世界』一九三五年二月八日号、七二四ページ）

「現代の方針による癌研究に浪費された時間と労力は、まことに嘆かわしいものである。非常に多くの有能な研究者が、癌の原因と治療法が動物実験で発見されるだろうと信じ込まされたことは、残念でならない」（『医学タイムズ』一九三六年一月号、三ページ）

「虫歯の問題は、本質的には人類のみに影響のあることである……なぜなら、虫歯を自然の状態で人間に生じるのと同じ形態で、実験室の動物に確実に発生させることは、

不可能であったからである」(帝国動物栄養局『栄養抄録および総説』第五巻第三号、一九三六年一月三日)

イヌ、ネコ、ブタを使用する実験についての批評として、一九三六年十二月号の『医学タイムズ』はつぎのように述べた。「実験者の言うところでは、人間の消化性の潰瘍は、実験動物に生じさせるような胃腸管の急激な変動によって起こるものでないことを率直に認めねばならないとのことである。それならば、そもそもなぜ実験を行うのであろうか?……この行為全体は、批判的な頭脳を持った者には多分に不合理と思われる」(一八七ページ)

「臨床研究は、少なくとも医学の分野では、進歩の唯一の鍵である」(総説『医学世界』一九三七年二月十二日号、八四七ページ)

「彼は、悪性の貧血で死亡した人間を死後解剖して胃を検査した結果、胃底部が著しく萎縮していることが判明した……しかし、幽門あるいは十二指腸にはほとんど何の変化も認められなかった——これは彼が動物実験から予測していたことの正反対の発見であった」(報告『ランセット』一九三七年六月十二日号、一四〇四ページ)

「われわれが知りたいのは、生理学および薬理学の実験室で行う動物実験の公表された成果に自分たちが迷わされていることに、いつ医学界が一致して不満の意を表明するだろうかということである」(編集部論説『医学タイムズ』一九三七年四月号)

「純実験研究者を医学の本来の場所に移すことが早ければ早いほど、疾病の診断治療面での進歩があるだろう。現在では、われわれは実験主義者たちによって、非常に惑わされている」(書評『医学年報』一九三七年、『医学世界』一九三七年五月二十八日号、四六二ページ)

「何をおいてもわれわれは患者の病床に戻り、実験室の研究者にはその実験を勝手に行わせ、往々にして見込みのない矛盾し合う結果を出させるままにしておこうではないか」(編集部論説『医学タイムズ』一九三七年十一月号、一七〇ページ)

「周知のことであるが、実験動物に人間に発見される障害や疾病と同等のものを再現することはほとんど不可能である」(ライオネル・ウィットビー博士『開業医』一九三七年十二月、六五一ページ)

A・J・クラーク博士は、一九三七年八月十四日号の『イギリス医学雑誌』に寄せた「薬品に対する個体の反応」と題する論文の中でつぎのように述べた。(薬品の致死量を発見するには)「約二十年前まで用いられていた方法は、一ダースか数ダースの動物に投与量をいろいろ変えて与えてみることであった……ところが、系統的な調査をしてすぐわかったことは、動物は薬品に対する反応に個体差がかなりあることと、それゆえ一世紀間使用されてきた方法は本質的に不正確なものであったということである」(三〇七ページ)

「現在では薬理学の教授法全体が誤っている。その理由は、実験室と動物実験に慣れている実験主義者によって教えられるからであって、人間の疾病に経験を積んだ臨床医が行わないからである」(編集部論説『医学タイムズ』一九三八年七月号)

「比較的最近の医薬品アセチルコリンを例にとってみよう。動物実験の結果、この薬品は麻痺性腸閉塞にきわめて有効であるとされている。しかし、現在ではこれは人間の場合はこの状態では決して安全ではなく、手術後に投与した場合は、事実死亡事故を引き起こしたことがわかっている」(編集部論説『医学世界』一九三八年四月十五日号、二四六ページ)

一九三八年四月十五日号の『医学世界』は、その編集部論説(二四六ページ)で、医学生の教育に関してつぎのように断言した。「われわれは冷静な立場で主張するが、現在の医学生は自己に究極的に役立つことをほとんどあるいは何も教えられていない。彼が講義を受けるのは、大脳を除去したネコ、カエルの神経筋肉の標本、筋肉の疲労に関する理論とかそれに似た問題であって、すべては医学者としての実地の要求事項としてはまったく無益の事柄である」

「ネコは科学研究には不向きである。その理由は、結果に個体差があるからである。ガラスを粉末にして与え、肺にどのような影響があるかを調べたが、ネコはそれを舐めつくし、それでも平気であった」(A・E・バークレー博士 オックスフォード大学ナフィールド学寮医学研究教授。TBに関する会議の席上で、一九三八年四月十日付サンデー・エクスプレス紙が報道)

「たとえある医薬品に対し数種の動物を用いて完全かつ十分な薬理学的実験を行い、比較的毒性がないことがわかったとしても、このような医薬品が患者には予期しない毒性反応を生じさせることがある。このことは、薬理学が科学として誕生して以来知られてきた」(E・K・マーシャル博士、ボールティモア『アメリカ医師会雑誌』一九三九年一月二十八日号、三五三ページ)

「スルフォンアミド化合物はすべて、動物には毒性反応は奇妙にも表れないが、臨床経験の範囲が拡大するにつれて、人間の患者には独特で好ましくない影響を生じさせることがある事実がわかってきた」(啓蒙論文『イギリス医学会誌』一九三九年八月十九日号、四〇五ページ)

アーウィン・E・ネルソン博士は、一九三九年のアメリカ医師会の年次大会薬理学治療学部門の席で、会長挨拶の中でつぎのように述べた。すなわち、たとえばジギタリスのような医薬品の最低致死量を注射によって決定しても、実験動物の五〇パーセントにしか適用できない。なぜなら、「実際にはこれよりはるかに少ない量で死ぬ動物もあるかもしれないし、はるかに多い量を必要とする場合もあるだろうからである……ネコの中には、他のネコの二倍半以上も必要なものもある」(『アメリカ医師会雑誌』一九三九年十月七日号、一三七三ページ)

「動物実験は、頭の中で立てた目標が達成しうるという期待をもってたいてい行われる。だが結果は手段を決して正当化しない。なぜなら目標を立てることは無駄な行為であって、そのことは、この方針で行われる研究が進歩を促すどころか遅らせている事実で証明されている」(J・E・R・マクダナ博士『医学を通しての世界』一九四〇年、ロンドン、ハイネマン社刊、三七一ページ)

「何年もの間、私は保健省、医学研究評議会および二つの癌研究機関の年次報告を綿密に調べたきたが、彼らが社会にどのような利益を与えたのか、わからないでいる。ただし率直に言えば、感心することが多いのは、彼らの淀みのない能弁と、自己の努力に価値があることを単純に当然としている点であって、さらに多くの金を気前がよくて欺されやすい英国の公衆から出させようという、巧みな宣伝の試みである」(W・ミッチェル・スティーヴンズ博士『医学世界』一九四〇年七月五日号、四六五ページ)

「現在のところ、動物実験の多くの相互矛盾する報告は、臨床医にとっては問題を曖昧にしている。そして遺憾ながら、あまりにもしばしば救いようのない混乱を作り出しているのである」(ハリー・ベンジャミン博士『医学世界』一九四一年一月十七日号、五〇五ページ)

一九四二年十月十日の『ランセット』(四三一ページ)に、ダンカンとブレロックが行った、イヌに種々の圧潰の傷害を与えて「実験的なショック」を生じさせる実験に対する言及がある。その言及は、注釈の個所でなされているが、これらの実験からは結論は出ないとのことで、その理由は、人間の場合は通常死因となる腎機能停止は、イヌの場合にはまったく生じないからというのであった。

「昔は、まったく動物実験から得られた結果として、ジギタリスは血圧を上げると教えられていた。現在は、このことはまったくのナンセンスであることがわかっている。事実、異常に血圧が高い場合には、それは非常に貴重な治療薬であることが知られている」（ジェイムズ・バーネット博士『医学世界』一九四二年七月三日号、三八八ページ）

「動物実験で動物に与えるショックは、臨床面でのショックとまったく同一のものとは言えない。後者の性質はわれわれにはわかっていないからである」（G・アンガール博士、パリ　『ランセット』一九四三年四月三日号、四二一ページ）

「研究所での動物実験の大流行は、多くの点で実地医学の根底そのものをおびやかしている。疾病の状況は実験動物に正確に再現できるものではない。だから、なぜこのような実験をあくまで続けるのであろうか？」（一九四五年五月十八日号の『医学世界』より抜粋。筆者ジェイムズ・バーネット博士は著名のイギリスの医学者で、アバーディーン大学の前試験委員である。）

人間の結核と動物の結核は、同一の微生物が原因であるけれども、明確に異なったものである。動物の結核は性質が比較的単純であって、その過程はかなり予知できるが、それに反し人間の場合ははるかに複雑である。したがって、実験動物に有効であった医薬品が人間にも当然有効であるなどと考えてはいけない」（『ランセット』一九四六年七月二十日号）

「白血病特有の症状は、臨床観察の結果のみで認められたものである。マウスやラットの種々の白血病は、ウレタンの投与にはあまり反応しない。人間の場合は顕著な効果があるが、これは動物のみに注意を向けていたとしたら発見されなかったであろう。そのような実験が危険であることを示す適例である」（アレグザンダー・ハドウ教授『イギリス医学雑誌』一九五〇年十二月二日号、一二七二ページ）。

「機能領域決定は、観察者が行う人為的な脳の属性判断である……脳とその所有者は、機能領域決定などは何も知らないし、研究材料として興味を持っている者以外は、個人とその行動にとってはまったくの無関心事である。厳密な意味での機能領域決定は、抽象的なものであって、現実からますますわれわれを遠ざからせるものである」（ウィリアム・グディー博士、国立病院補佐医師およびユニヴァ

ーシティ・コレジ病院神経科相談員。『ランセット』一九五一年三月一七日号、六二七ページ）

「特定の実験手術で大脳皮質の本来の機能が明らかになるなどという前提には、なんら正当な理由はない。実験者が作り出したものは、本来の機能の混乱状態――臨床医なら症状と呼ぶであろうもの――であって、症状が正常な機能ないしは過程と同一のものであるなどと考えることはできない。ところが、何代にもわたる大脳皮質刺激の実験者は、まさにそのように考えてきたのであって、ほとんどこの理由のために、大脳皮質による随意運動の制御に関する通則がいまだに立てられないのである」（F・M・R・ウォルシュ博士『ランセット』一九五一年十一月十七日号、八九八ページ）

「年月の経過とともに、癌は増加している。その原因の探究はこれまでのところきわめて乏しい成果しか上げていないが、その理由は癌の研究が実験動物を対象として行われてきたこと、また現在でも行われているからなのである……研究が臨床医の手に移され、実験室の癌研究者には度重なる失敗を嘆かせておくようになるまでは、真の進展はないであろうと信じる」（「癌、抄録レビュー」『医学総説』一九五一年二月号）

「……このような動物（モルモット）の実験により得られた結果は、人間のリューマチ熱に通用するものではない。なぜなら類推によるこの種の議論は、過去において残念ながら誤謬であることがあまりにも多かったからである」（啓蒙論文『ランセット』一九五一年七月七日号、三七ページ）

「人間の胃腸管は、残念ながら動物とはきわめて異なっている。であるから、胃の疾患に新しい手術を施す場合、その結果はイヌの手術からは予測できない」（編集部論説『ランセット』一九五一年五月五日号、一〇〇三ページ）

「……研究の多くは実験動物に対する長期の食餌実験であるが、その結果はこれらの動物――通常ラット――にのみ適用しうるものである」（啓蒙論文『イギリス医学雑誌』一九五一年十月十三日号、八九七ページ）

「動物実験から、ある筋肉弛緩剤が人間の呼吸作用にどの程度影響があるかを予知することは困難である……動物実験から人間の場合の薬剤効果の持続期間を予知することも、同様に困難である」（H・O・コリアー博士、アレン・アンド・ハンベリーズ会社主任薬理学者。『イギリス医学会誌』一九五一年二月十七日号、三五三ページ）

「動物の脳組織から調製したワクチンで、死滅したウイルスあるいは死滅ウイルスと生ウイルスの混合を含むものは、動物を保護することはできるが、非経口的に人間に接種する場合は、危険の可能性がある。生ウイルスを動物に投与することと人間に投与することは、全然別個の問題である」（啓蒙論文『イギリス医学会雑誌』一九五二年九月六日号、五五一ページ）

「癌の原因を発見しようとする研究では、これまで組織的な研究は失敗してきたことは否定できない。世界のあらゆる文明国であらゆるクラスの無数の科学者が、あらゆる種類の研究所や実験室でたゆまず研究し、数え切れないほどの延べ時間と回収できない資材と何百万ポンドの資金を消費してきたが――すべて人間に与えた利益はわずかのものであった……われわれの偉大な発見の多くは、果てしのない実験から得られたものではなくて、生来の思考過程から得られたものなのである」（論文「初めからの癌」『医学世界』一九五二年一月二十五日号、五七六ページ）

「消化性潰瘍の原因を発見しようとして行われてきた研究については、私は論議するつもりはない。何の成果もないことがわかっているからである。研究の大半は、動物実験によって行われてきた。そして動物は消化性潰瘍にはならない」（ヘネッジ・オーグルヴィー卿、医学博士・外科医。『看護の鏡』一九五二年十月二十一日号）

「フォルスマンが一九二九年に、自分自身を実験台にして心臓カテーテル法実験を行い、この処置は可能であるばかりか不当な危険性はないと思われることを示したとき、心血管研究の新たな時代が始まったのである」（『開業医』一九五二年七月号、四〇ページ）

「疾病の原因、疾病のメカニズム、疾病の治療法、あるいは疾病の予防法を解明しようとする研究は、その中間段階がどのようなものであれ、人間の観察から始まり、人間の観察に終わらなければならない……人間は、檻の中に囚われていて、臨床科学以外の方法によって行われる実験の対象となる動物とは、多くの点でまったく異なっているのである」（ジョージ・ピカリング卿、医学博士、ロンドン大学。『ランセット』一九五二年十一月八日号、八九五ページ）

「迷走神経切断は根拠薄弱なものである。それは動物実験を主要な基礎とする処置が、根拠薄弱であるからである」。（ヘネッジ・オーグルヴィー卿、医学博士・外科医。『イギリス医学雑誌』一九五二年八月九日号、三〇二ページ）

「動物実験を根拠とした結論を、無条件で人間に適用しないように警告する。サルの場合は、強力な発癌性物質が癌を生じさせなかったからである」（総説『ランセット』一九五二年八月九日号、二七四ページ）

「実験による証拠は危険な誤解を生むものである。なぜなら、胃を専門とするある外科医の言では、『われわれの患者がすべてイヌと同じ行動をするのではない』からである」（注釈『ランセット』一九五二年九月二十日号、五七二ページ）

「研究者がマウスや他の動物をいじくり回し、臨床医と病理学者からまったく絶縁しているかぎり、癌の研究には何の進展も見られないであろう。これまでのところ、研究は全面的に失敗してきた。そして、まったく間違った、誤解にもとづくものと考えられる方針で研究を行うかぎり、今後も失敗するであろう」（著書注釈『医学総説』一九五二年十一月号）

「移植に関するわれわれの知識の大半は、動物実験を基礎にしている。しかし同種移植に対する動物の反応は、動物の疾病の場合と同様、人間とは非常に異なっているようである……」（啓蒙論文『ランセット』一九五二年十一月二十九日号、一〇六八ページ）

「人間の疾病に関して確定している事実は、実験者によって無視されてきたので、誤謬が認められ訂正される前に、再発見されねばならなかった」（クリフォード・ウィルソン博士『ランセット』一九五三年九月十九日号、五七九ページ）

「イヌの骨折や火傷が人間の場合とは異なることは、ただちに認められる」（ハーヴェイ・S・アレン博士、ジョン・L・ベル博士およびシャーマン・W・デイ博士、イリノイ州シカゴ。『外科学・婦人科学・産科学』第九十七巻、一九五三年十一月、五四一ページ）

「医薬品の作用を動物実験で決定することの愚かさは、いくら強調してもし足りない。クロラムフェニコール（クロロマイセチン）の場合がそうであった。この薬品は長期間イヌに試験され、一時的な貧血症を起こしただけであったが、人間の疾病に使用されると、致命的な結果が生じた……」（編集部論説『医学総説』一九五三年九月号）

「酸が潰瘍の基底の神経終末に作用し、潰瘍の痛みの主要な原因になるという仮説は、不自然な実験、誤った解剖学、誤った病理学にもとづいている……『潰瘍の痛み』を訴える多くの患者は、潰瘍基底に神経を持っていないし、酸のない者もあるし、潰瘍のない者もあるのである……」（V・J・キンセラ博士、シドニー。『ランセット』一九五三年八月二十二日号、三六一ページ）

「肺の腫瘍は、多くの種の動物の例が述べられてきたが、人間の気管支の通常の扁平上皮癌あるいは未分化癌に匹敵する腫瘍を自然に発生させた実験動物はない」（リチャード・ドル博士『イギリス医学雑誌』一九五三年九月五日号）

「新しい抗生物質の一つ、クロラムフェニコールは、人間の場合致命的な再生不良性貧血症の原因となることが記録されてきた。しかし、イヌを用いた広範な実験では、イヌに対する傷害や疾病の証拠はなんら示されなかった」（『会報』マサチューセッツ州イーストン、一九五三年四月二日号）

「当初の毒性テストには、身体が小さいのでマウスを用いたが、それは何と幸運な偶然であっただろう。なぜならこの点では、人間はマウスに似ていて、モルモットには似ていないからである。もしわれわれがモルモットだけを用いていたら、ペニシリンは毒性があると言ったであろうし、おそらく人間に試験してみるため、その物質を生産する困難を克服しようとはしなかったであろう……」（ハワード・フローレイ博士、ノーベル賞受賞者、ペニシリンの共同発見者。「動物実験による化学療法の進歩」『征服』一九五三年一月号、一二ページ）

「私は動物実験の邪悪性ではなく、その愚かさにとくに関心を持っている……イヌに対する実験結果を人間の消化性潰瘍の病因論と治療に適用することは、母親に対する出産後の講義の基本を、雌のカンガルーの育児習慣に置くことと同じくらい非科学的なことである」（医学博士、外科医であるヘネッジ・オーグルヴィー卿が一九五二年一二月十二日、リーズ医学会で行った講演。『ランセット』一九五三年三月二十一日号、五五五ページ）

「動物試験の結果は、ある物質の人間に対する影響を予知する際にはほとんど無価値であることを忘れてはならない」（J・M・バーンズ博士、WHOモノグラフ第十六号一九五四年、四五ページ）

「人間を基本にする議論は、マウスを基本にする議論よりもはるかに説得力がある。後者はウレタンの場合はまったく誤解を生じさせるものである。これは人間の腫瘍には多少の抑制作用があるが、慢性の白血病には一時的であるが顕著な作用を及ぼす」（C・G・リアロイド博士『医学世界』一九五四年八月号、一七二ページ）

「実験研究者は、人間の疾病について何一つ事実を提供することはできない」（D・A・ロング博士、ロンドン国立医学研究所所属。『ランセット』一九五四年三月十三日号、五三二ページ）

「動物に再現できる神経学的疾患はほとんどないし、精神病学的疾患はおそらく何もないであろう」（レビュー『イギリス医学雑誌』一九五四年六月十二日号、一三六四ページ）

「欺されてはいけない。モルモットの評判はインチキである」（編集部論説『医学新報』一九五五年一月十九日、四五ページ）

「最近コペンハーゲン大学解剖学教授のハラルド・オーケンス博士は、イヌに対する科学実験を正当化する説得力のある理由は何もないと述べた。彼自身は、自分が所長を勤めている研究所ではこの種の実験を断固として禁止した。彼の見解では、このような実験は法律で禁止すれば大いに益するところがあるだろうとのことである」（『犬会報』一九五五年二月号）

「……視床下部の種々の部分に刺激を与えたり破壊したりする動物実験の結果、視床下部の各部分の機能に関する理論が組み立てられた。これらの実験の結果は混乱を生じさせる可能性がある。なぜなら、破壊による障害は、刺激による障害とはまったく異なる臨床的状態を作り出すからである……」（『医学新報』一九五五年九月二十一日号、二七二ページ）

「指摘しておかねばならないことは、正常な状態で特定の生物体に観察される現象と……とくに実験室で作り出される病理学的状況のもとでの現象、たとえば脳の刺激などは全然別個のものである。もちろんそれらはまったく異なった現象である」（イワン・ペトロヴィッチ・パヴロフ『選集』モスクワ外国語出版所、一九五五年、三八三ページ）

「われわれの知識が短命であることは、めったに口にしないことである。われわれはつぎからつぎへと頑固な確信を変えてゆく。一九二八年か一九二九年の講義ノートを持っていたら、それを読んでみるがいい。巨人と言われる人びとが、いかに物を知らなかったかは、当惑するほどである。しかし、われわれは今でも同様に無知なのである。時勢に遅れないようにしていれば、われわれはそれ以来さらに多くの間違った資料を手にしてきた。ただそれを自分自身でも認めようとはしないのである」（『ランセット』一九五六年十一月二十四日号、一一〇〇ページ）

「過去四半世紀の間に行われた発癌性物質に関する集中的な研究は、問題を簡単にするよりむしろ複雑にしてきた」（『ランセット』一九五七年二月十六日号、三三四ページ）

「パカタール（トランキライザーであるペカジンの商品名）がニーシュルツその他の研究者たちによって動物に試験され（一九五四年）、十分に許容しうることがわかった。残念ながら、この集団の患者に有害な副作用が高率に発生したことは、パカタールの広範な使用は不当であることを示唆している……」（P・H・ミッチェル博士、P・サイクス博士［外科医］、A・キング博士『イギリス医学雑誌』一九五七年一月二十六日、二〇七ページ）

「下等動物の研究を基礎として広く信じられていることとは反対に、キサンチン誘導体の医薬品（カフェインなど）は、人間には重大な脳血管収縮を絶えず発生させている」（シーモア・S・ケティ博士、メリーランド州ベセスダ国立精神衛生研究所臨床学実験室長。『トライアングル』第三巻第二号、一九五七年六月、四七および五一ページ）

「考えてみれば憂鬱なことであるが、何百人もの研究者が何億ポンドもの金を使い、喫煙と肺癌との問題を三十年以上も研究してきたが、この時期になってもほとんど進展はない。大量の資金と労力は一つの研究組織を作り上げてしまったが、それはもはや独創的なものではない。使い古した道を巨体が無理やりに通っているだけである」（W・A・ボール博士『ランセット』一九五七年七月六日号、四五ページ）

「ある医薬品が霊長類を含む十五の異なった種の動物に試験され、無害であるとわかっても、それが人間にも無害であることがどうしてわかるのか？　十五の種の動物に有害であるとわかった医薬品が、人間にも有害であることがどうしてわかるのか？」（A・L・バーカラーク博士、ウエルカム化学研究所所属。『人間の薬理学および治療学の定量的方法』一九五九年、ロンドン、パーガモン社刊、一九六ページ。一九五八年三月ロンドンで行われたシンポジウムの報告）

「動物で得られた結果を人間に置き換えることは、実際なんら論理的根拠がない」（L・ゴールドベルグ博士、スエーデン、ストックホルム、カロリンスカ研究所アルコール部所属。引用著書は前項と同じ）

「動物に人為的に発生させた癌から得られた情報を人間

に適用することは不可能である」（ケネス・スター博士、ニュー・サウス・ウエールズ州対癌評議会癌調査治療特別班名誉班長。一九六〇年四月七日、シドニー・モーニング・ヘラルド紙掲載）

「私の了解するところでは、下等動物の実験で基礎的な真実が明らかになり、それを患者の問題に適用できるという考えがある。私自身生理学者としての訓練を受けているので、このような主張を評価する資格があると感じている。その主張はまったくのナンセンスである」（ジョージ・ピカリング卿、オックスフォード大学欽定講座医学教授。『イギリス医学雑誌』一九六四年十二月二十六日号、一六一五―一六一九ページ）

「われわれが種々の規制とそれを促している事情の結果共有しているもう一つの基本問題は、動物実験研究に対する非科学的な先入観である。動物実験研究は、法的な理由で行われているのであって、科学的な理由で行われているのではない。このような研究の予測上の価値は、無意味であることが多い。それは、われわれの研究が無意味かもしれないという意味である」（ジェイムズ・D・ギャラガー博士、レダリー研究所医学研究所長。『アメリカ医師会雑誌』一九六四年三月十四日号）

「われわれはとくに科学分野では、魔法使いの弟子である。われわれを毒している発見を自慢している。私はわれわれの研究の有害な結果を除去するのに、将来の世代は多くの時間と勇気を必要とするであろうと思う」（ピエール・レピーヌ教授、パストゥール研究所細菌学部長、科学アカデミーおよび医学アカデミー会員。フランスの日刊紙アルザス一九六七年三月十七日付に掲載されたインタビューにおいて）

「アテロームに関する動物実験の大半は、われわれの進歩を促すよりむしろそれを退歩させた」（『医学ニューズ・トリビューン』ロンドン、一九七〇年九月十八日）

「動物の腫瘍で人間の癌と密接な関連のあるものは一つもない」（『ランセット』一九七二年四月十五日号）

『ランセット』は一週間後（一九七二年四月二十二日）に、またもや重大な事項を容認した。「医薬品毒性研究でわかっているのは、動物試験は人間に対する毒性をきわめて不完全にしか表示しないということである。臨床経験と、新薬導入を綿密に管理することによってしか、医薬品の真の危険はわからない」

「研究者の間でほとんど決まり文句になっていること

は、動物実験の結果は人間の場合の推断の基礎にはならないということである。それでもその誘惑はつねに存在している……オランダの研究者H・G・S・ヴァン・ラールテは、実験結果と人間の疫学や臨床学の経験から得た資料を突き合わせ、ディルドリン（有機塩素系殺虫剤）が人間の肝癌の原因であるとする動物実験からの推論は根拠がないとの結論を得た」（一九七三年八月二十四日号の『医学界ニューズ』掲載の記事より。この医学雑誌はニューヨークのマグローヒル社が発行し、製薬産業が資金を出していて、二三万七千人のアメリカの医師に無料で配布されている）

一九七〇年のノーベル医学賞受賞者であるストックホルムのカロリンスカ研究所所属のウルフ・S・オイラーは、一九七三年マンチェスターで開催された国際医学会議の席でつぎのように発言した。「もし医薬品が動物よりも人間を対象としてもっと試験されるなら、質も向上し安全度も高まるであろう。人体実験には適切な配慮が必要であるが、究極的には医薬品の副作用防止に対する配慮がもっと行われ、優れた新薬の出現可能性が増大するであろう」（一九七三年九月二十日付ヨークシア・イーヴニング・プレス紙）

一九七三年四月号の『麻酔学』は、エーテルの一種であるフルロキセンは、麻酔剤として人間に用いる場合はなんら有害な結果を生まないが、イヌ、ネコ、ウサギに用いるとすべて運動失調、血圧降下、発作等で死亡すると指摘した。

一九七三年一月六日付のロンドンのエコノミスト紙の社説は、つぎのような書き出しで始まっている。「救いをもたらすつもりで逆に悲劇を生じさせた医薬品は、何もサリドマイドだけではない。十三年前サリドマイド禍が生じて以来、多数の他の悲劇が起こってきた」

「心理学者が行動についての知識がもっと得られるという理由で、残酷な動物実験を正当化することができるであろうか？　私が実験室の動物に与えた苦痛——残念ながら今までにあったが——が人類の助けに少しでもなったとは信じない」（リチャード・ライダー博士、オックスフォード、ウォーンフォード病院上級臨床心理学者。一九七四年二月二十四日付サンデー・ミラー紙）

もし動物試験済みの医薬品が、人間に投与された場合、個人差があるとすれば、動物実験の結果では人間の反応は予知できないことは確かである。何も利益が得られない場合は、研究の全部がばかげていると言っていい。このことがつぎの新聞記事でまたもや立証された。

「ある研究グループが金曜日に報告したところでは、製造者が異なる同一の医薬品は、患者によって効果が異なるとのことである。重病の患者の場合は、このことは生死の分かれ目になることがあるという意味になる」（アーサー・J・スナイダー、科学編集者。一九七四年七月十二日付シカゴ・デイリー・ニューズ）

「世界で何百万の人間が飢えている折も折、そしてわが国の経済が非常に逼迫しているときに、議会は何十億ドルという助成金を毎年生きた動物に対する、目標もない『基礎』研究に与えることを承認している。拷問の経歴は、道徳的に破産者になるのに反し、経済的には報いられるのである。医学雑誌に実験者自身が投稿している報告は、それ自体彼等の著しい非人間性の告発状である」（バーバラ・シュルツ、ニューヨーク州動物待遇に関するルイス・レフコウィッツ検事総長諮問委員会委員。一九七四年七月十二日付ニューズデー紙記事）

「残念ながら、何千という化学物質のわれわれの健康に対する影響がわかるのは、予知できない未来のときである。その作用が時間的に緩慢であり、累積してゆくからである」（ジョン・ヒギンソン博士、国際癌研究機関所長。一九七四年十月二十二日、ミラノのコッリエーレ・デッラ・セーラ紙の報道）

「ある植物は、それをペット動物が食べて何の害もないからといって、安全であると考えるわけにはゆかない。人間には有害である場合もある」（一九七六年三月一日号の『タイム』誌の記事より。引用した言葉は、カリフォルニア州フォンタナのカイザー＝パーマネンテ医療センターの小児科診療所にある有毒植物園の管理者であり、ベテランの小児科医であるガイ・ハートマン博士のもの。）

「現代医学は健康の否定物である。それは人間の健康に奉仕するために組織されているのではなくて、一つの機関としてそれ自体に奉仕するためのものである。人間を治癒させるより疾患にかからせている数のほうが多い」（オーストリア生まれの著名なイヴァン・イリッチ、社会学者・哲学者・神学者。『医学のネメシス』〔邦訳『脱病院化社会』金子嗣郎訳、晶文社、一九七九年刊〕の著者。一九七五年ルガーノのイタリア＝スイステレビのインタービューにおいて）

「たとえばアメリカ医師会の上部役員のような少数の目立った例外を除いて、ほとんど誰もが意見を同じくしている点は、現代の医学はそれが扱っている患者と同様病んでいるということである」（一九七六年六月二十八日号『タイム』誌の『医学のネメシス』に対する書評の冒頭）

「慣習としての動物実験はすべて、科学的には根拠は何もない。科学的な妥当性と人間に関連しての信頼性がないからである。それによって自己防衛をしようとしている製薬業者の弁解として役立つに過ぎない……しかし、われわれが大いに誇りにしている医学技術に疑念を表明したり、質問するだけでも、必ず科学界、企業、また政界、マスコミの既得権益からの大きな反対に出くわす現状では、誰にその勇気があるだろうか？」（ヘルベルト・シュティラー博士およびマルゴット・シュティラー博士、神経学者および精神医学者。一九七六年ドイツ、ハノーヴァー刊『動物研究および動物実験者』）

要するに私は、利益と個人的な虚栄心に動かされている今日のいわゆる「医学研究」が、人間の道徳にとってばかりでなく、人間の健康にとっても有害であり、犯罪的活動となっていると断言するとき、別に何かの発見をしたなどと主張することはできない。これまで挙げたのはごく一部の事例に過ぎないが、無視されてきた警告はあまりにも数が多く、もはや荒野の叫び声とは言えない状況である。まさに合唱となっているのである。それでもこの頑固で金の儲かる研究はあくまで続行し、広がり続け、依然として大多数の現代病、とくに癌の直接原因となっている。犯罪者は法廷に引き出すべきである。

以下の部分では、利潤を得るために大衆に売り込まれる実験室製造の疾病の特定の事例だけでなく、誰がその主要な責任を負っているのかを見てゆきたいと思う。

上にいる誰かが嘘をついている

今日マスコミ報道関係者ほど、科学や科学者についての単純きわまる批評家はいない。彼らが金をもらっていなければという条件であるが。事実、マスコミはつねに公的医学の手でどうにでもなるもので、その方面からのどんなニュースでも報道する。大げさであればあるほどいいのである。マスコミ報道関係者は、普通は何でも誰にでも懐疑心を抱き、聖人でもその言葉を真理と認めるまでは笑い者にするのがつねであるが、科学者と定義された人間には誰であろうと平身低頭するのである。とりわけアメリカでは、どれほど明白なサディストで無価値な動物実験者であろうと、単に「科学者」の白衣を着るだけで、聖人で人類の救済者という尊敬を難なく受ける。

たいていの場合は、批判の中で一番真面目に資料を集めたものは、事実上検閲を受ける羽目になる。これは、公的科学に対する宗教に似た尊崇の念が、洗脳が事実上始まる幼年から大多数の者に叩き込まれる結果である。マスコミの上層部は、動物実験の方法に対する批判はどれもこれも誤った情報にもとづいているか、マスコミを悪意をもって惑わせようとしているのだと、当然考えているようである。一層悪いことに、マスコミは重要な事実をわざと公衆に知らせないが、これはこの事実そのものが示している公衆の誤った信頼感を揺るがせないためだという言い訳をする。

しかし、無知であることは一つの理由に過ぎない。もう一つの理由は金である。多くの国では、マスコミの大半は、製薬産業からの広告収入がなければ存在できない。製薬産業は肝臓薬の錠剤を売っているだけでなく、化粧品も売っている。そしてこれらの企業が広告宣伝に自由に使える巨額の金で、報道執筆者を雇い、マスコミと政治家に影響力を及ぼすのである。

もし動物実験が、その動機が見え見えである実験者だけによって擁護されているとしたら、とっくの昔に廃止されていたであろう。廃止の真の障害となっているのは、マスコミが作り出す目くらましの煙幕であって、これが世論や政府や立法者に、絶えず「医学研究」は知的で人道的な仕事であり、有益で必要なのだと宣伝することで、影響を与えるのである。

事例。あるテレビ番組で、一人の子供の血液が生きているブタかヒヒの肝臓を通じて流されることで、「更新される」状態を放映するとする。それから、この大サーカスで上演される価値のある奇術ショーの司会者役を務める「科学者」が、何の知識もない視聴者に対して、この子供の生命はこうして救われたのだと説明する。これまた現代科学の「奇跡」である。この子供は、おそらくこの処置の結果であろうが、三日経たないうちに死亡したなどとは、誰も公衆には知らせない。もしその子供が生存すれば、それはこのSFまがいのショーにもかかわらず生き延びたのであって、そのおかげではない。自然は大半の人間の出生時に、途方もない活力を与えてくれていること、そして真の「奇跡」は、実験を行った医師たちの介入に耐えて生き延びる点にあるのだという、もう一つの証拠がここにある。

クリスティアーン・バーナードが最初の心臓移植を行ったことは、全世界に嵐のような熱狂を引き起こした。まるで現代科学が自然に対して勝利を収め、万人に永遠の生命と健康と幸福を保証する目に見える証拠を提出したかのように言われたのであった。今日われわれが知っているように、その最初の心臓移植は、過去には知られていなかった人類にとっての新しい一連の苦しみの始まりに過ぎなかったのである。それが何百万という動物に与える苦痛は言うまでもなく。

本当の専門家は、バーナードの手術には重大な技術的障害は何もなかったこと、それはずっと以前でも実行可能であったこと、それが以前に試みられなかったのは拒絶反応の危険性のためであったことを知っている。この問題は第る。

一章で十分に検討した。バーナードがいったん前例を破ると、知名度には敏感なほかの外科医たちがそれに続こうとし、その始末は今では残念ながら周知のこととなってい

古い新聞を読むと、人類の心にのしかかっているいろいろな悪夢の一つの解決策が、定期的に間を置いて「間近に迫っている」という報道に出くわす。その報道はたいていい「動物実験で立証されたことは……」という書き出しである。奇跡的な治療法が「完成しようとしている」という公表は、たとえば種々の癌治療法のようにそれが具体化していなくとも、また大災害を引き起こすものであっても、動物実験者が降らせる干天の慈雨なのである。

半世紀以上前に、パヴロフが癲癇の抗血清を発見したという発表は、巨大な医学の勝利として宣伝された。彼がこれを達成したのは、イヌに「癲癇の発作」を起こさせた結果であると主張されている。これはイヌの脳の一部を凍結させ、特殊の毒物を注入して発作を起こさせる。この毒物は正常のイヌに注入すると、イヌから「血清」が抽出でき、それで癲癇の患者は将来の発作に対する免疫ができるというのである。広く宣伝された彼の話は以上の通りである。残念なことに、マスコミの上層部の連中は、今日と同じく、血清はパヴロフが述べているのとは異なったやり方で作られるということを知らなかった。それで、今日の癲癇患者はパヴロフの時代以前とまったく同じ発作の徴候を示すし、その数はパヴロフがノーベル賞を一九〇四年にせしめて以来、着実に増加しているのである。

数十年後、世界は大英帝国癌征服キャンペーンのつぎのような報告を聞いて小躍りした。つまり、「この運動によって身体の一部分の癌が完全に制御されることが最近発見されたことに続き、身体のあらゆる部分の癌を完全に制御することへ進む集中研究が現在進行している」（一九四四年十一月二十四日付タイムズ紙）

さらにまた一九五〇年十月三十日、下院における議論で、癌研究に動物実験を行うことは無益であることを指摘した演説に反論して、チャールズ・ヒルという博士はつぎのような驚くべき発言をためらわずに行った。「少なくとも一種類の癌は、動物実験の結果現在治療可能です」。

一九四四年と一九五〇年の声明は両方とも、一九三八年に合成された強力な性ホルモン剤スチルベストロールによって、前立腺癌を治療する問題に言及している。しかしその二つの声明で、発言者は物笑いの種になってきた。前立腺癌はそれ以来増加した。そしてスチルベストロールは治療には効果がないことがわかっただけでなく、数十年前には存在していなかった新たな種類の癌の原因になることが立証されたのである。

しかし、そんなことを誰が気にするだろうか？　大衆は失敗よりも「間近に迫っている」種々の医学の奇跡に興味を持っているのであるから。

一九五八年三月三十一日号の『ニューズウィーク』誌の表紙には、人間の心臓が描かれていて、つぎのような文字が添えられていた。「医学特報。心臓病の画期的療法間近し」　もちろん、それは間近ではなかった。そして長年経った現在でもそうである。

一九七三年には、インフルエンザに関するロイター通信特報がまたもや大見出しになった。インターナショナル・ヘラルド・トリビューン紙（二月七日付）は、「パストゥール研究所発見を報告。全系統のインフルエンザのワクチン」という表題で、笑いもせずにつぎのように報道した。「フランスの医学研究班の今日の発表で、すべての系統のインフルエンザに有効なワクチンが発見されたとのことである。この革命的なワクチンの生産はすでに始まり、間もなくフランス国内で入手できるようになるであろうと、パストゥール研究所の研究者は語った。パストゥール研究班の長であるクロード・アヌーン教授は、新しいワクチンが従来のものと異なる点は、将来生じうる種類のインフルエンザを予測していることであると、記者に語った。パストゥール研究所の有名な所長であり、ノーベル医学賞の受賞者であるジャック・モノー教授は、これを『革命的な発見』と呼んだ」

ここ数十年新聞を読んでいて、奇跡の医薬品によって記憶があまり混乱していない人なら誰でも、前にも同じことがあったという、何か不気味な感じを抱いたにちがいない。

しかし一九七五年秋に、イタリアの全新聞は、今度こそインフルエンザのワクチンが発見されたと報道し、集団接種を要求した。どのくらいの数のイタリア人がそれに従ったかは、誰も知らないが、記録では、その年の冬は前年よりインフルエンザのために労働時間が減少したことを示している。ついで翌年の春、ローマの日刊新聞テンポは（一九七六年四月二十五日）、イタリアのサルソマッジョーレでの記者会見で、アルバート・セービン博士は、種々新聞報道はあるが信頼の置けるインフルエンザのワクチンは存在しないと語ったと報道した。

ジェラルド・フォード大統領がセービン博士の見解を耳にしていなかったのは残念なことであった。大体その頃彼の顧問たちは、発生する可能性のある豚インフルエンザに対し集団接種計画を進めれば、再選されるだろうと大統領を説得した。「わが国民の健康を成り行き任せにはできない！」と、彼は愛国心に燃えて叫び、総額一億三五〇〇万ドルの計画をアメリカ国民に公表した。しかし、その計画はひどく裏目に出てしまった。豚インフルエンザは広まらなかったが、接種をせよとの大統領の呼びかけに従ったアメリカ人の中に死者が出てしまったのである。相当数の人が死に、さらに多くの人が麻痺状態になった。「それは主として高齢者であった」と、大統領をこの混乱に巻き込んだ医学の「専門家たち」は逃げ口上を並べたが、この失策のために大統領は多分決定的に票を失ってしまったかもしれない。そして彼らは、接種がとくに高齢者に勧められたことを大衆が忘れてくれればいいと望んだ。「連邦関係者は全国的な活動を無期限中止した」と、『タイム』誌は一九七六年十二月二十七日号で、「袖まくりを下ろせアメリカよ！」という表題の弔辞の中で述べた。

セービンに話を戻すと、彼がすでに下り坂になっていた小児麻痺のワクチンを完成して以来ずっと、この優れた博士は定期的に人騒がせな発言をして、新聞種になってきた。彼が関係した一つの「研究」は、一九六七年から一九七三年にかけてナポリ大学のジュリオ・タッロ博士と共同で行ったが、例のごとくマウスを用い、その結果は例のごとくこの二人の「科学者」に、これで癌は永久に克服されるであろうと信じさせた。

ところが十八カ月後、セービン博士は科学アカデミーの『会報』に論文を発表し、その主張をとり下げてしまった。「セービンの主張撤回は、タッロには多分にショックを与えている」と、『タイム』誌は述べた（一九七四年九月三十日号）。

一方、一九七四年四月八日号で、同誌は癌に関するつぎの報道を行っていた。「コロンビア大学癌研究所の所長ソル・シュピーゲルマン博士は、ウイルス学研究の進歩に勇気づけられて、次のように大胆な予言をした。すなわち、一九七四年には、人間特有の癌の原因となる二つのウイルスが分離され確認されるであろうと」

なぜ『タイム』誌は、一九七四年十二月三十一日に読者に対して、ソル・シュピーゲルマンの約束はこれまた空手形であったと知らせなかったのか？　それは、失敗はニュースにはならないからである。そういうわけで、陽気なサラバンドの曲はどんどんと続いてゆく……

大いなる幻影

すでにクロード・ベルナールは、自分が絶えず失敗することの言い訳として、生命体が「予知できないこと」を口にしていた。彼が死んで以来——死因の病名は彼も同僚も後継者たちも診断できなかったが——まる一世紀が経過し、ベルナール主義が作り出した難題は増加し続けてきた。そしてその難題は前例のない速度で拡大しはじめているが、これは西欧の医学者が自ら作り出した問題に、さらに大きな新たな誤謬を複合させて解決しようと決めて以来のことである。その誤謬とは、人間の疾病を扱うのに生化学理論を援用することである。この意味は、化学のような精密科学を生物学——つまり、精神的な影響をきわめて受けやすい生命体——に適用するということ、さらに動物から得られた必然的に誤った解答を、人間の場合の推論の根拠にするということである。

理論生化学にもとづいて構築される医学が当初から失敗する宿命にあるのは、ベルナール主義が失敗する宿命にあったのと同じ理由である。なぜなら、生物学には標準化というこ とが存在しないからである。生命体の場合は、大きな個体差がある――人間、動物、植物のいずれであっても。

だから、バクテリアの不変の系統などは存在しない。なぜなら、絶えず突然変異を遂げるからである。科学がある特定の種のバクテリアに対する有効な化学的武器と思われるものを開発したとき、そのバクテリアの一部は何とか生き延びる。それは集団の中の最強者であり、ダーウィンの適者生存の法則にまさに従うのである。これらの生き延びたバクテリアは、先祖に及ぼした影響と同じ影響で突然変異を遂げ、前の種とは異なりもっと抵抗力のある新しい種を形成する。そのうちに変異の速度はどんな研究でも追い付かなくなるほど早くなってくる。

バクテリアは幾何級数的に増加し、半時間で倍の数になる。だから数日で新しい系統が世界中の人をまったく新しい疾病に感染させるほどの数に、理論上はなるのである。しかしその系統を確認するだけでも、人間は何年もかかり、さらに自分自身が作り出した疾病の療法なるものを完成するのに、それ以上の年月を必要とする。要するに、地球の唯一の主人公は常に自然なのである。人間は誤った考えで、自分が主人公と信じているだけである。これまで哲学者はこの事実を常に理解してきた。科学者はそうではない。盲目なくせに傲慢な態度をとり、自分が地球を支配していると思い込み、他人にもそう信じるように何とかさせてきたのである。

一八七一年、R・マリはドイツで『動物化学の進歩に関する年次報告』を発行しはじめ、これは一九一九年まで各年一巻ずつ出版され、種々の科学雑誌より主として生化学的内容のあらゆる論文の要約を掲載していたが、この時以来、生化学の分野は著しく拡大し、その全容を知ること、ましてやその不断の変化についてゆくことは個人には不可能になってきた。

今日では研究者は、大きな分野のごく狭い領域しか研究できない。しかしこの狭い領域さえも、子細に調べるとまことに複雑で、いくつかの専門部門が必要であり、全体は忘れられるか、少なくとも無視されてしまう。よく言われることだが、木を見て森を見ずの喩えである。専門家はあまりにも枝に近い所にいるため、木さえ見ていないかもしれない。また葉に近い所にいるため、枝を見ていないかもしれない。また葉柄に惑わされて葉も見ていないかもしれない。そして葉柄をもっとよく見ると一つの新しい世界を発見し、その世界には多くの新しい世界がさらにあり、そのそれぞれに専門部門が必要になる。

この状況は将来、種々の考え方が増加し、新理論がどんどん生まれ、事実と数字が増加し、技術が繁殖するにつれて、ますますひどくなることは必然である。すべては理論的な価値があるだけで、科学者は生物学、生命体、健康の問題を理解することからどんどん遠ざかってしまう。習得しなければならない項目が増えるに従って、学者の近視眼は悪化する。ちょうど次第に厚いレンズの眼鏡をかけて、もっともっと小さな昆虫を見ようとするようなものである。昆虫の内部の昆虫、またその内部の昆虫といった具合に。しかしこんな眼鏡を使っていたのでは、全体の世界はもう見えなくなる。

医学生は学問の一部門を選択しなければならないので、専門家に教授される。しかし、この専門家の知識は数量的に広いだけである。実際はその知識は自分自身のきわめて限定された分野に限られ、それは周囲がぼやけて見える専門という眼鏡によって、彼の目には拡大され歪んで見えるのである。生物学の専門家は、ある種の細胞については何でも知っているだろうが、ほかの種類の細胞についてはほとんど知らず、まして生命体全体については何も知らない。

有力なイタリアの週刊誌で、タイム／ライフグループと編集面で連携している『エポカ』の医学コラムニスト、ウルリーコ・ディ・アイヒェルブルグ博士は、一九七三年十一月十一日号に誇らしげにつぎのように書いた。「今日では、医師は巨大な量の診断テストを自由に使用できる。これまで八千もの症候群、つまり一連の症状や徴候を確認し限定することができた。これは同数の特定の疾患状態があることになり、それぞれの症候群はそれに対応する治療法を必要とする……今後必須のことになると予想されるのは、何千という刊行物、何百という医学会議からまるで集中砲火のように届いてくる際限のない新たな理論の集塊物をほぐすために、コンピューターを援用することである」

真の疾病――つまり自然が明確な目的をもって計画してきたもので、無能のために実験室で毎日製造されている新しい疾病ではないもの――は、片手の指で数えられる程度である。これらの疾病の治療法は、自然自体の中に発見されねばならないか、さもなくば全然発見できないものである。それなのに、現代科学は八千もの症候群――八千の症状集合体――を「確認し、限定した」とされているのであって、この迷路から抜け出ようとする医師がコンピューターを必要とするのは当然であろう。いったい誰が八千もの症候群を識別することはおろか、記憶していられるであろうか？

アイヒェルブルグの記事は一九七三年に書かれた。今では八千の数は倍になっているにちがいないし、今後もどんどん増え続けるであろう。それというのも現在の生化学の流行のためであって、この流行は癌細胞のように抑制が利かず、製薬産業にいつも新薬、つまり新たな毒薬をさらに生産させ、そのために人間の健康は未知の影響を被り、また新たな疾病を生み出してゆく。そしてこれは、またまた新たな医薬品を完成する口実となるのである。

一九七五年には、アメリカ医師会が認めた専門分野の数は六十七であって、それぞれに専門の看護婦、技術者、理論家、専門誌、会議等がある。しかし、数ある疾病の中で象皮病（不治の疾病）の症例が悪化して今日の医学を悩ませている証拠は、大きな国際会議がたびたびこの疾病に関して開かれていることで一番よくわかる。しばしば五千人もの「科学者」が登録参加し、八千人が参観し、プログラムは電話帳のように厚く、約二千もの口頭発表が六ないし三十二の並行して開かれる会議で行われ、口頭発表者は何カ月も前から印刷した書類を読み上げ、居眠りをしている同僚の安眠を妨げないように、声を低くして話すのである。

それでも、もし今日の病人が快復するとすれば、それは医師や広告が処方してくれる医薬品にもかかわらず快復したのであって、そのおかげではない。

建築家なら、自分の子供たちのために家を建てることは心配しない。自分の知識が精密科学であって、推測や迷信でないことを承知しているからである。しかし医師は、自分の子供が重病になると、他の医師を呼ぶ。自分の知識に信頼が置けないからである。それももっともであろう。彼は、根絶されたと信じられていたのに、明らかに現代医学研究の介入の結果、急激に再発した種々の疾病のことを次第に耳にしてきているからである。

適例がマラリアである。数年前は、この疾病は南アジアからはほとんど一掃されたと信じられていた。ところが一九七五年WHOは、勝利速報は時期尚早であったことを認めた。インドでは、一九六五年までにその罹病件数をわずか十二万五千に減らしていたが、一九七五年には四百万の患者が記録されると見込まれていた。当時はバングラデシュを含んでいたパキスタンでは、一九六三年にはそれまで毎年数千万人出ていた犠牲者をわずか九千五百人に減らしたが、一九七五年には一千万人の患者が見込まれていた。同年、以前のセイロンでは、一九六三年にはわずか六人の犠牲者であったのが、少なくとも五十万の患者を記録した（一九七五年十二月一日号の『タイム』誌の医学欄は、この問題を扱っていた）。

ヒポクラテス流の良識と知恵は、今日の公的な医学が依存している科学技術の兵器類とは相容れないのである。誰かが勇気と知性をもって発言するときは、その声は保健当局と一般大衆がせっせと無視してしまう。たとえばパリ大学のロジェ・ムッキエーリ教授がつぎのように書いたときがそうであった。「公的な医学は、それ自身の破滅の前触れとなっている兆候を無視し続けている。しかしそれはヒポクラテスの深い洞察を再発見している潮流にすでに洗われているのである」（『科学時代のための性格学』ヌーシ

ヤーテル、グリフォン社刊、一九六〇年）
もう一人のフランスの医学者モーリス・ドロール教授は、ブールジュアカデミーの開会式（一九六二年十二月十六日）で、つぎのように率直に述べた。「今日の医学はもう行き詰まりである。それはもはや変形したり、修正したり、再調整できる段階ではない。そんなことは今までに何度も試みられてきた。今日の医学は再生するためには死ななければならない。われわれはその完全な改革の準備をしなければならないのである」。

檻の中

生来模倣的で群居的な動物であり、大勢順応の動物である人間は、その外見と同様内面の習慣も、群集に合わせる傾向がある。それはわからないことではない。そのほうが安全だと感じるからである。しかし、人間は合理的思考を持っていると固く確信している点から考えて説明しにくいのは、誤りを犯し、それが立証された場合でも、頑固に認めようとしないことである。そしてようやく誤りを認めるときでも、それに新しい誤りを置き換えてしまい、こちらは前の誤りよりももっと重大であることが多いのである。そういうわけで、ロスコモンは、「多数者はつねに間違っている」と言ったのだ。それでガレヌス主義をベルナール主義に平気で取り替えてしまったのである。そして、人間の誤りはほとんどすべて、いや多分すべて、直観や本能よりも推理によるものである。

人類の知性の最高の業績と長い間考えられてきた思想の持ち主であるアリストテレスは、重い石は軽い石より早く落ちると考えた。その誤り自体よりも今日われわれが意外に思うのは、それが事実であるかどうか確かめようとすることを、アリストテレスもその後の数世紀の人間の誰も思いつかなかったということである。なぜであろうか？　それは、人間の思考の範囲は、時代に順応する檻によってつねに限られてきたからである。時が経つうちに、檻はゆっくりと動く。必ずしも前方ではないが、ともかく動く。それは中にいる反逆的な個人主義者が押したり叩いたりするからで、多少は新しい地面の上を移動するのである。しかし思考方法は依然として檻の格子の中に閉じ込められており、逃げ出すことはできない。

アリストテレスの時代とその後の約二千年の間、その檻のために人間の思考は実験方法という概念に進むことができなかった。人類はその方法を組織立てて説明したデカルトと、それを例証した少数の同時代人の進取の気性を待たねばならなかった。その一人がガリレオであって、彼はアリストテレスの二つの石の説を確かめようとし、軽い石も重い石も同じ速度で落ちることを発見して、世間を驚かせた。この簡単な観察をするのに、人類は何百万年も待っていたのである。

幾何学者であったデカルトは、檻を新しい地面の上に動かし、人類に別の思考方法を教えたが、この方法は彼にちなんでデカルト的方法と呼ばれている。デカルトのおかげで、今日の檻はアリストテレスの知らなかった場所にある。しかし、その思考方法はまた、世界と生命を理解する際に、化学や数学の公式と少なくとも同じぐらい重要なある種の考え方や価値の領域を越えて檻を動かしてしまったのである。

人間の知識の境界を急速に拡大した一方、デカルトの思考技術はすべての直観や哲学的思想を拒否し、従前の謬見に新たな巨視的な謬見を置き換えた。この謬見は当初から将来の敗北の種子を宿していた。なぜなら、それは科学者を気が付かないうちに生の真実から遠ざからせ、かくして科学の理想から遠ざからせたからである。

重量や寸法を測定できないものの重要性、いやその存在さえも否定して、彼らは現実から絶縁してしまった。

であるから、「熱病の秘密を発見するために」生きている動物を竈の中で焙り焼きにするなどという考えは、クロード・ベルナールのような生命と健康に対する機械論的な概念の枠をはめられた、檻の中の思考の持ち主だけが考えつくものである。今日の動物実験法の創始者はこうして、原因と結果の区別もつかないことを証明したのである。つまり、病気の個人の熱が上がるのは疾病の結果であって、原因ではないことがわからなかったのだ。同じように、現代医学は疾病の症状を抑えることで疾病を治療できると考えている。症状は高熱の場合のように、健康を回復する自然のやり方であることが多いのであるが。

イタリアの週刊誌『エポカ』が一九七三年の秋に企画した公開討論で、ある「科学者」は、「実験室で自然状態のエストロゲンとまったく同じものを再現させることが可能である」と主張した。この主張を行ったのは、シルヴィオ・ガラッティーニ教授で、ミラノの薬理学研究所「マリオ・ネグリ」の所長であった。この研究所は、『エポカ』の述べるところでは、「癌、神経系、動脈硬化の研究ではヨーロッパ有数のセンターであり、四百以上の公表され国際的に配布された論文が、その十年にわたる活動を立証している」とのことである。

その研究なるものの成果がどんなものなのかを訝ることはさておき、——というのは、『エポカ』が挙げた三分野の状況は、この研究所の十年間の活動を劣化させることばかりやってきたので——ガラッティーニ教授は明らかに今日の科学者特有の型、つまりベルナール主義と言っていい狭い檻の中でしか思考が動かず、クロード・ベルナールの独断説の枠をはめられている型に属する人間である。

事実、「実験室で自然状態のエストロゲンとまったく同じものを再現させることが可能である」などという主張は、クロード・ベルナールの「動物で得られた結果は、人間の場合にも決定的なものになる」という主張と同じ程度のものと考えてよい。

そこで実験室の機械工は、自然状態のエストロゲン、つまり生命体の分泌する性ホルモンを分析し、その化学式を決定する。この分析を基礎とし、実験室はそれから理論的には原ホルモンと同一の化学成分を含む製品を製造する。つまり、製品と原ホルモンとは理論的、常識的には類似性がある。しかし事実は、この二つは完全に同一のものではない。なぜなら、分析では原ホルモンの不活動状態で生命のない成分を確認しただけであるからだ。すなわち、クロード・ベルナールの推理にはつねに最重要である「自然体(corps bruts)」である。しかし分析で確認しなかったのは、一番重要な要素、つまり生命体の不活動部分ではなく生命を有する部分を構成しているというまさにその理由で、いかなる化学分析もできない要素である。それらの要素は、生命そのものに起源があり、「生気論」によって条件づけられるもので、突き止め、確認し、分類できないものであり、ついにクロード・ベルナールの正気を失わせてしまったものであった。

しかしそれだけではない。自然産物の合成模造物は、原産物の生命成分がないことのほかに、通常有害な不純物を含んでいて、これは複製したと称している原物質には存在しないものである。

すでに二十年前、イギリス国立医学研究所の化学療法部の部長は、『医学世界』(一九五六年三月号、四三七ページ)に「現代の化学療法」と題する論文を寄せ、その中でつぎのように述べた。「有害な影響は現在では明白となり、患者が本来の感染で経験するより多くの苦痛を治療によって被っている事例が、医学論文には満ち溢れている」

こういうわけで何年も前に、当該分野の一流専門家が指摘していたのは、新薬を絶えず生産することは人類にとって利益にはならず、害になることであった。そしてその状況はその当時よりさらにひどくなっている。それなのに、公衆衛生当局は介入しなかった。

明らかに現在の方式は、あまりにも多くの人にとってあまりにも利潤が大きいからである。

悪魔の奇跡

一九六一年、『タイム』紙が「アメリカ有数の医薬品専門家」と明言しているコーネル大学医学部のウォルター・モデル博士は、『臨床薬理学および治療学』につぎのように書いた。「あまりにも医薬品が多すぎることにいつになったら気付くであろうか?……現在使用されている製品は十五万にも上っていて、そのうち七五パーセントは十年前には存在していなかったものである。約一万五千の新製品が毎年売り出され、一方、一万二千が消滅する……それらの医薬品に行き渡るだけの病気の数がないのが現状である。今のところ、一番役に立つのは、他の新薬の有害な影響を中和する新薬である。こういうものがすでにいくつか出ている」(『タイム』誌一九六一年五月二十六日号)

その高い職業的地位——彼は今日でもいまだに一流の権威者であるが——を考えれば、モデル博士はもっとも率直で啓蒙的な発言を行ったのである。しかし、そんなに多くの医薬品が現在あるなら、それでも不十分というのはなぜなのだろうか? 明らかに、効果がないから不十分なのである。それらの医薬品は緩和剤に過ぎないか、せいぜい無害のものである。だが通常は、それが治療することになっている疾患よりも有害なのである。症状を抑えて快復を促進させるが、身体に毒を与え、その自然の均衡状態をさらに崩してしまう。

鎮痛剤は、神経を眠らせそれを弱らせるが、苦痛の原因になっている障害を患者が知らぬ間に募らせ、ついに被害が取り返しのつかないまでになってしまう。もしある人が腸の疾患で頭痛がするなら、医薬品は時には——つねにそうではないが——頭痛を治してくれる。だが腸の疾患は後になってもっとひどい状態で表れてくる。便秘の人が緩下剤を飲めば、ますます便秘になりやすくなるのである。

ACTH(副腎皮質刺激ホルモン)とコルチゾン(副腎皮質ホルモンの一つ)は、リューマチや他の疾患の治療薬としてもてはやされているが、せいぜい一時的な緩和剤であることがわかっただけでなく、心臓、腎臓、肝臓、神経系に影響があり、本来の疾患よりもその影響のほうがはるかにひどいこともわかってきた。

「満腹」という感じは、食べ過ぎたぞという自然の警告であり、胃から腸への食物通過を保証する弁が開かなくなる。市場に溢れているいわゆる「消化剤」の中には、胃の消化作用を代わって引き受けるものがあり、こうして胃が消化液を出す習慣を失わせ、次第にその能率を下げてしまう。その上、肝臓に中毒症状を起こし、状態をさらに悪化させるのである。また弁を人為的に開かせ、まだ準備ができていない腸に食物を送り込むものもある。この両方の治療薬は一時的な安楽感を与えることがあるので、限度をわきまえない大食漢は、自然の警告を無視して広告宣伝に耳を傾け、食を減らすかわりに増加させ、これらの「奇跡の医薬品」に依存するようになる。その結果腸にしばしば癌の前触れとなる潰瘍が発生するのである。

動脈硬化症にかかっていて、それが心筋梗塞の症状を通して表れれば、心臓薬を飲んでもそれからの疾患、たとえば肝硬変や脳卒中を防止することはできない。興奮状態にある人が鎮静剤を飲んでいれば、そのうちに肝臓をやられてきて、ますます神経過敏になるか、精神障害を起こす。

精神安定剤の与える視力への回復不可能な害、たとえば角膜や網膜への被害は言うまでもない。

関節炎の患者で、規則正しい運動よりは錠剤を飲んで痛みを忘れたいと思う人は、一つのことだけは確信してよろしい。つまり、関節炎はひどくなるということである。そして十年経たないうちに車椅子のご厄介にならなかったら幸運だということである。さらに有害なのは、単なる鼻風邪やインフルエンザに医薬品――たとえば症状を抑えてしまう抗ヒスタミン剤などや、身体からその本来の防御力を奪い、一時的な疾患を慢性疾患に変えてしまう抗生物質などの医薬品――を用いることである。大半の抗生物質にあると疑われている発癌作用は言うまでもない。この疑いはますます強まっている。ビタミン剤を飲み過ぎると癌を含む種々の疾患の原因になることがあるのと同じである。

自分自身医学者であったチリーの大統領サルバドール・アジェンデが自殺に追い込まれる少し前に、大統領が任命した医学委員会はつぎの結論に達した。すなわち、全世界に明白に治療上の効果がある薬物は約四十ほどしかないということ、そして世界の薬局方はそれに応じて縮小することができるということである(『ヌーヴェル・オプセルヴァトゥール』一九七四年十月二十日号)。

もちろん、その委員会の報告はなんら実際の影響はなかった。ジュネーヴのWHO、多国籍の大手製薬会社、各国の保健当局、公的の医学界、つまり世界最大の利潤の上がる職業・産業複合体は、すべて聞こえないふりをした。

そして当然のことであるが、金銭や名誉を得るために他人の健康を犠牲にしても平気な連中は、何百万という動物の拷問を無関心な態度で、いや満足の微笑さえ浮かべて眺めることができるのである。事実、製薬産業は最近十年間の公衆の健康状態が絶えず悪化していることと、動物実験が絶えず拡大していることに対して、重大な責任を負っている。

『医薬品・医師・疾病』の中で、ブライアン・イングリスはこう書いた。「動物実験の件数は毎年上昇し続けている。その理由はもっといい安全な医薬品が市場に出てきたからではなく、単に医薬品の数が増えたからというだけのことである。矛盾したことだが、動物実験が増えたことは、過去において実験がいかに不適切なものであったかが次第に認識されてきたことを反映しているのである。一九六三年のイギリス製薬産業医薬品毒性に関する専門家委員会の報告が認めていたのは、『生物学の研究ではありふれたことであるが、一つの種の動物から得た情報は、他の種の動物に当てはまるとは考えられない』ということであった……したがって、問題はもはや動物に苦痛を与える残酷性と人類を苦痛から救うこととの比較ではない。選択はそのどちらかということではないからだ。動物が死ぬのは、何百という新薬を毎年市場に出すことができるようにするためなのである。ところが利益を得るのは人類よりも製薬産業である」

一九七三年八月、スイスの巨大製薬産業の一つであるホフマン＝ラ＝ロシュ社——一九七六年の夏にイタリアのセヴェソで発生した化学災害の張本人の会社であるが——は、バーゼルの近辺に二億スイスフラン（六千万ドル以上）をかけて、ビタミンCの専門生産の工場を建設する予定であると発表した。

ビタミンCは、われわれの日常の食事からと同様、世界のすべての薬局で簡単に手に入る。しかし使途の決まっていない二億フランがあれば、ロシュ社はもう一つ製薬工場を建設することほど利益の上がる投資は考えられないであろう。一方、近辺のジッセルンにもう一つの企業が出現していた。これは実験動物、主としてビーグル犬とネコの飼育会社で、それをスイスの化学工業の御三家、ロシュ、チバ＝ガイギー、サンドの全部に供給するのである。動物の一部に実生活では存在しないような人工的な餌を与え、病気にして結局は死なせることで、ロシュ社はその合成ビタミンC剤が人間の健康に不可欠のものであることを、信じやすい大衆に「立証する」ことになっている。

約三十年前、アメリカの大衆は、日常多量のビタミンCを飲んでいれば、ほとんどの病気は確実に防げること、ともかくそれで病気感染や普通の風邪、種々のインフルエンザに対する抵抗力が増大すると約束された。

その結果は、それからの三十年間に、普通の風邪やインフルエンザで失われた労働時間数は絶えず増加してきたことである。これは風邪を治療することを目的としているほとんどあらゆる薬に含まれているビタミンCの消費と並行していた。

ウィスコンシン州選出の上院議員ゲイロード・ネルソンは、風邪薬が広く販売促進されているのは「まったく言語道断である」と非難し、一九七二年十二月公聴会を行った。その席で三人の著名な医師が上院独占禁止政策小委員会につぎのように警告した。すなわち、普通の風邪には治療法は知られていないこと、盛んに宣伝されている風邪薬は危険な場合があること、熱いスープを飲んだほうが水鼻や咳やくしゃみには、市販のいわゆる治療薬よりは役に立つことである（ロイター通信、インターナショナル・ヘラルド・トリビューン紙一九七二年十二月六日）。

この問題で一九四二年から一九七四年にかけて多くの研究を行った、ある一流のアメリカの医学者は、「ビタミンCは風邪には役に立たない」という結論に達した。この医学者は、ニューヨーク市マウント・サイナイ医療センターの所長トマス・チャルマーズ博士である。彼はアメリカ実験生物学協会連合の第五八回年次総会で、一九五四年のノーベル賞受賞者ライナス・ポーリング博士に反論して、長期間にわたってビタミンCを摂取することは、「まだ長期の毒性に関する資料がないので」危険であると警告した

（AP通信、インターナショナル・ヘラルド・トリビューン紙一九七四年四月十一日）。

普通の食事に不必要なビタミンCの服用量を加えても役に立たないとすれば、その広告も例によってこれまた製薬産業の詐欺である。しかしそれよりひどい事実がある。一九七四年八月二十九日、ミラノの権威あるコッリエーレ・デッラ・セーラ紙は、その医学欄でつぎのように報じた。

「ビタミンCの過度の服用は新生児に壊血病を起こすことがある。新生児は出生後、にわかに高濃度のアスコルビン酸を失ってしまう」

これは驚くべき事例である。医学史の教えるところでは、これまで知性をもって臨床観察をした結果、新鮮な食物が欠乏すれば重病を起こす場合があることがわかったとしている。生命体は、自然で過度に人の手が加えられていない、新鮮でかなり多岐にわたる食物から、自己が必要とする重要な養分を自動的に吸収し、余分のものは排除する。「均衡のとれた」食事なるものを見つける必要などはないのである。身体は多少でも機会があれば、自己調整をするからである。しかし、医学者たちは製薬産業の宣伝に乗せられて、数年前妊婦に合成ビタミン、とくにビタミンCを余計に服用させることを始めた。これは他の合成ビタミン剤ほどの顕著な悪影響は出ていなかったのである。

ところがその間、合成ビタミンC剤の過度の服用も、重大な害を生じる可能性があることがわかったのである。つまり、つぎのような仕組みである。妊婦の身体と胎児の両方は、人工のビタミンCの過剰分を排出することを習得する。子供が生まれると、その子は突然過剰のビタミンCの供給がなくなるが、身体がビタミンCを排出するように教えられてきたので、その正常な栄養に必要なビタミンCまでも排出してしまう。こうして新生児の致命的な壊血病の症例が生じたのであるが、このビタミンは通常の食事には必ず含まれていて、壊血病が起こるのを確実に防止しているはずなのだ。これまた悪魔の奇跡である。

しかしこれだけでなく、まだひどい例もある。「過度のビタミンAの服用は、骨の発育を遅らせ腫瘍の原因になるとの報告例がこれまでにあった。ビタミンDの過剰は腎臓と神経系に害を与え、時には致命的な結果になることがある」ブライアン・イングリスは前述の『医薬品・医師・疾病』の中でそう書いている。

事実、大いに誇大宣伝されているビタミン剤は、製造業者だけに奇跡をもたらす奇跡の医薬品なのである。

ブライアン・イングリスは医学史家に過ぎないが、チューリッヒ大学のグイド・ファンコーニ教授は、その医学史の著書『医学の変遷』（一九七〇年、ベルン、フーバー社刊）を出したときは、小児科医であり、名声高い医学の権威者であった。その著書の中で彼は、合成ビタミンK剤が、サルファ剤と同様、「急性の溶血性貧血症」（白血病の前触れになることが多いが）の原因となったと言って非難し、またビタミンDの過剰服用は、重大な腎臓障害、高血圧などの多くの疾患、その他の健康面での危険性があるとして非難した。
その著書の一四一—一四二ページで、ファンコーニ教授は、「発育不全を伴う幼児の特発性高カルシウム血症」は、ビタミンDの過剰服用が原因ではないかとの疑念を表明した。特発性高カルシウム血症はさらに、心臓欠陥と肺動脈が受ける重大な障害に関連があることが、しばしば立証されてきた。

売人たち

前述のG・ファンコーニ教授は、著書の五九ページで、つぎのように述べている。「本当に恐ろしいのは、研究所の若い研究員や秘書たちなどの医薬品中毒である。医師や製薬産業に主としてこの責任がある。影響を受けやすい若い人びとは彼らの言いなりになってしまうからである」

もちろん、単に効き目がないだけでなく健康に害があり中毒症状を起こす医薬品の製造業者、それを処方する医師、それにその医薬品を販売する薬局は、麻薬の製造者や売人たちと同様、厳重な護衛をつけ手錠をかけて、逮捕し刑務所に連行すべきである。トン単位で公然と販売されている特許医薬品の大半は、たとえば多くの国で法的に禁止されているマリファナよりはるかに、長期的に見れば人間の健康に害がある。しかし、このような医療制度を許可し、規制し、義務化し、またたいてい助成金を与え、何百万もの服用者をきわめて有害でしばしば致命的な医薬品の中毒患者にしてしまう、各国政府や立法者はどうなのか？

もちろんこの制度は、患者自身が共犯関係になかったとしたら、確立しなかったであろう。人間は科学よりも魔術の力をつねに信じてきた。ヒポクラテスの教えは論理と経験を基礎とした、純科学的なものであった。しかし次第に金持ちになり怠惰になって、暴飲暴食を好むようになった人びとにとっては、それはあまりにも論理的で守りにくいものであった。その結果、たとえば痛風や肝臓腎臓疾患のような種々の自業自得の病気にかかりはじめていたのである。そこで、魔術士が登場し、そのまま居座ったのである。彼等は今日も存在し、医療行政の手綱を握っている。

一三世紀に、シチリアおよびドイツ国王のホーフェンシュタウエン家のフリードリッヒ二世は布告を出し、患者をにせ医者から保護し、国家から認可された「ドクター」——その時期に初めて作られた語であるが——の活動のみを合法化した。時が経つうちににせ医者が勢力を占めはじめ、患者にのみ利益のある簡単な自然療法を用いて、金儲けになる医療行為を破滅させるような正直なヒポクラテス派の医師を、非合法化してしまうようにしたのである。そしてイカと同様、国家公認の「ドクター」たちは、墨を周囲に吹いて、自己防御をしはじめた。

今日では、複雑で一見「科学的」な化学式で示される「奇跡的な医薬品」が、暗黒時代の訳のわからない呪文と、教会の鐘を器にして飲むと一番効き目があるとされていた魔法の調合薬にとって代わった。そして新しい化学式が訳のわからないものであればあるほど、その製品は高価であり、その心身に及ぼす効力が明瞭になるのは、中世の場合と同様である。

しかし、患者自身にこの現状の主な責任があるという事実があるからといって、政府や立法者の言い逃れはできない。物事を信じやすく失策を犯しやすい市民を保護せねばならないことは、現代の、自称啓蒙化された国家の原則である。国家は、その市民に麻薬で健康を損ねることをさせてはならないし、市民があらゆる面で、しかも自分の金で健康に関して行っていることは勝手であるなどと主張はしない。現代国家は、あまり知的ではなく物事を信じやすい市民をいかさま師から守ってやるのが義務である。ところがその一番顕著な例外が医療の分野である。それは、政府自身がそれと気付かないうちに、現行制度の犠牲者になっているからである。その結果、世界で最も強力な職業産業複合体である医学製薬業複合体は、どんなことでも処理してしまうことができる。なぜなら、何かがうまくゆかない場合はいつでも、その複合体が生じさせた被害を修復するようにというお声がかかるからであり、その修復も料金をとるので、利益は倍増するのである。そして、医学界の権威者たちは、自分たちだけがこの分野の「専門家」であると主張し、他人には彼らを裁く権利を与えない。こういうわけで、彼らは癌のもとになる薬品を生産し、それを販売して巨大な利益を上げ、それから彼等自身が作り出した癌を「治療する」ようにと頼まれるのである。まだおそらく初期段階に過ぎないのであろうが、スチルベストロールの悲劇はその適例である。

責任のある政府機関、つまりいわゆる保健当局（各国の保健省、アメリカの食品医薬品庁、そのヨーロッパ拡大版であるジュネーヴに本拠を置くＷＨＯとして知られている機関）が介入するのは、長期にわたる動物実験の後で承認された医薬品の有害な影響が、もはや隠しおおせなくなったときだけであるが、それからすぐさまその医薬品に別の医薬品を置き換えることを許可する。その医薬品もしばらく経つと、同程度あるいはそれ以上に害があることが必然的に判明するのであるが、それはまったく同一の誤った方法で作られるからである。この制度は人類の歴史の中でこれまでの医療制度に例を見ないほど、しっかりと確立してしまっている。ただしこれほど有害な制度もこれまでなかったのである。そしてその基盤は利潤という動機である。

こんなことが始まったのは第二次世界大戦後間もなくのことで、社会が物質的に恵まれ、苦痛や疾病、老化や死に対する絶えざる恐怖を和らげるのに、多額の金を使う可能性ができてからであった。そして製薬産業を世界で最も利潤の上がる企業にしたのである。製薬業者は医学教育の役割を引き受けようと決め、直接医師たちに、患者の治療の仕方を教授し――そしてその過程でいかにして金を儲けるかも教授した。こうして、「市販の医薬品」という言葉が、あり余るほどあり需要を上回っている商品を指す、一番ありふれた常套句になった。

クロード・ベルナールのように、医師免許の最終試験に落第し、患者の病床で五分と過ごしたことがなく、ただマウス、ウサギ、モルモット、イヌ、ネコ、サルだけを扱っている研究所員の数が次第に増え、その連中が「奇跡の医薬品」を調合する任務を与えられてきた。これらの医薬品は、公衆が効き目がないことがわかったか保健当局が有害性を無視できなくなって、もはや儲からない医薬品に置き換えるためのものである。増大する利潤を資金にして行われる大宣伝で医師たちを説得し、これらの新薬を処方させるが、そのそれぞれは前のものよりも効果があり害が少ないと宣伝される。これは明らかに矛盾である。なぜなら、一つの製品がある面でもっと効き目があれば、他の面では必ずもっと有害であるからだ。

一九六一年五月、ピエール・ボスケ博士はフランスの『ヌーヴェル・クリティーク』誌につぎのように書いていた。「研究は直接の商業的利潤にまったく従属している。現在では、疾病は製薬産業の主要な利益源であり、医師はその利益追求に喜んで手を貸している」

もちろん、医師のすべてが間違った考えで行動しているわけではない。それどころか彼ら自身も、欺瞞や正規の医学組織を通じて受ける誤った情報の犠牲者なのである。そして、この制度が合法的であり、患者にとっては快適なものであり、おまけに自分自身にとって利益のあることがわかっているので、反逆する理由などないと思っているのだ。

しかし一九七四年九月、ローマにおける国際薬学会議の席で、スイス薬剤師会の会長であるA・ベダー博士は、記者会見でつぎのような非難を行った。すなわち、医師たちが薬物をあまりにも過剰に処方しているので、スイスの薬剤士たちが抗議しているというのである。ベダー博士は、患者のほうにも責任があると指摘した。つまり、従来の治療法を拒否し、すぐ治りたがって医薬を要求し、それも多ければ多いほどいいと言うからである。それで医師は患者を失いたくないので、ご機嫌とりをしているのである。

自分たちの利益を擁護することが主要目的である組合組織の例に洩れず、医師集団も企業の仕掛けた罠にはまってしまったのである。その罠には金銭の甘い香りのする餌が置いてあるのだ。

一九四〇年代の終わりに、過剰生産のためにペニシリンの価格が急落したとき、医師たちはそれを無暗やたらに使いはじめ、大したことのないインフルエンザや普通の風邪にも投与し、身体からそれ自体の生来の防御力を奪ってしまった。医師たちは入手しうる抗生物質を使用したが、その多くはクロロマイセチンのように、場合によっては生命に危険があるようになった。これは、手術前、手術中、手術後の予防措置の場合もそうであって、その措置によって肉体を弱めるだけでなく、同時に種々のバクテリアの力を強め、中にはどんな抗生物質も平気なものが出てくることを知らずにそうしていたのである。したがって、現代医学はすでに四〇年代に、だんだん強力になるバクテリアとだんだん虚弱になる人間を作り出していた。

この教訓がわかりはじめたのは五〇年代であって、種々の病院でどの抗生物質も効かない疫病が発生したときであった。ブライアン・イングリスの報告によると、アメリカではこのような疫病がわずか一年で百種以上も発生し、その一つでテキサスのある病院では二十二人の患者が死亡した。公的な医学界は、こういった抗生物質の使用は害が認められてはいるが間違ってはいない、これまで多くの生命を救ったのだからと、主張しようとした。しかしまたもや事実がそうではないことを物語っていたのである。

サタデー・レヴュー紙の前科学記事編集者であるジョン・リアは、シカゴ大学の医学研究者チャールズ・ヘンリー・ケンプ博士が行った「奇跡の医薬品」に関する調査について記事を書いた。「……記録の示しているところでは、予防措置としての抗生物質は、益よりも害がある。ケンプ博士はこの点に関連して、二五〇件の『清潔な』手術の結果を引用している。この二五〇件のうち、一五四件では抗生物質の療法を施さなかった。この一五四件のうち、手術後細菌に感染した比率はわずか七・八パーセントであった。残りの九十六人の患者はすべて予防措置として抗生物質を投与されていた。細菌性の合併症は、九十六人の三七・五パーセントに、抗生物質を投与されていた間に発生した。『われわれの経験では』とケンプ博士は報告している。『抗生物質を予防措置として投与した患者の場合の細菌性の合併症は、五倍も高率である』」

淋病は比較的軽度の性病であるが、手当をしないと慢性化し、身体障害を生じることがある。古代のローマ人は、ヒポクラテス流の方法でそれをうまく治した。この方法は時間がかかるが安全で金がかからなかった。それは「寝床と牛乳」、つまり「優れた看護者」である自然が異状を正常な状態にすることができるようにしたのである。私の学生時代は、淋病の治療は手間がかかって乱暴な殺菌剤によるやり方であった。それから奇跡の医薬品が到来した。錠剤を飲むか、注射をするかであって、一日経たないうちに患者はまたつぎの冒険に出かける用意ができたのである。しかしこの場合もまた、生き延びたバクテリアは、さらに悪質で抗生物質に対し抵抗力のある種、おそらく「寝床と牛乳」に対しても抵抗力がありそうな種を作り出したのである。言い換えれば、古代人は淋病の治し方を心得ていた。今日では現代科学のおかげで、この疾患は強力になり蔓延しつつある。その程度は一九七六年、ジュネーヴのWHOが警告を発し、早期の治療を呼びかけねばならないと感じたほどになった。最近フィガロ紙に出た記事（パリ、一九七六年九月十八日）の表題は、「WHOの警告。ペニシリンでは淋病はもう治らない」というもので、その一部にはつぎのように書いてあった。「WHOの警告はとくに重要である。なぜなら淋病は第二次世界大戦後大幅に減少したが、一九六〇年以降完全に復活したからである。それはインフルエンザを除いて、世界で最多発の伝染性疾患となった」　これまた悪魔の奇跡である。

また『タイム』誌一九七六年十一月二十二日号は、つぎの報告を掲載した。「淋病はすでに疫病の規模に達した——アメリカのみでも推定三百万人の患者がおり、全世界ではおそらく一億に達するであろう——医師はこれまでつねに多量のペニシリンを使用して効率的かつ経済的に治療することができた。近年に入り、何種かの淋病菌で相当程度の抵抗力のあるものが出現してきたが、結局はさらに多量の抗生物質を用いて克服された。しかし新しい系統のものはそうではない。初めて淋病菌がペニシリンをいわばがつがつ飲み込んできたのである……淋病菌がどのようにしてこの困った新たな能力を獲得したのか、誰もはっきりとはわからない」

抗生物質と、現代科学が健康や自然や生物学を理解できないことから生じた被害は、無数にあり、もはや否定できない。一九六二年から一九六三年にかけてライガ博士がフランスの『全フランス医師会会報』に発表した連載論文の要約には、つぎのように書いてある。

「最近十年間に、ペニシリンに抵抗力のあるブドウ球菌の系統の数は、とくに病院で絶えず増加してきている。病院で目撃されるのは、重症のブドウ球菌感染症の不断の増加であって、これはまったく異なった性質の疾患を治療している間に発生するのである。とくにそれが顕著なのは産科病棟であって、このような感染症が破局的な規模に達している。現在の治療法は、ブドウ球菌による病状を全般化し悪化させたことで、明らかに重い悲劇的な責任を負っているのである。少なくとも当初は、その治療法は疫病を根絶すべく運命づけられていたのであるが……このような事故が一層明瞭に現れるのは、何も治療をしなくとも治癒していたであろう軽症の疾患に抗生物質を処方したことが原因となる場合である。この場合には、薬物が明らかに治療による死亡を生じさせている」

アメリカのいわゆる医学がこの事実に気付いたのはヨーロッパよりも十年遅かった。一九七二年十二月になってようやく、上院独占禁止政策小委員会での証言で、何人かの食品医薬品庁の担当官が、「薬効のない疾病やより安全な治療法が利用しうる疾病に対して、医師が抗生物質を処方することをやめさせる」徹底した改革を行うよう促した。

「伝染病専門家」と紹介された、イリノイ大学名誉教授でアメリカ医師会医薬品評議会の前委員長であるハリー・F・ダウリング博士は、資料を引用して、医師たちは医学的に正当とされる量の十倍から二十倍も抗生物質を処方していることを示し、さらにこう言った。「数年前までは、腸チフスには二つの有効な薬品、つまりクロラムフェニコールとアンピシリンがあることが確実にわかっていました。それからクロラムフェニコールに抵抗力のある菌の系統が一つ発見され、現在ではアンピシリンに抵抗力のある系統も一つあります。そのうちにやがて、この疾病に対して有効な治療法がなかった一九三〇年代に戻ってしまうでしょう」フランスでの以前の警告を繰り返し、ダウリング博士は委員会にさらにこう知らせた。「抵抗力を持った細菌が、抗生物質の治療を受けている病院患者の血液にはびこっています」(インターナショナル・ヘラルド・トリビューン紙一九七二年十二月九―十日)

抗生物質の現実に目覚めている医師の数は、明らかに増加しているが、さてどのような手を打ったらいいかわからないでいる。あまりにも長い間、間違った道を歩かされてきたので、後戻りをする力も勇気もないのである。ローマの保守系新聞イル・テンポによると(一九七六年七月三十一日付)、ノーベル賞受賞者ジェイムズ・バニエッリはつぎのように明言した。すなわち、「抗生物質はその益よりもはるかに大きい害を与え」、慢性症状、特定の伝染病、アレルギー反応、細胞毒性、ビタミン欠乏の原因となることが判明した。

医療処方の結果どのくらいの数の人びとが死亡したかは、概算でさえ確かめようがない。どのような医師でも、自分が処方した医薬品で、ある患者が死亡したことを認めたため、医療裁判に引き出されることはまっぴらであろうし、同僚も彼に不利な証言はしないであろう。自分もつねに同じ危険にさらされているからである。それに死亡の原因は、必ずしも一つだけの要因に確定するわけにはゆかない。薬物が常に急死の原因とも言えない。通常は薬物は肉体の均衡状態を崩し、徐々に重要な器官に害を及ぼし、やがて多くの場合他の要因と合併して早すぎる死を招くのである。

ドイツの週刊誌『ヴェルト・アム・ゾンターク』(一九七三年七月二十九日号)に、ハノーヴァーの開業医であるヴェルナー・レーンプフール博士が、穏やかでない記事を書いているが、それは「毎月百万人の人が、治癒を目的とした医療で被害を受けている」と述べている。

そしてこれはドイツだけに当てはまることで、この国ではリューマチにかかっている百五十万の人が、コルチゾンを含む薬品で治療を受けているが、すでに十年前からこの薬品の危険に対する警告は出されていたのである。

大量の同種の告発が最近、ドイツの科学記事ライター、クルト・ブリューヒェルによって行われたが、彼はあるドイツの医学会と製薬会社に派遣された新聞特派員であり、ある権威ある医学誌の編集長であった。その著書『白い魔術師』（一九七四年、ミュンヘン、ベルテルスマン社刊）は、製薬産業から嵐のような非難の怒声を浴びせられ、業界は大量の訴訟をし、発行書物をすべて押収するとおどかした。しかしそれは実現しなかった。それどころか、その著書は一九七六年にペーパーバック版で再発行され（フィッシャー社）、業界がおどかしを実現できなかったことで、著書の権威は強化された。ドイツの医師たちは、著者の主張を否定しはしなかったが、「患者が医師に対して持っていなければならない信頼関係を妨害した」という理由で、彼を怒って非難した。

イヴァン・イリッチの綿密な調査による『医学のネメシス』（一九七六年、ニューヨーク、パンシオン社刊）によると、一九七四年には薬物のためにアメリカでは六万人が死亡し、その後数年間でもっと多くが死亡したかもしれないということである。新薬に対してあらかじめ動物試験が行われているという理由があるからこそとくに危険であることは、アイオワ州立大学のウィリアム・ビーン博士が、ずっと前一九五七年にキーフォーヴァー委員会での証言で、うっかり断言してしまった。

「競争会社の薬品が発表されない前に、新薬を売り出すときが、一番利益が上がるのです。このような仕組みでは、薬効の範囲と毒性による潜在的危険性を確定するために、長期にわたる試験を行うことはできません……こういうわけで、実験室では毒性と薬理学上の特性についての広範な試験を行いますが、時には最小限の臨床試験で、薬品は売り出されることもあります」

ここで述べられていることの意味は、きわめて明瞭である。（一流の薬理学の権威者ウォルター・モデルが述べたように）新薬はありあまるほど出ているのだから、もうこれ以上必要はないということはさておいても、唯一の正当な試験は臨床経験であり、これは最大の慎重さで行わなければならないのである。ビーン博士が言っている「実験室での広範な試験」とは、動物試験のことであり、これは信頼できないものであるから、人間にとっては危険である。しかしそのために製薬業者は洪水のように新薬を売り出すことができるのであって、その薬品の人間に与える究極の影響は、時間が経たなければわからない。

すべてこのようなことは、上部——各国の保健当局——

が大目に見てくれなければ、できないことであろう。

企業と政府の上部関係者との共犯の事実を立証するのは非常に困難である。しかし二人のニュース記者が一つの事例を明るみに出したが、これは金銭に貪欲な個人の狡猾さを示してあまりあるものであった。一人の記者は、『ニューヨーカー』誌に一連の記事を書いたリチャード・ハリスであり、もう一人は『サタデー・レヴュー』誌のジョン・リアであった。そして関係していた政府の高官は、人もあろうに、強力な食品医薬品庁抗生物質部の部長ヘンリー・ウェルチ博士であった。この部はすべての医薬品に動物試験を義務付けており、他の大半の国々の保健省にこの面で影響を与えているのである。

記事で明らかになったのは、ウェルチは年刊の抗生物質論文集『医学百科事典』の共同発行者の一人であり、二つの医学誌『抗生物質と化学療法』、『抗生物質医学と臨床療法』の主任編集者であって、この両方は製薬産業からの広告収入に大幅に依存していたことであった。

質問を受けてウェルチ博士は、そんなことは「大したことではない」と言った。自分はこれらの雑誌から「謝礼」を受け取っているだけだからというのである。しかしそれがどのくらいの額かは、明かさなかった。ウェルチ博士はさらに、ファイザー社の製品宣伝に関連していた。彼の『医学百科事典』は、たとえばシグママイシン（複合抗生物質の一つの商品名で、成分はテトラサイクリンとオレアンドマイシン）のようなファイザー社の新薬の宣伝を大々的に行っていたのである。

キーフォーヴァー委員会で釈明するようにと求められたとき、ウェルチは病気を理由に断ったが、自分の人格性が問題とされるなら、いずれにせよ出頭すると言った。人格性は大いに疑問を持たれたが、彼は出頭しなかった。

彼の財政事情に関して委員会命令によって提出された記録を監査した会計検査院の証人は、ウェルチ博士の一九五三年から一九六〇年三月までの謝礼は、総額二八万七一四二ドル四〇セントに上ることを証言した。このことが公聴会で公けにされる少し前、ウェルチは辞表を提出し、これはすんなりと認められた。

アメリカ議会が一九七六年の大統領選挙に連邦の運動資金は承認したが、上院および下院選挙運動資金は承認しなかったとき、特殊利益団体は、まだ開いていた議会の門を通って、資金を注ぎ込んだ。そして上院・下院選挙運動に一番寄付をしたのは誰であったか？『タイム』誌（一九七七年二月二十八日号）によると、医師会が特殊利益団体の中では最高で、一七九万八七九ドル、それに対し酪農団体が一三六万二一五九ドル、AFL－CIO会議（労働団体）が九九万六九二〇ドルであった。おそらくこの理由で、一部の上院議員や下院議員が熱心に動物実験を弁護するのであろう。

保健当局と業界との共謀関係は、多額の金が問題になる場所ではどこでも一般化しており、種々の側面を持っている。一九七六年一月二十六日号の記事「癌の原因は何か?」のなかで、『ニューズウィーク』誌は、つぎの事実を公表した。すなわち、保健・教育・福祉省は、行政機関に有給の顧問を勤める一方で、私企業から顧問料を得ている科学者にまつわる利害の矛盾という非難を調査することに決定したことである。同年、ローマの日刊紙パエーゼ・セーラは、次の報道を行った。つまり、パレルモのある医師が地元の保健当局に呼ばれ、患者に対し他の医師より約三〇パーセントも少ない医薬品を処方している理由を聞かれた。彼は、大方の医薬品は無益か有害であると考えていると返答したので、調査を受けることになった。

こうして精神障害にかかっていた前世紀の最初の動物実験者たちのおかげで、何代にもわたるその弟子たちが現れ、彼らにとっては「研究」と動物虐待が同義語になってしまったが、その精神異常だけが今日科学として通用している新たな蛮行の原因ではない。時が経つにつれて、サディズムにそそのかされたり業績を挙げるための実験に、金銭利益が増大する実験が加わってきたのである。そして、動物を組織的に虐待することが、他のどんな合法活動よりも金が儲かることがわかった瞬間から、不幸な動物たちに望みは残されていなかったのである。

第七章　人間性喪失

『アメリカの学者』の一九七一年夏季号は、サルの頭の移植手術者であるクリーヴランド大学のロバート・ホワイト博士と、微生物学者のキャサリン・ロバーツ博士との討論記事を掲載した。ある個所でホワイト博士は、つぎのような言葉で相手を皮肉った。「ロバーツ博士は、動物実験反対の文献でよく使われる『人間性喪失』という言葉を小気味よさそうに繰り返して、動物研究を行っている科学者のことを言っておられる。これは明らかに精神病の症候群に入れられるべきものです。幸いにして精神病学の文献も私も、この特定の臨床診断についてては知りません。存在しないからです」(五一二ページ)

ところが、ホワイト博士自身が、まさにこの言葉を前ページで使っていたのである。つまりこうである。「私は本誌の読者にはっきりと申し上げておきたいのは、私はロバーツ博士がまことに選択的に述べられたあらゆる分野(行動、神経生理、並体縫合、器官移植)にわたる動物研究を二十年以上も行ってきたこと、またこれまで全世界の実験研究所を訪問してきましたが、博士が生物医学研究の特徴であると主張しておられる残虐行為や人間性喪失は目撃したことがないということです」

私がこの有名な動物実験者に関する記事を資料ファイルに追加していたとき、彼が手術した回復期にある小さなサルの写真に目が留まった。それはドイツの週刊誌『シュテルン』(一九七三年三月一日号)の写真記事の一部であった。ホワイト博士のサルは、はっきりとわかる傷痕を見せていた。それは顎の先端から胸部の上にまで達していた。その開口部から、この恐れを知らぬ外科医は、サルの頸動脈を切断し、その脳から血液を全部抜き出し、脳を一時間冷蔵し、それから血液を再び脳に送り込み、傷口を縫合して、サルが生存できるかどうか見たのである。

悲しいかな、そのサルは生き延びた。この実験はそれに続く無数のサルに対して行われた一連の新たな恐怖行為の始まりに過ぎなかった。そしてその行き着く先は、サルの頭を他のサルに実際に移植することであった。このような行為は実験室の見世物に過ぎず、せいぜいホワイトの「科学的」好奇心を満足させ、おそらく彼に世界的な知名度を与えること以外には目的がないだろうと考える人びとに、私は同調する。そしてその知名度を、無数のサルに与えた言いようのない苦痛を犠牲にして、彼は十分に得たのである。

そして明らかに、これはすべて人間にやって来る新たな恐怖――頭の移植が人間に行われるであろうとき――の序幕なのである。ホワイト博士は、大方の予言師よりも安全な予言をした。自分の実験が実際に応用される時期を三十年から五十年先に置いた。つまりこの世にいなくなり、返答の必要のない時期である。

もちろん、思慮のある人の幸福、まして人類の救済が、頭の移植手術の実現可能性にかかっているなどということはありえない。多くの思慮のある人びとは、人類の救済は、むしろロバート・ホワイトのような個人を大量に生み出す物の考え方を速やかに一掃することにかかっていると信じている。

しかし、私の言いたいことはそこにあるのではない。写真の小さなサルは明らかにひどい苦痛を感じていた。その顔の表情は、長い時代続いた人間の苦悩の総計を象徴していたとも言えた。苦痛にさいなまれ半ばうずくまった姿勢で、サルは小さな片手で檻の金網を必死につかんでいた。唇は細く、広く横に引かれ、苦悶で顔をしかめていた。理解できない世界を見つめている大きな目は、当惑しているようであり、痩せ衰えて肉のない顔の中では巨大な大きさに見えた。皮膚は骨に垂れ下がっていた。片足は何の「科学」研究かわからないが、切断されており、粗雑に包帯が巻いてあった。

私の言いたいのはつぎのことである。明らかに全世界の動物実験室を回って歩き、並体縫合を含む現存するありとあらゆる無意味な動物実験を行ってきたホワイト博士のような個人が、それでも自分は残虐行為を目撃したことがないと言えるのは、これまでに人間が到達しえた最も全面的な人間性喪失を証明しているということである。

大笑い

この項は長くすることもできるが、二、三の題目に限定することにする。その一つは、ロバート・クラークの熱をこめたクロード・ベルナールの伝記に見つけたものである。

「コレージュ・ド・フランスの医学教授マジャンディは講義の準備をしたことがなかった。学生に自分の抱いている疑問を全部説明して、それから自然に問いかけてみた。彼が一つの結果をあえて予言したときは、実験結果は正反対になった。するとマジャンディーは学生たちと一緒になって大笑いした」

何という牧歌的な描写であろうか。これを読むとどこかの美しい風景の場所に楽しく出かけたピクニックを想像する。ただし、われわれがつぎの事実を知らなかったとしたらの話である。つまり、そこはコレージュ・ド・フランスの医学・生理学研究室であって、その主任教授が「自然に問いかける」手段とした実験は——それはいつも予期しない結果が出て、教授も学生も笑い出したのであるが——動物実験であったということである。

デュ・プレル博士は、ミュンヘン大学で目撃した「喜劇的な」出来事を述べている。腎炎の実験をするために、一頭のイヌがすでに手術台にしっかりと縛り付けた状態で運び込まれ、学生たちの前に置かれた。眼球のない一方の眼窩から血が流れ出していた。担当の教授は学生たちに、君たちの見ている傷は計画されている実験には関係のないものだ、じつは少し前にもう一人の教授が眼球が一つ必要だったのだと説明した。デュ・プレルによると、この説明を聞いて、学生たちは急にどっと笑い出したとのことである。

ドイツのヘルベルト・フリッシェ博士が書いていることだが、自分の大学での研究の最初の時期に、パヴロフのイヌの古典的な実験を目撃したとき、空腹のイヌが飲み込んだ食物が切断された食道からこぼれて足元に落ちているのがわかり、苦痛に満ちた驚きの表情を浮かべているさまを学生たちが見て、笑い出したそうである。

オットー・コーン教授も、際限なく繰り返されるパヴロフのイヌの実験を、「非常に面白い」と思っていた(『ミュンヘン医学週刊誌』一九〇二年三月三十日号)。

一九〇三年一月三十一日に、スイスのベルン大学生理学研究所で、所長のH・クローネッカー教授とドイツの作家で哲学者であるマグヌス・シュヴァンティエとの間に討論会が行われた。出席していたのは医学生だけであった。この種の議論がつねに感じさせる嫌悪感のため、一般公衆はまたもや寄りつかなかった。クローネッカー教授は、つぎのように言った。「動物実験者があなたが非難されるような残虐行為を犯しているはずはありません。生理学者ですから、誰よりも生命を尊重しています」するとシュヴァンティエは、それに対する答えとして、動物実験者自身の公表した業績を大きな声で読み上げた。そのころは実験者が自己の報告を鎮痛的な言葉や優しい美辞麗句でごまかすすべを知らない時期であった。動物が生きたまま煮られたり、皮を剝がれたり、器官を摘出されたり、脊髄を露出されたり、その他胸のむかつくようなことをされる事例を挙げるたびごとに、学生たちがどっと笑うので、シュヴァンティエは続けられなくなってしまった。

私は今までに多くの証拠を集めたが、それによると、動物を急死させる実験は、関係者の「科学者」たちが面白がるものであるようだ。一九七三年十一月二十六日付のニューヨーク・タイムズには写真が出ていて、ハーヴァード大学の研究室のバーナード・ラウン博士とリチャード・L・ヴェリアー博士と確認された二人のこのような研究者が、吊り革からぶら下げられている一頭のイヌをからかって愉快そうに笑っているところが出ていた。そのイヌは、死ぬまで電気ショックを受けるのである。その実験は、イヌを電気処刑するためには、檻の床の上に置くよりも無力な状態で吊り下げておいたほうが、電気が少なくてすむということを「立証した」。

本項では、種々の新聞等に公表された写真を掲載することもできるであろう。たとえばドイツの週刊誌『クイック』（一九六五年十二月二十六日号）には、ニュー・オーリアンズのテューレイン大学医学部で撮影された写真が出ているが、これは二百匹のアカゲザルが衝突事故の「研究」のために犠牲にされた際のものである。科学者たちは、人間に起こることに真剣な関心を持っていれば、実際の自動車事故に関する医療記録はいくらでもあるから利用できるのであるが、それでも十分な記録がないと言わんばかりに、サルを使って実験したのである。ところが、サルは人間の何倍も抵抗性と体の柔軟性があり、結果が出ても当てにはならない。

サルはそれぞれ衝撃橇に縛り付けられ、壁に衝突させられた。中には首を折ったり胸を潰されて死んだものもあり、また単に重傷を負っただけのものもあったが、似而非科学者たちは納税者の費用でさらにそれを研究することができた。

テューレイン大学の小さなサルたちは、仲間が衝突させられるさまを目撃したので、自分を待ち受けている運命を知り、おびえた。いくつかの写真には、白衣を着た科学者たちがサルを橇に縛り付けようとしており、サルがもがいている有様が写されていたが、これらの人びと——説明文字では「テューレイン大学の病理学者」となっていたが——は、彼らの小さな犠牲者の無駄な努力を見て、楽しそうに笑っていた。そして、この「病理学者」の一人は、鳴き叫んでいるサルの脇の下をくすぐっていた。

追記。テューレイン大学の実験に影響されて、もう一人の「科学者」、オクラホマ大学のウォレン・M・クロスビー博士は、妊娠しているヒヒを使って同じ実験をやってみたが、この実験で彼は十万三八〇〇ドルの連邦助成金を与えられ、『医学トリビューン』（一九六八年九月五日号）に記事を掲載させてもらえた。

クロスビー博士の実験の写真は公表されなかったので、オクラホマ大学の病理学者たちが、妊娠しているヒヒを衝撃橇に縛り付けるときに、笑ったかどうかはわからない。ただわかっているのは、その後他のアメリカの科学者たちも、連邦助成金を受ける価値があると感じたことである。

そのようなわけで、一九六九年六月号の『臨床医学』にはさらにもう一つの衝撃実験が報告されていた。この実験では、多数のサルに鞭打ち症やその他の衝撃傷害が与えられたが、その目的は、「脳振盪を生じさせるのに必要なエネルギー量を確認するため」ということであった。この計画に関係した「科学者」たちは、「速度が傷害の程度を決定する」という結論を出した。こんなことは三輪車のペダルを踏んだことのある三歳の子供でも、彼らに教えてやることができたであろう。

もちろん、これらの実験は他の同僚たちの励ましになり、彼らはアメリカと日本の至るところで、車とサルを破壊しはじめた。妊娠しているヒヒは、気違い科学者と偽学術誌の編集者にとくに気に入られた。『外科学・婦人科学・産科学』の一九七二年十一月号は、このような「実験」をもう一つ報告した。

今度は連邦や個人の資金にたかる口実は、自動車事故に巻き込まれる女性の胎児に傷害を起こさないような安全ベルトを試験するということであった。もちろん、こんな試験は、過去数十年の間航空会社が知らなかったことを、何一つ明らかにしたわけではない。航空会社が安全ベルトの採用を決定したときは、動物試験などは行わず、腐っていない頭の能力を使ってそうしたのであった。

堕落の増大

動物実験は非人間的なものであるから、それを行う人間や、それを傍観している人間にさえ人間性を喪失させる影響があることは、避けられない。『医学タイムズ』の一九三二年三月号は、つぎのように述べた。「動物実験が与える道徳的害は、医学界全体だけでなく個人に及ぶものである。医学生の道徳に与える避けられない影響はどうであろうか？　動物実験が実験者の道徳感覚を堕落させる実例を挙げるのは、困難ではない」

実際、世界的な規模で実例を挙げるのは難しいことではないのである。イタリアの動物実験反対連盟に寄せられる大量の苦情のうち、ある投書には、ミラノ大学での実験後、一匹のウサギが午後と夜間ずっと出血したままの状態で放置された事例が述べてあったが、これは料理の問題という理由があって、討議委員会にかけられることになっていた。世話係の一人が翌日それを料理したがっていたからである。

学生に実験の実演をした後、教授はたいてい手術後の観察が必要であると考え、犠牲動物が多少なりとも効いている麻酔から覚めるままにしておくか、さもなくば瀕死の動物を世話係に任せて昼食に出かけてしまう。この世話係の連中はけっして心の優しい動物愛好者などではない。そうであったらほかの職業を探すだろう。それで、自分の上司——大物で、有名な外科医で、大学教授で、多分教養も資産もある人物——の動物の扱い方を見て、世話係は、多くの人間の心に潜んでおり、問題が動物実験であるときはいつでも表面化する、あの有名なサディズムの本能を、無力な犠牲動物に発揮させてやろうという気になることが多いのである。

ローマでは、衛生当局の命令によって、研究所で死亡した動物は、市の区域外でオスティアに通じる街道脇にある特別の埋葬坑に埋めなければならないことになっている。しばしば動物実験後のイヌが、これらの埋葬坑に生き埋めにされているのが見つかることがある。このような事例を一つ発見したために、ローマの保健局、ローマ市、および市の大手病院の一つであるフォルランニーニ結核病院を相手どって、告訴が行われたことがある。これを報じたメッサッジェーロ紙（一九七一年十二月二十二日付）の記事には、つぎのような説明があった。

「一つの穴から、一頭のドイツシェパードの頭と胸の半分が出ていて、目を大きく開け、舌を垂れ下がらせていた。周囲は至る所に、動物が死んでゆく前に必死で穴から出ようとした痕跡が残っていた」

たいてい用済みになった小動物は、テーブルの尖った角に数回頭を打ちつけて殺してしまう。あるオックスフォード大学の教授は、ウォーンフォード病院の臨床心理学者であるリチャード・ライダーに、自分の研究所ではラットはさっさと内臓を抜き出して「人道的に」殺してしまうと断言した。

同情という考えが、研究所という下位文化にとっていかに異質的なものであるか、そして彼らの批判者の動機をいかに理解していないかのもう一つの例がある。一九七四年に、アメリカ陸軍が新しい毒ガスの試験に何百頭というビーグル犬を使おうとして、公衆の非難の声を巻き起こしたとき、この利益の上がる企画の担当者であった陸軍の「科学者」たちは、ビーグル犬の代わりにブタを使おうと提案したのである。

外科医のスティーヴン・スミスは、第二回の『王立委員会報告』につぎの証言を寄稿した。

「麻酔を施していない動物に対するむごい実験を初めて見たとき、私は胸が悪くなって部屋を出たいと思った。つぎに見たときは前ほどの影響を感じなくなり、実験を見るたびごとにそれが薄れていって、やがてもっとも恐ろしい実験を見ても、何の感情も湧かなくなってしまった……私に起こったことは、誰にでも起こることではないかと思う……」

組織的な拷問に携わっているすべての人間は、次第に人間的感情が必ず鈍化することは、きわめて重大な問題である。動物実験が次第に規模を広げて多くの国で行われるにつれて——第三世界の新興国では、西欧で養成された医学の教師たちが、今日では自分の「科学的な」技倆を誇示しようとクロード・ベルナール流派の実験を、口をあんぐり開けている生徒の前で繰り返し行っているが——全世界的に、他の感情を持った生き物の苦痛を何とも思わず、想像もできないような残虐行為をまるで立派な行為でもあるかのように行っている個人が絶えず増えている。

こういった態度が、生理学教育から他のすべての医学分野に拡大するがままにされてきたため、科学的拷問は今や心理学教育においてすらのさばりはじめてきた。あらゆる種類の動物が、異常な人間の頭が考え出せるあらゆる肉体的心理的な拷問をかけられて狂気状態に追いやられる実験を、目撃させられたりそれに参加させられたりする心理学者や精神医学者の数が増えている。

　こうして人間性喪失の毒気は、精神病患者が助力を求めている医師をも汚染しつつある。それなのに立法者はそのような現状を意識的に無視している。国際的な保健当局――あらゆる国に指導方針を提供している、どっぷりと汚染されたWHOとアメリカ保健省を始めとして――は、単にこの危険に気が付いていないばかりか、その危険の一部になっているのである。

　今日の医学者の無感覚な態度は、彼らの見解表現の仕方にも表れている。たとえば、科学刊行物の中で、患者が「材料」と言われているのがそうである。あるいは、ピーター・ヘイズ教授がその『精神医学の新しい展望』（一九七一年）の中でつぎのように述べている言葉である（一〇三ページ）。「動物試験による新物質のスクリーニングは、実験自体は優雅であるが、現段階ではかなり原始的である」明らかに今日の医学者にとって、「優雅（エレガンス）」という言葉は普通人とは異なった意味を持っているにちがいない。

　もちろん、クリーヴランドのロバート・ホワイト博士の言葉は、この点に関連して引用する価値がある。一九七一年七月号の『外科学』で、自分のサルの脳移植手術に関連して、彼は大真面目でつぎのような奇怪な技術的新言語を使った。「これらの実験が証明したことは、分離された頭部を分離された身体に脈管的に移植することが霊長類の段階では可能なことである」さらに、「これら四件の頭部交換移植において、標本は生存し続けた。その生存期間は六時間から三十六時間である。三時間から四時間後、各頭部は外界を意識する徴候を示し、口の前に置かれた食物を咀嚼または嚥下しようとした。眼は仲間の運動を追い、頭部は基本的には闘争的な態度のままであった。これは口部に刺激を与えると噛みつくことで示された」（ただし、「口部の刺激」をさらに行った結果、サルが示した敵意に気付いても、少なくともホワイト博士は別に不快には感じなかったようである。それに対し、同僚のH・F・ハーロウは、頭部がそれを本来の体から切断した張本人の手にキスしようとしなかったとき、明らかに不快を感じたようである。）

　しかしそんなことを言えば、すでに言及した『アメリカの学者』に公表された討論の中で、ホワイト博士は危険な抽象思考の領域に恐れ気もなく踏み込んでいたのである。

　「私はこう信じる」と、この有名な動物実験者は哲学論をぶち上げた。「下等動物をわれわれの倫理体系の中に含めることは、哲学的に見て無意味であり、実際的には不可能です。したがって、動物実験反対者の理論と行為は、なんら道徳的倫理的な基盤を持ちません」。さらに、「執念深く言われることだが、医学研究に用いられている動物の苦痛という申し立ては、精神異常を表していると言ってよろしい」

「申し立て」という言葉の意味は、「根拠もないのに主張する」ということであり、ホワイト博士はそれを実験動物の苦しみに適用しているのであるから、まったく動物の心理に無知であることを露呈している。これは、神経生理学者の場合には重大な科学的異常状態である。しかし、それも不思議ではない。動物実験者はそのうちに現実感覚をすべて失ってしまい、科学的真実からどんどんと遠ざかるのであるから。それから博士はつぎのように述べたことが記録されている。

「おそらくロバーツ博士も私も、本誌の読者に、今日ではまったく取るに足りない問題を論議して貴重な紙面を潰したことのお詫びをしなければならないでしょう」ホワイト博士が取るに足りないと考えている討論の問題は、人間に拷問をする権利があるかということなのである。

さらにホワイト博士は、次第にその数が増えているが、「科学」報道には検閲が必要であると考えている医学「研究者」の一人である。だから、イタリアのオリアーナ・ファッラーチが、博士のサルの頭の実験で目撃した大虐殺の状態を、あるアメリカの雑誌に報道したとき、ホワイト博士はある新聞で、その報道者は「赤ん坊のゴリラを人間の子供と比較して人間的なものにしようとした」(これはホワイト博士の目から見れば、明らかに忌まわしい犯罪である)と嘆いたばかりでなく、彼女の報道は「お墨付きをいただいていない記事」だと言った。

それよりずっと前、シカゴの全国動物実験反対協会の有能な指導者であるクラレンス・E・リチャードは、シカゴの有名な動物実験者、イリノイ大学医学部のジョージ・ウエイカーリン教授の記憶すべき言葉を引用した。「私は『人道的』という言葉に関係のあることには、一切係わりたくない」(『ナショナル・マガジーン』一九五四年六月号)

人道的感覚や同情心は「精神異常を表していると言ってよい」というホワイト博士の見解に同調する個人がいるとすれば、ロバート・ホワイトやジョージ・ウェイカーリンやその同類が認めている人間性の完全な欠如は、それよりはるかに困った精神異常であると考える多数の人たちもいるに相違ない。

精神障害の結果と原因

「生理学者は世俗の人間ではなく、科学者であり、自己が追求している科学思想に捕らえられ集中している人間である。彼にはもはや動物の叫び声も聞こえず、流れる血液も見えず、自己の思想のみを見ている。彼から隠されている生命体が、発見したいと思っている問題である。自分が恐ろしい虐殺を行っているとは感じない。科学思想の影響のもとでは、彼は、他の人間ならば嫌悪と恐怖の対象となるであろう悪臭を発し活力のない肉体の中の、神経繊維を喜びをもって追究するのである……」

クロード・ベルナールは、その有名な『序説』(一五四ページ)の中でそう書いた。それでイギリスの作家ジョン・ヴィヴィアンは、つぎのように想像した。つまり、この近代動物実験の高僧が今日のフロイト的時代に生きていたとしたら、このような文は公表しなかったであろうと。なぜならこの文に表れているのは、クロード・ベルナールが典型的な例でありまた動物実験者が完全には免れない、最重症の精神病である偏執性分裂病の、教科書に載るような適例の症状であるからだ。

精神病患者としてのクロード・ベルナールには、動物実験者に大勢の仲間がいた。それで、彼の弟子の有名なロシア人エリア・ド・シヨンは、『動物実験の方法論』の中で、「動物実験者は、歓喜の興奮をもって実験に取り組まねばならない」と書いたのである。さて、このロシアの生理学者が、メスを手に持ち、チェルマクのテーブルにしっかりと縛り付けられた震えている犠牲動物の実験に取り組んでいたときの、「歓喜の興奮」なるものは、誰でも容易に定義できるであろう。

ワイオミング大学の化学教授E・E・スロッソンは、インディペンデント紙(ニューヨーク、一八九五年十二月十二日付)に、「生命と知識の相対的価値」という表題でつぎのように書いている。「一個の人間の生命は、一つの新しい事実と比べれば無に等しい。科学の目的は、どのような人命の犠牲においても、人間の知識を進歩させることである。ネコやモルモットを科学を進歩させる以上の高次の目的に使用しうるとしても、それが何であるかはわからない。人間を使用できないほどの高次の目的などは知られていない」そういうわけで、ここにまた、人命——もちろん自分自身の命は別であるが——の価値などは、新しい事実や数字に比べれば大したことはないというもう一人の動物実験者がいるのである。そしてこれまた、限りなく繰り返される拷問などは考えてもみないのである。

チューリッヒ大学の生理学教授であったルーディマール・ヘルマン博士は、つぎのような公の見解を述べたことで、一九五二年十月十四日の上院の席で、ダウディング卿にその言葉の引用をされるという栄誉を得た。「医学にとって有用であるかということではなく、知識の進歩ということが、動物実験の真の目的である。真の研究者であれば、自己の研究の実益などは考えない。イギリスでは実益ということがいまだに動物実験弁護の正当な理由とされているが、科学はこのような理由なしでも済ますことができる」(この同じヘルマン教授は、別の場合には先の言葉に矛盾することを言っている。「動物実験に使えるイヌが一頭いなくなるごとに、一個の人命が犠牲になる」）
一九五三年には、もう一人の大学人が明言した。「無数の動物のもっとも激しい苦痛でも、医学部の一人の人間が、人間の知識の総計がこれによってわずかなりとも増大する可能性があるという意見を持っていれば、正当化される。これは、この追加された知識に何か実益があるかないかということとは、無関係である」

狂気の人間の言葉であろうか？　明らかにそうである。しかしこの人間は、その当時ウィスコンシン大学の生理学研究教授であったウォルサー・ミーク博士であった。そしてこの資格で、彼はマディソンで開かれた公聴会の席上、ウィスコンシン州議会上院委員会に対し、収容中のイヌを医学研究所に払い下げるかどうかの法案に関連して証言したのであった。

実験の一覧を読むのを私が見た人びとの大半は、フロイトなどは知らなかったけれども、そのうちにこう言わざるをえなかった。「でもこの連中は気違いです！」一人はこう言った。「受ける感じは、愚鈍ということですな」

精神医学者の用語には、「気違い」も「愚鈍」も存在しない。しかし普通人の語彙にはある。そしてどういう言葉を使おうとも、動物実験者の多数は重度の精神障害者であることは明らかである。オーストリアの哲学者ヨハンネス・ウーデによると、「動物実験者は、病理学的傾向を持つ、道徳的に未発達の個人である」。これは貧乏人の言葉に直せば、「動物実験者は、とても重い心の病気である」ということだ。

ウーデ教授がその言葉を言うずっと前、一九二八年八月二十七日に、ニューヨーク・デイリー・ミラー紙の医学コラムニストで「メディカス」という署名のある人間がこう書いていた。「動物に残酷な人間は病気とは思われないであろうか？　精神病院に隔離する必要はないのか？」

犯罪傾向のある精神病患者を収容する多くの病院、たとえばナポリの近くのアベーサにある犯罪精神病院では、登録の書式には、患者の病歴に動物虐待の前例がないかという質問が入っている。動物虐待は精神病の一番ありふれた症状であるからだ。

概して、普通は正常である動物実験者は、調査を行っている動物実験反対者に自分が対面していることがわかると、顔色が急に変わり、抑制できない怒りに襲われ、身体が震え出し、どもり、非常な精神的動揺を必ず表出する。これはちょうど、その「イド」が突然露呈した精神分裂病患者か、狂気であるとの非難を受けた狂人と同じである。私はこんな状態を何度も見てきた。

少し前、チューリッヒの神経学者で、大学教授のコンラート・アケルトの場合がそうであった。私がサルの脳に関するあなたの実験の結果について会ってお話ししたいとていねいに電話で頼んだところ、いきなり動物実験反対者に対する弾劾論が始まり、電話をがちゃんと切ってしまった。私の依頼を繰り返した手紙にも返事をよこさなかった。その大学の学長である生物学者に宛てた手紙も、梨のつぶてであった。チューリッヒ大学は公共資金で運営されているが、こと動物実験となると、私のようなスイス市民で動物実験室で行われていることを知りたいという者には、拒否権を発動しても正当であると考えているのである。スイスでも他の国でも、医学界は傲慢で無遠慮な徒党の覇権集団であって、自己の存在を世論や政府や法律や規制の及ばないところに置き、外部の人間が干渉できない彼らのギルドの全体主義的な専制権を達成しようとするのである。

しばらく経って、一九七三年十月二十三日、スイスの体制側のお節介な代弁者であるチューリッヒの日刊紙ノイエ・チューリッヒャー・ツァイトゥングは、一つのシンポジウムの報道をした。これは「人間の諸科学の基礎研究の基盤」と名付けられたもので、これには「種々の方向の性格と思想を持つ科学者」が参加した。

神経学者の代表は前述のコンラート・アケルト教授であって、新聞は彼の発言の抜粋をつぎのように報じた。

「われわれは新たなイデオロギー、哲学、倫理を展開しはじめる前に、人間の劇が演じられる舞台の広さと限界をもっと知ることが重要である」

というわけで、チューリッヒ大学で、次代の医師や科学者を養成することに寄与しているアケルト教授は、われわれはイデオロギーや哲学や倫理に妨害されてはならないと考えているのである。彼がもっと重要と考えているのは、人間が動物実験の方法で、動物の脳を探索することである。もっとも彼は、人間については明らかに何も教わらなかったらしいことは、つぎの発言によってもわかる。

「現代の脳研究は、脳の構造と機能を探究することである。それは生きた脳について行われねばならないので――われわれはすでに死んだ脳については知識があるが、進歩が見られなかったので――現代の研究は動物実験に依存せねばならない。それゆえ、われわれは絶えず当惑を経験している。なぜなら、動物から得た情報をそのまま人間の場合の推理の根拠とすることはできないからである」

百五十年にわたって、いつも同じことを言っている動物実験者の結論――つまり、動物で得られた結果は人間には当てはまらないということ――を読むのはうんざりしてくる。しかしたしかに、関係する動物に比べれば、読者のうんざりする程度は軽いだろう。

狂気の伝播

教師が学生のために嫌になるほど繰り返して行う、教育実習の動物実験は、前世紀の間に無数の生理学の論文ですでに述べられているが、鈍感と狂気の基礎訓練である。

火は酸素を必要とすることを示すためには、教師は燃えているろうそくにガラスの鐘を被せればいい。そうすれば生徒は、炎が次第に消えてゆくのがわかるだろう。これが知的な実証の仕方であって、それで学校の知識は身につくのである。しかし、教師がイヌやラットを水槽に満たした水の中に落として、過剰な運動をするとやがて心臓発作を起こすことを証明しようとしたら、それは彼の愚鈍さを証明するに過ぎない。というのは、自分が生徒を残虐行為に仕向けていることと、生徒はすでに精神異常でないかぎり、このような光景を見ることを嫌がっていることに気付かないか気にしないかであるからだ。正気の生徒であれば、無力な動物が溺れるさまを無理に見せられるより、教師の言葉を素直に受け入れるだろう。

一九七五年八月十三日付のヨークシア・ポスト紙に、この新聞の教育担当記者であるマーク・パリーは、つぎのように書いた。つまり、学校の実験室で生徒が動物を解剖することは、非常に気持ちの悪いことなので、生徒たちの中には悪夢を見たり、教室で失神の発作を起こす者も出るということである。学校から逃げ出す生徒もあったそうである。ある例では、一人の男の子がモルモットの世話をしていたが、それがつぎの生物の授業で解剖されることを聞いた。その子は逃げ出し、後になってモルモットを飼っている小屋の中で発見された。

一九七五年六月二十六日、メリーランド州のウェストミンスター・タイムズ紙のエリザベス・マギルは、自分の担当欄を、アメリカの公立学校や大学で行われている動物実験の問題に割いた。自分たちが目撃しなければならないものにぞっとした多くの生徒達の中で、彼女はニューヨーク州ヨークタウン・ハイツの十七歳の少女エレン・バーケンブリットの言葉を引用していた。その少女は彼女にこう語った。「二年生の生物の授業でやった生きているカエルをエーテルに浸す作業は、本当に嫌なものでした。カエルが解剖するときに生き返るんですから。もしそうしていいのなら、私は出て行ったでしょう。他の子たちも、あんなことは感心しないと言っていました。先生はこれは生命の尊さを教えるためだと言っていましたけど、何だかあべこべみたい」

このコラムニストは、さらにこう述べている。「アデルフィア大学の生物学教授であるジョージ・K・ラッセルのような教育者は、生物学は生命体が生きていることをほとんど忘れてしまったと主張している。彼はこれまでに、大学の一年生に実験をどう感じたかを書いて提出するように求めてきた。半分以上の学生が、彼の見解を支持している。つまり、動物実験は若者に『嫌悪と侮蔑と疎外感』を与えるということである。ラッセルや他の人たちは、そのような実験は小学校の教科書に書いてないことなどはほとんど教えるものではなく、生命に対する無感覚をはるかに教えると主張している」

動物の神経系を刺激して、学生にその機能を実地に見せようとする教授は——これは言いようもない残酷な実験で、麻酔などはもちろん施さないが——、今までに同じ実験を何度も行ったので、自分自身の感情は鈍くなってしまっているのである。そして次第にこの無関心な態度が学生にも伝染してゆく。

それだけでなく、価値観の二重の逆転が生じている。一、個人的に無感覚なので（もちろん犠牲動物の苦痛に関してということであり、自分の苦痛に関してではない）、教師は動物は無感覚であると自分に納得させ、学生にもそう確信させる。そうすれば学生は喜んで彼の言うことを信じる。それは、「人間は教えられたことを、つねに絶対の真実として受け入れる傾向がある」（クロード・ベルナール）からでもある。二、明らかに何かの精神障害をこうむっている教師は、精神病質者は動物実験者ではなくて、それに反対する連中だと自分に納得させ、また学生にも信じさせようとする。

それに従わない学生は、たいてい医学研究を放棄するよりほかはない。これは多くの有能な個人、たとえばヨハンネス・ウーデやC・G・ユングに強いられたことであった。彼らとても、医学技術に奉仕する熱意は持っていたのであろうけれども。

オーストリア人のウーデは、医学研究を四年後に放棄した。自分が目撃させられる動物実験に次第にぞっとする感情を抱いてきたからであったが、しかし他の分野で四つの博士号を授与され、カトリックの司祭に任命されて、グラツ大学の哲学教授になった。ユングは——スイスの精神分析学者で、元型、外向性、内向性などの用語を世界的に普及させたが——医学研究から身を引き、心理学を代わりに選んだ。（心理学も動物実験を行う以前のことであった。）理由は動物実験を見せつけられることに我慢ができなくなったためで、実験を回想記の『追憶・夢・思索』の中で、「野蛮で、ぞっとする、そして何よりも余計なもの」と言っている。

最近のアメリカの報道につぎのようなものがあった。「ミネアポリスのある公立学校の教室で、ある教師が生物の授業で実験を行っているとき、二頭の小犬の頭をハンマーで殴り『麻酔』をかけ、動物の腹を割いて腸を十年級の生徒たちに見せた。ときどき小犬は蘇生したが、すぐにハンマーで殴りまた意識を失わせた」この報道は一九七三年二月二十二日のセント・ポール・ディスパッチ紙が行ったものであるが、またつぎのように報じていた。つまり、ぞっとした生徒の一人が両親にそのことを話したところ、両親はミネソタ州人道協会に通報した。しかし、その教師に穏やかな訓戒を与える以上のことはできなかった。

動物実験の教師は、自分の学生に無感覚さだけではなく、それよりもっと重大なものを伝達する。学生が目撃させられる最初の動物実験は、まだ汚れていない若者の精神に衝撃を与える。若者は間違いなく本能的に、自分は卑劣な犯罪を目撃しているのだと感じる。ところが教師は、いやそうではない、この行為は正しく必要なことなのだと言う。それで、学生は自分が教えられてきた倫理の世界全体を覆してしまう。残酷な行為は彼らの生来の感情を傷付けるだけではない。それはまた、これまで受けた倫理戒律をすべて軽視することになるのである。若者たちは、あけすけに、力が正義である、最悪の残虐行為でさえも利益となることが仮定されれば、正当化されると教えられる。誰がそう言うのか？　国のため、当局のため、親のために、教師がそう言っているのである。だから、学生はどれほど衝撃を受けても、黙ってしまうのである。

このような衝撃がさらに続くと、若者は無感覚になってゆく。新しい別の人格が精神の中に生まれ、本来の人格から分離しはじめ、その代役を勤めるようになる。実験室の外では学生は、正義と人道にもっぱら基礎を置いていると主張する法を尊重しなければならないことを知っている。しかし実験室の内部では、彼らはおぞましい残酷行為がまるでこの上もなく自然なことであり、立派なことでもあるかのように、それを目撃し、それに参加するのである。ついに若者の精神は、決定的に二つの別個のものに分離してしまう。その学生——将来の医師、外科医、生物学者——は、重症の精神病、つまり、たいていは偏執性の精神分裂症にかかってしまうのである。

ユングは、別の分野に鞍替えして、それを免れた人間の一人であった。しかし彼はずっと後年になるまで、反抗する勇気がなかった。そしてユングと同じく、他の学生たちもあえて反抗しなかった。これは今日でも同様である。こういうわけで、ベルナール主義の赤い潰瘍は、われわれの社会を形成している学問の府に蔓延し、根を下ろしてしまうのである。

動物実験者は、精神分裂症にかかっていることが一番多いが、それだけではない。クロード・ベルナールは、その晩年に、さらに躁鬱病（その当時はまだできていなかった精神病学用語であるが）にかかった。これは、彼の書簡や『医学』の無削除版が明らかに示していることである。

彼の同僚ブランシャール教授は盲目になり、暗闇の中に自分がこれまで拷問にかけたネコの目が睨んでいるのが絶えず見えるようになり、ついに気が狂ってしまい、臨終の床では荒れ狂い、家族の者に、あの周りにいる目を追い払ってくれと懇願した。またクロード・ベルナールの先輩であったフルーランスは、晩年にはパリの植物園を夜間にうろつき回り、実験室ではイヌのように唸ったり吠えたりした。

しかし、人生の最終精算時期になって自分の過去の愚行に目覚めた動物実験者もいた。その一人はジョン・リードであって、第三章の最初に名を挙げたスコットランドの生理学者である。彼が舌癌にかかって中年初期に死の床にあり、これまで頻繁に実験の対象にした神経そのものを、蔓延する癌が痛めつけていたとき、彼はこう書いた。「これが私が動物に与えた苦痛に対する裁きなのだ」

といっても、彼の過去の実験の犠牲になった動物には、何の慰めにもならない。そして今日の「科学者」の場合も、調べれば面白い事実が多く出てくるであろう。

多くの医学生は、教師が非人間的な行為を見せつけることにぞっとするが、中には必然的に冷酷になって、そのうちにやがて自分の将来の職業に使う道具を、野良の動物に試してみようという気になる者も出てくる。多くの医学校では、最終卒業試験の基礎として、教授は動物実験実習を勧めたり要求したりする。

一番程度の軽いものを例に挙げよう。生きているウサギの下半身を沸騰している湯の中に漬ける。火傷を負った個所が毛の抜けた大きな部分になると、皮膚の一部を移植し、いくつかの種類の軟膏をそれに塗り、それからウサギが生きていた数日間に、その火傷の反応がどうであったかをリポートにする。

言うまでもなく、こんな実験はその学生の将来の職業にはこれっぽっちも役に立たない。とんでもないことである。動物の皮膚の反応は、人間とはまったく違う。たとえば、人間の場合は火傷はそのうちにたいてい腫物になるが、動物の場合は浮腫になる。しかしその実験は学士号を取得するのには役立つのである。そして、その実験は、人間の患者の治療に関しては危険な誤った考えを身につけた個人に、学士号を与えることになるであろう。

さて、このウサギを用いる実験の一つは、イタリアのナポリで、私が個人的に知っているある医学生が行ったものであった。一九五七年七月十八日、上院における動物実験に関する発言のなかで、空軍大将ダウディング卿は、友人の医学者で実験室の研究員の間に一般化している非人間性にぞっとした話を、同僚議員に語った。

「彼がとくに感じたのは、ほかの面では正常で品位のある社会の構成員である人びとの、無神経な態度でした……ラットの体を結合させている若い研究員に、『この実験がいったい人間のどんな役に立つのですか？』と質問したところ、『さあ、どんな役に立つのかわかりませんが、私には役に立つことは承知しています。これで学位がもらえますから』と答えたのです」

一九七四年、ドイツ最大のペーパーバック版出版社であるＤＴＶは、新聞販売売り場に『動物学実験』という表題の書物を氾濫させた。これははっきりと「十四歳から十八歳の学校生徒」向きであるとうたっており、マウスやモルモットのような種々の小動物の実験方法説明がその内容であった。一例を挙げると、「マウスをテーブルの上に置き、尾をしっかりと摑んでおく。閉じた鋏を使って、尾をぐいと引きながら首に圧力を加えると、ポキンという音がする。これで脊椎が折れたことがわかる」（三六七ページ）

というわけで、人間性を組織的に鈍化させる教育は、大学の課程から始まるのではなく、もっと早い時期から始まるのである。そしてその動向を決めるのはアメリカである。

毎年、約百万人のハイスクールの生徒たちが、科学博覧会で賞を競い合うが、ここでは彼らはぞっとする、おぞましい、非人間的な動物実験を行うように奨励されるのである」と、アメリカの暴露新聞ナショナル・インクワイアラー（一九七二年九月三日付）に、バーバラ・オーランズ博士は書いた。「この生徒たちは、いわば公認の拷問を教えられ、その努力によって賞を与えられるのである。年間五万匹以上の動物が、若い人たちの手で、不具にされたり、拷問にかけられたり、ひどい苦痛を味わされたりしている。そしてすべて『科学』の名の保護のもとに行われているのである。これらの博覧会の審査員は、たいてい理科教員、科学者、あるいは学校当局者たちである」

デトロイトのコーボー・ホールで開催された国際科学博覧会では、十八歳のハイスクールの生徒が、脳電極を埋め込む自分の技術の事例として、頭に膿の出ている穴を開けられた瀕死のサルを展示した。彼は一等賞を獲得して、『ニュー・サイエンティスト』誌（一九六九年一月九日号）に名前が出た。

われわれが建設したいのは、果たしてこんな社会であろうか？　このような世界をわれわれは子孫に残したいというのか？

サディズム

サディズムは、人間のもっともおぞましい精神病である。重大な疾病はすべてそうだが、それは治療の必要がある。早期にわかれば治癒しうる。動物実験という行為は、この疾患を助長し、その原因となる可能性がある。

奇癖を持っていて、殺人が楽しいという精神病の人間がいる。しばしばそれは、ナイフを突き刺したときの犠牲者の反応を「観察」するのが楽しいというだけの理由である。昔はこのような人間は、社会を保護するために、絞首刑になるか、四つ裂きの刑にされるか、少なくとも一生鉄鎖に繋がれた。今日では、彼らは犯罪的精神病患者を収容する専門の施設に入れられ、精神科と化学療法の治療を受ける。

しかし、この同じ殺人的本能が、人間ではなく、知能と感受性が一部の人間と同等で、時にはそれを上回ると心理学者が言う霊長類を含む動物に向けられるとき、今日の体制社会はそれを奨励し報奨を与えるのである。その証拠となるのは、今日では生物学や医学のノーベル賞を獲得するためには、動物虐待をしなければ困難であるように思われる事実である。

ベルギーのリエージュのいくつかの病院で以前主任外科医を勤めたフランソワ・ドジャルダン博士は、つぎのような意味深い言葉を書いている。「正気の人間は誰でも、血を見てその匂いを嗅げば身体が震え、これらの連中にとっては歓喜の印である冒瀆的な戦慄のさまに腹を立てる。彼らの目のぞっとする表情、血を流したことに有頂天になりそれを誇りにしている表情を、私はこれまで見てきた。そしてその表情には、獲得された利得、金銭面か名誉の面での利得に対する満足感が読み取れるであろう」

フランソワ・ドジャルダンはもうずっと前に亡くなった。しかしもっと最近の資料があって、これは一九六二年にアメリカ政府が発行した三九二ページの書物であり、『研究に用いられる動物の人道的な扱い方。下院州間対外貿易小委員会での公聴会』というおかしな表題がついている（ワシントンD・C、アメリカ政府印刷局）。

「サディズム」という語は、政府、大学、企業関係の多くの人びとの証言に絶えず出現している。彼らの大半が目撃者であり、実名が記載されている。

見本例を抜き出してみると、
二一八ページ。「どのような分野の医学生にも、サディズムの傾向がある者が若干いる」

二六四ページ。「納税者の費用で行われる実験の繰り返しには何の歯止めもない。杜撰な計画には何の歯止めもない。自分の意識下の真の動機を、科学用語でごまかしている正真正銘のサディストに対しても、何の歯止めもない」

二五〇ページ。「イヌに痙攣を起こさせようとする実験は、ひどいものです。もっとも、それは人には見せません。ショック実験、器官除去、腸や尿管を詰まらせて膀胱を破裂させることなどは、日常茶飯事のことです……教授や一部の学生が考え出せる実験の話を聞かれたら、びっくりするでしょう。夜間は私はイヌのことをいつも考えています。想像してごらんなさい。自分が大手術を受けて、生死の境にいるとき……自分が寝ている冷たくてうすら寒いセメントの床は、ホースで自分に掛けられた冷水で濡れています。イヌはこの冷水に浸かっているのです――手術から回復した直後のイヌは。大半のイヌが死ぬのは当り前です。もし生きていれば、二、三日中か一週間中に、また別の実験に使われるのです。あるイヌは七回の実験にも生き延びました」

二五一ページ。「私は獣医学を勉強している学生です。私は過去も現在も、人道団体の仕事に就いたことはありません……これは、自分が信じて育ってきた数少ない理想を守ろうとしている若者の叫びであり訴えです――そして私は、人間には本当に人道的な美点があるのだろうかと疑問を感じはじめています。私は感傷的な人間でもなく、改革運動家でもなく、狂信者でもありません。しかし、どのような掟、どのような生き方のもとでも、これまでの数年に見てきたことを大目に見ることはできません」

三一一ページ。「私は最近ある若い医学者に、新しい医学生は、科学用語で言う『無声化』されたイヌに対する鎮痛剤の必要性をどう判断しているかと聞いてみました。その答えは呆れるものでした。彼はこう言ったのです。『現在の医学校では一般に、イヌは痛みを感じない――苦痛などはないという態度をとっています』つまり一般的な態度は簡単に言えば、医学生は、動物の苦痛を和らげる薬品などは必要ない、動物は苦痛を感じないのだから、と信じさせられているということです。こんな理屈は、科学の偽善の驚くべき例です。もし研究者が、動物にも苦痛があるという考えを真剣になって退けるとしたら、その実験結果から得られる結論は、どれだけ信頼できるでしょうか?……苦痛やその原因と意味に対する基本的理解もないとしたら、今日の医学校は、どんな医師を生み出しているのでしょうか?」

三四六ページ。「私は昨年の九月まで、シカゴ大学の医学部に籍を置いていました。私は自発的に退学しましたが……この学校に対する軽蔑の理由になったことの一つは、実験動物をむごく扱うことです」

アメリカの医学校で考案され、すぐに他国に広がる実験を、「人間性喪失」の項目に入れたらいいのか、「狂気」の項目に入れたらいいのか、決められない場合がある。一九六二年の下院公聴会での報告の一部もそうである。つまりそれは、前例のない精神的肉体的な苦痛を与えるという以外、目的のない実験で、大学の教師と学生がぐるになって、自分自身の精神障害の身代わりのヤギとして使うお好みの動物、嫌われているネコに対する新規で長期間の拷問を考え出す実験である。それから彼らは急いでその「成果」を似而非科学誌に発表するが、こんな雑誌の存在理由は、この種の報告を掲載することにしかない。

つぎは、アメリカ政府の公表した公聴会報告の二二六ページからの引用である。「つぎに紹介するのは、動物を種々の『有害刺激』、つまり簡単に言えば苦痛を生じる刺激を与えて拷問にかける方法の一部です。オレゴン大学では(脚注には、『神経生理学雑誌』二一。三五三―三六七。一九五八とある)、『床の電線に発生する有害な程度の熱によって……また針でつつくことで』ネコに有害刺激を与えました。一部のネコの前足を針でつついた反応は、ネコが空中に跳び上がり、しばしば試験装置の天井にぶつかりました。針の上に着地すると、針に触れるたびに足を激しく横に動かし、時には後ろ足を空中に上げ、前足で体の平衡をとろうとさえしました」

「一九二八年以来、ジョンズ・ホプキンズ大学では（脚注。『神経・精神病研究協会会報』二七。三六二―三九九。一九四八）、ネコに恐怖、怒り、その他の苦痛の表示を起こさせてきました。典型的な一つの研究で、研究者はつぎのように報告しています。『手術後、強烈な苦痛刺激が与えられた……一三九日間の生存期間中に、二日ないし三日ごとに、種々の有害刺激が加えられた……ある場合にはネコの尾の毛を剃って濡らし、ハーヴァード誘導電流装置の二次側に接続した電極によって、強直痙攣を起こすように刺激を与えた。二次コイルが数値一三のときは、ネコはニャーと鳴いた。一一のときは大きな声で鳴いた……五秒間刺激を与えたときは、大きな声で叫び、二回唾を吐いた。これらの刺激の最後では、尾に重度三の火傷が生じた』」

報告の二二六ページには、まだつぎのことが書いてある。「コーネル大学（脚注。『神経学記録』一。二〇三―二一五。一九五九）では、ネコの視覚、聴覚、嗅覚を破壊し、それから十年間つぎの刺激を与えました。（a）床の金属格子を通じての電気ショック（b）プラスティック製の蠅叩きで顔を叩くこと（c）尾の先端をつねること」

というわけで、アメリカの最高学府の一つでは、一団のネコが外科手術によって、盲目で聾で匂いを嗅げないようにされ、十年もの間いわゆる科学者たちの手によって、さらに拷問にかけられたのである。彼らはおそらく「人類の苦痛を緩和する」という崇高な仕事を行っているのであろう。その同じ大学の小児科病棟では、種々の早生児の赤ん坊（人間）が、生後五日から八日で、「科学者」の一団によって「有害刺激」を与えられていることを知っても、われわれは驚くであろうか？　おそらくそれも「人類の苦痛を緩和する」ためであろう。

動物実験者は弁解の口実に困ることはない。そして経験でわかることだが、たとえば前述のようなサディズムを野放しにしたような事例を、「科学実験」であるとごまかすことができない場合は、それは過去の異常例だと言うであろう。

そうではない。反対である。これらの異常行為は、拡大し、増加しているのであって、主としてアメリカの医科大学や総合大学の学部で育成され広がり、そこから全世界を腐敗させている。最近の例が、一九七六年七月二十五日付のシカゴ・サン・タイムズ紙に、「ネコを殺すことは『立証可能な実益』があるか？」という表題で記事になっていた。その書き出しはつぎの通りである。

「私は今まで動物の記事を書いたことはない。書いて興味を起こすようなことに出会わなかったのである。しかし、今は考えが変わった。先日ニューヨークのある新聞に動物に関する記事が出ていた。それはありきたりの記事ではなかった。

「それは、ある非常に有名なニューヨークの博物館でネコに対して行われている実験の記事であった。

「その実験は、五十万ドルのアメリカの税金を資金として行われたが、目的はつぎのことをネコに施した場合、ネコの性生活に影響があるかどうかを調べることであった。

視神経を破壊して盲目にすること。

内耳の一部を破壊して聾にすること。

脳の嗅覚中枢を破壊して嗅覚をなくすこと。

雄の子ネコの性器の神経を除去すること。

脳の一部に外科手術で傷害を与えること。

生殖器に電気刺激を与えて殺す「電気生理学的」試験。

「さて、皆さんも私も科学者ではないから、この実験を見て、『もちろん、こんなことをすればネコの性生活に影響はあるだろう』というようなばかなことを言ったり、『調べるのに、本当に五十万ドルも必要なのか？』というような愚かなことを言うだろう。

「しかしそうはいっても、皆さんも私も科学者ではない。

「アメリカ自然史博物館は、この実験を十四年間行ってきた。一九七四年には、これを七十四匹のネコに実施した。今日もまだ続いている。そして、今後五年継続できるためには、さらに二十万ドルの税金を欲しがっている。

「ネコの性生活は、われわれが考えている以上に複雑であるらしい。ネコの性生活を研究することは、多少の価値があると思う――ただし、皆さんもネコであるか、ネコの求愛サービス業でもやっていればの話だが。こういうことを知ることがどの程度必要なのか、私にはあまりよくわからない。

「だから、博物館が高等哺乳類に進む前に、手を貸してやりたいと思う。私自身の専門分野から発言すれば――私はもう相当年数人間稼業をしてきたので――今すぐ博物館に、人間の実験をやろうなどとしないで欲しいと、言ってやることができる。

「私が博物館に請け合っていいことは、私を盲目にしたり、聾にしたり、脳の一部を破壊したり、電気ショックを与えれば、私の性生活にははっきり影響があることだ。少なくとも　デイトがしにくくなる。

「ネコがはっきり意見を言って、誰かに知らせられないことは、残念なことである。

「博物館には、非常に心を痛めた連中がピケを張って、こんな実験は何の役にも立たない、緊急な医学問題の解決にはならない、病気を治療したり生命を救うためのものではないと主張している。しかし博物館側はそんなたわけごとに応対する用意ができていた。

「館長のトマス・D・ニコルソン博士はこう言った。『この博物館を著名なものにしているものが何かあるとすれば、それは、立証できる実益とは無関係に、研究したいことを何でも研究する自由です。われわれは、その伝統を維持するつもりです』」

宗教

どのような宗教でも、その教義の中につぎのような思想を含めることで、人間精神を純化するための貢献をすることができるし、そうすべきである。すなわち、動物を愛することは普遍的な愛の多くの側面の一つであって、その反対のことは創造物に対する罪であると非難することである。この思想は、伝統的に動物に愛情を惜しまない土地と民衆――地中海地域――に発展したので、カトリック教会はそれと反対の立場をわざわざ取ったのであろう。それでも、聖書にはつぎのような個所を別にしても、動物に対する同情を提唱していると思われる根拠が十分にあるのである。それは、幼いキリストがロバと牝ウシの快い息に暖められたこと、キリストを神の小羊としばしば言っていること、主人が見ることができず理解できないものを見て理解した、バラームのロバの変わった話である。

聖トマス・アクィナスは、人間中心の教えを説いて人間の自惚れにおもねり、最悪の動物虐待をも正当化したので、教会の動物蔑視と、動物は人間の尊敬と愛情を受ける価値があると説いたアッシジのフランチェスコを嘲笑する教義の基礎となった。聖フランチェスコは、動物に限られない愛他主義を持っていたので、自己のすべての世俗的な所有物をなげうち、貧しい他人に力を貸したが、自己の聡明な心情の声のみに耳を傾けることを、重要な科学的目標の中心とした。無知蒙昧な暗黒時代にあって、彼は、動物は生物的な段階よりも心理的な段階で人間に近いことを、すでに発見していたのである。鈍感な動物実験者たちは、この明白な事実を「発見」しようと、際限もなく残酷な実験に依存することを続けている。

ショペンハウアーにとっては、「キリスト教の道徳は、人間のみを考慮に入れて動物の全世界に権利を与えないままにしているという、大きな本質的な欠陥がある」ということであった。

古代エジプトでは、すべての動物の中でもっとも迫害されているネコを大衆の盲目的な憎悪から保護するため、神官階級はこの動物は神聖なものであると宣言した。キリストが出現する五世紀前、釈迦は、人間も動物も等しく、すべての生物に憐れみをかけることを説いた。「私は人間に憐れみを教え、あらゆる物言わぬ生き物の心を解する者となり、人間だけのものではない限りない苦しみを和らげるであろう」。そしてコーランも言っている。「地上の獣や翼で飛ぶ鳥で、汝人間と同一でないものはない……アラーの生物はすべて家族である」

人間の動物に対する残虐性は、もっぱら無知と道徳的な卑劣さの結果である。しかし、この病的な本能を行動に示すことを妨げようとする宗教上の掟があって、この点では、東洋の宗教は西欧の宗教より優れている。

イタリアでは、動物虐待に介入しようとする数少ない高位聖職者は、今までつねに上から水を差されてきた。ところが、イタリア以外の国ではそうではない。約百年前にイギリスでは、マニング枢機卿とニューマン枢機卿は、最初の動物実験反対団体の主要な推進者であったし、今日でも多くの国では、地位の高下を問わず動物実験反対運動に参加し目立った行動をしているカトリックの聖職者の数は多い。

イギリスの枢機卿たちは、動物実験を非難するのに歯に衣を着せなかった。ニューマン枢機卿はこう言った。「哀れな動物たちに対する残虐行為を見て、われわれが心を動かし、非常な不快感を感じるのはなぜであろう？　私はこう思う。第一に、彼らはわれわれに何の害をも与えているわけではない。つぎに、彼らは抵抗する何らの力も持ち合わせていない。彼らがわれわれの卑劣さと暴虐の犠牲者になっているからこそ、その苦しみがとくに心を動かすのである。われわれに害を与えず、身を守ることもできず、まったくわれわれの力に支配されているものを虐待することは、非常におぞましく悪魔的なところがある」

それに劣らず強力な意見を表明したのは、オーストリアの司祭であり哲学教授であったヨハンネス・ウーデであった。「動物実験を認め給うような神がいたら、私はこの上なく恐ろしいと思う。もし動物実験がキリスト教の倫理で許容されるのなら、私はキリスト教に背を向ける」ヨハンネス・ウーデは一九六五年に亡くなったので、ヴァチカンの報道担当者が動物実験を承認する発表をしたことを耳にしないで済んだ。

フランスでは、教会法と哲学の博士号を持ち、文筆家であり教授でもある司祭のジャン・ゴーティエは、『司祭とその犬』（一九五七）という、自分の飼い犬を描いてベストセラーになった本を書いた。他の司祭とともに彼は、動物実験を非難するようにヴァチカンに要請したが、無駄であった。

また、『人間の擁護評論』（一九七一年九月号、フランス、カンヌ）に、ルネ・アンセーという人がつぎのように書いていた。

「カトリック教会は動物が嫌いで、そのことを隠さない。教会はこれまで、動物実験反対を一言でも言おうとしなかった。また人間が動物に対して加えている他の残虐行為についても同様である。ところが教会はたいていは金持ちの信者が行うキツネ狩りを祝福し、彼らの猟犬を祝福している。これこそ教会が動物に対する神の加護を祈るべき滅多にない場合なのである――人間が自分たちの残酷な遊びごとに動物を参加させているときは。それに教会は依然として闘牛場に礼拝堂を置き、そこでは闘牛士たちがその悪名高い闘技を始める前に、聖母マリアの加護を祈るのである」

悲しいかな、ルネ・アンセーは楽観主義という罪を犯した。ローマ教会は、動物実験を無視したばかりか、それを是認してしまったのである。ヴァチカンの代弁者であるペルージャの枢機卿モンセニョル、フェルディナンド・ランブルスキーニは、ヴァチカンの日曜新聞につぎのように書いた。

「教会は、たとえば生きた動物に対する科学的な性質の実験に反対して、それを是認することはできないという宣伝キャンペーンが行われている。教会は、医学の進歩に大いに助けとなる獣の実験に反対などはしない」(『オッセルヴァトーレ・デッラ・ドメニカ』一九六六年三月十三日付)

ローマ教会に対し、つぎのことを指摘することは愛徳の行為ではないかもしれない。つまり、教会は抜きがたい習慣で「獣」と呼んでいる生物の拷問が医学の進歩の助けになるという主張については、今まで目隠しをされてきたことである。欺されてきたのは教会だけではない。しかし教会は自己が、金持ちや権力者の教会ではなく虐げられ無力な者の教会であることを示す機会をまたもや失ってしまったことで、責められねばならない。

モンセニョル、ランブルスキーニは、つぎのような敬虔な勧告をすることは忘れてはいなかった。つまり、獣の苦痛は「最小限に抑えるべきであり、これは今日では全身または局部麻酔で容易に行える」。しかし、こんなことを言うと、自分が動物愛好者ではないかと疑われてはいけないので、この大司教はすぐに付け加えている。「一方、知性と自由のない獣の苦痛は、思考力のある人間の苦痛と同等に扱うことができないことはたしかである……」

であるから、つぎのことは誰も不思議には思わなかった。つまり、一九七一年五月に、イタリアの国営ラジオ放送局の一つが動物実験に関する円卓討論会を放送したときに、イタリアの動物実験者たちはイエズス会の神父ジュゼッペ・デ・ローサの道徳的な承認を得たことである。この神父は聴取者にはイエズス会の機関誌『チヴィルタ・カットリカ』の「道徳家」として紹介された。この「道徳家」は自分の公の資格で、出席していた動物実験者を支持しただけではなかった。彼は動物実験反対者の態度を慨嘆した。それから、例によってつぎのような神聖ぶった忠告を付け加えた。「もちろん、獣には不必要な苦痛を与えてはなりません」

しかしこのような用心深い表現は、『アメリカの学者』の一九七一年夏季号での討論で、クリーヴランドの大物動物実験者ロバート・ホワイト博士が彼の魂の慰藉者から得た見解には表れていなかった。ホワイト博士は多くのインタービューで、自分は「善良なカトリック」であると公言していたが、自分の意見に対する教会の公認を誰から得たらいいのかを心得ていた。「勝手ながら」と彼は書いている。「クリーヴランド州ジョン・キャロル大学のイエズス会神学者ニコラス・A・ペドロヴィッチ神父に一部を提出しました」この「神学者」はホワイト博士に全面的な承認を与えただけでなく、さらに彼の敵対者の人道的な議論を嘲笑していた。

そして、毎年行うローマへの巡礼で、このホワイト博士は教皇に必ず個人的に接見を許されるのである。この二人の金持ちの権力者は、いったい何を話題にして話し合っているのだろうと思いたくなる。何百万もの罪のない動物が頭蓋骨にカニューレを入れられ、腹部には排出管を入れられて、金網の牢獄の中で苦しみ、ただ無意識的に望んでいるのは、白衣を着た悪魔がまたやって来てさらに実験を施す前に、死が自分を解放してくれることだけであるというのに。

教皇に難なく接見を許されたもう一人の紳士は、フランスでは自分の名前を付けたアペリティフの製造業者として、また闘牛の興行師として有名であり、ヴァチカンへの寄付を大いに行っているリカール氏であった。

しかし一九六七年、ウェストミンスターのカトリック司教座とウスターの英国国教主教座の著名な代表者を含む、カトリックとプロテスタントの高位聖職者より成る超宗派代表団がローマを訪れ、動物に対しもっと人道的処置をするように請願したとき、彼らは教皇に接見すら許されず、教皇は秘書のチコニャーニ枢機卿に代理させて、つまらないことを巧妙に述べ立てるうるさい請願者たちを寄せつけなかった。

作家、芸術家、科学者、技術者、発明家、予言者、哲学者として光輝を放っていたレオナルド・ダ・ヴィンチのような少数の万能天才を生み出したことは、人間が地球上に存在することを正当化する唯一の理由であると、多くの思慮ある人たちは考えている。彼が予言したことであるが——そしてやがてその予言の大半は実現したが——将来いつかは、人びとは動物の殺害を、人間の殺害と同等に見なす時が来るであろうと。動物の道徳的価値を認めることが人間自身の道徳の進歩の印であるとするなら、ローマ教会は、とくに今世紀では後退してきた。

一五六七年十一月一日の教書『公衆の健全について』のなかで、教皇ピウス五世は、公式に闘牛を禁止し、それを企画実施する君主は破門するとおどかし、闘牛で死亡した者は教会の埋葬から除外するとして、つぎのように述べた。「われわれはこれらの催し物は、信心とキリスト教の愛徳に反すると考え、悪魔にふさわしく人間にはふさわしからぬこれらの血なまぐさく恥ずべき見世物を廃止することを望む」続く数世紀の間は、どの教皇も闘牛関係者の公式接見を拒否することで、ヴァチカンは闘牛を承認しないことを暗黙に示し続けた。しかし一九七二年、教皇パウロ六世は、スペインの闘牛士の代表団に接見し、挨拶し、祝福することで、この人道的な伝統を破ってしまったのである。

教会がもっとも大幅の後退をしたのは、もちろん、その同じ教皇の在位中の一九六六年に、動物実験を公式に承認したことである。実際には、それは「新しい」方針の究極的な結果であって、この方針は、異端審問官が地動説を強制的に撤回させたガリレオの場合の失策の結果、教会が失墜したイメージを何とか「近代化」させようとして軽率に始めたものであり、つぎのような決定をしたのであった。つまり、振り子を正反対の方向に振るほうが賢明であろうと考え、ヨーロッパ全土に行き渡っていた「科学」精神を盲目的に容認してしまったことである。だが、人間は宗教から異なった種類の導きを期待していることは、わからなかったのである。

教会の現在の姿勢は、自分を面倒な立場に置いていると言っていい。というのは、地球の運動に関する自身の見解を結局は撤回せざるをえなくなったのと同様、遅かれ早かれ動物全般、とくに動物実験に関する見解を撤回せざるをえなくなるであろうからだ。それが早ければ早いほど、教会のためになる。「麻酔剤を、可能な場合はつねに用いるべきである」というような信心ぶった勧告は、自己の立場を悪化させるだけで、非人間性に偽善を加えるだけである。動物実験の全面的な公式の否認のみが、この点に関して教会に力を貸すであろう。

皮肉なことに、カトリック教会は公然と動物を侮蔑し、彼らが霊魂を持っていることはおろか、「自由意志」を持っていることまで否定しているが、大半の動物の行動は、説教壇から熱心に説かれているが効果のない理想に、人間の行動よりははるかに近いのである。であるから、数千年の間人間と接触して暮らしてきた家畜を除けば、大半の動物は厳格な一夫一妻制を守っている。オオカミは一夫一妻制であるが、その祖先から別れたイヌは正反対である。おそらく長い間人間と関係を持ってきたせいであろう。コマドリは配偶者が死ぬと、一生涯独身で暮らすのが普通である。動物は、人間に一番欠けている感謝の念を持っているし、人間にはあまり見かけない同情心を持っている。

そして、つぎのどちらがキリスト教の神の概念に近いであろうか？　造物主の意図に従って、数日間声をからして求愛するネコか、それともヴァチカンの庭番に命じて、ネコと子ネコは定期的に全部棒で殴り殺してしまえと言う憤慨している枢機卿か。子供に餌を与えるために自分は空腹でいる牝イヌか、それとも会衆席の下におしっこをして「主の家を汚した獣」だというので、聖器室の壁にこの牝イヌの頭を打ちつける司祭か。配偶者を捕まえたトロール船の後を何日も追いかけ、逃がしてやることができず、ついに浜辺に跳び上がってそのそばで死ぬメカジキか、それとも獲物を新鮮な状態で生かし、逃げられないようにするために、その目を潰してしまう漁夫か。

動物が不滅の霊魂を持っていないという理屈があるからといって、それを虐待していいことにはならない。その逆である。彼らが現世でこうむった苦しみの補償を来世でしてもらえないことがわかれば、彼らをもっと優しく扱い、むごく扱う気持ちにはなれないであろう。不滅の霊魂の所有者と自称している人間が、この地上に存在していることのみが造物主から与えられた唯一の贈り物である生き物を虐待することを、なぜ許容できるのかわからない。

「自由な思考を持つ人間にとって」と、フランスのノーベル賞受賞者の作家ロマン・ロランは『ジャン・クリストフ』の中で書いた。「人間の苦しみよりも動物の苦しみに、もっと耐えられないものがある。なぜなら、人間の苦しみは悪であること、そしてそれを引き起こした者は犯罪者であると、少なくとも認められる。しかし何千という動物は、少しの悔恨の念もない人間に毎日無益に屠殺されているからである。もしそんなことを言う者がいたら、ばかげていると思われるであろう。それが許しがたい犯罪である。それだけでも、人間が苦しまねばならないのは当然のことである。それは全人類に対する復讐の叫びである。もし神が存在してそれを大目に見ているなら、それは神に対する復讐の叫びである」

全世界の中で、自己の生命、自己の幸福、自己の快楽ほど重要なものはないと信じ込んでいる人間、被創造物の最高者と自任している人間は、物言わぬ動物に好き勝手にどのような苦痛を与えてもよいことを、当然としている。そして教会はほんの一世紀前まで、イタリアの万聖節では、生きたネコを一杯樽に入れて町の広場で燃やすことを当り前と考えていた（今日でもローマや他の都市では、若いならず者が祝日にかぎらずまだそれをやっている）。このようなことが、動物虐待の態度に大いに力を貸してきたのである。奇妙な愛徳ではないか、もっとも無力な生き物を除外し、彼らに対して犯される残虐行為を、行為者が神に似せて造られたと主張して認めているとは。大した似姿である！

あるイタリアの修道尼が、遠方の修道院から私に感動的な手紙を送ってきて、動物虐待を報じた新聞の切り抜きを添えてあったが、自分の立場を危うくしないために決して手紙をよこさないでくれと書いてあった。「動物好きはここではよく思われていないからです」というのが理由であった。ある日、彼女の動物関係の資料は全部没収され、彼女は配置転換させられた。

というわけで、動物を愛することは、ローマ教会によって認められないばかりか、恐れられているようである。ひょっとすると教会は悪魔が――それが存在するかしないかは、一九七二年十二月十七日付のオッセルヴァトーレ・ロマーノ紙で九人の最高神学者が激しい議論を戦わせていたが――「獣」のなかに隠れていると恐れているのだろうか？　私は神学者ではないが、もし悪魔が存在するとすれば、発見されるのは動物の中ではないと教会に請け合ってやることはできる。

しかし、動物が悪魔の存在を信じるとすれば、彼らにとってはそれは非常に人間に似ているであろうことは、疑う余地はない。

補遺。動物実験は、次第に多くのアメリカの教会経営学校で行われている。

第八章　反逆

あらゆる作用には反作用がある。であるから、組織的な拷問を科学であるとうまくごまかした最初の人間、クロード・ベルナールが、世界最初の組織化された動物実験反対運動――イギリスの運動――を触発させたとしても、偶然のことではない。それから、自分たちの家で行われていた多くの残虐行為の直接の目撃者であった、彼の未亡人と娘たちは、フランスの動物実験反対連盟を発足させた。そして、フランスの知性のみならずその精神を体現していたヴィクトル・ユゴーは、一八八三年、誇りをもってその会長に就任することを引き受け、就任演説で「動物実験は犯罪である！」と宣言したのである。

イギリスの運動は一世紀前、フランスで研究し、クロード・ベルナールが研究助手として雇ったイギリスの生理学者のジョージ・ホガン博士が発足させた。ホガン博士は、ベルナールのもとに四年いて嫌悪感を催し、仕事を辞めてイギリスに帰った。そして一八七五年二月一日付のモーニング・ポスト紙に掲載された長い投書で、自分が目撃した実験のおぞましさと無益性、またそれを行う連中の非人間性と歪んだ性格を非難した。その投書の抜粋を示すと、

「……私の意見では、動物実験のうち一つとして正当で必要なものはない。人類の利益のためという考えなどはまったく問題外で、嘲笑を受けたであろう。大きな目標は、科学面での同僚に負けないようにするか、それを追い越すことであった……私は多くの辛い光景を目撃したが、一番悲しかったのは、イヌが地下室から実験室に連れて来られるときであった。暗闇から明るい場所に出たことを嬉しがっている表情を見せないで、イヌはその場所の空気を嗅いだとたんに、おそらく迫っている運命を感じ取ったのか、恐怖に襲われたようであった。イヌたちはそこにいた三、四人の人間のそれぞれに親しげに近寄ろうとしていた。そして、目と耳と尾で慈悲に対する無言の訴えを如実に表現していたが、無駄であった……実験を行う生理学者の感情が鈍化していなければ、とても長い間動物実験を続けることなどはできないであろう……何百回となく私は、一匹の動物が苦痛でもがくとき、ぴしゃりと叩かれて静かにおとなしくしろと怒声で命令されるさまを見た……このようなことを述べたあとで、つぎのことを付け加える必要などはないだろう。つまり、私は酒をあおり、泣き、科学はおろか人間も見たくないという気になった。そしてこんな手段で人間を救うくらいなら死んだほうがましだと思った……」

ホガン博士がこの文を書いたとき、誰もつぎのことは予測していなかった。つまり、動物実験は人類を何かから「救う」力などないばかりか、それが与えてゆく誤った情報と、実験者の性格を腐敗させることによって、人類にますます害を及ぼすであろうということである。しかし、人類がこんな薄汚い手段を用いて救われようというならば、そもそも救われる価値などないと考えた多くの人びとがす

でにいた。

ホガンの投書は、すべての人道的な大義名分だけでなく医学の前衛となっていたこの国の公衆の反応を燃え立たせた。直ちに動物実験反対同盟が創設され、それには当時の知名人の一部が支持を与えた。その中には、テニソン、ラスキン、カーライル、ブラウニング、シャフツベリー卿、ワグナー、ヴィクトル・ユゴー、そしてヴィクトリア女王がいた。女王は首相のディズレイリに、「動物実験に関する王立調査委員会」を設置する任務を与えた。

委員会はチャールズ・ダーウィン、ロベルト・コッホを含む一流の医学者や科学者をつぎつぎと喚問し、その「報告」により、すべての動物実験は事前承認を必要とし、厳しく制限することを目的とする法案が翌年のうちに可決された。「一八七六年動物虐待防止法」として知られるこの立法措置は、それ以降動物実験を規制することを決定したすべての国の同種の法律の基礎となった。

一番目立っている例外国はアメリカであって、この国では製薬産業から出されている巨額の資金を、上下両院の議員投票に影響を与えるために使うことができる、いい給料をもらっているロビイストが、提出される法案をこれまでどれも葬り去ることができた。それでも動物実験反対運動を組織した点では、アメリカはイギリスに次いで二番目であった。

しかし、規制法が存在している国でも、実験は絶えず拡大してきた。動物を保護する主旨の法律は、どこでも完全には実施されてはいない。イギリスですらそうであって、本書を書いている時点では、検査官は十四人しかいず、法律の精神に則って行動し、実験室を抜き打ち検査する時間も意志も持っていない。彼らは机に座って事務を執ることに忙しく、一万八千人の公認の動物実験者からの要請を審査し、人類の福祉のために「必要である」ともっともらしい理屈を並べている年間約五五〇万件の実験の許可書を作成している。

イギリスでは、動物実験に関する立法措置を行う議会の議員でさえ、実験室に立ち入ることができない。イギリスの動物実験は他国と変わるところはないし、変えることもできないであろう。どこの国でも同じであるが、動物実験者が要求している秘密主義は、政府が認可しているのである。イギリスで行われている実験は、写真や映画に撮影することは禁止されている。政府がこの点については良心的ではないことの証拠である。

動物に関する運動は、他の人道主義運動に比べて一つの大きな不利な点がある。社会正義を最初に主張した人びとは、労働者階級を組合に組織することができた。労働者はこの運動に利害関係を持っていたからである。イギリスで最初に女性の平等を主張した人びとは、女性を味方につけることができた。これはちょうど、アメリカで最初に黒人の権利のために戦った人びとが、黒人自身がやがては先頭の最前線に立ち、成功を確実にするであろうということがわかっていたのと同じである。しかし動物運動に携わっている人びとは、動物からは何の助力も得られないから、頼れるのは自分自身しかない。

動物実験の廃止に関するかぎりでは、運動はもう一つ、全部の動物愛好家には頼れないという不利な点がある。彼らの大半は、問題があまりにもおぞましいので取り組む勇気がないからである。また、普通の市民は多くそうであるが、結局のところ、動物実験は多少の利益があるのかもしれないと期待を抱いている、いわゆる動物愛好家も相当数いる。

その種の実験をわざわざ調査してみようとしたこともなく、したがってそのまったくの野蛮性と欺瞞性がわからないので、情報を得ていない多くの人びとは、動物実験反対者に腹を立て、「進歩」というような言葉をよく口にし、これは「感傷主義」で阻害されてはならないと言うのである。ちょうどそれは、中世の暗黒時代に彼らの同類が、魔女狩りや宗教裁判の拷問を認めない人びとを反人道主義者とか異端者として、悪意をもって攻撃したのと同じである。拷問が罪びとの霊魂を救済するのに役立つと言われていたのであるから。そして前世紀までは、奴隷制度に既得権益を持つ人びとは、自分たちの敵対者を人間嫌いだとか経済を破滅させようとしているとか、その結果子孫を飢えさせようとしているとか言って非難したのである。

動物愛好家とされ、その動物心理研究でノーベル賞を受賞した(一九七三年)コンラート・ローレンツは、動物実験反対論は全然行わなかった。彼自身の観察と実験の報告には、残虐行為を暗に示しているようなところは見られないが、彼のもっとも有名な著書『いわゆる悪事について』(英語の表題は『攻撃性について』。邦訳『攻撃』。日高敏隆・久保和彦訳。みみず書房、一九七〇年刊)のドイツ語原版には、とくに残酷で無感覚な実験の例を、非難もせずに引用している。それは彼の二人の「助手」W・シュライトとM・シュライトが行ったもので、彼らは雌の七面鳥の聴覚を外科手術で「破壊」し、生まれたばかりの雛鳥に対するその行動にどのような影響があるかを「研究」した。「聴覚を失った七面鳥の母鳥は、ただちに雛をずたずたにして殺してしまった」と、コンラートは述べている(一七四ページ)。そしてさらに、この母親らしからぬ行動は、雛の鳴き声が聞こえなくなったためとは必ずしも言えないだろう、外科手術による傷害は何か他の不明な点で母性本能に影響を与えたのかもしれないと付け加えている。このノーベル賞受賞者の心理学者は、七面鳥の母鳥は、人間の気紛れに雛を任せるよりも殺してしまったほうがいいと思ったのかもしれないなどとは、少しも考えてはいなかったのである。それは、ヒヒの母親が、実験室の研究員の手に渡すより殺したほうがいいと思って、子供の頭をもぎ取ってしまうのと同じである。ローレンツはこうして、動物実験の愚かさと無益さのもう一つの事例を、批判もせずに示したのであった。

一九七五年に、これまた世界的に有名なドイツの「動物擁護者」、ベルナルト・グルツィメク教授は、コンラート・ローレンツとともに主任編集者になっている動物学雑誌『動物』の編集者論説で、動物実験者と同じ言葉と理屈を用いて動物実験を認めた。私の評価では、彼はこうして問題を、人道的観点はおろか、科学的歴史的観点から調べてみようともしなかったことを露呈したのである。ローレンツやグルツィメクのような通称動物擁護者が行う動物実験宣伝は、廃止の最大の障害となるものである。

廃止論者が自己の主張をしようというときは、ヴァチカンを含めて、重要な場所の扉はすべて閉ざされる。有名な動物実験者が博愛主義者の仮面をかぶって、動物実験を賞賛することをやれば、ヴァチカンを含めた重要な場所の扉はすべて開かれるのである。

動物実験反対運動は一方交通の道である。問題を研究した後で廃止の方向を選ぶ者は、気が変わることはけっしてないが、多くの動物実験賛成者、また実験者さえも、経験を積み成熟すれば、方向転換をせざるをえなくなったことがあるのだ。

動物実験反対運動は、とくに動物好きの人びとに必ずしも依存するのではなく、正常な、知的で人道的な考えの人びとに依存している。たとえば、過去において個人の自由や宗教的、人種的、性的の差別の廃止の機運を助長した運動の場合と同じである。子供を虐待するサディストに干渉する者は、特別に子供好きである必要はない。動物実験を非難する二冊の名著（『憐れみ怒りて』一九六九年および『科学の暗い顔』一九七二年。いずれもロンドン、マイケル・ジョウゼフ社刊）を書いたシェイクスピア学者のジョン・ヴィヴィアンは、こう言った。「皆さんは私がなぜこんな本を書いたのか不思議に思われるかもしれない。私は別に普通以上の動物愛好家ではない。私は、もう死んでしまったが、飼い犬を愛していた。しかしどんな正常な人間でも、イヌを飼っていれば愛情が湧くものである。しかし私が、この特定の種類の残虐行為を発見したとき、私は何にもまして自分の人間性に対する信頼が揺らいだ。私には、これは人類文明の汚点であると思われる。私はその汚点を除くために何かをしなければならないと感じた」

アルベルト・シュヴァイツァーは、動物愛好家よりも博愛主義者として知られている。しかし、彼が一九六五年死の数週間前、ランバレネの密林の病院から行った有名な「世界への呼びかけ」は、動物実験に関連したものであった。チューリッヒで開催中であった世界動物実験廃止会議に向けて独仏両国語で述べられたこの呼びかけは、スイスのテレビ局でも読み上げられ、つぎのような言葉であった。

「われわれは、動物を扱っている無意識の残虐性の精神と戦わねばなりません。動物もわれわれと同じように苦しみます。真の人間性は、動物に苦痛を与えることを許すものではありません。われわれはこのことを悟るのが遅すぎました。全世界にこのことを認めさせるのが、われわれの義務であります」

アルベルト・シュヴァイツァーのような偉人でさえ、このような結論に到達するのに生涯にわたる経験を必要としたからこそ、私は前に、動物実験反対主義は成熟度の印であり、それと同じ主旨で、その反対は幼児性、知能遅れの印であると言ったのだ。もっともそれよりひどい精神を表示している場合は別であるが。

道徳感覚

人間は道徳的な生物である。道徳感覚は人間の非常に深いところに根付いているので、どのような盗人も人殺しも、盗みと殺人行為に対する処罰を廃止するように求めたことはない。

人間の組織をこれまで支配し、また現在も支配している法は、道徳感覚、つまり正邪に基礎を置いている。そしていかなる宗教も法律も、正邪の定義をすることが必要であると考えたことはない。誰もこの言葉の意味については疑問を持っていないからである。

現代の似而非科学の崇拝者のみが、道徳と不道徳、正義と不正、善と悪を非科学的な概念と見なしている。なぜなら、それは実験室で再現することが不可能であるからだ。

イタリアのシルヴィオ・ガラッティーニ教授のように、実験室で製造された人工ホルモンは、あらゆる点で生命体が作り出すホルモンと同一であると明言できる者は誰でも、道徳律は理解しないであろう。なぜなら道徳律は外科医のメスで露出させることはできないし、試験管の中で再現することもできないからである。そういうわけで、サルの頭の移植手術者、クリーヴランドのロバート・ホワイト博士は、「人間性喪失などは存在しない」と断言できるのである。その理由は、彼自身人間性の観念を失ってしまったか、持ったことがないので、それが欠如していることに気が付かないだけである。そして、動物は苦痛を感じないなどと言えるのである。その理由は、彼らの苦痛——彼自身の苦痛は別として——を感じることができないだけである。トマス・ウルフはこう問いかけた。「盲人に物が見えないからといって、光がないと言えるだろうか?」

動物実験者たちの推理が非科学的であるのは、彼らが生命の感知できない現実を考慮に入れていないからである。道徳律は、このような感知できない現実の一つである。そしてこの現実を理解していないからこそ、実験科学を生物に適用する場合に必ず失敗し、必ずその誤りで悲劇的な結果が生じるのである。

道徳感覚は、憐れみの根底にある。憐れみとは同情、つまり、他人の苦しみを自分の苦しみであるかのように憤慨できる能力である。憐れみの欠如は鈍感の印であり、苦しんだり虐げられたりしている者と自分を一体化できないことである。憐れまねばならないのは、ひどい扱いを受けていたり親をなくした子供、老人、病人、そして無力で虐待されているすべての者である。この中には大多数の動物が含まれる。そしてわれわれは、彼らが天国に行けるか行けないか、推理力があるかないか、物が言えるかどうか、数が数えられるかどうか、投票できるかどうかなどを自問してはいけない。ただ一つ、「彼らは苦しむことができるか」と問うてみなければならない。そして彼らに苦しむ能力がありすぎることが、その不運なのである。

「憐れみは愚か者の中にはなく、賢明な者の中にある」と、エウリピデースは二十五世紀前に書いた。そして現代ではトマス・ウルフが、この古代の思想に豊かな素晴らしい衣を着せて『天使よ、故郷を見よ』の中でこう書いている。「憐れみは他のどのような感情にも増して、『習得される』感情である。子供はその感情を一番持っていない。憐れみは人間の記憶の限りない集積、人生の苦悩、苦痛、悩みから、経験の積み重ねから、忘れた顔、失った人から、そして見慣れないものであるが、いつもわれわれから離れない、時の中の無数の人の面影から生じるものである」

これまで苦しんだことがありながら、憐れみの心を持たない人は、知性面で人間の持っている、まことに困った冷淡さの証拠となっている。ナチの強制収容所で生き残った人びとの中に、以前の動物実験者が若干いたが、彼らは――女性を含めて――解放されるとすぐに実験室に戻った……。

数世紀にわたる人間中心の宗教教育――人間を宇宙の中心的な事実、最終目的として提示する教育――は、憐れみはもっぱら人間にしかない特質と考えるように教えてきた。だがそうではない。なぜなら、動物も同情の心を持っていることをすでに見てきたからである。だから、このことからわかるのは、トマス・ウルフがどう言おうとも、憐れみはまた生来の感情あるいは本能であって、それがない者は不自然な存在であるということだ。そして残念にも、このような不自然な存在は人類に一番多いのである。

動物でも、子供を殺したり、育てないで死なせてしまうことはあるが、それは人間に捕らえられているとき（動物園、輸送中、実験室）だけか、育てることができない状況にある場合だけである。しかし、安眠を妨げるからという理由で、自分の子供が殺せるのは、世界に人間しかいない。イギリスでは毎年七百人の子供が、親から殴られて死んでいる。そしてこのことが死亡の原因であることがわからない事例が何件くらいあるのか、また虐待に耐えて生き延びている子供がどのくらいいるのか、誰も知らない。

ニュージャージー州ティーネックにある法律・社会過程研究所の所長、スィオ・ソロモン博士は、テキサス女子大学のセミナーでこう語った。「暴力はわれわれの社会に組み込まれていて、一九六〇年代の初期までは大きな問題とは認められていなかった児童虐待は、その一部となっています。今日では、全米に七百万人の虐待されている児童がいます」彼はさらに、ニューヨーク市では前年八十六件の児童の殴打死があり、そのほか二四〇件の死は、おそらく虐待か怠慢が原因であろうと付け加えた（インターナショナル・ヘラルド・トリビューン紙一九七四年四月十三日付）。

一九七五年二月十四日、同紙はAP通信のジョン・T・ウィーラーの記事を報じた。「……そしてデニスは一九七四年に児童虐待の結果死亡した、推定三万から五万人の子供の一人となった。およそ四五パーセントは年齢四歳未満であった。このほか何千人もが、児童虐待によって不具になったり、心理を歪められたり、精神障害を起こした。全国的に認められている権威者レイ・ヘルファー博士は、合衆国で次第に問題となっているこの原因で死亡する五歳未満の子供の数は、疾病で死亡するその年齢範囲の子供の数を上回っていると語っている」

子供の扱い方から判断するかぎりでは、動物のほうが全体としては圧倒的に人間より優れている。彼らが人間より劣ることは証明しにくい。それなのに、われわれは彼らを拷問にかける道徳的権利があるというのである。

歴史の教えるところでは、新しい宗教が支配するようになると、古い宗教の神は、新宗教の悪魔となったということである。愛や感傷とかは、以前の宗教の神であり、思慮と感情に富んでいるすべての人の最高の理想であった。今では一部の人たちにとっては、科学が新しい国教となり、科学者がその司祭である。アメリカのような「進歩的」と考えられている国の若者の間で一番社会的信望のある職業は、科学者である。そして科学は、人間と動物の両方のいけにえが、白衣を着た無感動な司祭によって平然と捧げられる新宗教である。これは思慮のない大衆に文句なく受け入れられ、彼らにとって「感傷」という語は、汚ならしい言葉になったのである。

もちろん、感傷は存続する。事実それは、何世紀もの間隠さねばならず、公然と話題にしたり見せたりすることができなかったセックスと同様、消滅させることはできない。しかし、セックスは最近隠れ家から出てきて、人びとはついにそれについて話したり見せたりすることができるようになり、一方感傷のほうは地下に潜らねばならなくなった。こちらはもう社会的に受け入れられないものである。種々の「第三世界の飢えている子供を助けましょう」というアピールでさえ、結局は与える者の利益になるという宣伝をしなければならない。もしそれが感傷や隣人愛だけを基礎にしていたならば、疑惑か嘲笑を受けるであろう。今日の世界では、感傷が以前はセックスにつきまとっていた罪深さに取って代わってしまった。動物実験反対者に一番浴びせられる非難の言葉は「感傷主義」であるばかりでなく、それは動物実験反対者自身が、まるで社会的に癩病患者の烙印を押されたかのように、むきになって否定する非難の言葉でもある。

大多数の動物実験者は、無神経にヘロデやヒトラーの議論を引き合いに出して、目的が手段を正当化すると言う。しかし、動物実験の利益などと称せられているものは存在しないという事実はさておいても、物質的な利益があるなら残虐行為は排斥すべきものではないという理屈は、どう見ても頂けない。

事実、動物実験を正当化している唯一の理由は、私には宗教的なものとしか考えられない。もしデカルトやトマス・アクィナスの動物蔑視に基づいたローマ教会の盲目的な見方を受け入れるならばの話であるが。宗教上の問題は、いずれにしても筋違いなものである。人間が不滅の霊魂を持っていることは、動物がそれを持っていないことと同様、経験的には立証できないからである。今まで繰り返して立証されたことは、今日のカトリック教会の見解を形成するのに大きな影響のあった聖トマス・アクィナスの説は、動物が理性と意志と感情を持ち合わせていない生き物であると見なした点で大いに誤っていることである。それでヴォルテールは――人類が生んだ最高の知識人の一人であるが――アクィナスを卑小で偏狭であるといって遠慮なく非難したのであった。ついでのことながらきわめて特徴的なことであるが、聖トマスは、女性も霊魂を持っていないと考えていた。

しかし実際には、動物実験者の中で、人間と動物が完全に異なるという神学上の見解を承認しようとする者はほとんどいないであろう。いやそれどころか、両者の類似性が、動物実験という行為の言い訳そのものになっているのである。しかし、生物学的な段階では人間と動物に区別はないし、絶えず行われている行動主義者の実験が立証しているように、心理学的な段階でも区別はないと断言しているその当人が、道徳的な次元では全然異なるということをどうして主張できるのだろうか？

動物実験賛成者は、きわめて簡単な解答をする。人間はもっとも知的な種であるから――そして彼らはこのことに疑いを持っていないのだが――そのこと自体で、他のすべての生物を好き勝手にする権利があるというのである。

しかし、知的な優越性があるから道徳的権利が生じるというなら、白痴、知恵遅れ、無学文盲の者、ジプシー、黒人、共産主義者、資本家、プロテスタント、スイス人、いや自分の個人的見解で知的、道徳的、宗教的、政治的、人種的、民族的、文化的、その他の段階で劣っていると考えているすべての人間を実験台にすることが許容されるはずである。そして、多くの心理学者の説では大方のサルの知性以下であるとされている、動物実験者を生体解剖することも許されるだろう。

さらに、人類の利益のために実験室の動物を拷問にかけることが正当なら、百人の人間の利益のために一人の人間を拷問にかけることも正当だということになるだろう。事実、動物実験を正当化するどんな理屈でも、人間の生体解剖に同等に当てはまるのである。

自分たちに利益があるらしいということで、動物の際限のない虐待を進んで許すような人は、このような利益があると仮定されれば、他の人間も同じように苦しめて平気なのである。「結局のところ、いつかはそれが私の利益になるだろう」と、この沈黙している多数者は考えているらしいが、これでは彼らの道徳感覚はその科学知識と同じ位低い水準である。

それでも、実験室で行われていることがすべて大多数の人びとに知れ渡るようになれば、徹底したサディストや動物嫌いは別として、人間生来の利己心をきっぱりと忘れて、廃止を要求するようになるだろうと、私は確信している。

どの国でも、動物実験反対者は二つの派に分かれている。「規制派」と「廃止派」で、お互いに相手が運動の進展を邪魔していると非難し合っている。規制派には一部の医師や獣医師が入っていて、彼らは動物実験の「濫用」は法で禁止すべきだが、「不可欠な」実験はこの限りではないと言っているが、どの実験が「不可欠」なのかは明確な表明をしていない。

廃止派はつぎのことを指摘する。つまり、医学の全歴史を見ても、人間にとって反論の余地のないほど有益な実験の例は一つもないが、誤った結論や、測り知れない害のもとになったものや、際限にない悲劇は数えられないほどであると。そして、動物実験はまた道徳的にも間違いであるから、「規制する」のではなく、法律によって禁止するほかはない。

何かが道徳的に誤っているなら、どんな法律を作っても、正しくはならない。廃止論者はさらに、廃止をすれば医学はただちに進歩し、誤った道を棄て、もっと信頼性のおける代替研究法に努力を集中せざるをえなくなるだろうと主張する。そしてとくにもっと有効な予防医学に重点を置くことになろうが、これは誰にも害を与えるものではなく、市民の財布にも害はない——しかしこの理由があるので金銭的に儲かるものではない。

動物実験は、無数の動物や誤った医学の人間の犠牲者に直接に与える苦痛以外の責任がある。それはまた、故意に絶えず与えられる拷問のことが頭を去らない人びとを、本当に長い間苦しめる点に責任があるのだ。動物実験者と動物嫌いだけが、こんな苦痛を鼻の先で笑い飛ばすことができる。

「われわれを夜眠らせないこの日常の犯罪」と、イタリアの作家ディノ・ブッツァーティは書いた。そしてその思いはリヒアルト・ワグナーにはとても耐えられなかったので、彼はそれが自分の創作活動全体に影響すると感じたほどであった。動物実験に関する三篇のエッセイの一つで、彼はこう書いた。「彼らの苦痛のことを考えると、恐怖と困惑が私の魂に侵入してくる。そして呼び起こす同情心の中に、私は自分の道徳的存在のもっとも強力な衝動と、私の芸術すべての源泉となるであろうものを認めるのだ。われわれが戦っているおぞましい行為の全面廃止が、われわれの目的でなければならない。動物実験者を徹底的におびえさせ、人びとが枷と棍棒を持って彼らに向かって立ち上がるさまを見せてやらねばならない。困難や犠牲があっても落胆してはならない」

私はある日、フランスから一人の若い非常な美人が訪ねて来たとき、ワグナーのことを思い出した。この女性は学校の教師で、ローマの私のところに、ただ希望の言葉を与えてもらいたいとやって来たのであった。つまり、残虐行為は将来いつか必ずなくなると信じているという私の言葉を聞きたいためであった。別れるときになって、本来ならば希望に燃えた将来に輝いていたであろうこの若い女性は、突然わっと泣き出して、絶望して言った。「このことは私の生きる喜びをすっかり奪ってしまいます」

ワグナーの生きる喜びが、動物実験者の罰も受けないで絶えず犯されている犯罪によってどれほど暗いものになったかは、ドイツの動物実験反対の指導者エルネスト・フォン・ウェーバーに宛てた彼の公開書簡に表れている。「もし動物実験が広まるとしたら、その主張者に感謝することは少なくとも一つはあるでしょう。つまり、われわれが亡くなるときには、『ドイツ・レクイエム』は演奏してもらえないでしょうが、イヌ一匹住みたいと思わないような世界に喜んで進んでおさらばができることです」

誰よりも動物実験者が一番よく心得ているのは、彼らが行っている組織的な拷問は、どのような動機があり、どのような成果を生んだとしても、もし一切のことが万人に知れ渡れば、いかに人間が利己的であるとしても、圧倒的多数の人には受け入れられないだろうということである。だからこそ、アメリカにおいてさえ、彼らは鍵を掛けたドアの内部で仕事をし、証拠を隠そうとするのである。そしてこのことだけでも、彼らの資格を剥奪するのに十分であろう。

善意の規制主義者もいるかもしれない。しかし私にわかっているのは、もし私が動物実験者であったら、同僚にはこう忠告するだろうということである。つまり、自分は動物実験反対者である、ただし規制派だと宣言しろと。これが動物実験を永続化する一番確実な方法である。

代替方法

これは恐ろしく広範な、きわめて専門化した技術分野である。事実、動物実験自体よりもはるかに範囲が広いのである。私は読者に、そのおよそのことを説明するために、簡単に触れるだけにする。じつを言えば、代替方法という問題全体は、本書の基本構想とは無関係のことである。本書は、動物実験は科学を誤らせるものであり、道徳を腐敗させるものであるから、法律によって廃止しなければならないことを立証すれば、それで十分なのであるから。さらに、「代替方法」研究を増やせという主張が暗に意味していることは、すでに開発された何十万もの新薬を継続して増加させろという主張である。しかもこの医薬品が用いられるのは、ほんの一握りの疾病であり、これらは、治癒できるものは自然的方法で治癒できるし、治癒不可能ならば治しようがないのである。そうはいっても、読者につぎのことを示しておくのは重要である。すなわち、動物を用いなくとも何ができるか、そして医学研究の領域では当初から何かできたのかということである。

前世紀に、動物実験がおぞましく拡大しはじめたとき、多くの反対者はこう言った。「科学の進歩には、動物実験よりいい方法があるに違いない」そして今世紀が進むうちに立証されたように、彼らの考えは正しかった。

生検、流産した胎児、臍帯、胎盤等から得られる人間の組織、細胞、器官の培養は、医学研究で多くの用途があり、とくに免疫学と毒性学では価値あるものである。この面では大半はいまだに動物が使用されているのだが。他に応用できる分野は、癌研究、発生学、内分泌学、遺伝学、病理学、薬理学、ウイルス学、放射線生物学、奇形学（胎児の奇形の研究）である。毎日死亡する何千人の人の死後解剖から得られる組織の見本は、およそ名前の付く病気ならば何にでも、そして必要以上に多量に利用できる。

最近まで関節炎――きわめて一般的な関節の疾患であって、痛みと腫れ、運動機能の喪失、時には関節の変形を生じるものであるが――の研究は、ほとんど動物を利用して、物質を動物の筋肉や関節に注入したり、それに外傷を生じさせたりして行われていた。これは明らかに無意味な方法である。人間の場合は、この疾患は注入作用や外傷の結果起こるものではないからである。治癒を目的とする関節炎研究のもっといい方法は、傷害を受けて関節炎になり、外科手術をして矯正しなければならない人間の患者や、事故で死亡した人の関節軟骨を切除して検査することである。この正常でない軟骨は実験室に数日ないしは数週間保存でき、その期間中に種々の薬品に対する反応が観察できる。

医学研究では、コンピュータは診断やデータ処理だけではなく、医薬品試験、条件反射、腎臓機能、心臓病、破壊および増殖研究に使用することができる。

クロマトグラフィーと質量分析の技術を併せて、人体における医薬品の微細な痕跡を検出しその分析を行い、人体に危険を与えないで、一つの医薬品の代謝作用を間違いなく研究できるが、これは他の種の動物を使用した場合は解答は当てにならない。

妊娠検査は、現在では化学的方法で、数分でできる。ウサギを用いる検査方法の場合のように、十日も待つ必要はない。培養試験を行えば、結核の疑いのある患者の検査に、お定まりのモルモット接種をしないですむ。

破傷風の抗毒素血清や黄熱病ワクチンの検査に用いられるマウスは、現在では有利な代替方法がある。下等な生物が、医薬品の副作用のスクリーニング、栄養研究、麻酔剤の研究に関連して用いられている。

筋肉や骨の構造を含め人体の解剖学的特色を模擬した人体人形が、フォルクスヴァーゲンで自動車衝突事故研究に用いられてきたが、これまで犠牲になってきたアカゲザルや妊娠したヒヒを用いた実験を寄せ集めたよりも、はるかに信頼の置ける結果が出ている。

新しい細胞培養で、腫瘍細胞の不活性化と破壊のための治療の効果を試験できる。

とくに顕著なのが、サリドマイド症例においてこのような代替方法が優れていることが実証されたことである。それを考案したのは、トルコのアンカラ大学ウイルス学教授のS・T・アイギュンである。彼はニワトリの胚を用いて、数週間経たないうちに、サリドマイドが胎児に及ぼす危険を発見し、この医薬品が他の多くの国で販売されていた間に、トルコ国内での使用認可を阻止した。また、ニューヨークの海洋生物化学・生態学研究所の所長ロス・ニグレリ博士は、つぎの発言をしたことが広く引用されてきた。「医薬品検査をするのに、われわれはウニの卵を用いています。サリドマイドの場合も、ウニの卵で試験していたらすぐにわかったでしょう」（マーガレット・B・クリーグ『緑の医学』より。一九六四年シカゴ、マクナリー社刊）

一九七二年三月二十日号の『ニューズウィーク』誌は、スタンフォード大学医科微生物学教授レナード・L・ヘイフリック博士が、動物を用いないで新しいワクチンを開発し、これは合衆国政府機関の生物学的製剤基準局を満足させたと報じた。「ヘイフリック博士は、スウェーデンで流産した胎児の肺から取った細胞を利用して、ヒト細胞の新しい系統を開発しはじめた。この細胞はWI—三八という名で知られているが、ほとんど無限の数の完全に同一の培養基で作られ、数年の期間冷凍状態で保存でき、必要な場合は世界のどの場所でも増殖媒体として解凍すればよい。それと比べて、サルの腎臓細胞を用いた培養ワクチンは、新しいワクチンのバッチごとに新規の細胞が必要になる」

世界的に人体試験が行われたが、WI—三八にはなんら発癌性の成分は発見されなかった。ユーゴスラビアとイギリスで広範な試験が行われた。一九六〇年には、生物学的製剤基準局のバーニス・エディが、小児麻痺の生ワクチン培養に用いられていたアフリカ産のミドリザルの腎臓細胞に混入していたウイルスが、ハムスターに癌を発生させることを発見した。「幸いその混入ウイルスは人間には害はなかったが、フィラデルフィアのウィスター研究所のレナード・ヘイフリック博士（スタンフォード大学に転任する以前の所属）にとってこの発見は、ワクチン製造のもっと安全な方法を考えるべきであるとの示唆となった。ヘイフリック博士の新ワクチン製造法は、ワクチンの監理を担当している生物学的製剤基準局の承認をついに受けた。各ワクチンに認可が与えられ、ファイザー研究所に対し、人間の細胞で増殖させるディプロヴァックスという名の経口小児麻痺生ワクチンの生産を局は許可した」『タイム』誌も同様の報道を行った（一九七二年四月十七日号）。

以前は、狂犬病のワクチンは、ウサギの脊髄液かヒツジの脳を用いて製造された。それから、アヒルの卵でもっと安全な製品ができることが発見された。しかし、人間の組織あるいは細胞培養を用いたほうがもっと安全であることが立証された。ソ連では、全ワクチンの九〇パーセントは現在代替方法で生産されている。これは動物による方法よりもはるかに安全で、長い間の動物実験反対派の主張を裏づけているのである。

以上述べたものは、過去に完成された種々の代替方法のほんの数例に過ぎず、現在では数千を数えている。

イギリスがこの分野でも先頭を切っていて、種々の財団の援助を受けて、他のどの国よりも急速に拡大させている。これらの財団の一つは、この問題に関する情報と通信の要求に応じはじめ、各国の研究者と直接の接触を持っている。また、生きた動物を使用しない研究企画を援助する賞金や助成金を、科学者が利用できるようにしている財団もある。

代替方法の技術分野は、これらの財団の助成金があるだけでなく、より優れているという理由で急速に拡大している。このような技術の多くが大手の製薬企業の実験室でも開発され、利用されている。しかし、代替方法が存在する場合でも、動物が犠牲になっていることが多い。その理由は遅れた法律が動物試験を要求していることもあるからである。

しかし代替技術そのものが、可能であり当然と思われる程度に普及しないのは、次代の科学者を養成する大学人や、動物を使用している病理学者が、たとえば高等数学のようなこれらの新方法に必要な知識を教えられてはいず、また人間の組織の生きた細胞の培養を研究することを教えられていないからでもある。彼らは死体の組織か動物の組織を検査する訓練しか受けていないのである。

もし動物実験が当初から禁止されていたならば、これらすべての進歩的な技術はもっと早く開発され採用されていて、医学に測り知れない利益を与え、人類は動物実験から得られた誤った解答に起因する無数の悲劇をこうむらなかったであろう。

案の定、以前から後進的な、動物実験主義の『アメリカ医師会雑誌』(JAMA)――これは数年前、六百万ドルの余剰金を製薬株に全部投資したことが報道されて、醜聞を引き起こしたが――は、新しい人道的な科学技術を嘲笑した。一九七二年、イギリスのFRAME(医学動物実験代替基金)を論じた編集部論説は、つぎのように言った。

「FRAMEはFRAUDS(詐欺)と呼んだほうがいいであろう。FRAMEの意図は純粋なものであるが、その根本の動機は動物実験反対であると信じる理由が十分にある」この恐ろしい疑惑を表明してから、論説者はつぎのようなまことに当を得た批評をした。「これらの方法が、たとえば神経生理学の動物実験の代用にどの程度なるのかは、理解しにくい」

神経生理学の実験は、本書のいろいろな項で実例を挙げたが、特別に残酷でばかげていて無益な種類のものである――残酷性や愚劣さや無益さに等級を付ける価値があればの話だが。そして、それは実験者のすでに憂うべき精神状態を悪化させることにしか貢献していない。であるから、JAMAを警戒させた人道的な基金は、こんな実験の代替方法を発見することもできず、しようともしないであろう。むしろこの病的な神経生理学の実験者たちを特別施設に収容して、おそらく正気に戻らせるための援助さえするであろう。

したがって、動物実験は法律の強制によってしか廃止できず、またいかに優れたものであろうと、代替方法のみによって廃止できるものでないことは明瞭である。どのような種類の代替方法も拒否している研究者が多すぎるからである。

フィラデルフィアのアメリカ動物実験反対協会のオーエン・B・ハントは、一九七五年七月二十六日、ジュネーヴのメディテラネー・ホテルでの演説で、この問題を興味ある観点から見た。

「レダリー研究所は六年前、アヒルの胚を利用して作用の激しくないワクチンを発見しました。これは、患者に数週間、苦痛が多くて危険な注射をするパストゥールの治療法の大幅の改善策です。しかし、作用の激しいパストゥールの方法が、アメリカではまだ用いられています。なぜでしょう？　政府の金が簡単にもらえるからです。サル——百万匹以上のサル——から取るセービンやソークのワクチンがこれまで用いられてきました。ヘイフリック博士のヒト細胞の培養基は、永久に世界が使用できるほどのワクチンを生産でき、ワクチン用の細胞は増殖でき、使用するまで恒久的に冷凍できます。そして世界のあらゆる研究所がこの細胞を利用できるのです。それなのに、サルがまだ何万単位で使用されています。なぜでしょう？　政府の金が簡単にもらえるからです。アメリカ陸軍と空軍は、一九七三年七月に、やがては全部死ぬ六百頭のビーグル犬の子犬を使用して毒ガス試験をするために三五〇万ドルをもらいました。しかし、空気中の汚染ガスを迅速に確認できる方法は、ベル研究所の科学者ロイド・B・クロイツァーがすでに考案しています。レーザーとコンピューターを使用する彼の方法では、ガスの濃度を〇・一ＰＰＭまで検出できますが、これは現在の大半の汚染規制基準が要求している一〇倍の感度です。陸軍と空軍は、このことやこれまでの多くの類似の情報を十分に承知していながら、二年間継続する実験にビーグル犬をどうしても使用すると言い張って、三五〇万ドルの請求をしたのです」

しかし、関係のあるのは金だけではない。一部の実験者の実験動機は、金銭ではなくて、彼らが「科学的好奇心」とお上品に呼んでいるものなのである。彼らは生きた動物が使えないとなれば、研究に対する興味を失うであろう。

このような人びとにとっては、動物実験行為は何の論理的根拠もない一つの固定観念になっているのである。このことは、サルの頭の移植手術者であるロバート・ホワイト博士が、『アメリカの学者』（一九七一年夏季号）につぎのように書いたときに表れている。「われわれの社会の技術進歩と増加する人口のため、空気、水、土地を産業および人間が汚染することによって、さらに重大な健康の危機が生じてきた。それで実験動物の使用によって、生物汚染の許容限度を確立し、人間のための汚染制御と除去の方法を考案することが、生物医学研究の新しい問題となるが、これは人類の存続にきわめて枢要なものとなるかもしれない」

これを書いたとき、ホワイト博士はすでに十人の子供の父親であった。このように男として世界の過剰人口とその結果としての汚染に最大の貢献をしておいて、どのような解決法をホワイト博士は勧めているのであろうか？　驚いたことに、自分自身の無思慮な不節制の身代わりのヤギとして罪のない動物を使うということなのだ。

さて疑問がある。生物汚染を測定し、その結果汚染制御と除去を考案するための、動物試験よりはるかに正確な方法として、ここ数十年化学的方法が存在している。ホワイト博士のような「科学者」がこのことを知らないのであろうか？　それとも彼は、動物実験が治癒しがたい偏執的な強迫観念になってしまっているタイプの人間なのであろうか？

別の例がある。中国の鍼療法は、数千年前動物実験などによらず完成され、名人の手によるときわめて効果があり、外科手術の場合全身麻酔ができるほどである。これはその後変化してこなかった。変化させる必要がなかったからである。ところが、動物に「試験」されているが、動物はどのような感じなのか報告してくれないし、いずれにせよ人間とは違った反応を示す。というわけで、歴史上初めて、数千年間簡明さと実用性で模範的であった医学のこの部門も、動物実験者の所業で純粋性を失いはじめている。

残念なことに、西欧の航空機や核兵器を見て畏怖の念に打たれ、中国人はわれわれの技術的優越性が医学技術にも当然当てはまると考えている。そこで彼らは「赤脚医生」たちの持っていた数千年の知恵を捨て、使用効果の実証されている薬草の代わりにわれわれの発癌性の奇跡の医薬品を用いるようになり、一方大学では中国の歴史上初めて、西欧を真似たベルナール実験室式の下位文化を作りはじめたのである。

見込みのない運動か？

少し前のことだが、チュニスにいるあるイタリア人の学校教師が、私につぎのような手紙をよこした。「あなたの動物実験反対の記事は、私や私のような他の人びとの気を休めてくれません。動物実験のことは頭からすっかり追い払ったと思っていると、またあなたがそのことを思い出させるので、心が痛むのです。どうかそのことを忘れて、われわれを平和に暮らさせてくれませんか？　いったいどうやって世の中の一番強い三つの力――人間の愚かさ、残酷さ、貪欲――を打ち負かすつもりなのです？　廃止運動は、見込みのない戦いです」

クロード・ベルナールが動物実験を少数の生理学者の薄汚い地下室から引き出し、それを学問的な地位にまで高めて以来の普及状態を考慮すれば、廃止運動は見込みのない戦いと思われるのも無理はない。善意はあるが無害な少数の素人が行っている、指導者もなく組織もまとまらない抗議運動は、敗北する運命にあると思われるであろう。しかし過去に何度となく、一見無力な運動が、不動と思われた政治社会組織を覆すのに成功した例があるのである。初期のキリスト教徒（「誇大で非現実的な空想を抱いた少数の連中」）は、何の権力もなかったが、ローマ帝国、ヘブライの正統教義、そして北欧やアジアやモンゴルの好戦的な侵略者集団よりも、ヨーロッパ文明を形成するのに寄与したのである。彼らの組織が裕福になり多数となって、それによって精神的価値が弱体になったときに初めて、キリスト教世界は決定的な影響力を失ってしまったのである。

最近のある調査で意外なことがわかったが、それは近頃は宇宙飛行士よりアルベルト・シュヴァイツァーを尊敬している若者の数が増えているということであった。これは数年前とは大きな違いである。フランスの哲学者ジョゼフ・ジュベール（一七五四―一八二四）が書いているように、詩人は美の探求の中で、真理の探究をする科学者以上に真理を発見してきたのである。だから今日では哲学者、作家、芸術家は科学者以上に今まで世界に寄与してきたと感じはじめている人が増えているのである。

「ではこの人が大きな戦争を始めた小さな婦人ですか」と、エイブラハム・リンカンは、ハリエット・ビーチャー・ストウに会ったときに言った。彼女の『アンクル・トムの小屋』はアメリカを揺るがし、世界に人種差別とはどういうものかを教えたのであった。この小さな婦人は戦争を実際には始めなかったにせよ、彼女の著書はその気分を醸し出すのに大きな役割を果たしたのである。

またチャールズ・ディケンズは、一つの小説を書いたが、それは英帝国の自己満足的な態度を打ち砕き、ロンドンに腰を落ち着けていたカール・マルクスに一篇の社会学的な著書を書かせるきっかけとなり、その著書は世界の社会観を倒転させ、ボルシェヴィキの革命を実現させた。マルクスの思想はそれからアドルフ・ヒトラーによって、一つの社会組織のなかに組み込まれ、ローズヴェルトの社会保障制度の規範となり、それはまた政治体制のいかんを問わず、他の大半の国の指針の役割をした。こういったことはすべて、ただ一つの芸術、哲学、美学の思想書から発生したものである。科学からではない。近代医学のもっとも大きな一歩――ゼンメルヴァイスが古代衛生観の重要性を再発見したこと――は、科学の結果ではなくて、感情と思考の結果であったのと同様である。言葉を換えれば、哲学の勝利であった。そして、重大な改革の例に洩れず、その思想を真っ先に歓迎すべき階層の人たちからの反対と嘲笑を受けたのであった。

今日の大半の動物実験反対運動組織の方針は、行き過ぎを避けようとして、公衆の感情に訴えて苦しんでいる動物のために「感傷的な」嘆願をすることを避けることである。しかしここに彼らの大きな誤りがある。それはこれまでの運動の失敗が示していることである――というのはどんな楽観論者でも運動がこれまで成功であったなどとは主張できないだろうから。大多数の人間は、今まで論理よりも感情に動かされてきた――ただし、強力な感情にはつねに論理の基盤があるものであるが。歴史の流れを変えてきたすべての大衆指導者は、そのことを承知していたのである。

人間の感情と情緒を、まるでそれが存在していないかのように好んで無視する人は、無生物と同様な実験が生命体にもできると主張するクロード・ベルナールの弟子たちと同じく、非現実的で非科学的である。

しかしまた、運動に正当性があれば戦いも容易になると考えるのも、非現実的である。その逆である。正当な運動は、既存の社会面、政治面、教育面の構造にしっかりと食い込んだ既得権益を持つ層からの強力な反対が当然ある。すべて善を実現しようとする運動には、これまで、金持ちで権力者で無慈悲な反対者がつねにいた。運動が善なるものであることが証明されるのは、敵がいることによってなのである。しかしそのことはまた、運動は願望だけでは勝利を収めないという意味でもある。

奴隷制、児童労働、クマいじめ、闘鶏のような行為を究極的に廃止させたのは、少数の不屈の人道主義者、すなわち「ヒステリックな妄想家」のひるまぬ決意であった。これらの忌まわしい行為を禁じている法律を是認しないような人は、今日はほとんどいない。しかしその当時は、教会と政府を含む大多数の人間は、その廃止に反対したのである。であるから、動物実験反対運動は、運動員の数で評価してはいけない。これらの人びとは、鈍感な大衆の良心に感化を与える存在であって、それを変化させて知的に正気の状態にする存在なのである。ちょっとした火花が散れば、一大燃焼が起こることもある。

数世紀にわたって、カトリック教会は、人間の拷問の罪を犯していた。そして教会をあえて批判した少数者は、狂人か危険人物として鎖に繋がれた。なぜなら拷問は罪びとの魂を救済するために行うのだとされていたからである。しかし、啓蒙運動が普及するにつれて、公衆の反対があまりにも強くなってきたため、教皇の教書ですべての宗教的な拷問を廃棄させねばならなくなった。したがって、動物実験の残酷さと被害の情報が広まるにつれて——そしてそれを広めることがわれわれの義務であるが——公衆がいつかはこの行為に反逆を起こし、公的な医学はもはやそれ自体の犯罪を赦免することができなくなり、大多数の人びとの前に頭を下げて、もしその巨大な利益の収穫を引き続き上げたいと望んでいるなら、新しい方法を選ばなければならない日が来るであろう。

ジョージ・バーナード・ショウ、リヒアルト・ワグナー、マーク・トウェインは、動物実験に妥協せずに反対した多くの偉人の中に数えられるが、実験が無益であるという武器を一貫して使おうとしなかった。

ワグナーはこう書いている。「もしわれわれが、無益であることが立証されたからというだけの理由で、動物実験を廃止するなら、人類は何も得たことにはならないであろう」そしてショウはこう言う。「もし教義としての人道的態度を放棄し、これは実益があるかないしはありそうかということで決定される問題だと言うならば、どうにもならない間違いを犯している……もし動物実験者に、彼が行った実験は何の実益も生まなかったことを示して論争をしようとするなら、実益を生んだなら実験は正当であったと考えるという意味になる。私はそのような立場は認めない」（『ショウの動物実験批判論』一九四九年、ロンドン、アレン&アンウィン社刊より）

当然のことであるが、今日の「科学者」の大半は、道徳的な考慮は場違いである、憐れみは人間の進歩を測定する尺度ではないと主張している。しかしそれならば、人間の進歩を測る尺度は何であるというのか？　暴力か？　そうであるなら、動物実験反対者に、実験者に対し何が何でも暴力を行使させようではないか。

トウェイン、ワグナー、ショウおよび最近亡くなったジョン・ヴィヴィアンのような同じ考えに立つ人は、動物実験は倫理的な根拠のみにもとづいて廃止すべきであること、それが無益であるという理由で廃止されるなら、人類は敗北するであろうと主張したことは正しかった。しかし今日では、どんなお目出たい楽天家でも、トウェインやワグナーの時代、いやもっと近くショウの時代と比べても、人類がより人道的になったとは断言できないだろう。前世紀の終わりに、ジョン・ラスキンは、オックスフォード大学に生理学科（動物実験科）が開設されることに抗議して、教授を辞職した。そして、一八七九年七月十五日に、トルーロ卿は議会に全面廃止の法案を提出したが、成功しなかった。彼は当時の有数の政治家の一人で、七代目のシャフツベリー伯爵であったが、法案提出の裏づけとして、フリードリッヒ・ゴルツ教授の記録を引用した。この教授はストラスブールの動物実験者で、若い牝イヌの神経系に、特別にぶざまで嫌悪感を催し長期間継続する実験を行ったとして自慢していた。シャフツベリー卿は、その演説の終わりにつぎのように言った。「私ならこの教授よりも、イヌになるほうがまだましだと思います」　このような発言ができる重要な政治家が今日いるとは想像しがたい。

であるから動物実験が、少数者が行い、多数者に批判されていた前世紀の間に廃止されなかったのなら、多数者がせっせと無視し、政治家には暗黙裡に認められ、人類の歴史上もっとも儲かる企業が金を注ぎ込んでいる今日では、見通しは希望がないと言われるに違いない。

しかし一方、新しい事態が生じてきた。

動物実験が単に無益であること以上にひどいものである事実がわかったことである。それは公衆衛生に与えた害毒に直接責任があり、その害毒は幾何級数的に増大し繁殖しており、過去において医学の犯した過失が葬られ去ったようには、もはや葬り去ることができなくなっている。そしてその害毒は「科学者」たちに確認されてきたが、その連中は取りも直さず害毒を流した当事者であり、原因は彼らの学校教育の最初の日から宗教上の教義のように叩き込まれた、誤った方法論のせいであった。

意義のあることは、動物実験がまったく当てにならないので危険であるとして頑強に非難した人びとは、ショウのような人道主義者ではなくて、著名な外科医や医学者であったことである。それはイギリスのローソン・テイト、アメリカのヘンリー・ビゲロウ、ドイツのエルヴィン・リーク、オーストリアのヨゼフ・ヒルトル、イタリアのアントニオ・ムッリ、フランスのアベル・デジャルダンたちであった。

私がショウのような純人道的な立場を捨てて、科学的な根拠にもとづいて廃止を訴えることにしたのには、二つの理由がある。一つは、動物に対する害の少なくとも一部を明らかにし、さらに人類の身体のみならず精神衛生に及ぼす害を公にせねばならないことである。

もう一つの理由は、動物実験のような逸脱行為がどのようにして生み出され繁殖するようになったかを理解する目的で、医学史を調べているうちに、チャールズ・ベルのつぎの言葉に行き当ったからである。その言葉が明確にしていたのは、たとえ廃止が、健康と人間性に有害であるという単に実用的科学的な観点から実現されたとしても、人類は勝利を主張しうるということであった。チャールズ卿が「このような残酷行為ができる人間は、自然の神秘を究明する能力があるとは思わない」と明言したときには、彼は第二の「ベルの法則」を確立し、それはそれ以来正しいことがわかり、第一の法則よりも遙かに重要なものであることもわかってきた。ベルのような人道的な天才は、人間性を欠いた冷酷な個人は、知的に欠陥のある者だということをよく知っていたのである。そして、組織的な拷問を基礎とする研究に魅力を感じるような種類の人間は、知的な医学研究、すなわち有益な研究には一番不向きであることも知っていた。

動物実験が非人間的な行為であることは、自明のことである。非人間的な行為が、当人の人間性を喪失させることも公理である。そして、単に動物だけでなく人間に重大な害をもたらしてきたのは、アメリカのＦＤＡとそのヨーロッパにおける拠点と言えるジュネーヴのＷＨＯを始めとする、西半球に傲慢な覇権機構を作っている「保健」当局である。このことは以下の最終章で証拠を挙げるが、それで明らかになるのは、もし勝算のない主張があるとすれば、それは動物実験であるということである。

第九章　因果応報

「動物実験はサディズムの学校であり、この実習教育を受けた医学者の世代は、公衆にとっては当然もっとも重大な関心事である」

フランスの医学者Ｇ・Ｒ・ロランは、数十年前にこう書いた。そして彼の言葉は、ドイツのヴォルフガング・ボーン博士が医学定期刊行物『医学報告』（第七号）に一九一二年の昔に書いたつぎの言葉と同じように予言的なものとなった。

「動物実験が主張している目的は、これまでどの分野においても達成されていないし、将来も達成されないであろう。それどころか、動物実験は、嘆かわしい災害を引き起こし、何千人もの人びとの命取りになってきた……動物実験方法が絶えず拡大したことの業績は一つしかない。人間の科学的拷問と殺害である。この増大は今後も続くであろう。なぜならそれが動物実験の結論的な結果であるからだ」

そしてまさにこの通りになった。

「人体実験は、アメリカでは一大産業になった」一九七三年五月二十九日の晩のゴールデン・タイムに、ロバート・ロジャーズが執筆し、演出し、語り手となった一時間ものの『ＮＢＣリポート』というテレビ番組での彼のこの言葉を、何百万ものアメリカ人はわけがわからずに聞いた。そしてコラムニストのボブ・クローミーは、一九七四年一月十九日付のシカゴ・トリビューン紙に、アメリカでの実験慣行に関する広範な調査の結果、こう書いた。「私の個人的な見解では、行われている実験の多くは、サディストや白痴や、連邦の助成金を欲しがっている連中が取り仕切っているということである……明白なことのように思われるが、一部の科学者たちは、もはや下等動物の使用だけでは満足しなくなっている。これは、最近刑務所の囚人や他の施設の収容者に対して行われている実験でわかる。このナチ的な思考態度は、早く抑制すればするだけためになる」

もちろん、倫理的に正当化しうる人体実験は、自発的に受ける人間の場合だけである。しかもこのような志願者は、いかなる種類の心理的圧力をも加えられないで、知的な同意が十分できる者でなければならない。この条件で除外される者は、すべての子供、すべての知恵遅れあるいは知的平衡状態を欠く者、刑務所の全囚人、軍人の全員、何らかの心理的圧力が加えられうるような組織の構成員である。

健康状態は秘密ではないから、絶えず実験を行うことは、幼児性（まだゲームをして遊ぶ段階）か、すぐもらえる金を欲しがっていることか、どちらかの徴候であるという事実はさておき、誰もが反対できないことが確実なのは、医師や研究者が、もし必要と考える場合に、自分自身か相互に対して行う実験である。これだけが合法的な実験であるべきだ。なぜなら、医師だけが実験に伴う危険と期待できる利益を十分に評価できるからである。少なくともそう仮定しておこう。

医師が認可されない実験によって、患者に害を与えたり、その健康を危険に陥れれば、それは明らかに犯罪行為となり、患者あるいは生存者が医療過誤訴訟を起こさなくとも、法が介入すべきである。ところがこのような犯罪行為を、司法組織は現在では暗黙裡に認めていて、患者に対するひどい鈍感な実験を、その報告を掲載する医学雑誌の編集者と同様、気に留めないようになったらしい。

囚人に対する実験を行ったかどで、連合国法廷によってニュルンベルクで公判にかけられたドイツの医師たちは、自分たちは動物実験を行ってきたのだから、人体実験もやりたくなるのは「理の当然」だと説明した。彼らはナチ親衛隊員ではなく、社会的地位もある医師たちであった。囚人に対する実験全体は、国家研究評議会の副議長ジーファーズ博士、ベルリン大学外科学部長ロシュトック教授、ロベルト・コッホ研究所熱帯医学部長ローゼ教授、そして人もあろうに、ドイツ赤十字社（！）会長のゲプハルト博士たちが行ったものであった。

ナチ・ドイツでは、戦前から囚人に対する実験が行われていたが、戦時中の最初の実験を示唆したのは、ナチ空軍の外科医であったラシャー博士とされている。彼は一九四一年五月十五日ヒムラーに書簡を送り、十二キロメートルの高度から飛び降りなければならないが、パラシュートの救命装置試験のために、「二、三人の職業的犯罪者」を使えないだろうかと聞いた。書簡のなかでラシャーは、この実験は「高空飛行の研究には絶対必要で、これまで実験されたようにサルでは行えない。サルは実験条件がまったく異なるから」と言った。

ヒムラーはただちに同意したが、最終報告が提出されたときには、二、三人ではなく二百人の人間が使用され、七十人以上が死亡したことがわかった。この試験はダッハウで実施された。

それからソ連侵攻作戦で、凍結しかかっている水の中での生存や蘇生法などの別の問題が生じたとき、さらに三百人の囚人が新たな試験に充てられた。麻酔剤は不自然な条件が導入されることがわかり、使用されなかった。囚人の多くは、自分の体の一部が凍ってゆくとき、悲鳴を上げた。しかし実験を行っている医師たちは悲鳴には慣れていた――動物実験所の経験で。

ニュルンベルク裁判の法的記録には、化学大手企業のIGファルベンが、アウシュヴィッツの強制収容所に宛てた書簡が含まれている。フランクフルター・ルントシャウ紙（一九五六年二月十日付）によると、つぎの通りである。

「ご返信拝領致しました。しかし女性一人に付き二百マルクは、いささか高すぎます。一人に付き百七十マルクではいかがでしょうか。当方約百五十人を必要としております」

「ご承諾のお手紙拝領致しました。できうるかぎり良好な健康状態の女性百五十人をご用意願います。ご準備でき次第ご通知頂ければ、受領に伺います」

「女性百五十人、確かに受領致しました。あまり良好な健康状態ではありませんが、受け入れ可能と思料することに決定致しました。試験の進行状況についてはご通知致します」

「試験は終了致しました。試験対象者はすべて死亡致しました。後日新規の発注をご連絡致します」

ニュルンベルク裁判で、アメリカの検事は、ドイツの実験者を信心ぶった義憤の口調で非難した。だが、自国で病院の患者がその病気とは関係のない、ただある理論的問題を立証するか反証とするかという実験材料にされている報告が絶えず行われていることは、あえて無視した。それ以来、このような実験は、数も規模も増大し続けてきた。組織的な拷問を一つの社会原則と公共の方針として暗黙裡に受け入れてしまった、人間という種にかけられた不可抗力の呪いでもあるかのように。

人間モルモット

避けられないことだが、社会が動物に加えることを許容している拷問は、まるで不可解な道徳律でもあるかのように、社会自体に跳ね返ってくる。だから、何千という動物に苦痛と大きな煩悶を生じさせたパヴロフの「条件反射」の実験は、現在ではいろいろな形で人間に対し絶えず繰り返し行われている。そして例によって、このような人間は抗議も殴り返すことも訴えることもできない者たち——孤児、遺棄された子供、精神障害者、生活保護者などである。要するに、実験動物と同じく無力な者たちである。

二度の世界大戦の中間の時期に、ノーベル賞受賞者パヴロフの動物実験は、世界中の実験室で飽きることなく模倣され行われていた。その頃、ジョンズ・ホプキンズ大学の心理学研究所の所長を一時勤めたことのあるジョン・B・ワトソン博士なる人物が書いた『行動主義』（一九二五年、ニューヨーク、ノートン社。一九三〇年、ニューヨーク、国民研究所出版社刊）と題する書物がアメリカに出現した。彼がその中で述べている実験は、眠っている新生児を、「支えがなくなること」の試験をするために落下させること、玩具を取り上げること、いじめさせておくこと、口の中に酸を入れることなどである。そして驚くべき事実（！）として述べているのは、火傷や刺傷や切り傷を負うと、泣いて悲鳴を上げ、身体を引っ込めて苦痛から逃れようとすること、などである。

「われわれは最初、この分野の実験を行うことに気が進まなかった」と、殊勝げにこの「研究者」は書いている。しかし、つぎのような理屈をつけて、良心の呵責を抑えた。「研究の必要性はきわめて大であったので、われわれはついに、幼児に恐怖心を起こさせ、その後それを取り除く実際的な方法を研究することに決定した。最初の被実験者に選んだのは、アルバート・Bであって、体重二十一ポンド、年齢十一ヵ月であった……彼はそれまで病院でずっと暮らしていた。驚くほど『いい子』であって、実験を始めるまでは、彼と過ごした数ケ月間に、泣くのを見たことがなかった」

アルバートを泣かせるために、それまでの数週間遊び友達にさせておいた白ネズミを彼の前に差し出した。それを取ろうと手を出したとたん、彼の頭の真後ろで鉄の棒を金槌で叩いた。アルバートは激しく飛び上がり、顔をマットに埋めた。この実験は繰り返し行われ、ついにその幼児は神経衰弱になった。ネズミを見せるとすぐに泣き出し、身体を倒し、四つん這いになって非常な速さで逃げたので、マットの端まで行かないうちに捕まえるのに一苦労したほどであった。とうとうその幼児は、それまで遊び道具にしていたあらゆるものに怯えるようになった。彼は養子にもらわれたので、実験はおしまいになった。

というわけだが、まだまだ実験例はある。実験者は「恐怖を取り除く実際的方法を研究する」という口実で、不運な幼児たちに恐怖を起こさせているだけなのである。それで、彼らの精神はおそらく永久に傷付き、大人になれば彼らの虐待者と同じ歪んだ精神の持ち主になってしまうだろう（一九二三年には、ロックフェラー財団の助成金が、このような新パヴロフ派の連中である行動主義研究者が、年齢三ヵ月から七歳までの七十人の子供を対象とする実験を行うために与えられた）。

幼児に対する多くの冷酷な虐待のもう一つの事例が、アメリカの『小児科学雑誌』（第十五巻第四号、四八五ページ）に、実験者たち自身によってしかつめらしく報告された。好奇心を満足させようということ以外の目的のない彼らは、生後十一日から二歳半までの四十二人の幼児を、水の中に漬けるという恐ろしい実験に使用した。子供一人当りの「観察」回数は、十回以上最高五十一回に上った。「水中に漬けられたとき」と、報告は述べている。「四肢の運動は格闘をする状態であった。幼児は実験者の手をつかもうとし、顔の水を拭おうとした……多くの場合、水の吸入量は相当なものであって、幼児を水から引き上げたとき、咳やその他の徴候で呼吸障害を起こしていることを示した。どの幼児もどのような時も、呼吸するために水面から顔を上げることができないことを示した」

私自身も、同種の実験を一九四〇年代中頃のニュース映画で見たことがある。幼児が空中に吊した大きな水槽に放り込まれ、カメラが下から彼らのもがくさまを写していた。私はその恐怖に怯えて歪んだ小さな顔をよく覚えている。

どこでも、医師が故意に人間を危険な状態に陥れたり、病院の患者に疾患を生じさせたり、薬の投与を止めたりして、一つの疾病を「研究」することは、あまりにも頻繁に起こることなので、例外的なこととして平気で済ますわけにはゆかなくなっている。医学生が目撃させられる最初の動物実験から始まる人間性喪失の過程が、次第に広い分野の医学にわたって影響を及ぼしつつあるのである。

この現象に対する警告が、二十年以上前に、カリフォルニア大学医学部のO・E・グッテンターグ博士によってなされた。彼は『サイエンス』(一九五三年、第一一七号、二〇七ページ)につぎのように書いた。

「直接的な価値はないが、何か疑問があったり示唆に富んだ生物学的な通則を確認したり論議するために、病人を対象として行われる実験が、最近ますます拡大している」

とりわけ頻繁に行われるのが、精神障害者、とくに孤児や老人に対する実験である。国家や地域社会が彼らの維持費を支払っているとの口実で、保健当局や一般の研究者は、これらの無力な人間を好目標にしている。たとえば、一九五八年三月七日付のバッファローのクーリア・エクスプレス紙は、つぎの報道をした。すなわち、ニューヨーク州スタテン・アイランドの州立ウィロウブルック精神障害者学校では、五歳から十歳までの四十人の収容者を実験材料とし、肝炎ウイルスに感染させた。これは死を招くか恒久的な害を与え、必然的に長期にわたって苦しむことになる。

数千の事例の中で、もう一つ典型的なものを挙げる。一九五九年十一月二十二日付のロンドン、サンデー・エクスプレス紙は、グロスターの精神病施設で老婦人を対象として行われた実験の詳細を報じた。これらの老人はまったく痴呆状態で、「キャベツと同然」と述べられている。彼女たちが痙攣を起こすようにし、脳がその衝撃で再び活動しはじめるかどうかを見た。しかし、結果はまことに思わしくなかったので、実験は中止された。

患者が知らないうちに行う実験は、これまでとくに非難の対象となってきたが、何ら実際上の効き目はなかった。ロンドンの医師で国際的に有名な臨床医学教師であるM・H・パップワース博士は、『人間モルモット』(一九六九年ロンドン、ペリカン双書)の中で、イギリスやアメリカの医学雑誌を読んだだけで明瞭になった数千人の患者に関係する数百の事例を挙げた。たとえば(一二五ページ)、リトルロックのアーカンソー大学医療センターでは、四十六人の健康な新生児に放射性ヨウ素を静脈注射して、甲状腺の機能を「研究」した。この薬物が甲状腺に癌を発生させることがあるという周知の「疑問のない」危険を承知で行ったのである。彼らはそれからその実験を『アメリカ小児病雑誌』(一九六二年、第一〇三号、七三九ページ)

に、子供たちがどうなったかを何も言わないで、平然として報告した。

　パップワース博士は、すべて被害か死の原因となる最悪の実験は、明らかに「研究者」は報告しないと指摘している。

　実験の固定観念は、もちろん英米に限られているものではない。『動物と自然』（一九七二年六月号）の中で、イタリアのアルダ・アントナス博士は、自国でのいくつかの事例を引用した。

　「あるナポリの病院では、コルチゾンの濃縮溶液を、まったく無関係の疾患で入院している二十人の女性の目に注入し、実験による白内障の発生を『研究』した。これは、この試験は視力をほとんど失わせるために行ったという意味である。幸いにして、実験は失敗であった。おそらく前に行った実験は、白内障がはるかに起こりやすいイヌを用いたので、所期の結果が容易に得られたためであろう。ローマでは、種々の疾患で入院している女性たちに麻痺を生じさせる実験を試みた。ミラノのカルロ・エルバ病院の院長シルトーリ教授に対し、ウイルス性肝炎で入院している数人の子供に、肉体の抵抗力を阻害する薬品を投与し、肝炎ウイルスの増殖を容易にしたかどで、告訴がなされた」

　もちろん、シルトーリ教授は熱心な動物実験主義者である。ところがイタリアの判事は、彼に過失なしとして無罪放免した。


　人間の患者に対する虐待は、動物実験を賛美するほど「文明化」しているすべての国で、今日ではありふれたことになっているが、動物実験が一番広まっている国で最も頻繁に起こっている。従って、必然的にこの分野でもアメリカが先頭を切っている。

　この章の冒頭に紹介した『NBCリポート』番組で、ロバート・ロジャーズはアメリカの研究方法を徹底的に調査していた。だから、彼がつぎのように言葉を続けたとき、自分の発言に責任が持てたのである。

　「正規の研究対象志願者はめったにいません。とくに正常な子供の場合はそうです。その結果、研究者は知恵遅れの子供を被実験者として使用しますが、これは実験が子供の利益になるからではなくて、入手しやすいからです。最近まで、フロリダ州立のこの種の養護施設の子供たちは、非常に簡単に入手できました。大半の医師たちは、知恵遅れの子供の実験についてなかなか話したがらないことがわかりました……明らかに、知恵遅れの子供は、どういう意味でも自発的な志願者にはなれないからです。しかし彼らは、依然として小児科学研究の被実験者の主要な供給源になっています」

　最近、アメリカ公衆衛生局は、「梅毒の人体に及ぼす影響を研究する」ために、四二五人の梅毒患者に既知の治療を施すことを行わなかったことを認めさせられた。その治療を与えられなかった犠牲者は、どういう人たちであったか？　すべて貧困者、無教育者、黒人、それもアラバマ州の地域診療所で募集した人たちであった（『タイム』誌一九七五年二月七日号）。

この「研究」は四十年続いていたので、多数の医師たちはそれが行われていたことは知っていたに違いない。しかしそれが明るみに出たのは、ある利口な弁護士が金になる可能性を嗅ぎつけて、犠牲者やその間梅毒で死亡した遺族を説得して、総額百八十億ドルの損害賠償訴訟を連邦政府を相手取って行ったときであった。政府は治療を行わなかった人びとに対する道徳的責任を認めて、支払に応じた。

コロンビア大学社会学部の学部長、バーナード・バーバー博士は、最近アメリカの医学研究者の倫理観についての徹底的な調査を行った。その調査結果は、『サイエンティフィック・アメリカン』と一九七六年二月一日付のサンデー・ニューズ紙に報告された。調査は直接インタービューか、アンケート送付によって行われたので、研究者の回答は少なくとも自己に有利なようになされている嫌いはある。それでも、実態がよくわかるのである。たとえば、研究者の二八パーセントは、皮膚移植実験の効果を判定するために、患者の胸腺（今日では免疫組織の重要な一部と信じられているが）を除去すると回答し、一四パーセントは、たとえ可能性が十分の一でも、重要な医学上の発見がなされるならば（重要な医学上の発見は、ヒポクラテスの時代以来なされていない——著者注）、子供に放射性カルシウムを注射して、白血病の危険を増大させてもいいと言っている。

「倫理教育が多少行われていても、あまり効果がないようである」と、バーバーは言っている。「研究が彼らの仕事である。研究が彼らの使命であり、第一の関心事であって、倫理の適用や患者の権利の積極的な主張ではないのである」

こんなことはすべて、改めて言うまでもなく明白なことである。そしていわゆる科学者の倫理的行動に対する無関心は、一般大衆の無関心といい勝負であるようだ。

前述のこと、そしてまたアメリカ陸軍が一九五〇年代に、テューレイン大学でのサルとネコに対する、幻覚症状を起こす薬品ＬＳＤの試験を後援した事実から考えれば、陸軍がその期間に約八百人の民間人のＬＳＤ試験の後援をしたことを認めたという、一九七五年七月二十二日のＡＰ通信の報道も驚くことではない。

それは氷山の一角に過ぎないものであった。保健・教育・福祉省は、人間を被実験者とするＬＳＤ実験を行う三十人以上の大学の研究者に、何百万ドルもの助成金を与え、一方自分自身も、約二千五百人の囚人、精神病患者および「有給志願者」に対し、ＬＳＤ試験を行っていたのである。

合法化された動物虐待による研究分野での人間性喪失の結果、大半の人は恐怖映画でしかお目にかかれないだろうと思っていることが行われるようになった。一部の研究者は、病院から流産させたばかりの生きた胎児を購入している。考えられることであり、事実早晩避けられないことだが、このような胎児は母親の胎盤の役割をする栄養補給瓶の中で、自然分娩に要する期間だけ育てることができる。その後は、実験者は完全な実験用児童を自由に扱うことができるのである。

こんなことが鍵を掛けられたドアの中ですでに起こっているのかどうかは、われわれには知るすべがない。しかしわかっているのは、母親の体から生きたままで出されて研究者に売却された胎児の心臓が、イヌの身体に移植された事実である。

一九七〇年八月二十五日付のロンドンのデイリー・テレグラフ紙は、つぎのように報じた。「移植の目的で心臓を貯蔵する技術の進歩が、王立外科医学会外科学部門でなされていると、国立心臓病院の顧問外科医であるJ・キース・ロス氏は本日語った。この病院の心臓移植チームの一員であるロス氏は、『病院管理』の中で書いているが、最近七十二時間貯蔵された二つの心臓がイヌに移植されたとのことである。その心臓は安定した状態で、受け入れ側のイヌの循環機能を受け持っていた」

この特定の報道が、これまた胎児に関係のあることなのかどうかは、私には確認できなかった。しかし、一九七五年三月十四日付のシカゴ・トリビューン紙は、つぎのように報道した。「ロヨラ大学医療センターのユージン・ダイアモンド博士は、ケリー法案に賛成して証言し、新しい法律が、『ごく一部の研究者によって生きた胎児に行われているおぞましい行為』を防止するために必要であると委員に語った」

こんなことはすべて、動物に対して行われているはるかに多くのおぞましい実験の論理的結果に過ぎない。これらの実験は、いわゆる文明国の政府から公認され資金援助を受けている。そして医学生は、動物実験の大物の使徒クロード・ベルナールは「天才」(ブリタニカ百科事典)であったと教えられるのである。しかし今日の医学研究者の行動を形成するのに決定的となった彼の教えには、つぎのものが含まれていたのである。

「実験医学は、つぎのことを目的としなければならない。(一)生体の健康な個人に、動物実験的、物理化学的な実験を行い、正常な状態におけるすべての器官および組織学的な要素の特性を明らかにすること。(二)生体の疾患を有する個人に、別個の方法で、動物実験的、物理化学的な実験を行い、病理的状態における諸器官および組織学的な要素の特性の変化を調べること」(クロード・ベルナール『実験医学の諸原則』一四七ページ)

一万のサリドマイド被害者

というわけで、われわれは新たな蛮行が、医学部の教育を通じ、製薬産業の援助を受けて、次第に一般大衆に対して行われていることを見てきた。明らかなことだが、研究者たちは動物実験が人間には無益であることがわかってきたのである。そうでなければ、彼らは人体実験を増大させはしないであろう。動物がはっきりした解答を与えてくれれば、これ以上の人体実験は不必要であろう。しかし、すべての根っからの動物実験者は——前に言ったように、まだゲーム遊びの知的段階の連中であるが——動物および人間の両方の実験をやりたがっている。理由は、そのほうが魅力があるからである。

この新たな蛮行の拡大がもたらす道徳的な災厄を見たので、今度は肉体面の災厄の二、三の例を見よう。どんなSF作家でも予想しなかったことだが、実験室の小人たちは「簡単な」精神安定剤でどえらい効果を作り出してしまった。この精神安定剤は、「現代医療の全歴史で、もっとも無害なもの」と宣伝されていたのである。

サリドマイドの災厄を分析しておくことは必要である。なぜなら、それが何にも増してよく例証しているのは、実験室という下位文化と当局がこれまでの教訓から頑固に何も学ぼうとしない態度であるからだ。事実、奇形児の出生という悲劇は今日でもまだ続いており、増加し続けているが、これは論理と経験で抑制されない相も変わらぬ過ちの結果なのである。

サリドマイドの実例は今まで一番よく知られたものであり、現代の治療法のもたらした悲劇の中でもっとも広く宣伝されたものである。しかし、それは例外的なものだと信じるように、世論は操作されてきた。そうではない。例外的というより、それは典型的なものであり、綿密な検討の価値がある。

サリドマイドは市販されるまで、何千もの動物に試験された。悲劇の最初の警告信号が世界の視野に現れはじめた時期、一九六二年二月二十三日号の『タイム』誌は、サリドマイドは「三年間の動物試験の後」市販されたと報じた。

西ドイツの製薬会社ヒェミー・グリュネンタールによって発明されたこの製品は、すでに存在している鎮静剤を少し変えて新しいラベルを付ける多くの製品とは違っていた。それで、事前の動物試験はとくに徹底的で広範なものであった。ドイツでは一九五七年十月、コンテルガンという名で売り出された。それからアフリカの七カ国、アジアの十七カ国、西半球の十一カ国で許可を取り販売された。

一九五八年八月一日、グリュネンタール社は四万人のドイツの医師に手紙を送り、コンテルガン（サリドマイド）は妊娠中の女性や授乳期の母親には、母体にも子供にも無害であるので、最適の薬物であると述べた。

前に触れたクルト・ブリーヒェルの『白い魔術師』は、論議のない正確な資料と見なければならないが、その中で述べられているのは、一九六一年までに、グリュネンタール社はすでに、新薬が原因とされた千六百件の種々の被害苦情を受けていたことである。事実、アルスドルファーの公判でドイツの検事は、この会社はすでに十分な情報を得ていたのであるから、一九六〇年の段階で市場から薬品を撤収できたはずであると告発した。なぜ会社はそうしなかったのか？　コンテルガンはすでにドイツのトランキライザーの四十パーセントの市場占有率を有し、動物実験者はつねに無害の結果を出し続けていたから、会社は製品は人間にも無害であるという信念に固執していたのである。

しかしそれだけではない。たとえばイギリスやスウェーデンのようないくつかのヨーロッパの国では、サリドマイドの認可にドイツとは別個の独自の動物実験を行っていて、ヒェミー・グリュンネンタール社と同一の結果を得ていた。それで一九六一年十月、イギリスで認可を受けたディスティラーズ社は、ディスタヴァルという商品名でそれを売り出し、つぎのような保証を行った。

「ディスタヴァルは、妊娠中の女性や授乳期の母親が服用しても全く安全で、母体と子供に副作用はありません」

その結果はどうであったか。全世界に推定一万人――実数はおそらくそれ以上であろうが――の子供たちが、奇形のアザラシ肢症患者として生まれたのである。中にはヒレのような手が肩から直接生えていた者もあり、手足が短いかまったくない者もあり、目や耳が奇形の者もあり、生殖器が体内に生じた者もあり、片肺のない者もあった。多数の子供は死産の状態であったか、出生後間もなく死んだ。母親は衝撃を受け、母親は発狂し、中には子供を殺した者もあった。

医薬品の人間に対する影響の確認には、数年を要した。人間の場合の奇形児の出生は、次第に明瞭になってきていたが、一方再開された動物実験では、いくら薬品の濃度を上げてみても、疑惑は解明できなかった。それで、またもや長い致命的な期間、医薬品の無害性が想定され続けたのである。したがって製造者はそれを撤収する理由を認めなかった。しかし、証拠が圧倒的に多数になってきた。動物には無害であるけれども、サリドマイドは人間の場合は奇形児の原因であった。そこでグリュネンタール社は、有害な医薬品を販売したかどで告訴された。

さて、興味のあることがある。公判が長々と続いていた間でも、ドイツや他国の製造業者は動物実験を止めず、絶えずサリドマイドの投与量を増加させ、それを種々の系統のイヌ、ネコ、マウス、ラット、そして百五十系統ものウサギに強制的に与えたが、結果は影響なしと出た。ただ、ニュージーランド産の白ウサギを試験したときにだけ、奇形の子が数匹生まれたことがあり、それに続いてサルにも奇形児が多少生まれた。それも何年にもわたる試験をし、数百系統、数百万匹の動物を用いた結果であった。だが、実験者たちはすぐにこう指摘した。つまり、奇形は癌と同様、砂糖や塩を含むどんな物質でも、高濃度にして投与すればやがては肉体に影響を及ぼし、疾患の原因となるものである、と。

一九七〇年十二月、ドイツの司法史で最長の刑事裁判——二年半、法廷開催日数二百八十三日——は、ヒェミー・グリュンネンタール社に無罪判決を言い渡した。これは、非常に多数の医学界の権威者が、通常認められている動物試験は、人間の場合には決定的なものとはなりえないという証言を行った後のことであった。このようなことは前例がなかった。というのは、証言を行ったのは、その経歴と名声が事実上動物実験を基礎にして築かれた錚々たる人びとで、で、その中には一九四五年のノーベル賞受賞者で、フレミングとフローリーとともにペニシリンを発見した生化学者エルンスト・ボリス・チェインも含まれていたからである。

霊長類動物の死後検査で若干の奇形児を発見したドイツの科学者ヴィドゥキント・レンツ教授でさえも、公判の証言で、「動物試験で、人間にも同種の試験条件を課した場合、同一ないしは類似の反応を起こすことを示しうるものはありません」と言った。

要するに、研究者のお歴々は、法廷で明言したにせよ示唆したにせよ、レイモンド・グリーン博士が『ランセット』(一九六二年九月一日号)に書いていたことを裏づけたのであった。

「新薬の影響を調べるのに、どれほど綿密な動物試験を行っても、人間に対する影響はほとんどわからないという事実に、われわれは直面しなければならない。サリドマイドの場合は、もっとも徹底した試験が行われたことは疑う余地はない。私自身も、人間に甲状腺腫を発生させる可能性がないかという試験に参加した。イギリスの販売業者が、こういったありえないような危険も考慮していたからである……良薬の中で、時には害を及ぼさないようなものは一つもない。動物実験では、その危険を防止することはできないし、良薬の使用を防ぐことさえできないであろう。われわれは多少の危険を受け入れるか——おそらくもっと賢いやり方は——新薬なしで済ますことをしなければならない」

当時ドイツの市場にはすでに千二百種のトランキライザーが存在していたのに、その上新薬を出すという必要性は、製薬業者の利潤を上げるということしかないという考え方はさておいても、もし保健当局が動物実験が信頼できると見なしていなかったら、サリドマイドを過去の新薬の場合と同様、必要な留意をして少数の個人に臨床試験を行ってみたことであろう。そうすれば、犠牲者は少数であったかもしれない。こういうわけで、サリドマイドが悲劇となったことだけでなく、その災厄の程度がひどかったことは、ひとえに製薬業者と保健当局が、動物試験が人間の場合にも妥当な解答を与えてくれると頑固に思い込んでいたせいなのである。

　動物実験者は信じられないような反応を見せた。彼らは、サリドマイドの事例は「動物実験を否認するのではなくて」、それを拡大する必要性を立証したとわめき立て、通常の試験に何か特定の「催奇性」（胎児に対する害の可能性）の試験を加えることを勧告した。もちろん彼らは、こんな特定の試験は絶対に当てにならないことは十分承知していたのである。

　一方公判で明らかになったのは、サリドマイドはまた成人に、末梢神経の不可逆性の多発性神経炎を発生させたことである。これまた多くの動物実験ではわからなかった欠陥であった。そして、サリドマイドの被害がすぐに表れたことはむしろ幸運であった。もしサリドマイドが知恵遅れの子供を発生させる力があったとしたら、どうであったか？　あるいは遺伝性の癌であったら？　動物試験では、それもわからなかったであろう。そうすればわれわれはまだこの医薬品を使用していたであろう。

　そういうわけで、動物実験は医学上の問題を解明しないでそれを増加させるだけだということが繰り返し確認されているにもかかわらず、業界は今や通常の事前試験に「催奇性試験」なるものを加えているが、その目的はただ消費者向けの説明書に、「マウス、ラット、ウサギを用いた試験では催奇性の影響は認められていません」というような文句を入れて、安心させたいということだけである。この手の主張はバリウム（トランキライザーのジアゼパムの商品名で、発売はロシュ）の広告（『薬局方』一九六七年第二版。イギリスの医療百科事典である）にすぐに出現した。この薬品はその後、サリドマイドが胎児の発育を阻害するのと同様、精神状態に障害を及ぼすことがわかってきた。

　これは、意識的に一般大衆や医師を欺いて、危険な医薬品を使わせようとすることである。動物にどんな実験を行っても、それは実験対象となった特定の種に医薬品が無害であることを立証しただけである。人間にも無害であることにはならない。逆も成り立つ。そしてこの法則には例外はない。

　一九七〇年八月二十二日号のワシントンの『科学時報』によると、三人のフランスの科学者が、多数の妊娠中の動物に幻覚症状を起こす薬品ＬＳＤを強制的に投与して実験を行ったとのことである。胎児も新生児も、薬品が奇形を発生させたという証拠は示さなかったが、科学者たちは、「これらの実験資料から、人間の場合にＬＳＤに催奇性はないだろうという結論を出すことは不可能である」と警告した。

ロンドンのタイムズ紙は、一九七〇年十月十五日、ニューヨーリィのある研究所で妊娠中のラットにマリファナを強制的に吸入させると、奇形児が生じたと報じた。しかし、実験を行ったウィリアム・ジーバー博士は、「ラットは人間ではないから、積極的な結論は出せない」と明言した。

また、ジェファソン医科大学のロバート・L・ブレント博士は、今では陳腐なものになっているつぎのような指摘を『予防』（一九七二年七月号）で行った。「薬品の中には、治療目的で人間に投与した場合に催奇性があるが、多くの妊娠中の動物には無害であるものがあり」、一方「妊娠中の女性には無害であるが、ある種の動物には催奇性のものがある」（これは、人間の胎児には無害であるが、マウスには奇形児を生じさせることがあるアスピリンとインシュリンの例である）

また、西ドイツの司法週刊誌『法政治学雑誌』（一九七五年第十二巻）の補遺に、マルルブルク大学生理学研究所の所長ヘルベルト・ヘンゼル博士は、動物試験についてつぎのように書いている。「最近では、科学的な根拠を持った予知の可能性はまったくない。この状況は、勝率がわかっているゲームの場合よりも芳しくないのである……現在のわれわれの考え方では、動物試験によって薬物の人間に対する効果や無害性を立証することは不可能である……サリドマイドの災厄は、よく実験を厳しくすべきであるという論拠として引用される。しかし今日では過去と同様、類似の災厄が動物試験によっては確実には回避できない」

そして最後に、一九七五年十月二十日号の『アメリカ医師会雑誌』は、つぎのことを明らかにした。すなわち、人間はサリドマイドに対し、マウスの六十倍、ラットの百倍、イヌの二百倍、ハムスターの七百倍敏感であるということである。これらの動物はすべてお好みの実験材料である。

それなら、いったいなぜこんな実験をするのか？　この永遠の疑問には、永遠の解答が出てくる。金が絡んでいるからである。何トン単位もの金が。

「誤った道に固執し、製薬産業は――保健当局と公的医学の沈黙と結託して――相も変わらず新たな医薬品災害を準備している」

この予言は、一九七三年十月号のイタリアの月刊誌『動物と自然』に、サリドマイドの災厄について書いた私の記事からの引用である。悲しいかな、私の予言は甘かった。

一九七五年五月、ロンドンのサンデー・タイムズ紙は「奇形児出生の可能性ある医薬品。母親には無警告」という見出しでつぎのように報じた。「何千人という妊娠中の女性が、医師の処方によるホルモン薬を飲んで、知らないうちに奇形児出産の危険を冒している。年間約十万の処方箋が、プリモドス（女性ホルモンの商品名で、ノルエチステロンとエチニルエストラジオールの合剤）とかアメノローン・フォルテなどの錠剤用に書かれているが、女性はこれらの薬品を妊娠検査の一方法として服用できるのである」その記事はさらにこう続けていた。すなわち、女性が妊娠していれば、胎児は発育の最も重要な時期に大量の強力なホルモン剤の影響を受けること、また最近『イギリス医学雑誌』（四月二十六日号）に簡潔な投書で警告が寄せられていたが、「開業医の四ないし一〇パーセントしか毎号の雑誌を読んでいないし、十人のうち三人はほんの時たま読むかまったく読んでいない」とのことである。それから、これらの医薬品は、奇形児を産む女性が増えてきた一九六七年以来、疑惑が持たれていたことについて、長々と述べてあった。

サリドマイドの話を知っている人なら誰でも、サンデー・タイムズ紙の医学記者オリヴァー・ギリーが書いたこの記事の他の箇所を読んで、こんなことが前にもあったという嫌な感じがするであろう。そしてもちろん、イギリスで起こっていることは、合成薬品が生産されて欺かれやすい大衆に売りつけられている場所なら、どこでも起こっているのである。

西ドイツの権威ある医学雑誌『ミュンヘン医学週刊誌』（一九六九年第三十四号）の中で、国立第一婦人科大学診療所のW・C・ミュラー博士が報告しているが、それによると、ドイツの医師に対し広範な調査を行った結果、「全奇形児の六一パーセント、および全死産児の八八パーセントは、種々の医薬品の服用が原因であるとせねばならない」ことが判明したとのことである。

『白い魔術師』の中でクルト・ブリューヒェルは、西ドイツに関するつぎのような数字を報告している。「二十五年前は、奇形児の発生は十万件の出生につき三件であったが、現在では千件につき五件である。つまり、百倍以上の増加ということになる」（二五九ページ）

同書の少し先には、例の珍しくない情報が述べられている。「動物の肉体は人間とはまったく異なった反応をすることが多い……動物の胎児に害のある多くの薬品は、人間の胎児には害がないが、逆のことが当てはまる薬品もある——そしてここに大きな危険がある。こういう薬物の多くはそのうちに時限爆弾であることが判明してもおかしくない」（三五七ページ）

さて、問題はこうなる。製薬産業はいつまでこんな犯罪行為を続けることが許されるのか？　一般の民衆はいつまで、その苦痛、不断の不安、憶病さと無知を餌にしている産学共同組織に利用され続けるのか？　答えは明らかである。彼らが動物実験の道徳的医学的側面のすべてを十分に知らないかぎり、ということである。

十分な情報が必要だということは、一九七三年のある出来事で示された。これは、当時のイギリスの教育科学大臣の有能性がいかがかと思われることを露呈した事件であった。百五十一人の下院議員が、動物に対する虐待を抑える目的で、ケネス・ロマスとダグラス・ホートンが提出した法案に賛成しようとしていた。二人が提出した法案が通過していれば、政府は医学研究の代替方法を開発するか、製薬業者にすでに存在しているこの種の方法のみを用いるようにさせないわけにはゆかなかったであろう。一九七三年七月十八日、ヒース政府の教育科学相マーガレット・サッチャー女史（鉄の女）は、十二万人の署名のある請願書の提出を受けた。これらの人びとは、彼女の援助が期待できると考え、「政府に対し、生きた動物を用いない代替研究方法の全分野をとくに調査するよう促していた」

野心的な政治家（彼女は間もなく保守党の最初の女性党首になったが）としての自分の役割を明らかに意識していたサッチャーは、単なる人道主義の訴えと考えたものを冷ややかな嫌悪の態度で退け、もうサリドマイドのことは聞きたくないといった演説を、無感情に滔々と述べ立てた。十分な知識もあり教育もあるとされている下院議員のうち、誰一人としてその場でサッチャーにつぎのように言って反論できなかったのである。つまり、サリドマイドの悲劇は他の無数の悲劇と同様、動物実験に直接の責任があること、このような悲劇を防止するには動物実験研究方法を廃止することしかないこと、そしてトルコが事実サリドマイドの悲劇を免れたのは、アンカラ大学のウイルス学者S・T・アイギュンがつねに代替方法のみを用いていたので、危険を未然に発見できたことなどである。

それなのに、大衆欺瞞をあくまで続けようとして、アメリカ人が編集経営しているブリタニカ百科事典は、「動物実験」の項目でつぎのように平然として断言し続けているのである。「医薬品や生物学的製剤の安全性・効力の試験に動物を使用することは、一般的であり、必要である」

いわゆるトランキライザーなるもの

トランキライザー（精神安定剤）という言葉は、人間の神経系に作用するあらゆる薬剤を指すものとして、一般に使用されてきた。もっとも実験所の研究者は、絶えず民衆のわからない言葉を使おうとして、もっと「科学的」な響きのする用語、たとえば催眠薬、アタラクティック（精神安定剤）、向精神薬などという言葉を好んで用いている。名称がどうであろうと、これらの薬品は、当初はすべて無害で、人間は十分に耐性があり、中毒症状を起こさないと広く宣伝されたものである。それは広範な動物試験を根拠にしていた。そのうちに、効果があるとされていたものはすべて有害であり、人間は耐性がなく、中毒症状を起こすことが判明した。そこで、次第に製造業者も説明パンフレットを書き替えて警告を出さざるをえなくなった。

新薬の「精神安定」効果なるものが確認される方法は、大体つぎの通りである。約二百匹の「対照実験」用のネコを狭い場所に押し込めておいて、床の金属格子を通して電気ショックを与える。ショックのために、ネコは綿密に制御された時間が経過すると、やがて苦痛と恐怖で気が狂い、誰を責めていいかわからないので、お互いを攻撃する。それから、気の狂ったネコを新しい未使用のネコに取り替え、それに精神安定剤なるものを投与する。この新しい一団が気が狂うのに前より長い時間がかかれば、トランキライザーは「効果がある」とされるのである。ネコがお互いを攻撃するのに長い時間がかかったのは、精神安定効果とは無関係の、薬物によって生じた種々の変異状態のせいであることもあるのだが、こんな考慮には今日の似而非科学者は少しも煩わされない。

鎮痛剤を試験する一つの方法は、ネコの尾を外科用のクランプを用いて締め上げ、その苦痛の悲鳴を「科学的に」記録すること、つまり音声の単位であるデシベルで測定することである。それからそれぞれのネコに鎮痛剤なるものを投与し、その後で尾を再び締め上げ、デシベルを記録し、前の結果と比較する。こんな実験は悲しいことでなければ、笑いたくなるものである。悲しいのはもちろんネコにとってであるが、また人類にとっても悲しいことで、このような「研究」手段を考え出しそれを実行できるいい年をした大人がいるからである。

もう一つの方法は、例によって電極を頭蓋に埋め込んで、「新しい」鎮痛薬を投与する前と後で、つねったり締め上げたり刺したりして――動物実験者の隠語で「有害刺激」を与えて――ネコの「脳波」を記録することである。

それから言うまでもなく、新薬の「毒性」を決めるのに用いるLD―五〇試験がある。これは前のものに劣らず、野蛮で鈍感で誤った結果を生むものであるが、これについてはすでに述べた。

適例がメタカロンである。これは催眠剤で、一九七三年に重大な精神障害を起こしたことがわかり、その数百に上る症例はこの薬品が製造されたアメリカだけでなく、販売された他の国においても致命的な結果となった。もちろん、使用者に墓場の眠り以外に長続きのする眠りは与えなかった鎮静剤は、メタカロンが最初でもなければ最後でもない。同年一九七三年に、ユーゴースラビア当局の「専門家委員会」は、すべての運転者に使用禁止されたばかりの二百種の薬品リストを公表した。このリストに入っていたのは、トランキライザー、鎮痛剤、および他の「向精神薬」であった。ユーゴースラビアの当局が遅まきながら気が付いたのは、これらの医薬品は、アルコール飲料と一緒に飲むと、とくに危険であるということであった。しかし、事前に試験したネコの場合には、明らかに障害はなかったらしい。

その理由は、ネコは車を運転する習慣がないからなのか？　とくに飲酒運転などということは。

危険な誤りのもとである事前の動物試験を義務付けてから、専門家が警告を発するまでにどれだけの数の死亡事故、どれだけの数の悲劇が生じなければならなかったかは、誰にもわからない。そして当局は責任逃れをするために、ユーゴースラビアでもどの国でも、その義務付けを続けるだろう。

世界中の保健当局が事実を認めるまでに、さらにどれだけの悲劇が起こらねばならないのだろう？　ただし、当局が事実に関心があればの話だが。各地で過去数十年間に起こった何百万件の死亡や傷害事故のどの程度が、実験室が動物実験を基礎にして生産し続けているこれらの薬品が原因であったのか、誰も確かめようはないであろう。

かなり最近わかったことは、比較的強力でないトランキライザーや鎮痛剤でさえ、肝臓や腎臓に害があり、アルコールと併用すると神経系に有害な影響を与えるほかに、視力に不可逆的な障害があることである。これまた、動物実験ではわからなかったもう一つの危険である。必然的に、さらにほかの欠陥がやがて発見されるであろう。それで、製薬産業はまたまた「新しい」薬品を生産する理由ができてくる。それは「広範な動物実験で証明されましたが、副作用はまったくありません」と宣伝されるだろう。少なくとも当面の間は。

「動物実験は」と、クルト・ブリューヒェルは『白い魔術師』の中で書いている。「精神的な影響についてはほとんど解明ができない。われわれは、ラットが嬉しがっているのか悲しんでいるのかはわからない。一方、新薬の副作用を発見するまでは、長い時間がかかるかもしれない。アスピリンが内出血を起こすことがあるのがわかるのに、八十年かかったのである……精神科の薬でいつまでも幸福でいた人間などはいない。これらの薬剤で重大な肉体的精神的な被害を受けた人は無数にあり、死亡した人も多くある。ハイデルベルク大学精神神経科診療所のH・ヘフナー博士は、疾患の例を挙げている。めまい、精神錯乱、癲癇発作、アレルギー、肝臓の合併症、血栓症などである」

ブリューヒェルはさらに述べているが、一九七二年の終わりに、ロンドンの精神科医サイモン・ベアマンは、『精神医学雑誌』に、精神病院で多く使用されているトランキライザーであるフェノチアジンの使用に対して警告していた。理由は、正規の服用量でも言語障害を起こすことがあるからであった。しかし、フェノチアジンの副作用でもっとも危険なのは、いわゆる顆粒球減少症である。これはきわめて重症の、しばしば致命的になる血液疾患で、主として三十五歳以上の女性に、最初の服用後五週間から十週間で表れる（三五八―三五九ページ）。

さて、こういったことすべては、昔々は全部「無害」と宣伝されていたが全然そうではない薬剤集団に対する重大な告発状である。最近さらにもう一つの精神科の薬が、奇形の原因になると告発されている。それはリチウムであって、フランスの『医学評論』(一九七六年三月二十九日号)のある報告にはこう書いてある。「数年前リチウム塩が胎児の奇形の原因であるとされた仮説は、今やショウ教授によって確認された。この化学物質は躁病に治療効果があるためと、躁鬱病の予防用として、一九七〇年以来次第に用いられてきたが、母親が妊娠の最初の数ケ月間にリチウムを投与されると、それは胎盤を通過して胎児に心臓および血管の奇形を生じさせる。このような奇形は検査対象となった百五十人の子供の中で、十六人に発見された」

このニュースはそれ以前、パリの二つの日刊紙、ル・フィガロ(一月二十二日付)とル・モンド(一月二十三日付)に報道されていた。

付け加えておきたいのは、何千もの新薬が世界の市場に毎年現れている現状では、われわれの子孫だけがその遺伝的副作用がどんなものであるかを知るであろうということである。そして、全面的な事実はおそらく絶対にわからないであろう。組み合わせが違うごとに、影響も違ってくるからである。われわれがすでに確実にわかっているのは、その影響は好ましいものではないということ――そして人類は、いわゆるトランキライザーが市場に溢れ出してから、神経質な点は少なくなるどころか増大しているということである。

しかしこんなことは、癌との戦争の前線からの報道に比べれば、取るに足らないことである。

癌

「癌に対する実験研究で、これまでに新しい手段が見つかり、あるいはこの疾患との戦いに関する有効な方法が発見されたかとの問いには、どんな楽天的な人間でも然りとは言えないであろう」

このことは、今日でも言える。そしてこの発言は半世紀前、チューリッヒ大学のブルーノ・ブロッホ教授が医師たちのある集会で行い、『シュヴァイツァー医学週刊誌』(一九二七年、第五十一巻、一二一八ページ)が報じたものであった。

オーストラリアのウイルス学者であり免疫学者であったフランク・バーネット(一九六〇年ノーベル生理学・医学賞受賞)は、生命体が疾病と戦う方法を説明する一般理論を初めて構想した。すなわち、生命体は、自己とは異質で害を与える可能性のある微生物やウイルスや細胞やバクテリアを認知し、それと戦う生来の能力を有しているということであった。数年後、スローン=ケタリング癌研究所のルイス・トマスとともに、フランク・バーネットは、この免疫機構と癌との間には一つの関係があるのではないかという仮説を提示した。バーネットとトマスによれば、人体は正常な細胞とは遺伝的に異なる、癌発生の可能性のある多くの細胞を絶えず生成している。しかし免疫機構が、その細胞が増加しないうちに、通常それを破壊する。ところが、その生来の防衛力が何らかの理由で弱くなったり阻害され、異常な細胞を認知し破壊できなくなると、これらの細胞が急速に増加し、健康な組織に侵入して肉体を破壊するというものであった。

癌を克服しようとする試み——主としてその疾患に何十億という動物をかからせて、動物が苦しみながら衰弱してゆく間に種々の試験を行うやり方——は、いずれも無駄であったので、主要な癌研究者たちは今やついに、少なくとも一つの結論に達した。すなわち、癌の恐怖は今後長期にわたって一般大衆から金を引き出す最上の口実になるであろうが、科学はおそらくこの疾患を発生させる要因を識別することはできず、したがって癌をたちまち治癒する「奇跡の医薬品」を完成することはできないであろうということ、しかし、最上の治療は、あらゆる生命体が生来備えている防衛機構が行うものであるということである。

一九七三年秋、ペイリルがイヌを用いて癌の実験研究を始めてからちょうど二世紀後、スイス対癌連盟は、その年連盟が癌との戦いでもっとも重要と考えた業績を発表したロザンヌのジャン＝シャルル・チェロッティーニとチューリッヒのロベルト・ケラーに優秀賞を与えた。そしてその業績の内容は何であったか？　本質的には、肉体生来の防御力を強化することが、癌を防ぐ最上の方法であるとの認識であった。

このことはまた、それまで試みられたことはすべて無駄であったとの認識であった。また途方もない出費、巨大な努力、何百万、何十億の動物に故意に与えた信じられないほどの拷問は、すべて金銭と時間と苦痛の浪費であったと認めたことであった。

癌を排除する免疫機構を確認するための臨床実験も、長い間行われてきた。もちろん、この種の実験はきわめて忌まわしいものである。ともあれその実験で、肉体生来の能力が、不当な干渉をしないかぎり疾病の始末をつけるという説が確認された。

スローン＝ケタリング研究所では、人間に癌細胞を注入したが、この中には末期症状の癌患者と健康な人間がいた。健康な人間に注入された癌細胞は、ごく少数の場合増加し続けたが、二、三週間以内にすべて肉体によって除去された。癌患者の場合の結果は、全然異なっていた。彼らは明らかに免疫機構に欠陥があって、移植された癌組織を肉体が排除するのに最高八週間を必要としたのである。これらの実験の詳細は、ニューヨーク医学アカデミーの『紀要』（一九五八年、第三十四号、四一六ページ）と、『科学アカデミー年報』（一九五八年、第七十三号、六三五ページ）に掲載された。

しかし他方、世界の癌研究は平然として動物実験を続けている。そして外部の観察者から見て意外なのは、現在の研究方法の機械性であり、古い誤りを頑として改めようとしない態度である。警告信号は今に始まったことではないのに。しかし現代のベルナール主義は、古代のガレヌス主義と同様、その過ちをなかなか認めようとしないのである。今日では、中世と同じように、学者の無知はとくに改まらないものである。

現代の「医学」が癌を克服するどころかその増加を抑制すらできず、この疾患の拡大に直接力を貸していることを示す前に、本書が書かれている時点での癌の状況を簡単に見ることにしよう。世界的な規模での比較統計の数字がないので、かなり多数の症例にわたっているアメリカの数字を検討することにする。

一九七二年に結果が出た広範囲な分析でわかったことは、アメリカでは三十歳から三十四歳までの女性は、他の病因よりも癌で死亡する率が多いということであった。早期診断、外科手術、放射線治療、化学療法が進歩したと言われているが、乳癌による死亡率は過去三十五年間動いていない。

三歳から十四歳までの子供は、他の病因よりも癌で多く死亡している。男性の場合は癌による死亡率は、一九三六年から一九七一年の間に四〇パーセント増加した。

アメリカ政府が全国規模で癌による死亡の統計を開始した一九三三年以来、癌の死亡率は六六パーセント増加した。一九七二年には、死亡率が過去二十二年で最高に達した。増加率は三・三五パーセントで、一九五〇年以降の年間平均の約三倍であった。

癌治療の副作用（骨髄機能低下、腎臓障害、肝臓壊死、脳出血等）は程度がはなはだしく、相当数の患者は癌で死亡するよりも治療の副作用のために死亡しているのが実情である。

癌治療に起因する被害で既知のもののほかに、もちろん未知のものも多数あるに違いないし、それらはやがて発見されるであろう。たとえば、遺伝性の障害もあるだろう。これは両親のどちらかが癌治療を受けている間あるいはその後に妊娠した子供に遺伝するものである。

というわけで、ここ数年の間、癌は増加し、その増加は早まっている。医学はその無能を隠蔽するために、煙幕を張っているが、それはつぎの発言が一例である。アメリカの対癌計画の責任者フランク・J・ラウシャー博士は言っている。「増加の原因の大半は、五十五歳以上の年齢層、すなわち癌の罹病率が高い年齢層の人口に占める比率が上昇したことである」（インターナショナル・ヘラルド・トリビューン紙一九七三年四月十日付）

もちろん、こんな発言は無責任なごまかしである。アメリカの高年齢層は、二〇年前に比べて増えていないからである。最悪の兆候は、幼児および思春期年齢層の癌がもっとも増加している事実である。

であるから、いかに事実を歪曲しようとも、この増加に弁解はできない。現代の疾病の大半は、誤った考えを抱いている医学者が作り出したもので、癌がもっともはなはだしい例である。

一九七五年の終わりには、世界のマスコミはつぎの報道をした。「アメリカの癌死亡数はここ数十年で最高の増加を示した。国立衛生統計センターは、一九七五年の最初の七ケ月間に、死亡率が五・二パーセント急上昇したと報告した。ここ数年その率は絶えず上昇してきている。この上昇の原因は、国立癌研究所の所長フランク・ラウシャーによれば、化学薬品の消費が増えたためであるとのことだ」(ターゲス・アンツァイガー紙十一月八日付。『タイム』誌十二月八日号)国立癌研究所の所長も、ついに事情がわかってきたのであろうか?

一九七六年七月二十九日のワシントンDCからの特報は、つぎのごとくであった。「アメリカの女性の癌症例の六〇パーセント、男性の四一パーセントは、食事習慣と関連があると、国立癌研究所の一研究者は昨日上院の委員会で語った……大腸癌および乳癌は、胃癌、肝臓癌、腎臓癌、前立腺癌とも相関関係のある、高脂肪食および他の食事要因に関連があると、研究者のジオ・ゴーリ博士は、上院栄養および人間のニーズに関する特別委員会で語った……食事面での癌発生の危険因子を減少させるために、アメリカ人は何をすべきかとの委員の質問に対し、ゴーリ博士およびハーヴァード大学公衆衛生部のマーク・ヘグステッド博士はともに、食事量を減らし、脂肪、肉、糖分、塩分を削減すべきであると答えた」(インターナショナル・ヘラルド・トリビューン紙一九七六年七月三十日付)

というわけで、これが一九七六年のアメリカの首都のニュースになったのであるが、約二十五年前、二人のイギリスの主要な医学者がすでにこのことについて述べていたのである。アーバスノット・レイン卿とモイニャン卿は、種々の論文で、「癌が一部の食物に起因することは疑いない」と主張していた。そして、これには食物だけでなく、薬物も含まれていた。動物は人間とは異なる食事習慣と消化管を持っているので、研究者が動物実験で「癌の秘密」を発見しようとする理論的根拠は、理解しにくい。繰り返して言うが、研究全体は無益なもので、知恵遅れの人間がやっているのである。金銭の側面はもちろん別であるが。

肉と「奇跡の」医薬品の摂取を減らし、金儲け仕事の「研究」に対する助成金を非難することは、多少の意志の力が必要である。それよりは、自分の好きな食物をたらふく食べ続け、その間自分の弱点の身代わりのヤギとして動物を利用し、何とかなるだろうと期待するほうがはるかに容易なことである。

発癌性の医薬品?

ペンシルヴァニア州フィラデルフィアのウィスター研究所所属で、つぎにカリフォルニアのスタンフォード大学微生物学教授となったレナード・ヘイフリック博士が『サイエンス』(一九七二年五月十九日号、八一三—八一四ページ)に掲載した詳細な論文の要約はつぎの通りである。

「人間のウイルスに対するワクチンは、ほとんどサルの腎臓とニワトリの胚の培養で作られる。両者とも汚染されている可能性がある。サルあるいはその培養細胞を扱った結果死亡した人が数人ある。ワクチン製造のために処理されるサルの腎臓の相当数(二五ないし八〇パーセント)は、二〇種以上の既知のウイルスのどれかに汚染されているため、廃棄しなければならない。第一次培養のために殺されるサルの数は莫大となったために、数種が絶滅の危険に瀕している。アメリカでは少なくとも数十万の人びとが、サルの腎臓細胞から作られる小児麻痺のワクチンに発見されるSV四〇ウイルスに感染している。このSV四〇ウイルスは、ハムスターには腫瘍を発生させ、正常な人間の細胞を試験管内で癌細胞に変える」

ヘイフリック教授の論文から得られたこの情報は、簡単に言えば、全世界で予防接種を受けている圧倒的多数の人が、理論的には発癌可能性のある物質の接種を受けているということである。

サルの腎臓に存在するこのSV四〇ウイルスは、単に正常な細胞を「試験管内で」変化させ、癌細胞のすべての特性を持つ細胞にすることができるだけでなく、このSV四〇ウイルスはホルマリンでも死滅しないのである。つまり、死滅した小児麻痺ウイルスのワクチン製造に必要なホルマリン消毒という通常の処理にも生き延びるということである(技術的な詳細については、『アメリカ呼吸器病評論』第八十八巻第三号、一九六三年九月、および『卒業後の医学』第三十五巻第五号、一九六四年五月参照)。

この致命的な危険を防止するために、十年以上前、当時フィラデルフィアのウィスター解剖学生物学研究所に所属していたレナード・ヘイフリック博士は、「代替方法」の章で述べた、人間の胎児の組織から得られるWI—三八と名付けたワクチン培養基を開発したのであった。ヘイフリック教授の研究成果は、第十回国際微生物学会(一九六七年、プラハ)で本人により口頭発表され、医学雑誌で広く論議されてきた。つぎに『研究所実験』(一九七〇年一月号、五八—六二ページ)からの要約を転載する。

「アメリカで麻疹ワクチンの製造用として現在使用されているイヌの腎臓は、偶発性のウイルス叢存在の可能性がある。培養細胞として用いられる小イヌの腎臓は、イヌ伝染性肝炎のウイルスに冒されていることがわかってきた。イヌ伝染性肝炎は、ウイルスが腎臓に潜伏していることが知られている生後一年以内のイヌには、一般的な伝染病である。イヌ伝染性肝炎ウイルスのある系統は、ハムスターに腫瘍を発生させることが報告された。イヌのヘルペスウイルスもイヌの腎臓に存在することがある。数種のイヌの発癌性ウイルスもまた知られているが、その中にはイヌ乳頭腫、性器腫瘍、肥胖細胞白血病ウイルスなどがある……」

同論文のつぎの叙述は、とくに問題である。「よく知られていることであるが、もっとも重要な動物の発癌性ウイルス（霊長類から分離されることがあるのもの。ＳＶ—四〇および発癌性アデノウイルス）は、種の壁を越えた場合にのみ、発癌性となるということである。霊長類の発癌性ウイルスで、そのウイルスを固有に持っている動物に腫瘍を発生させるものは知られていない。しかし、このようなウイルスは他の種の動物には腫瘍を生じさせることがある。したがってＳＶ—四〇や発癌性アデノウイルスはその宿主である動物にではなく、他の種の動物にとって発癌性となる。人間のウイルスワクチンの安全性に関して、唯一の結論として言えることは、人間用のウイルスワクチンの発癌性の危険は、人間の細胞から作られたものより、動物の細胞から作られたもののほうが大きいということである。どのようなワクチンにせよ、その発癌の可能性が少なくなるのは、投与される動物の細胞で作られたワクチンである」

こうしてわれわれに次第にわかってきたことは、種の間の生物学的な対抗作用は非常に強力なもので、一つの種に固有で、したがってその種には無害なウイルス——たとえばＳＶ—四〇は、それが本来存在しているサルには無害である——が別の種たとえば人間に移されると、「狂気となり」、発癌性になる可能性もあるということである。そのことがまた、ベルナール時代の魔法使いの弟子たちが、「人間の癌を動物に接種すること」にうまく成功した——あるいはそう信じていた——理由にもなっているのである。しかしおそらく多くの場合、動物に接種された疾患の細胞の発癌性ではなくて、種の生物学的な相違が、これらの動物が癌を発達させた原因となっていたのであろう。

逆に、われわれが自分自身と子供たちを、小児麻痺や恐れられている他の伝染病に対し免疫にしたと思っていたワクチンは、われわれと子供たちに発癌の可能性を伝えてしまい、それは癌の死亡率の増加が示しているように、全世界的に徐々に表れてきている。もし将来、小児麻痺の絶滅と称せられているもの——それはワクチンの導入以前にすでに自然消滅しかかっていて、導入時にはほとんど犠牲者はいなかったが——が、数千の癌の死亡者の犠牲で得られたという証拠が出てきたら、まことに皮肉なものであろう。

一九七三年三月に、デンマークのオデンセ大学予防医学研究所のJ・クラウセン教授が明言したように、「何百万という人びとが、本来サルに存在するSV―四〇ウイルスに汚染された小児麻痺ワクチンの接種を受けてきた。このウイルスの究極的な影響が表れるには、あと二十年以上かかるであろう」

ここでもまた、魔法使いの弟子たちは、十分な警告を受けていなかったなどと言うことはできない。天然痘ワクチンの発癌性に対する警告の例がある。

「ワクチン接種でさらに白血病が爆発的に発生することがある」と、フランスのサン＝ルイ病院の医師B・デュペラー博士は、早くも一九五五年三月十二日、『医学新報』に書いていた。

もう一つのフランスの医学雑誌『一般病理学および臨床生理学評論』の一九五八年一月号は、こう述べていた。「ワクチンは被接種者の体質を変え、アルカリあるいは酸性体質――癌体質にする。この事実はもはや否定できない」

また、ポーランドのクラコウ医学アカデミーのユリアン・アレクサンドロヴィッツ教授とボグスラフ・ハリレオコウスキー教授は（一九六七年五月六日号の『ランセット』の報告では）、こう書いていた。「すでに公表された報告およびわれわれ自身の観察では、種痘は時に白血病の徴候を発生させることがある。クラコウの診療所で観察された児童と成人の場合、種痘に続いて急激な局所および全身の反応と白血病が発生した」

種痘はまた、悪性腫瘍の形で癌の原因となることがあるが、これはワクチン接種による外傷が原因である腫瘍が三十八人に発見されたことが一例である。これは一九六九年に『医学ニュース』の第一面の報道事項となった。南カリフォルニア大学のウィラード・L・マーメルザット博士は、第二回国際熱帯皮膚科学会議の席で、これらの人びとのうち、いかなる時においても、化学的発癌性物質に触れた者はなく、接種が行われた部位に外傷を受けた者はなかったと語った。

もちろん、医薬品の中で癌発生の疑いがあるか、実際に癌を発生させたものは、ワクチンだけではない。一九五七年七月号の『医学世界』四七ページで、フリーダ・ルーカス博士はつぎのように述べている。「イングランドとウエールズにおいては、あらゆる種類の白血病による死者は、一九二〇年から一九五二年の間に六倍以上増加した……ウィルキンソンによれば、スルフォンアミド剤が、たとえ少量の場合でも疾患の有力な要因となっているとのことである。詳細が記録されている症例では、顆粒球減少症から溶血性貧血および急性単球性白血病に至る悲劇的な経路が明瞭である」

であるから、かりにわれわれが現行のベルナール式の方法を今すぐ止めたとしても、癌による死亡率の増大は新しい世代が生まれてくる前には停止しないであろう。またそうであるからこそ、人類をこのような羽目に陥らせた似而非科学は、最近の発見の大半を何とかして隠そうと努力しているのである。

しかし数字は厳然とした事実である。そして数学は、今日医学として通用しているものとは違い、論争の問題点にはならない。数字は、癌が引き続き増大していることを示しているのである。

もし将来いつか、人間の肉体が自力で克服できる伝染病や他の疾患の減少が、癌の増大を代償としたものであったことが数学的に立証されたとしたら、まことに皮肉なことであろう。そしてまさにこれが事実である兆候が、製薬産業の新薬の生産増加に並行して、絶えず出現している。もちろん、本書は種々の分野にわたらなければならないものであるから、詳細な事例はわずかしか扱うことができない。それで、最近の事例を一つだけ検討してみよう。これは「公的な」医学が新たな種類の癌、つまり二、三十年前は存在していなかった青少年の癌の直接原因であることを発見した医薬品の事例である。

スチルベストロールの事例、別名癌行商人

「それは犯罪よりひどい。間違いであるから」

――タレイラン

文明世界の民衆の大半が「救済」を頼みにしている――何からの救済かはっきりしないが――現代医学が、実験室で開発し、それから全世界に売り出したのが、エストロゲンと称するものであった。エストロゲンは性ホルモン、すなわち性腺の分泌物の一つのグループを言う医学用語である。なぜこのような合成エストロゲンが現代の医師によって投与されるのかという種々の理由の一つに、妊娠出産を確実にするということがある。過去数十年にわたって、全世界の何百万もの女性が、流産が防止できるという確約を受けて、医師からそれを処方されてきた。

人工的でない、自然の流産は、明らかに母なる自然が作り出した安全弁であり、生存に不適な生命力のあまりない人間を胎児の段階で排除するためのものである。したがって、自然流産は、種族を強化し健康を保つのに寄与しているのである。しかし自分の高額な料金を正当化するか、実験の好奇心を満足させねばならず、さらに動物実験教育によって、世論を欺瞞するのと同じくらい簡単に自然を出し抜くことができると信じている科学者たちは、このような

明白な理屈には煩わされなかった。
もちろん、薬品を投与すれば流産が防げるとか、妊娠して安産するのはつねに特定の薬物のおかげであるなどと保証できる医師は、世界に一人もいない。しかし、一九七三年以来、医学が今では確実に知っている一つのことがある。

その年、国際的に有名なイタリアの動物実験者シルヴィオ・ガラッティーニ教授は、ある公開討論で（一九七三年十月十四日号『エポカ』誌）、「われわれは実験室内で、自然のエストロゲンと同一のものを再現できる」と主張した。しかしほぼ同じとき、ジュネーヴのWHOは慌てて医学界向けの英語の警告書を印刷していた。その内容は、合成エストロゲンの原型であるスチルベストロール（正式にはジエチルスチルベストロール。略称DES）が、人間に癌を発生させることが疑いなく立証されたということであった。

WHOの書類を作成したのは、メリーランド州ベセズダの国立癌研究所の疫学部長ロバート・W・ミラーであった。書類の表題は、『経胎盤性発癌』というもので、IARC（国際癌研究機関）一九七三年リヨン刊、科学刊行物第四号となっていた。

一七五ページに、「人間における出生前の癌発生原因。疫学的証拠」という題の一章の中で、ロバート・W・ミラー博士はつぎのように書いた。

「経胎盤性化学的発癌。半年に満たない前、母親が妊娠中に服用した薬品が原因で、子供に癌が発生することがあるという劇的な公表がなされた（ハープストその他。一九七一a）。それまでこのような現象は観察されたことがなかった。高齢者の疾患である特定種類の膣癌（クリア細胞腺癌）が、ボストン地域の八人の女性について報告された。年齢は十四歳から二十二歳までわたっている。七人の母親は妊娠中にスチルベストロールを服用していた。それと比較対照した三十二人の母親は、一人としてこの薬剤を使用していなかった。その後すぐにニューヨーク州腫瘍記録所を通じて、若い女性の同種の膣癌の事例が五件追加された（グリーンワルドその他。一九七一）。その五人の母親はすべて妊娠中合成エストロゲンを投与されていた。さらにニューマン（一九七一）によって報告された他の一例について、ハープストその他（一九七一b）は、彼らが七例に関する公表を行って以来、二十以上の症例を知っていると述べた。母親が妊娠中にスチルベストロールを服用した子供の健康状態について、種々の調査が計画されている。いずれにせよ、経胎盤性発癌は、十四年から二十二年の潜伏期間の後、人間に発生したことは現在では疑う余地はない。

受精前の決定要因。遺伝的影響も類似の作用を及ぼす。遺伝的影響による癌が徴候を示す前に、数年ないしは数十年が経過する場合もある」

したがって、いわゆる現代医学が、癌を決定的に絶滅する奇跡の医薬品を、いつどのような方法で、どのような価格でわれわれに提供しようとしているかについては、もはや問題にはならない。現代医学が癌を発生させているのである。WHOの書類が、科学者自身の基準によるその最初の「科学的証拠」であり、さらに医学はこれまで存在していなかった種類の癌を作り出したという証拠でもある。このことが一つの事例において立証されたのであるから、まだ「科学的に」確認されていない他の多くの事例においても事実であるに違いない。そしてもちろんこのことで、過去数十年の癌の容赦ない増加の理由の説明の助けにもなるのである。数限りのない種々の新薬の消費に並行する増加である。

合成ビタミン剤の過度の服用が骨の腫瘍の原因となり、軽症の高血圧の治療を目的とする医薬のために、女性が乳癌にかかりやすくなり、動物を材料として培養したワクチンに発癌の可能性があり、長い間安全と考えられてきた抗生物質が白血病を発生させた。そして最近、動物には無害であると実証されたので人間に対して数十年投与されてきた合成エストロゲンが、骨の成長を遅らせ、肝臓・腎臓に害を与え、白内障、心臓障害、精神障害の原因となるばかりか、子供に明らかに悪性腫瘍を生じさせることが、動物実験者自身の基準で、「科学的に」立証されたのである。

他の多くの事例と同様、スチルベストロールの災厄の責任は、動物実験による研究方法に全面的に帰せられるものである。そしてミラー博士の報告では、医学が有罪を認めてしまったと思われるのである。そしてその責任が一層重いのは、今までの四十年間に、ホルモン全般およびとくに性ホルモン（エストロゲン）の効果を、動物試験によって判断するのは危険であるとの警告が、数限りなく寄せられていたからである。このような警告は、またもや各国保健機関によって鼻の先であしらわれてしまった。彼らはおそらく、倫理を尊重する誓約をせずに公共福祉の責任を引き受けているようである。

つぎに挙げるのは、まだ留意する暇があったうちに寄せられた数多くの警告のいくつかの例である。

「ハルバンが指摘したように、胎盤は性器と乳腺の成長を刺激する。このことは動物の場合には事実であるが、人間の場合には当てはまらない」（J・P・グリーンヒル『アメリカ婦人科学産科学雑誌』一九二九年二月号、二五四ページ）

インディアナ大学医学部産科学部長A・M・メンデンホール医学博士は、「下垂体の溶液と子宮の破裂」と題する論文でつぎのように述べた。

「これは相当希釈しても強力な薬剤であり、一定の強度を保証できる方法はまだ開発されていない。この強力な薬剤をあくまで使用しようとする人に対しては、それを患者自身に試用してみるまでは、効果程度を知る確実な方法がないことを大いに警告しておく必要がある」（『アメリカ医師会雑誌』一九二九年四月二十日号、一三四一ページ）

「心臓にアドレナリンを注射するのは、感心しないことである。患者がその後快復する場合には、それは注射を行ったにもかかわらずそうなったのであって、そのおかげではない。心嚢血腫や心膜炎の発生による大きな害がありうる。アドレナリンの静脈注射は、危険な心臓障害を起こすことが知られている」（L・J・ウィッツ博士『医学世界』一九三一年一月二十三日号、五六五ページ）

「ピツイトリン（ホルモンの一つ。産科用脳下垂体後葉製剤の商品名）は、ネコの場合は利尿作用があるが、人間の場合は逆の効果がある」（『生理学雑誌』一九三二年十一月第七十六巻、三八四ページ）

「およそ百年前、リヨンの獣医ライナールは、イヌから甲状腺を除去すると致命的であることを発見した。五十年後シフは、これはイヌおよびネコについては事実であるが、ウサギやラットについては事実ではないことを示した」（『ランセット』啓蒙論文一九三三年十二月二日号、一二六七ページ）

「内分泌関係薬剤については、最近いくつかの大きな発見があったけれども、使用に際しては十分に注意せねばならない。この点に関して多くの危険な誤用がこれまでにあった。それは、動物実験の結果をすぐさま人間に適用しようとしたためであり、また種々の製薬会社からの宣伝が間断なく流れ込んできたためでもあった」（A・P・カワディアス『医学世界』一九三五年四月五日号、一九一ページ）

卵巣抽出物の注射によって陣痛を誘発させることについて。「このような実験は齧歯類のような動物に適用した場合は、ほとんどつねに成功したきたが、人間の場合には完全な失敗であった」（リヴァープール婦人病院名誉外科医、A・レイランド・ロビンソン、M・M・ダトナウ、T・N・A・ジェフコート諸博士『イギリス医学雑誌』一九三五年四月十三日号、七四九ページ）

「前立腺肥大を男性ホルモンによって治療することが試みられているが、これはきわめて重要である。マウスやサルを用いる実験は、その結果を人間に適用した場合は、残念ながら誤解を生じるものであることが判明した」（総説『医学世界』一九四〇年五月三日号、二二六ページ）

「男性に対するもう一つの種類の置換療法は、男性ホルモン溶液の注射であるが、この合成製品が最近市場に出てきた……現在のところ、動物実験結果には多くの相互に矛盾する報告があって、臨床医にとって問題をわかりにくくしており、残念ながらどうにもならない混乱を生じさせていることが多い」（総説『医学世界』一九四一年一月十七日、五〇四―五ページ）

一九四二年一月十六日号の『医学世界』において、アーサー・グロールマン博士の『内分泌学要説』に対する書評より。「これらの種々の物質に関連する研究の多くは、必然的に実験動物によって行わねばならなかったが、実験結果を人間に適用したとき、まったく誤解を生むものであり、少なからざる事例においては危険でさえあることがわかった」（四八二ページ）

「性ホルモンを用いる治療の実際的成果は、期待をはるかに下回るものであった。その一つの理由は、動物実験の結果は女性には適用できないことにある」（リーズ婦人病院名誉顧問外科医アルフレッド・ゴフ博士『医学新報回覧』一九四五年三月十四日号、一六九ページ）

「……実験室においては議論の余地のない事実も、臨床医学に適用する場合は事実の保証はない。適例は、ホルモンの濫用と、業者の頒布する偏った研究宣伝広告を鵜呑みにすることである」（フラングカン・ロバーツ博士『イギリス医学雑誌』一九四五年六月十六日号、八四八ページ）

「ホルモン治療法ブームが起こったことは、記憶に新しい。宣伝された成果なるものは、動物実験から誤って推論されたものであった……これらの結果は、臨床面で人間に適用されると誤りであるばかりか、場合によってはきわめて危険である」（総説『医学世界』一九四七年六月六日号、四七一ページ）

「動物の刺激感応性は、実験室ごとに異なる。したがってある実験室で得られた有効性を他の実験室のものと比較することはできない。すべての哺乳動物の反応性はエストロゲンに対してはほぼ同一であると通常考えられてきたが、現在ではそうではないという証拠が相当にあり、人間の女性が実験動物と同じ反応をするという前提はもっとも愚かであるという証拠もある。このことは大いに関心を払うべきことであるが、それは動物から得られた結果を人間に適用する愚かさを示しているからである」（E・C・ドッズ博士・教授『薬剤学および薬理学雑誌』一九四九年、第一巻第三号、一四三―四五ページ）

「エストロゲンが初めて臨床用に入手しうるようになったとき、その応用について当然行き過ぎた熱狂が起こった……開業医に使用を熱心に勧めている美麗な郵送パンフレットの言っていることを信用すると、エストロゲンの使用には禁忌も副作用もないなどという錯覚を抱いて安心してしまうことになる」（ロバート・Ａ・キンブロウ博士およびＳ・ライオン・イズリアル博士『アメリカ医師会雑誌』一九四九年十二月二十五日、第一三八巻、一二一六ページ）

「したがって、エストロゲンの人間に適用した場合の相対的効力を決定するのに、動物による効力検査に依存することが正当でないことは明白であると思われる」（Ｐ・Ｍ・Ｆ・ビショップ、Ｎ・Ａ・リチャーズ、Ｍ・Ｂ・アデレイド諸博士およびニール・スミス『ランセット』一九五〇年五月六日号、八五〇ページ）

「一八五五年のトマス・アディソンの研究論文は、つぎの言葉で始まっている。『現在のところ、副腎皮質の機能とその生物組織全体に対する機能は、ほとんどあるいはまったく未知である』彼の著作の多くについてと同様、この言葉もいまだに事実である。われわれはこれまでに多くの事実を蓄積してきたが、生命体についてはまだほとんど知らないのである」（ケンブリッジ大学生化学教授　Ｆ・Ｇ・ヤング『イギリス医学雑誌』一九五一年十二月二十九日号、一五四一ページ）

「ロンドンのＣＩＢＡ財団において七月三日、アウサイ教授は、ラットに実験的に生じさせた糖尿病の頻度と重症度に対する性ホルモンの影響を研究しているグループの仕事を点検していた。しかし彼は最初に研究員に対して、実験結果を他の動物や人間に適用しないようにと警告した」（注釈『ランセット』一九五一年七月十四日号、七〇ページ）

「ホルモンの分野の動物実験結果を直接人間に適用しようという努力が本来誤りであることは、いくら強調しても足りないほどである」（一九五二年一月三十一日、下院ディレイニー委員会でのドン・カルロス・ハインズ医学博士の証言）

「下垂体ホルモンに対する子宮の反応は、種によって、また生体内、試験管内実験の別によっても重要な相違があった。したがって、このような資料から医薬品の人間の子宮に及ぼす影響を推論する際には、大いに用心が必要である」（Ｇ・Ｈ・ベル教授。第十三回イギリス産婦人科学会議において。『イギリス医学雑誌』一九五二年八月二日号、二八一ページ）

「一九一七年以降の卵巣ホルモン、すなわちエストロゲン、プロゲステロン、またその後の下垂体前葉の性腺刺激ホルモンの発見は、生理学に広大な新分野を開いた。実験室の小動物に投与した場合のこれら四つのホルモンの驚くべき効果のために、産科またとくに婦人科においてのその治療価値に非常な期待が持たれた。しかしこういった初期の期待は裏切られてきた」（アレック・ボーン博士『医学世界』一九五二年六月十三日号、四〇〇ページ）

「これらの過程を内分泌によって制御する知識は、主として数種の動物を使用する実験研究から得られている。しかしホルモンに対するこれらの種の反応は非常にまちまちであるので、人間の乳腺も研究対象となっている特定の種の乳腺と類似の働きをするなどと想定するのは軽率であろう」（P・M・F・ビショップ博士『開業医』一九五六年六月号、六三〇ページ）

分娩促進の薬品試験について。「向精神薬は例外として、動物と人間の実験のもっとも大きな相違は、おそらく子宮に作用する薬品の場合に見られるであろう。動物実験によって分娩促進の新薬を発見しようとして、多大の時間と労力が費やされてきたが、人間の子宮に試験してみると、まったく効力がないことがわかった。したがって、人間の子宮に対して分娩促進剤が試験できる方法を見つける必要がある」（ロンドン大学、ユニヴァーシティ・コレッジ薬理学講師H・O・シルド博士『クラークの応用薬理学』。人体薬理学と治療学における定量的方法』の共著者。一九五九年ロンドン、パーガモン・プレス社刊。一九五八年三月ロンドンにおけるシンポジウムでの報告一五四ページ）

「ジョンズ・ホプキンズ病院の有名なフィップス精神科診療所のP・リクター博士は、一般に使用されている薬剤やホルモン剤のよく管理された実験を行い、その結果は『米国科学アカデミー会報』の八月号に公表された。彼の結論はつぎのような警告であった。すなわち、ある種の薬剤やホルモン剤はただちに有益な効果が出てくるかもしれないが、患者は永続的な害をこうむり、それは薬物投与を中止して数ケ月後まで表れないかもしれないとのことであった。これらの薬物は、動物、主としてラットに試験されて、まったく無害であることがすでに『立証』されていたのである」（一九五九年八月五日付ボールティモアのニューズ＝ポスト紙より引用）

前述の引用は、合成ホルモンの分野においても、現行の研究方法の破産状態がすでに明確に予言されていたことを示している。著名な専門家が、危険を警告していたのである。しかし、彼らの中のどんな悲観論者でも、将来この非科学的方法が癌の元凶になるとは予想していなかったであろう。

これまでどれほどの女性が、発癌性のエストロゲンを投与されてきたのであろうか？　今後数十年の間に癌で死亡する人びとのどのくらいが、その体内に、母親の胎盤を通して受けた早期の死刑宣告をすでに内蔵しているのであろうか？　われわれにはわからない。もちろん、全世界の何千という他の合成薬物も、スチルベストロールと同じ影響を与えるものがあるに違いない。

西ドイツだけでも、クルト・ブリューヒェルは『白い魔術師』の中で、百七十三の基本的薬物の名を挙げ、これらが母親に投与されると胎児に危険であること、そして中には別の商品名の薬品になっているものが多いと述べている。われわれが確実に知っているのは、癌と奇形の加速度は、過去三十年間に増してきて、薬品の消費の増大に並行していることである。

人間の苦痛と、とくに苦痛に対する恐怖を種にしている今日の公的「研究」の巨大な欺瞞行為は、公衆衛生に対して犯されている。それは貪欲が動機であろうと、無能が原因であろうと、ほとんど考えられないほどの規模になってきたのである。そしてそのことが一層許せないのは、自然の煎じ薬（化学薬品よりつねに害が少なく、たいてい有益であるが）を販売している薬草業者が、不法に医業を行っているとの理由で、多くの国において告訴されている事実を考えた場合である。これはイタリアで最近起こっている。一方、癌や無数の「文明病」を発生させたと自白した犯人は、自由行動が許されているだけでなく、その犯罪行為を継続しろとばかりに、賞賛や巨額の助成金を与えられているのである。

ロバート・ミラー博士がWHOの警告文の中で力説している点に戻ってみよう。長年の動物実験行為から得られたことに相違ない勘で、ミラー博士はつぎのように言っている。「腫瘍が出生時に存在すれば、それが子宮内で発生したことに疑問はない」（一七七ページ）

この著名な科学者はさらに続ける。「八年間にわたる五歳未満のすべての死亡者を考えた場合、一万三七八二人が、子宮内かその後間もなく発生した腫瘍によるものであった」。

しかしこの著者は、彼のスリラー小説を陳腐な言葉で台なしにしている。つまり、罪を犯したのは執事でございますと言っているのである。書類の終わり近く一八一ページで、ミラー博士はこう書いている。「実験動物研究。実験モデルで得られた腫瘍の型と子供の腫瘍の型との間には、相関関係はなかった」

動物実験者の隠語では、もちろん「実験モデル」とは「実験対象とした動物」の意味である。であるから、凡人の言葉で言えば、ミラー博士はこう言えばよかったのである。「われわれが長年にわたって何百万の動物に発生させるのに成功した種々の癌からは、スチルベストロールの胎児に及ぼす影響は全然察知できなかった。したがって、これまでの数十年間、このエストロゲンを妊娠中の女性に投与しても罪はないと考えた。そう、誰にも間違いはある」

さて、最初は動物実験をし、つぎに人間には有害であるとわかったサリドマイドや他の種々の薬品の場合のような、自分たちが引き起こした新たな悲劇に、動物実験者の仲間たちはどのような反応を示したのであろうか？　この新たな悲劇が自分たちの愚かなやり方を実証していることは認めずに、動物実験を強化することを主張したのであった。信じられないことであるが、ミラー博士は事実つぎのように付け加えている。「齧歯類動物以外の種を用いれば、有益であるかもしれない。とくに、人間以外の霊長類動物が示唆された」そして彼はこの見事な論説をつぎの言葉で締めくくっている。

「IARCへの勧告。IARCはその全世界的な情報源を通じて、特定の物質による経胎盤ハザードを警告する報告を収集し公表しうる。IARCは腫瘍、奇形ないしは他の状況の発生が、経胎盤発癌あるいは奇形発生を示唆している場合の調査を行いうるであろう。最後にIARCは、世界の種々の地域における人間の出生前の発癌の危険を招くかもしれない薬品および環境汚染物質のリストを作成すべきである」

ここで、毎年何千もの新薬が世界的に売り出され、またミラー博士自身が「遺伝的に決定される癌の徴候が表れるまでには、数年ないしは数十年経過するかもしれない」と前に警告していることから考えて、彼が災厄に至る相も変わらぬ古い道を歩み、実験を拡大すべきであると勧告していることは、一見すると精神錯乱の表れであるように思われるかもしれない。しかしそうではない。この著名な造癌芸術家は、また抜け目のない商売人でもあるからだ。その理由はこうである。

アメリカ政府の「研究」助成に対する毎年の支出は、数十億ドルに上っている。第一、ミラー博士のような立場にある人間が、自分が全生涯にわたって信じ、教え、普及させてきたことが無益であったなどと認めるわけがない。第二に、彼が執行部の重立った一員になっているベセズダの研究所は、世界有数の動物実験施設であって、かなりの額の個人の寄付のほかに多額の連邦助成金を毎年もらっているからである。医学研究での動物実験法から手を引くとなれば、何万人もの正直な拷問者が失職することになるだろう。

そんな非人間的なことはできない。だから、それよりも何百万もの身代わりのヤギを拷問し続けるほうが好ましいのである。それはまた「偉大な科学者」という自己のイメージを保ち、人類の救済者に用意された台座の上に登ることができ、医学会議に全世界から集まってくる何千もの同僚の拍手喝采を浴びることができるようにするためでもある。そして、サリドマイドやスチルベストロールのような「奇跡の薬」を生産するためでもある。結局のところ、動物には投票権もないし抗議もできない――とくに彼らが「無声化」されている場合は――そして殴ることもできないし、集会を開くこともできず、議会にデモ行進もできず、爆弾を投げることもできないのである。だから、消費者が生まれつき奇形であったり、知恵遅れであったり、癲癇であったり癌であったりしたら、お気の毒さまということなのだ。

ミラー博士の警告がＷＨＯから公表されて以来、スチルベストロールによる確認された癌死亡者は、一握りどころではなく、現在では百単位になり、将来は確実に上昇するであろう。

魔法使いの弟子

統計数字は別にして、科学者として通用している魔法使いの弟子たちの犠牲者を多少見てみよう。一例が『ニューズウィーク』誌（一九七六年一月二十六日号）に報道された。

カリフォルニア州のグレイス・マロイ夫人が新聞の報道で、母親が妊娠中にスチルベストロールを服用した場合、その娘が若いうちに稀ではあるが致命的な膣癌にかかることがあるということを読んだとき、自分も二人の娘パッティとマリリンを妊娠中に、この薬品を処方されたことを思い出した。彼女がこの記事を読んだときには、二人は十九歳と十四歳になっていた。二人を検診してもらったところ、悪い結果が出た。マリリンが膣癌であった。

十二時間以上かかった手術で、マリリンの膣と周辺のリンパ腺が除去された。人工膣が下肢の皮膚を移植して作られた。一年後医師たちは、癌が片肺、食道および心臓の内部にまで転移していることを発見した。またもや手術が行われ、マリリンは快復したように見えたが、間もなく病状は再び悪化した。検査の結果、癌が下垂体にまで達したことがわかり、マリリンは六週間にわたるつらい「全頭部」放射線治療を受けた。その結果彼女の毛髪が全部抜け落ちたときも、彼女は雄々しく振る舞い、派手なスカーフを頭に巻きはじめた。しかし夜間には、母親は彼女が苦痛で呻いている声を聞いていた。癌が両腕、両脚、脊髄、脳にまで広がっていたからである。間もなく目が見えなくなり、車椅子に座りきりになった。マリリンは一九七四年五月二十六日、ハイスクールの卒業式をあと二週間後にひかえて亡くなった。

マロイ夫人は語っている。「私には、この錠剤がどういう作用をするのか知る手だてはありませんでした。医者に処方されたので、何千人もの女性がそれを飲んでいました」記事はさらに続けてこう述べていた。「グレイス・マロイは自分の家族に起こったこと、そしてさらに将来起こるかもしれないことを、非常につらく感じている。彼女の上の娘、現在二十五歳になるパッティが、良性に見えるが癌の前触れにもなる膣腺疾患であると診断されたからである……今のところは、パッティはただ待つよりほかはない――同じ経歴を持っている何千人の若い女性と同様に――そして、妹をいけにえにした殺人者が自分を見逃してくれるよう祈ることしかできないのである」

というわけで、『ニューズウィーク』のようなマスコミ雑誌も、現代医学の破産状態を暴露することがよくあるのである。しかし、きまって暴露できないのは、薬品の発癌性の長い「潜伏」期間（時には三十五年以上になるが）のために、今後数十年間は必ず増加する医療災害は、現行の医学研究の動物実験法がもっぱらその原因である、誤った情報のためだということである。

動物実験の結果安全であると信じられた現代の医薬品が、広範囲にわたって疾病全般、とくに癌を増大させている兆候は無数にある。一九七四年、ボストン大学の調査班が、一九七二年にボストン地域の二十四の病院に収容された二万五千人の患者の記録を分析した結果、つぎの事実がわかった。すなわち、軽症の高血圧を和らげるために何かの種類の薬物を服用した年齢五十以上の女性は、乳癌の発生の危険が三倍も大きいということである。人騒がせなデマを飛ばすまいと決心したボストン大学の調査団は、イギリスとフィンランドの著名な専門家に、同種の調査を依頼した。彼らの調査結果は大体同じであった。『ランセット』は、今や医師たちは、成人の女性の血圧を下げるという利点と、乳癌発生というそれよりも高い危険の可能性とを比較考量せねばならないのではないかと示唆した。

この問題は世界の主要な医学刊行物の編集部論説で論議され、また『タイム』のような一般の時事刊行物にも報道されたが、一年以上経って私は、イタリア、フランス、ドイツの医師の中で、その問題を耳にしたことのある者に一人として出会ったことはなかった。彼らの大半は、製薬業者が絶えず送り付けてくる医学文献を開く暇もないと語った。

『ニューズウィーク』誌（一九七六年一月二十六日号）に報道されているように、更年期症状を緩和するためにエストロゲンを使用する中年婦人は、子宮癌発生の危険が約五倍も高い。医師たちが薬剤を処方するのに忙しくて、警告を読む暇もないとすれば、一般の刊行物を読む暇のある患者のほうが、まだ望みがある。

アメリカの一般大衆も、ついになかなか欺されなくなったという兆候が見えている。そして、アメリカ人の反応でたいてい他国に起こることが予測できるのである。『タイム』誌は一九七五年（六月九日）、患者側の医療事故訴訟は、以前は稀であったが、ありふれたものになってしまい、たとえばカリフォルニア州では、高危険の専門職の保険掛け金は、五三七七ドルから一年で二万二七〇四ドルに跳ね上がってしまったと報じた。

そしてそれは、オーストリア生まれでメキシコに本拠を置いている社会学者イヴァン・イリッチが、現行の医療行為に関する彼の長期にわたる綿密な調査の結果を公表した以前のことであった。彼の著書『医学のネメシス』（前出）と、一九七五年五月二十五日のルガーノのイタリア系スイステレビ局でのインタービューで、一般大衆はつぎの事実を知ったのである。

「アメリカの病院では、全患者の一八パーセントから三〇パーセントが、投与される薬物によって引き起こされる病理的反応を有している……

「イスラエルの病院の一ケ月にわたるストライキの間、国民の死亡率は過去最低となった……

「医師でもあったチリーの大統領故サルバドール・アジェンデ博士は、薬局方を数十種に削減することを提案した。これはなんらかの役に立つことが立証されたもので、中国人の『赤脚医生』が一人当り持っている程度の種類のものである。大統領の考えを実際的な計画に移そうとした少数のチリーの医師たちは、一九七三年九月十一日に、軍部がクーデターで政権を取ってから一週間以内に殺された……

「人間は現代医薬なしには疾病を克服できないという意図的に作り出された信仰は、医療を患者に強いる医師以上に健康に害を与えている……

「医学の効能を日常用語で評価すれば、診断や治療はどんな素人でも完全に理解できることがわかるが、いつも専門用語を用いて、医学を非専門化することを防止しているのである……

「不治の疾病に時期尚早の治療を施すことは、患者の健康状態を悪化させる以外の何の効果もない……

「自分の体内に癌の徴候を発見した医師は、同じ教育水準にあるどんな専門人よりもなかなか診断と治療を受けようとしない。そんなことは儀式的な意味しかないことをよく承知しているからである……

「医療の『奇跡』と敬意をもって言われる、非常に宣伝されている外科医の軽業は、過去二十年間に一つの厳然とした事実を強化したに過ぎない。費用と新しい苦痛の増大、そして平均寿命には何の影響もないということである……

「アメリカで医療費が上がったことは、もう一つの出来事と並行している。成人アメリカ人の余命は低下し、さらに低下することが見込まれていることである。同じことは、イギリス、日本、それにEC諸国の大半で起こっている」

研究者は、一般大衆に配分の優先順位と方針を教育するためには、成功例と同じくらい失敗例も公表しなければならないことを承知している。だから、医薬の危険性を非難するときは、動物実験の強化、つまり過誤と恐怖行為の増大を要求するときだけである。

そうなると、動物実験者のマーコウィッツが、動物実験反対論者の立場が「当初から見込みがない。何十億ドルもの金がかかっている企業を相手にしては勝ち目があるというのか」と考えているのは正しいことだろうか？　正しいのかそうでないのかは、他の人間の態度次第である。

最高のサロンと道徳律

「真の科学は、長いぞっとする厨房を通ってしか行けない、灯りが輝いている最高のサロンに喩えられる」（クロード・ベルナール『序説』四四ページ）

近代動物実験の使徒がこの詭弁を、中世の蒙昧の長い眠りから覚めてまだぼんやりしている、欺されやすい世人に信じ込ませて以来、ぞっとする厨房はどんどんと広がってゆき、恐怖行為は増大し、クロード・ベルナールの錯乱した頭脳でも考えられないほどの形をとるようになった。そして、その毒気は地球の半分を呑み込み、人類に治癒しがたい病気を広めている。しかし、「最高のサロン」は次第に遠のき、どんどんと大きくなる病院に余地を譲り、そこでは白い衣を着た当惑を増してゆく司祭たちが、機械的な儀式を昨日から今日へ、今日から明日へと新しいものに取り替えながら行っているが、その儀式はそれが課せられている患者と同様、行っている当人たちにも理解できないのである。

道徳律は、実験室で再現できないし、ましてや直観的に把握することもできないので、動物実験者はその存在を否定するが、種々の面でその働きを示し、その働きの大半はきわめて微妙なものであるが、すべて究極的には人類の荒廃という罰を与えるものなのである。

人類が動物に対して似而非科学研究所で犯している犯罪が、罰せられずにまかり通るなどと信じることは、鈍感の証拠だけではなく、愚かさの証拠である。長期にわたる残酷な動物試験で無害であると立証された有害なホルモン剤やトランキライザーを母親が処方されたために、生まれつき知恵遅れや奇形であったり、癌や白血病のために死亡する子供は、他人が犯した犯罪の償いをしているのである。しかし、何十億もの動物がこの上もない残酷な目に遭って、償いをしなければならない。その償いの対象は、動物実験者だけではなく広く人類全般の無神経さということであって、人類は最小限に見ても無関心、すなわち感情を持った他の生き物に加えられているこの上もない拷問に対する無関心という罪がある。そして多くの人びとは、今や自分と子孫にその報いが降りかかってきた非人間的な方法を積極的に支持したことの責任を負っているのだ。非常に多くの罪のない人びとも、道徳律を絶えず犯した代償を同様に支払わねばならない。それは彼らが人類の一員であるというだけの理由によるものである。それはいかんともしがたいものなのだ。道徳律はいったん働きはじめると、結果は顧みないものであり、われわれに言えることは、その働きはきわめて効果があるということだけである。

人間が死ぬことを許される前に、長い間苦しまねばならないことは、道徳律の働きの、目に見える短期的な表れの一つである。若い医師、リチャード・クニーズは、かつてアメリカ医師会（American Medical Association）はアメリカ殺人協会（American Murder Association）と改称すべきだと宣言して、ＡＭＡのある大会で自分の会員証を焼き、『金か生命か』（ニューヨーク、ドッド社およびミード社刊、一九七四年）の中でこう書いた。

「一九六〇年から一九七〇年までの十年は、アメリカの歴史上最大の『研究』支出が行われ、最小の実績しか生まなかった時期である」（私は『研究』に鍵括弧を付けておいた。クニーズ博士は指摘する必要がないと考えたことを、読者に念を押しておくためである。それは、彼の考察の中で重要なものとなっている研究活動は、動物実験が主であり、それしかないことが多いということである。）そしてさらにこう書いている。「もっとも確実に予言できることは、『研究』に絶えず資金が流れてゆく結果、医療が次第に利用しにくくなり、毎年何千人という人が必要もなく死亡し、何十万人もが不当に苦しまねばならないことになるだろうということである。多くの医学校は、患者の医療用に割り当てた金を『研究』用に回し、それでもっと多くの金ともっと多くの『研究』を引き込まなければならなくなっている」

クニーズ博士の著書は、これまた荒野の叫び声に過ぎない。その理由は、彼が何の解決策も提示せず、説明も行わず、つぎのことが本当にわかっていることが示されていないからである。つまり、今日の医学の嘆かわしい状況は、研究者の品格を堕落させ、その知性を損い、こうして保健科学の破滅をもたらしている一つの方法の直接の結果であるということだ。これまでに私が引用した他の権威ある医学者や医学史家の大半――ジゲリスト、ロスタン、ヘイフリック、デュボス、イングリス、ライダー、ブリューヒェル、イリッチ――は基本的な誤りがどこにあるかを理解していたようである。つまり、今日の「基礎研究」というものである。

本書の始めに示唆しておいたように、もし現行の疾病治療法が妥当であるとすれば、われわれはとっくの昔に万人健康の時代に入っていたはずである。ところが、正反対のことが生じたのだ。

心臓血管系の疾患、関節炎やリューマチ疾患、糖尿病、精神病、癌、とくに小児癌が絶えず増加しているが、これらの疾患は、動物実験研究がこれまでその努力を集中してきた疾患そのものなのである。そしてその結果、余命は、古代の衛生思想が医術に復帰して以来の伝染病と幼児死亡率の抑制のおかげで大幅に増加したが、停止してしまい、むしろ後退しつつある。

実際は、余命が長くなることは、健康の証拠とは言えない。人びとは非常に不健康な状態で長生きしているだけである。イヴァン・イリッチが言っているように、「現代医学の真の奇跡は、全人類を非人間的に低い個人的健康の水準で生かし続けている点にある」医学の現状を調査した他の多くの人も、人類が今日ほど不健康であったことはないという事実を認めないわけにはゆかなかった。今日のすべての「文明」国の典型と見られる西ドイツの状況について、クルト・ブリューヒェルは『白い魔術師』の一七四ページで、つぎのように報じた。「ドイツ連邦共和国においては、医師が用いるか勧告した治療法による被害は、今日では疾病の最多原因となっている」そして二五七ページではこう述べている。「今日では通常のドイツ市民は、第二次世界大戦直前の約五倍の医薬を消費している。それで五倍健康になっただろうか？　もちろんそうではない。その反対である。平均して今日の西ドイツの市民は、当時よりはるかに疾病にかかる率が多くなっている……不注意にも、疾病を治療するための産業が、疾病の原因になってしまったのである」

そして、チューリッヒ大学のグイド・ファンコーニ教授はこう言っている。「医師たちは多くの患者をもっと病気にし、健康な人間まで病気にさせようとしている」（前掲書七九ページ）

四十五歳の人の余命が今世紀の初頭以来ほとんど変化がなく、ＷＨＯの楽観的で誤った予言にもかかわらず、西半球の多くの国では実際に後退しているのは、不思議ではない。今日余命が向上しているのは、幼時の衛生措置の導入によって幼児死亡率が大幅に減少した国だけである。

フランスの権威ある新聞ヌーヴェル・オプセルヴァトゥールによれば（一九七四年十月二十八日付）、フランス人の平均余命は、一九六五年以降増加していないが、十五歳から二十歳の人間の死亡率が、毎年二パーセントずつ上昇しているとのことである。四十歳から五十歳の人については、すべての工業国家で最近十年間に死亡率が増加した。同紙は続けて、イギリスの労働者の間では、一九三〇年よりも今日の死亡率のほうが高いと報じている。であるから、多くの医学の権威者が主張しているように、慢性病の増加は一般的に市民が高齢になったためだとすることはできない。事実ではないからである。

アメリカに関するかぎり、あれだけの医療設備と治療法を利用できるにもかかわらず、また医師たちの熱心な活動にもかかわらず、アメリカ人は親の時代より長生きをしていない。そして苦痛はもっと増大している。事実彼らは不健康のために以前より若い年齢で引退し、病気になっている率ははるかに高く、しかも病気の期間が長いのである。彼らの大半は生涯の終わりの期間を死のつぎの部屋、つまり病院という煉獄で過ごし、人工的に生かされているのである――その状態を生きていると言えればであるが。そして生かす手段は、点滴、注射、輸血、酸素テント、器官移植、効力の激しい薬品などである。これらの薬品は苦痛の多い胃炎、吐き気、嘔吐、腎臓と肝臓の疝痛（急激な腹部痙攣であって、動物実験者が何千という実験動物に人工的に発生させるものである）、そして骨髄機能低下や患者に局部あるいは全身麻痺を起こす脳出血などの副作用を生じさせる。

公式の数字の示すところでは、全アメリカ人の八〇パーセントが病院で死亡し、種々の技術を用いて死ぬ過程を延ばそうとすること、つまり苦痛を長引かせようとすることに、どんどん公共資金が費やされている。イヴァン・イリッチはつぎのように報じている。「腎臓障害を患っているイギリス人の患者の五人につき一人を、『相談員』がもったいぶって選び、透析という長期にわたる苦痛で死ぬ稀な特権を望むように仕向けてゆく。治療の間は、人工腎臓が患者の生命に加わる一年目あるいは二年目に、患者が自殺しないように、多大の時間と労力が費やされる」（『医学のネメシス』五一ページ）

すでに一九七二年八月に、ワシントンで「尊厳死」に関する上院公聴会が開かれた。この公聴会の席で、動物実験と実験に関する固定観念についての医学界の無能と非人間性の事例が、長々と挙げられ明るみに出た。この公聴会の模様は、ナンシー・L・ロスがインターナショナル・ヘラルド・トリビューン紙に報道した（一九七二年八月九日付）。

「委員会議長のアイダホ州選出の民主党上院議員フランク・チャーチは、二十五年前の一九四七年、癌にかかったときに、医師たちがあと六ヶ月の生命しかないと言ったことを思い出した……アンティオク大学前学長のアーサー・E・モーガン博士は、瀕死の妻に物を食べさせようとして、看護婦が無理やりに口をこじ開けたことを語ったとき、涙を流していた……キューブラー＝ロス博士は、死ぬのに最悪の場所は大学付属の大病院であると言った。医師が瀕死の患者からの情報が得られなくなると、医学的には興味がなくなって、後は医学生の管理看護に任せてしまう」

文明世界全体にわたって、死期が近づくと、金持ちと権力者が死ぬ権利を得るためには、苦痛と金銭面で一番高い代価を支払わされる。ギリシアの石油王アリストテレス・

オナシスが長い病気の後亡くなったとき、彼の医師たちは、彼らの著名な患者は末期の際に三度「臨床的には死んだ」が、その都度生き返らせたと言って自慢した。

二十種類の色々な病気にかかっていたスペインのフランシスコ・フランコも、それにも増して平和に死なせてもらえなかった。すでに死の苦悶の最中で何回かの心臓発作を起こしたこの八十三歳の独裁者は、彼には抗議する力も残されていない一連の拷問と品位を落としめる処置を受けねばならなかった。新聞は世界に向かって、この瀕死の老人を昏睡状態から呼び覚まして、その苦悶を三十四日間も引き延ばした「奇跡」について報道し続けていた。しかし、一人の人間の健康を回復できずに、一日、一ヶ月、一年も人工的に生かしておくことは、医術の目的であってはならない。患者の利益にはならず、医者の利益になるだけであるからである。だから、法が介入せねばならない。

一九七五年十一月十四日付のマドリッド発のUPI特報はこう述べていた。「フランコは本日十二日の間で三度目の緊急手術を受けた。これは二時間にわたる手術で、断裂し出血している胃を縫合するものであった。将軍は鎮静処置を施され、新たに挿入された管が腹部から出ていて、一週間前潰瘍の胃の大半を除去した手術の間に縫合した断裂から流れ出している液と血液を排出していた。三十二人の医師団は、彼の脳はいまだに機能しているが、身体の機能を持続するためには機械装置が必要であると語った。呼吸装置がプラスティックの管を通じて鬱血した肺に空気を送り込み、一方人工腎臓が血液を清浄にしていた。細動除去器が胸部に縛り付けられて、心臓の鼓動が停止しようとするたびに、それを鼓動させていた。ポンプのような装置が吊されていて、血液を循環させていた。最終の輸血に十一パイントの血液が使用されたが、危篤状態開始以来の輸血総量は百二十パイントに達した。体内の通常の血液量の十倍にもなる量であった。医師団はフランコは非常な苦痛の状態にあることを認めた。しかし鎮静剤を過度に使用すると、死を早めることになったであろう。その死はついにこの拷問にかけられている老人にやって来たが、それは動物実験の原理ですべて教育された英雄的な医師団の言葉では、『不可逆的な心不全』によるものであった」

あるいはまったくの偶然の一致であろうが、フランコの父親は貧乏人で、彼の有名な息子のように至れり尽くせりの医療看護は受けなかったが、八十六歳まで人の助けを借りないで生きたし、フランコの祖父は百歳を超えて亡くなった。もちろん、それは医学の「奇跡」以前の時代のことであった。

社会事業や健康管理の普及とともに、フランコが自分の医師団から受けたような看護は、おそらくそのうちに金持ちや権力者だけでなく、名もない貧乏人でも望むと望まざるとにかかわりなく、利用できるようになるだろう。一九七五年秋のAP通信特報は、「政府、心臓ポンプ利用の初の人体実験を承認」という表題で、予防措置として動物に限りない苦痛を与えた後で、人類にもっともっと多くの苦痛をもたらす見通しを述べた。

そういうわけで、実験という愚行に歯止めを掛けるどころか、他国の動向を通常決定するアメリカの立法者たちは、人体実験をさらに多く合法化することで奨励し続けている。この趨勢が継続するとすれば、そのうちにつぎのような見出しが新聞に出るだろう。「アメリカ政府初の人頭移植実験を認可」それは新たな一連の人間の苦しみが始まるという意味である。そうすれば、瀕死の人間は、フランコやオナシスは自分に比べればまだ楽であったと思うだろう。今日の無声化された実験動物と同様に、医師の手に生殺与奪の権を握られているときは。

では、これがクロード・ベルナールが百年以上も前に約束した「灯りの輝いている最高のサロン」なのか？　一つのことはたしかである。動物は復讐を果たしはじめていることである。それはわれわれにとってだけでなく、彼らにとっても悲しい復讐である。

しかしさらに悪いことには、前世紀の間に科学研究の口実のもとに蔓延した人間性喪失が、今世紀にも広がってきて、マスコミの共犯者を得て、知性と博愛行為の表れとして暗黙に受け入れられてきていることである。そしてそれは、狂った癌細胞のように、幾何級数的に繁殖し続けている。

機械論的な健康観念を持っている今日の医学は、進歩し開けているような振りをしているが、野蛮で退行的で、過去十五世紀間のガレヌス主義と同様、その過誤を永続化することのみに汲々としている。そして、昔々は人道性と知恵の輝かしい源泉であった大学は、その医学部がつぎつぎに生み出す新しい蛮行を普及させるのに力を貸し、それは学生を教育せずに堕落させているのである。

公共教育の任にある者とマスコミが、文明化という自己の使命の義務を忘れていなければ、彼らが承認している組織的な残酷行為は、著名な医学者を含むすべての偉人たちに非難されてきたことを銘記していたであろう。そのような偉人のみが人類が地上に存在することを正当化しているのである。もしわれわれの文化に声があるとすれば、それは彼らの声である。実験室という下位文化の声ではない。

第十章　結　論

動物実験の拡大は、秘密と欺瞞が結託してのみ可能となる（「奥さん、イヌ一頭かあなたのお子さんか、どちらですか」「麻酔をかけてあるから、動物には少しも苦痛はありません」）のであるから、廃止する道は単に限られた動物愛好者だけではなく、広く一般の人に完全な情報を提供することである。

情報を広めることが緊急に必要であると何にも増して感じさせるのは、ロバート・ホワイト博士がすでに言及した『アメリカの学者』の中で書いているつぎのような言葉を読むときである。「アメリカの一般大衆は」と、この著名な哲人でサルの頭の移植手術者は言っている。「毎年何百万ドルもの金を直接連邦の資金援助か個人的な寄付という形で贈与することで、医学研究に対する圧倒的な支持を表明している」

たしかに、毎年「医学研究」という欺瞞に貢献して「支持を表明している」大半の人びとは、自分たちの金が動物虐待に費やされるか直接動物実験者の懐に入るということ、そして死を招くまやかし医業に資金を与えて真の科学を損なっていることは、全然知らない。

もちろん、秘密と欺瞞の蓋を固く閉じておくために、多量の資金が今後も注ぎこまれ続けるであろう。これまで、広範な動物実験を行ったという理由で無害であると宣伝されながら、後で奇形や癌の原因になったことがわかった医薬品を生産し、認可し、推進してきたすべての連中は、反対者たちが一頭のイヌよりも一人の赤ん坊が死ぬのを見るほうがましだと思ってもらいたいものだと残念がり続けるであろう。そして、今日の医学研究が人類の苦痛を増大させる結果を必然的に招来する事実などはお構いなしに、一部のマスコミは、動物実験を基礎とする研究を相も変わらず賛美することに関心を持ち続けるであろう。

ディケンズの時代には、児童労働の主張者たちは、自分たちは人道主義者であると言い、その廃止は文明の終末と大衆の飢餓を招くであろうし、それに替わる方法があるのなら、すでに用いられていたであろうと主張した。似たような理屈が今日の動物実験賛成者にも援用されているし、奴隷貿易や人種・性差別、宗教上の拷問を永続化しようと望んだ連中にも援用された。ひどい不正や残虐行為を引き起こす既得権益を支持する連中は、つねに自分たちの犯罪を似而非人道主義的な理屈を表に立てて隠そうとするのである。そして多くの人びとがそれを信じるのは、自分が教えられたことを信じるほうが、勇気を奮って独立したものの考え方をするより、楽であり安全であると思われるからだけに過ぎない。事実、反対ではなくて、大勢順応と怠惰がこれまでつねに進歩の最大の障害となってきた。

しかし、多数者はつねに欺されているわけではない。変革の風は、ヴェサリウスがガレヌスの誤りを明らかにした頃よりもはるかに強く吹いているし、廃止主義者たちは、今日の医学という「科学」が過ちを正すまで、あと一世紀も二世紀も待っているつもりはない。

今日は前例のない暴力の時代であって、動物実験者がその一番いい例となっている。廃止論者は当然暴力には反対であるが、それかといって、他人が暴力を振るっている間ただ黙っていつまでも耐えているということではない。サディストが無力な子供を虐待しているのを見れば、必要とあらば暴力を用いても介入するのが、われわれの義務である。このような場合は、暴力が立派な行為となる。同じことは動物実験についても言える。

「われわれが学士号を取った後で、動物実験者に自分の医学を味わわせてやりたいと思います」と、生理学の授業で目撃させられた実験に反発を感じた何人かのイタリアの医学生が私に語った。「あの連中を一人誘拐して、われわれの利益になると称していつも行っている実験の材料にしてやりたいくらいです。胆管を結紮して胆嚢に刺激を加えてやるのです。それから、動物実験はこういう具合だが、どう思うねと聞いてやります」

当てもない希望であろうか？　たぶんそうだろう。しかし、若い世代がもう何もしないで傍観することができなくなっている顕著な徴候が、至る場所で表れている。一九七五年十一月のある日曜日、若い動物保護者たちの奇襲隊が一人の獣医を連れて、実験所の動物をその科学的虐待者から初めて解放した。彼らはパリ、ゴルドン・ベネット通り四番地にある、マレイ神経生理学研究所を襲撃した。この研究所は、クロード・ベルナールの遊び場所であった悪名高いコレージュ・ド・フランスに所属していて、ネコを用いて「苦痛研究」を専門に行っている。これらの不運な動物のうち二匹は、すでに相当痛められていてもう実験には使用できない状態であり、檻の中で飢え死にするままに放置されていた。獣医はその動物の虐待状態は、三十日から四十日続いたものと推定した。解放者たちにできたことは、彼らを安楽死させることだけであった。他の動物はすべて神経的に破滅状態にあるかまったく気が狂っていた。一匹は家具の下に隠れて絶えず放尿していた。全部脳に電極を埋め込まれていた。

研究所側は、もちろん家宅侵入と強盗罪で告訴することもできたであろう。しかしそれをやらなかった。彼らが求めたのは、ただ黙って忘れてくれということであった。しかし若い人びとは、この事件をはっきりと公表した。すると研究所の職員は、自分たちの活動は「人類の利益が目的」であり、自分たちは動物を愛し甘やかしており、「苦痛に関する実験は、関係動物には全然苦痛を与えない」と公言した。

この言葉には解答が必要であった。そこで、奇襲隊はパリ郊外のジフ＝シュール＝イヴェットにあるＣＮＲＳ――いわゆる国立科学研究センター――に押し入った。そこで彼らはまた、頭蓋の一部を切断され電極を脳に埋め込まれているネコをさらに解放し、それらをパリの週刊誌『シャルリー・エブド』のところに持って行った。その週刊誌はそれらの持ち出してきたネコを新聞・ラジオ・テレビの関係者に公開した。彼らはすべて同じ反応を示した。初めは信じられないといった様子であったが、それから非常な憤りと不快感を表した。すると、その研究所の生物学部の「科学部長」であるアンドレ・ベルカロフ博士は、いろいろ記憶に残る言葉を並べたが、その中でもつぎのようなことを言った。「この盗難のために、それらのネコの健康が危険に瀕しています……一刻も早くわれわれに返却してもらいたい」

この事件でも、研究所側は告訴しなかった。しかし動物実験反対者も、もう一般の人間が黙って知らぬ顔をしていることを許さないであろうという徴候が多く出はじめている。実験者の手をなめて慈悲を乞うているイヌのことは考えたくないというだけではない人びとが増えており、彼らは人間社会が動物実験者の存在を許容し続ける理由はないと思っているのである。

イタリアでは、最初の暴力行為は動物実験者が起こした。一九七六年に本書が出現して世論が湧いた後、イタリアの処々の都会に動物実験反対連盟が結成され、既存の役立たずの組織に取って代わり、実験室の写真や本書からの注目すべき抜粋や、大学の動物実験者の名前と業績を公表して強力な情宣活動を始めた。一九七六年十月、フィレンツェの日刊紙ラ・ナツィオーネは、新たに創設されたLAN——全国動物実験反対同盟——に対する暴力襲撃事件を報じた。そのいくつかの事務局が夜間に放火され、破壊されて、つぎつぎと脅迫電話や匿名の投書が舞い込んだ。

それに対する返答は、数週間後に行われた。十二月五日、同紙はフィレンツェの巨大なカレッジ医療センターに対する襲撃事件を報道した。動物実験室の一つで夜間非合法なイヌに対する実験が行われていた最中、その窓に何発かの銃弾が外部から撃ち込まれた。明らかに襲撃者は内部通報を得ていたのである。一発の弾丸は、実験者にすんでのところで命中するほどであった。ラ・ナツィオーネ紙は受け取った一通の手紙を公表したが、それには「動物・自然防衛戦線」という署名があり、襲撃は当方が行ったとし、まだこの先も行うと約束していた。

しかし、発作的に銃撃を行うことは、多数者の眠りを覚まして何が問題になっているかを悟らせる助けにはなるかもしれないが、問題の解決にはほとんどならない。私がそれよりもはるかに嬉しかったのは、ナポリ大学の医学生のグループから動物実験法の危険について講演をしてもらいたいと要請を受けたときであった。最初の講演は、ナポリの第二新ポリクリニク病院の解剖大教室で行われ、私は——いや、動物実験反対運動にとってと言ったほうがいいが——名誉なことに、ナポリ大学の二人の教授によって列席した二百人の学生に紹介された。一人は若い微生物学教授ジャンフランコ・タヤーナで、もう一人は古参の外科学教授であり、また市の大手病院ペッレグリーニ病院の主任外科医でもあるフェルナンド・デ・レオであった。

講演後、学生の一人が、期待したような討論が行われなかったのは残念であると発言した。動物実験を行っている教授や学生たち――自前で動物実験をやっていると自慢していた学生たち――が一人として出席招待を受諾しなかったからだと言った。二つのポリクリニクには掲示が出され、動物実験者も顔を出すようにと求めていたのだが、掲示は何度も破られたのであった。

動物実験者が部外者立入禁止の部屋で仕事をあくまでしようとしていることは、いい徴候である。彼らが十分承知しているのは、いったん世間に情報が知れ渡ると、黙ってはいないだろうということであるからだ。それは、動物実験に関しては絶えず麻酔的な宣伝が行われているにせよ、道徳感覚がまだ眠ってはいないことの証拠である。ガレヌスは、公共の広場で犠牲動物を切り刻むことができた。今日の動物実験者は隠れてやらねばならない。そして彼らを保護している政府機関は、全般の秘密性と欺瞞をほう助しなければならないと感じている――人道主義的なイギリスでは他国よりもとくにそうである。

じつを言うと、私は廃止の訴えを裏づけるために、あまりにも多くの医学的事実を提示しなければならないことに不安に感じたこともあった。というのは、ショウが人道的な観点からのみ訴えるようにと勧告したことを考えざるをえなかったからである。しかしそうは言っても、ショウはベルの第二法則を確証するサリドマイドやスチルベストロールや他の多くの悲劇を見ずに亡くなったのであるから。

実際、医学研究がいんちきと犯罪の段階にまで下落し、病気を治癒するどころかそれを――利益を得て――作り出している事実は、それが行っている残虐行為と、患者が恐怖と苦痛のために助力を求めている医師たちの人格を腐敗させることに比べれば、二の次のことである。しかしこの事実は、廃止を実現する反逆行動においては、これまでもっとも有力な手段となっている。だから、考え出される他の手段と組み合わせて、この手段は利用しなければならない。

告発しなければならないのは、単に製薬業者だけではなく、動物実験で安全であると証明されたのに、その後人間の奇形や癌の原因となった薬品の販売を認可した保健当局である。このことは、いわゆる公的な科学自体の基準に照らしても、何度も立証されてきた。責任当事者は裁判にかけねばならないが、その裁きはサリドマイド公判の場合のように、彼らの仲間や共犯者にもはや任せておいてはならない。

ロバート・ミラーが署名し、WHOが発表した公式文書は、これまで何十年にもわたって表明され――そして無視されてきた——数々の警告とともに本書で紹介したが、このことが立証しているのは、現在進行しているスチルベストロールのような悲劇が起こるのは、動物実験から得られた間違った保証があるからだということである。であるから、各国の司法関係者の義務は、とっくの昔に誤りであることが証明された研究方法を承認し受け入れた責任「保健」機関に対し、訴訟手続きを取ることである。公的な医学研究の性格を変えさせるには、これしかない。これまでの経験でわかっているのは、どんな無神経の動物実験主義者でも、自分の懐ろにひどい打撃を受けると、とたんにきわめて人間的な感受性を見せるということである。

　敵とはちがって、動物実験反対者は真実を明るみに出すことを望んでいる。これが大きな利点である。秘密を望んでいるのは、動物実験者である。そして彼らは政治家を買収するためにロビイストを雇い、ジャーナリストに金を払って公衆の目に煙幕を吹き込ませ、実験所のバリケードに閉じこもって犠牲動物を無声化するのである。だから、自由を奪われた動物たちが発言できないことを他の者が代わって叫んでやり、アルベルト・シュヴァイツァーが世界に訴えた最後の呼びかけの言葉を世論にまとめる運動を行い、人類の救済者の振りをしている詐欺師どもの仮面を剥ぎ、どのような手段でも彼らを追放して、ハーヴァード大学の生理学教授故ヘンリー・J・ビギロウのつぎの予言を実現せねばならない。

「科学の名において行われている今日の動物実験を、宗教の名において行われた魔女狩りと同じように世界が見る日がやがて来るであろう」

　そしてそのような日は、案外早くやって来るかもしれない。

補遺

書物を出版するのは暇がかかるもので、私が本書の校正刷を受け取るまでに、今日の似而非科学研究の一向に改まらないいかさま行為と蛮行の新たな証拠が集まり、もう一冊の本ができるぐらいになった。

私はこれらの事項の少なくともいくつかを挙げて、すでに述べたことに最新の事例を加え、際立たせ強調する必要があると感じる。取り上げるのは、サルの頭の移植手術者ロバート・ホワイト、心臓外科の手品師クリスティアーン・バーナード、アムネスティ・インターナショナル、人間モルモット、レアトリル問題、西ドイツにおける最近の医薬問題である。

事例一　私がローマにいたとき、一九七七年の春、ロバート・ホワイト博士が、オハイオ州クリーヴランドからまたもやこの聖なる町にやって来て、教皇に例のごとく接見を許され、イタリアの仲間たちと親しく再会し、さらに動物実験の味方として悪名高いイタリア国営テレビに宣伝入りで出演した。今度はホワイト博士は、撮影した映画を携えて来ていたが、それには彼の頭部移植の犠牲動物である瀕死のサルが写っていて、この善良なる博士はその顔をつついて何かの反応を引き出そうとしていた。この光景を見て私は、「人間性喪失」の部で引用した彼の『外科学』の論文の一節を思い出した。「二つの頭部は基本的には闘争的な態度のままであって、これは口部に刺激を与えると嚙みつくことで示された」イタリアのテレビに写ったサルは、いくら博士が口部にあるいはその他の方法でしつこく「刺激を与えて」も、嚙みつく力も残っていないようであった。サルは鼻から絶えず血を流しながら、自分の虐待者を睨みつけていただけであった。

この情景は、あまり動物を愛好したことのないイタリアの視聴者にもひどすぎると思われた。今度は彼らはホワイト博士のおぞましい見世物に前例のない憤りを示した。テレビ局には憤慨した電話がひっきりなしに殺到し、新聞には投書がぞくぞくと舞い込んだ。動物実験者は皆そうであるが、まったく世間と没交渉なので、ホワイト博士は自分が引き起こした公衆の反応には全然気付いていなかった。それに続くインタビューで、自分の実験が実地に応用されるのはあと五十年ほど待たねばならないと前に言ったことを忘れてしまったのか、人間の頭部移植の準備はできていると軽率な発言をした。彼が待っているのは、素直な被実験者だけであったのだ。

事例二　一九七七年六月、ケープタウンのグローテ・シュールでクリスティアーン・バーナードは十時間にわたる手術で、雌のヒヒの心臓を、疾患にかかっていた患者自身の心臓に加えて、二十五歳のイタリア人女性の胸部に移植した。この手術の理由は、バーナードの考えでは、人間の心臓が休止して活力を回復する間、ヒヒの心臓にその代役をしてもらって血液循環を続けようというものであった。

不幸なことにその女性は——バーナードが実験などしなかったら今日もまだ生きていたかもしれないが——数時間後に死亡した。

疑問一。解剖学と生物学を多少でも知っている者なら誰でも心得ていることだが、心臓はたとえば肝臓などとは違って、再生する能力がないことをバーナード博士はご存じなかったのであろうか？　だから、この実験は控え目な言い方をしても、馬鹿者のやることである。事実患者が死亡するとすぐに、外科医の同僚たちは歯に衣を着せずにそう言ったのである。

今度はバーナードは、少なくとも患者がすぐ死亡したことに対する新規の言い訳を用意していた。つまり、ヒヒの心臓は小さすぎて人間の成人の血液循環を十分にはこなせないのだ、だからこのつぎはもっと強力なチンパンジーの心臓を使用するつもりだと言ったのである。

疑問二。バーナード博士は今までおびただしい数のサルを屠殺していながら、実験を行う前にこの解剖学的事実を知らなかったのか？

疑問三。こういったことすべてがまたもや立証しているのは、クリスティアーン・バーナードの場合も、生体実験があらゆる論理を欠いた一つの執念、偏執的固定観念になっていることではないか？

しかしそれだけではない。チューリッヒの日刊紙ブリックは六月二十四日につぎのように報じた。すなわち、バーナードは自分の患者に完全に作動していて薬品に汚染されない心臓を提供しようと望んでいたので、全然麻酔を施さないでヒヒの胸部を切開し心臓を摘出したため、手術の間グローテ・シュールの外科病棟全体は雌ヒヒの悲鳴に戦慄したとのことである。

疑問四。バーナードはつぎのことがわかっていたのかどうか？　つまり、ヒヒは大体人間の九歳児に匹敵する知能があり、はるかに感受性に富み、身振り、反応、またたとえ動物実験者の連中のような残忍な馬鹿遊びを組織的にやらなくとも、われわれに匹敵する集団組織能力があるということである。

疑問五は、すでに別の章で簡単に論じた道徳律に関するものである。つまり、バーナードは五十三歳という比較的早い年齢で――彼の同僚たちが何百万という無力な動物の関節を用いて実験し、治療法を見つけようとしたにもかかわらず――関節炎が相当進行していて、長時間執刀することができず、助手の一人にしばしば代行させたという新聞報道は、避けられない道徳律が働いていたことの新たな証拠ではなかろうか？

事例三　この事例は、人間性喪失の毒気がいかに広い範囲にわたっていて、次第に多くの人びとが洗脳されて、どんな種類の動物虐待でも、それが「科学的」であり、人道主義の活動であれば許容しうるし立派なことであるという命題を受け入れてしまったかを示している。その毒気は、ロンドンに本拠を置くアムネスティ・インターナショナルとして知られる組織までも呑み込んでしまった。この組織は、政治犯の保護と解放に専心する人道的な団体という姿勢を取っているのであるが。

一九七七年の春、アムネスティ・インターナショナルは、つぎの実験を促進したことを認めた。すなわち、囚人の身体に痕跡を残さないで拷問することが可能であるかどうかを発見するために、動物に灼熱した鉄を当てたり電気刺激を与えて火傷を負わせることである。アムネスティ・インターナショナルの承認を受け、実験はデンマークで行われたが、場所はこの組織の要請により、王立獣医科農科大学の内科学研究所で、資金はデンマークの動物実験団体の一つであるデンマーク医学研究評議会が受け持った。

弁解の内容は、動物実験が法律で「規制」されているすべてのヨーロッパの国の動物実験者が口にする典型的なものであった。つまり、実験は「麻酔をかけた」ブタだけに行われた。「関係する動物に苦痛を与えないようにあらゆる努力がなされた」「関係諸国の動物実験に関する法律は厳格に守られた」

種々の動物実験反対団体の質問を受けたときのアムネスティ・インターナショナルの公式の弁解には、さらにつぎの言葉が入っていた。「医師たちは、ブタを『虐待』しているのではないことを明瞭にしたがっている……当該実験は、一九七六年二月から十一月の間に行われた。もし資金がデンマーク医学研究評議会よりさらに提供されれば、医師たちは一九七七年九月に実験を再開継続する予定である」

明らかにアムネスティ・インターナショナルの役員たちは、動物の皮膚は人間と全然異なった反応をすることを知らなかったようである。だからこの実験の結果は、すべての動物実験と同様、無益であるばかりか誤解のもとになる。関係していたデンマークの医師たちは確かにそのことは知っていた。しかし彼らにとってこの事実は係わりのないことであった――「資金がさらに提供される」かぎりは。

訳注　アムネスティ・インターナショナルは一九七八年に、今後動物実験を一切サポートしないことを決定した。

事例四　この事例は、「人間モルモット」の項に入れてもいいものであった。これがまことによく示しているのは、アメリカで低学年から始まる動物実験の宣伝が、人間性喪失をどれほど進め、それが医学界のみならず政府の上層部まで浸透しているかということである。それはワシントンDCからの情報で、数紙に報道されたが、とくにインターナショナル・ヘラルド・トリビューン紙には、「CIA、昏睡患者の利用を促進」という表題で、ジョー・トマスの記事を掲載した。筆者はある個所で、利用できる文書は「機密扱いから外す前に厳重な検閲を受けた」と注意している。しかし彼の利用文書を政府側が検閲した後（たぶん「保安上の理由により」という例のたわごとだろうが）に残ったものを読んでも、心が寒くなるのである。記事はつぎのごとくである。

「CIAは六年にわたる『ノックアウト』薬品の研究を後援したが、この間科学者たちは、末期の癌、肝臓障害、尿毒症、重症の伝染病で入院中の昏睡譫妄状態にある患者から、脊髄液その他の体液を採取して分析することになっていたと、新たに機密から除外された文書に示されている。

「この計画の目的は、譫妄状態を引き起こす生化学的なメカニズムを解明し、『人間に最大の肉体的情動的ストレス』を生じさせる新薬および技術の開発であると、文書は述べている。

「人間の被実験者を確保し、本計画の『掩蔽』を継続するために、研究者はまた彼らが開発中の他の薬品、たとえば抗癌性あるいは心臓血管系の薬品の効果を評価することになっている。

「CIAの記録によれば、この薬品試験計画は一九五五年より一九六一年まで続き、総費用五三万一九五〇ドルであった。資金はCIAからワシントンに本拠を置くゲシックター医学研究基金法人に渡された。

「記録には、研究は人間とそれと並行して動物に対しても行われたと明瞭に述べているが、動物研究の結果しか詳細には報告されていない……」

この記事で、この企画や他の似通った企画を考え出したCIAの役人のみならず、いかにもまともに聞こえるゲシックター医学研究基金などという医学組織の人を食った狡賢さがわかる。この組織は積極的な共犯者で、経済面その他で、人間に対する「最大ストレス」実験と「並行する動物研究」からCIAと同じくらいの満足を得ることであろう。

事例五　さてレアトリルの事例に入ろう。レアトリルはアプリコットの種を砕いて抽出するもので、体内に極微量の青酸化合物を放出する。青酸化合物は多量の場合には毒薬であるが、それを宣伝する人間は少量であれば癌や腫瘍に効果があり、治癒した者も数千人いると主張している。レアトリルは奇跡の薬品として売り出されたものではなく、過度に精製されたものになってきた現代の食事に欠乏している重要な物質を補う健康食品として出されたものであった。多くの癌は単に「欠乏病」であるとの前提に立って、レアトリルはライム・ジュースが壊血病を治癒し、全粒穀物がペラグラを治癒するのと同じように、癌を治癒するとされているのである。

ＦＤＡ、ＡＭＡ、アメリカ対癌協会は、すべて声を揃えてレアトリルはいかさまでぺてんである（よく言えたものだ！）と非難し、アメリカ国内でのレアトリルの販売を禁止してしまった。そこで現在では、この製品の活発な闇市場が存在し、非合法化されていないメキシコの病院でレアトリルの治療を受けようと、絶えずアメリカ人がメキシコに巡礼を行っている。

今日医療当局がいかに敬意を払われていないかということの表れであるが、こういう噂がアメリカではもっぱらである。つまり、彼らはレアトリルの治療効果は十分に承知しているのだが、あまりにも多額の金がそれに絡んでいるので、非合法化して、裏でこっそりと売り巨大な利益を上げているのだというのである。

私はこのような噂についても、またレアトリルに制癌効果があるかないかについても見解を述べようとは思わない。私がただ指摘しておきたいのはつぎの点である。すなわち、公的な医学が立場を変えないかぎり、たとえば癌治療薬のようなきわめて重要な薬品が、その有効性が動物実験で立証できないという理由だけの理由で、患者に投与されないという危険性が残るであろうということである。それは危険な薬品が、動物実験で安全性が「立証」されたという理由でつぎつぎと売り出されるのと同じことである。

事例六　世界でもっとも利潤を上げている製薬産業が、政府の最高機関の決定不決定を絶えず左右して、公衆衛生をいかに損なっているかということが、ドイツのニュース雑誌『シュピーゲル』（一九七七年八月十七日号）に最近掲載された記事でまたもや示された。記事の表題は「鎮痛剤。時限爆弾は時を刻む」となっていた。

それによると、今ではもう数年にわたって癌研究者に知られてきたことであるが、もっとも強力な発癌性薬品はジメチルニトロソアミンであって、これはアミノフェナゾンを含んでいる薬剤すべてに入っているとのことである。それは本書ですでに触れた恐ろしい顆粒球減少症の原因となることがある。それは癌およびとくに白血病の前触れとなり、脊髄内部の変化が血液中の白血球を消滅させ、あらゆる種類の疾病に対する肉体の抵抗力を奪ってしまう。この発癌性の物質は現在ヨーロッパで頭痛、発熱、リューマチの痛みなどに対して広く用いられているピラミドン（アミノピリンの商品名）やアンチピリンを含む約二百の薬品に入っている。アメリカでは、アミノフェナゾン配合剤はほとんど店頭から消えたが、これは製薬業者が説明書に警告を印刷せざるをえなくなってきたためである。しかしアメリカ人の海外旅行者は、これらの薬品を買わされる危険がある。というのは、大半のヨーロッパの国々の製薬業界圧力団体は、本書を書いている時点まではこれらの薬品の販売に干渉を受けることをどうにか防いできたからである。

『シュピーゲル』誌は、さらに他の不安な情報を提供していた。

食欲を抑制する薬品であるメノシル（アミノレクスの商品名）は、肺に強い血圧を加えることで（肺性心）無数の死者を出したので、当局はそれを禁止せざるをえなくなった。

下剤、とくにイサチンとその誘導体を含むものは、現在販売されているが、肝臓に重大な害がある。

フェナセチンを含有するトマピリンやゲロニダのような鎮痛剤は、長期間使用すると腎臓に回復不能な害を及ぼす。

スタウロドルム（メタカロン、ベナクチジン、ブロムジエチルアセチル尿素の合剤の商品名）やアダリン（カルブロマールの商品名）のような臭化物を含有する鎮静剤や睡眠剤は、一九七六年にはドイツ連邦共和国だけでも、約千人の死者を出した。

糖尿病治療薬のビグアニドは、医師の処方を必要とするが、多数の死者を発生させた。しかし保健当局（連邦保健局すなわちBGAで、記事は『企業に好意的なことで有名』と述べている）は、その薬品を禁止する決心がつかなかった。彼らは単に「勧告」を出し、糖尿病の治療に「特別経験のある」医師によって処方されるべきであるとした。

記事の結末はつぎの通りであった。すなわち、製薬業者は種々の発癌性薬品の現在の在庫品を全部売り尽くす期間を与えられ、BGAはそのうちにさらに「勧告」を出すことを約束した。局長の薬理学教授で医学博士のゲオルゲス・フュルグラフの「薬害の純法的な証拠はまだ提出されていない」という言明を当てにしていたようである。

事例七　この項目は、現在の詐欺的な医療制度を維持することに利害を持っている団体が、アメリカの議員に出した金に関するものである。私は前に、アメリカの特殊利益団体は「一九七六年下院の立候補者に、記録的な二二六〇万ドルをばら撒いた」ことと、寄付者のトップは「医師会」の一七九万八七九ドルで、酪農団体がはるか遅れて第二位になっていると報告した。私は『タイム』誌（一九七七年二月二十八日号）の報道を引用して、この医師会の寄付の受益者議員名を明らかにしておく必要があると感じる。将来動物実験廃止の法律にまたもや反対する議員が生じた場合、彼らの名前が顔を出すであろうから、それを覚えておくことをお勧めする。

○上院議員候補者

ヴァンス・ハートケ（民主党　インディアナ）　$二四五、七〇〇

ハリソン・ウィリアムズ（民主党　ニュージャージー）　$二四四、三七三

ロイド・ベンツェン（民主党　テキサス）　$二二九、二九九

ジョン・タニー（民主党　カリフォルニア）　$二一九、四一九

ウィリアム・グリーン（民主党　ペンシルヴァニア）　$二一六、六六〇

○下院議員候補者

ジョン・ローヅ（共和党　アリゾナ）　$九八、六二〇

ジム・マトックス（民主党　テキサス）　$八五、三一〇

マーク・ハナフォード（民主党　カリフォルニア）　$八一、三六八

ロイド・ミーズ（民主党　ワシントン）　$八〇、〇七八

トマス・L・アシュレー（民主党　オハイオ）　$七六、三三七

何ができるか？　動物実験に基礎を置いた似而非医学研究の、現在認められ押しつけられている方法を変えさせるため、一般市民は何ができるであろうか？　一般市民は多くのことができる。いや事実何でもできるのである。変革はすぐにはやって来ない。しかし必ずやって来る。一般市民は、マスコミが意識的にあるいはさりげなく流すあからさまなあるいは隠された宣伝に、自分が絶えず洗脳されていることに抵抗しようとすることができる。市民は種々の売薬を服用することを止めることができる。それを飲んでも、頭痛、胃痛、肝臓腎臓障害、不眠症は、一時的に治る場合はあるが、根本的に治るものではなく、結局は病状を悪化させるからである。そして薬に金を使わなければ使わないほど、動物実験に金が使えなくなるのである。

一般市民は、なければ生きられないと思っていた薬物なしでも、どんなに立派に生きられるかがわかって驚くだろう。本書に示した資料が十分に証明しているように、今日の医薬は結局は無益であるばかりでなく、製薬産業が公衆のためではなくそれ自体の利益のために考え出した誤った

基礎研究のおかげで、きわめて危険なのである。

医療が必要であると感じた人は、オルタナティブな医学を実践している医師のところに行くべきである。たとえばホメオパシー、カイロプラクシス、薬草医学、鍼療法などである。事実、どんな種類の「他の」医術でも、大学の教授陣との共犯で製薬産業が後援する今日の「公的な」医学よりは有益であり、少なくとも有害ではない。

一般市民は、本書から得た情報を広めることができるし、またそうすべきである。

一般市民は新聞に投書ができる。それが掲載されるかされないかは、大した問題ではない。編集者に大きな影響を与えることに変わりはないからである。ある特定の問題を論じた投書が一通しか来なければ、滅多に掲載はされないだろう。しかし数百通も届けば、中には掲載されるものもあるだろう。そして念頭に置かなければならないのは、小さな火花でも大火の原因になることがあるということである。

一般市民は、政府の代表者に倦まずたゆまず手紙を書くべきである。アメリカ人は、利用しうる大きな手段を持っている。下院議員に手紙を書くことである。

一般市民は、地元あるいは最寄りの動物実験反対団体に加入すべきである。Chicago, Ill, 100E, Ohio Street には、NAVS（National Anti-Vivisection Society 全国動物実験反対協会）がある。The American Anti-Vivisection Society（アメリカ動物実験反対協会）は、Suite 204, Noble Plaza, 801 Old York Road, Jenkintown, PA にある。The United Action For Animals, Inc.（動物のための統一行動）（法人）は、New York, N.Y., 205 East 42nd Street にある。まだそのほかに多くある。新しい団体が時折生まれる。中にはその創設者が亡くなり活動力が衰えると、消滅するものもある。

動物実験が法律で規制されていることになっているいくつかのヨーロッパの国では、いわゆる動物実験反対団体の中には、上層部に実験賛成派の利害関係が浸透しているものがある。このような団体は、会員自身が提案するあらゆる主体的行動に反対してきた。

この理由で、私はＣＩＶＩＳを創設したのである。これは「文明」と「文明的な」という意味のラテン語であり、この場合はまた「動物実験の国際科学情報センター」というフランス語の頭文字を組み合わせたものであるが、誰にでも理解できる言葉である。ＣＩＶＩＳは、スイスの私の家の住所 7250 Klosters, Tal-Strasse 40 にあり、その目的は、種々の動物実験反対団体に対し、また種々の動物実験反対団体に関する無料で信頼しうる情報を提供することである。それらの団体が任務を遂行しているかどうか、そしてとくに実際に動物実験を廃止しようとし、実験を継続させようとはしていないかどうかを知らせることである。

英国版への補遺

アメリカでの『罪なき者の虐殺』の出版とイギリスでの出版の間のちょうど一年間に、多くの新たな出来事が起こり、今日の医学研究が誤った道を歩んでいることを確証した。またこの期間に全世界にわたって、事前に動物実験を行った大量の薬品が、人間に投与された場合危険であり、新たな疾病を往々にして引き起こしたために市場から撤収されねばならなくなった。

一九七八年の夏には、このような事例が一つ生じたために、東京地裁は三つの製薬会社——日本チバ＝ガイギー、武田製薬、高部製薬——が、麻痺、盲目、死亡の原因となるスモンという疾患を生じさせた薬品を販売したことを有罪と認め、百十三人の原告に対し、三二億五〇〇〇万円の賠償を命じる判決を下した。

同時にヨーロッパは、新たな奇形児出生の悲劇に悩んでいた。これはサリドマイドの災厄を上回る脅威のあったものので、新薬の「催奇性」の影響を発見するために、それ以来動物に対するあらゆる実験が行われていたのに発生したのである。疑惑を持たれたのは、ベルリンのシェーリング社が製造したドオギノン（ノルエチステロン、エチニルエストラジオールの合剤の商品名）という合成ホルモン剤で、同社はイギリス、スエーデン、フィンランド、イタリア、オランダ、スペインの各国から製品を引き揚げざるをえなくなった。ドイツの新聞がこのことを報じていた間に、チューリッヒの日刊紙タールは、この薬品を別の名でスイスで販売する許可が計画されていることを明らかにした。

全世界は、過去二百年間まったく方法を変えていない研究にますます多くの金を注ぎ込んでも、癌の増加を阻止できない現状を憂慮している。ニクソン政権が一九七一年にPR効果を狙って始めた「癌撲滅」戦争は、一九七八年五月の終わりには負けであったことが認められた。敗北の報道はニューヨーク・タイムズの第一面に出たが、国立癌研究所の所長アーサー・アプトン博士がそれを発表した。大敗北の実情はフローチャートに表れていた。湯水のような金が巨大な研究組織に注ぎ込まれていたが、その組織が今後繁栄して存続することは、治療法が何もない状態にかかっていたのである。

少数の政治家は、その背後にある大きな欺瞞を発見しはじめていたようである。「私は、われわれが癌との戦いに敗北しているのは、資金の優先配分順位と割り当てを誤ったせいではないかと疑っている」と、アメリカ上院議員のマクガヴァンは、一九七八年夏の上院癌問題公聴会で発言し、こう付け加えた。「資金が足りなかったせいではない――年間約十億ドルにも上っているのであるから。」

現在では一般に認められていることだが、癌の八五パーセントは環境による危険が原因である。しかし、この事実を念頭に置いた予防の面では、ほとんど何も手が打たれていない。ロバート・ヒューストンはニューヨークの新聞アワー・タウン（一九七八年九月三日付）に、つぎのような考察に富んだ記事を書いている。「癌研究にとって一番恐ろしい考えは、この疾患が全般的に解決されるという見込みである。癌が解決されることになれば、研究計画はお終いになり、技術は衰退し、個人の栄誉の夢はなくなってしまう。癌に勝利すれば、自己が永続化させようとしている慈善行為に対する寄付は枯渇してしまい、議会からの資金援助は打ち切られるであろう。多くの金と訓練教育と設備を投入した高価な外科、放射線科、化学療法の医療は時代遅れのものになり、現在の医療体制を致命的におびやかすであろう。このような恐怖は、いかに無意識的なものであろうと、オルタナティブな方法が療法面で有望になるにつれて、それに対する抵抗と敵意という結果になるかもしれない。新しい治療法は、どんな試験結果が出ても、そして何も試験を行なわなくとも、何としてでも信用せず、否定し、冷淡な態度をとり、許容しないことになるにちがいない。こういった決まりきった行動は、現実に何度も起こっているし、ほとんど絶えず生じているのであるから」

昨年、ドイツのパッサウ大学の法律学教授マルティン・フィンケ博士は、医学という職業全体は、複数殺人の罪で裁判にかけられるべきであることを証明した著書を書いた。

私の母国スイスでは、動物実験を非合法化する障害となっているのは何かということを私は発見した。これは製薬産業が害は与えるが儲けになる製品を世界的に販売できる弁解の理由として利用されているものであるが。

スイス政府はずっと以前に、初歩的な種類の脅迫に屈服した。工業国家はどこでも同じであるが、一番利潤を上げている産業複合体である化学工業は、つぎのような理屈を用いて政府を独裁的に牛耳ろうとした。「われわれはこの国では最大の納税者である。国家を成り立たせているのだ。われわれは国家公務員の給料の大半を支払っている。だから、われわれは政府の政策に発言権を持ちたいと思う。われわれの忠告――いずれにしろそれは国民の利益になるものだが――に従いたくないならば、あるいはわれわれに面倒の種をこしらえるというのならば、われわれは工場を閉鎖してどこかほかの国に移転する。われわれを歓迎してくれるだろうから」

事実、製薬部門が一番利潤を上げているスイスの化学産業は、政府の弱みを握っていて、思うままに利用しているのである。政府に与える「助言」を通じて、この産業は教育（学校、大学）とマスコミ（国有ラジオ・テレビ）を五十年以上も支配してきた。教育組織に対する影響力を通じ、その巨大な経済力により（医薬、肥料、化粧品に至る広い範囲の製品の広告手数料）、また医学団体というもっとも有効な手先と結託して、この産業は長年の間徹底した洗脳をたゆまず行うことで、世論を形成してきた。就学年齢あるいはそれ以前の年齢から家庭の中で、市民たちは現代医学の魔力と化学産業の利益を信じるように教え込まれるのである。

であるから、彼らは風邪を引いたという徴候が表れると、まず薬屋に駆けつけるように説得され、事実大多数の人がそうしている。そして、たとえばアメリカのFDAの特別委員会が最近、普通の風邪の治療予防法は存在しないと指摘しても、そんなことはお構いなしで、アメリカの製薬業者は約三万五千種の風邪薬を販売し、消費者は年間七億三五〇〇万ドルを支出している。もちろんイギリスでもどこの国の消費者でも、それに劣らず物を信じやすく、どこの国の製薬業者でもそれに劣らず罪深いのである。異論を唱える権威者がいても、こちらは負けじと大きな声を張り上げ、彼らの声は組織的に世論を形成する連中の蛮声にかき消されてしまう。

それでも、いくつかの国で同時にまた別個に、はっきりとした反逆の兆候が表れている。そしてそれは、現行の制度を変えようと決意した徐々に増えてゆく責任ある洞察力を持った人びとと、動物実験は最も残酷な一面に過ぎない破壊的で自己破滅的な公的権力の方針との間の対決が迫っていることを示している。

変革の風

私の『罪なき者の虐殺』の最初の版が『裸の女帝』という表題で三年前に出されたイタリアでは、すでに前例のない実際面での効果が動物実験戦線で表れてきた。全国的な公衆の義憤の波が起こり、議会の介入も生じた。一九七七年には、動物実験では安全であると証明されたが、人間には致命的であった多くの薬品の一覧を示した本書の部分を決定的な証拠として、いくつかの市の市長は、慣例となっていた実験動物の「科学研究所」への搬送を禁止する条例を出した。このような条例に署名した最初の市長、北イタリアのヴォゲーラの例にならって、つぎにはほかならぬイタリアの産業と動物実験の本拠であるミラノの市長、さらに医科大学で有名なパドヴァの市長を含むいくつかの都市の市長がそれに続いた。

こういった条例で動物実験が相当減ったかどうかは疑問である。実験動物はいまだに（ただし値段は上がったが）飼育センターや闇市場で手に入るからである。しかし、それは意義深い前進の第一歩である。公職の地位にある者は、その地位は投票によって決定されるから、多数者の支持のもとに決断をしたことをよく承知しているようであって、昔ながらのしきたりを破ったのであった。彼らはその後条例を撤回させようとする動物実験賛成派の試み、とくにパドヴァ大学医学部が音頭取りをしている全国的な宣伝運動には、すべて抵抗してきている。

イギリスの現状

イギリスの三つの主要な動物実験反対団体は、アルファベット順に挙げると、イギリス動物実験廃止連合（British Union for the Abolition of Vivisection [BUAV], 47 Whitehall, London SW1）、全国動物実験反対協会（National Anti - Vivisection Society [NAVS], 51 Harley Street, London W1N 1DD）、スコットランド動物実験防止協会（Scottish Society for the Prevention of Vivisection, 10 Queensberry Street, Edinburgh EH2 4PG）である。どんな楽観論者でも、イギリスの動物実験反対主義者たちがこれらの団体に注ぎ込んだ相当額の金で、自慢できる程度の成果を挙げたなどとは主張できないであろう。過去数十年間に、イギリスの動物実験は、その残酷さにおいても規模においても、一向に衰えていない。一八七六年の動物虐待防止法に従って動物実験者に許可書を発行している内務省の担当官が承認しないような実験を考え出すことは、困難なくらいである。この法律は進歩と人類の利益の名において、制定以来実質的には変わっていない。

イタリアにおいては、それよりもはるかに顕著な成果が二、三年で、ほとんど資金援助もなく、情報提供によって社会の各階層に憤りの感情を引き起こしただけで得られてきた。ピケを張ったり、ポスターや実験動物の写真を展示したり、あらゆる部門での動物実験者を手心を加えないで非難するような行動である。とくに、これまで敬意を払われてきた個々の医学博士や政府の高官の関係者が、世論によって非難を受け、可能な場合はいつでも裁判にかけられた。動物実験反対の医師や医学生や法律家がこういった行動では新しい反対団体と協力したため、次第に多くの数の民衆が研究所の内部での恥ずべき活動を知るにつれて、反対運動も雪だるまのように大きくなっていった。

しかしこのようなことは、イギリスの反対団体にとっては多少品位のないことと考えられているらしい。非紳士的だというわけである。「われわれは罪は非難しようと思いますが、罪人は非難したいとは思いません」というのが、私が反対団体のある役員に質問したときの返答であった。動物実験反対の戦いを、まるで貴族同士の優雅なフェンシングの決闘のように考えている多数の人の一人である。

事実イギリスの反対団体の役員たちは、おおむねきわめて品位のある善意を持った人びとで、運動を宣教師的な熱意をもって行い、時には多大の個人的出費と犠牲を払って、動物の苦痛を軽減しようとしている。しかし往々にして、動物実験者も同じ目的を持っているとか、実験者の注意を代替方法の存在に向けてやりさえすれば、感謝して新方法を取り入れ、動物を自由にするであろうなどと単純に信じている。

このような考えから、これらの反対団体は近年すべて「人道的研究資金」を設け、多額の金をそれに注ぎ込んで、代替方法の利用を奨励している。

たしかに、寄付もあって、これらの資金が多額の金を「科学者」や「研究者」に分配できるようになり、動物を使用しない多くの代替方法を用いるように彼らを説得できたので、ある程度は動物の苦痛が減ったということはありうる。しかし、入手しうる数字では、資金が設けられて以来、動物実験の件数は一向に減っていない。一つのことは確実である。つまり、このような資金では、動物実験廃止は実現しないだろうということである。その反対である。資金があるためにイギリスの一般大衆は誤った楽観的態度に陥り、多数者は動物実験を止めさせるにはこれらの資金をもっと増額すればいいのだと信じるようになるからである。

一般の動物実験反対者が医学者以上に医学技術や研究についての知識を持ったり、公衆が上部から受けている洗脳を免れることを期待するわけにはゆかない。であるから、動物実験反対団体の多くの指導者が——反対の証拠はいくらでもあるのだが——つぎのように信じていることは疑いない。つまり、動物実験は事実科学に役立っていること、そして科学がまず代替方法を発見すれば、そのときになって初めて動物実験は廃止されるのであると。しかし事実は逆である。代替方法はすでに何千と存在しているという事実は別にしても、動物実験はその品性を堕落させる残酷さと根本的な誤りという理由でまず法律で廃止されねばならないのであって、そうすれば、これまでに開発した二十万五千の医薬品でもまだ足りないと考える製薬業者は、さらに二十万五千の医薬品を製造するために他の試験方法を使用するか開発せざるをえなくなるだろうということなのである。そしてWHOが一九七八年に発表した、全世界の需要に足りる二百品目の医薬の一覧とか、チリーの前大統領が任命した、薬品販売に利害を持たない委員会が、治療的価値が立証できるものとして限定した二ダース足らずの薬品などは、どうでもいいことなのである。

もっと活動的な団体が生まれないかぎり、私が挙げた三つの団体だけを、イギリスの動物実験反対者は支持すべきである。できるなら、それぞれの活動を比較するために、同時に三つを支持するといい。イギリスの動物実験反対を長年たゆまず推進してきた人物は、空軍大将故ダウディング卿の未亡人ミュリエル・ダウディング夫人であって、ダウディング卿は夫人に説得されて、上院の議場にまで反対運動を持ち込んだのであった。時には動物を保護し利益を与えることを効果的にやっている団体も他にあるが、動物実験問題についてのその信念は曖昧かせいぜい微温的である。その一つが「王立動物虐待防止協会」（ＲＳＰＣＡ）であり、女王陛下がその主要な後援者になっている。この組織は、動物実験反対には口先だけで同意している。一九七七年のその年次報告書には公式につぎのように述べている。すなわち、その協会は「不必要に繰り返して行われるか、科学的に見て取るに足らない目的で行われる動物実験には反対する……またたとえば化粧品のような重要でない物質の試験に動物を使用することには反対する」ということは、社会（あるいは動物実験者？）が「必要」と考えている繰り返し実験や、社会（あるいは実験者？）が「取るに足らない」とは考えていない実験や、化粧品以外の物質――たとえば医薬などか？――を試験するための実験には反対しないという意味である。こんな曖昧さでは、動物実験という恥辱行為を一掃することはできないし、製薬産業の利益を永続化させるだけである。

動物実験に関するかぎりでは曖昧ではない一つの団体は、「動物福祉のための大学連合」（ＵＦＡＷ）であって、活動家的な運動を非難し、動物実験に金銭面ないしは研究面での利害関係を持つ個人が執筆する刊行物を発行している。その一つの表題は『実験動物保護管理のＵＦＡＷハンドブック』となっている。

それから、私が「代替方法」の章で触れた組織であるＦＲＡＭＥ（医学動物実験代替基金）という、理解に苦しむ事例がある。

フィラデルフィアの雑誌『アメリカ動物実験反対協会』が最近ＦＲＡＭＥを動物実験反対組織と紹介したところ、ＦＲＡＭＥはそれに抗議して、編集者につぎのような訂正を公表するよう要求した。「……ＦＲＡＭＥの議長ドロシー・ヘガーティ夫人は、以下の手紙でその立場を明確にしている。『ＦＲＡＭＥは動物実験反対団体ではなく、また紹介されているように、動物実験反対の主張を恐れ気もなく行ってはいない……われわれの文献の中で研究者の業績を暴露することは、われわれの意図であったことはない……』」

ＦＲＡＭＥは、代替方法によって絶えず増大している神経生理学の実験をどのようにして廃止しうるのかは、説明しようとはしていない。たとえば、「深甚なる敬意」の項で述べたような、身代わりのヤギの動物を電気ショックで痛めつけて、その拷問者と同様に正気を失わせてしまう実験である。これは代替方法ではなく、法律のみが止めさせることができるものである。

多くの動物実験者がFRAMEの取ったような主体的態度を賞賛して、「FRAMEに寄付して、われわれに干渉するな」と言ったのは不思議ではない。そしてまたイギリスの多くの動物実験反対者が、自分の団体に不満を感じていることも不思議ではない。本書のアメリカ版を入手した、医師を含むイギリス人から私がこれまでに受け取った多くの手紙からも、そのことは察知できるのである。彼らの感情は、つぎに挙げるサリー州ギルドフォードのある婦人からの手紙に要約されるであろう。

「私は三十二年間の映画稼業で、強行軍や旅行をした後で、次第に私たちを取り巻いている恐ろしい偽善やたわ言に気付くようになりました。動物実験反対について新聞にたびたび投書することもあり、あなたの本に書かれているように、われわれの『鉄の女』がサリドマイドの子供たちについて無知のために拒絶した署名を集めるために、通りを行進したこともあります。私たちの弟――動物たち――に対して実際に陰で行われていることがわかってしまうと、もう何かを楽しもうとする気持ちがなくなってしまいます。すべての生物が一つであることを感じ取り意識するにつれて、動物実験は、人道的な主義を持っている『科学者』であると大衆を欺してきた、欲深い病的な心を持ったサディスティックな連中が犯している犯罪行為としか見られなくなります。私は長い間イギリスの動物福祉団体には幻滅を感じてきました。彼らは行動面では不活発で、言うこと書くことは回りくどいからです。もっと活動的な集団が作れないかどうか、可能性を検討してみたいと思います。今日では『AUNTIE（おばさん）』と綴ったほうがいい『ANTI』よりも、『動物実験廃止』の名を持つ団体を作りたいと思います。」

直接行動誕生

一九七六年、フランスとイタリアでの事態進展と同時に、「慈悲の戦闘団」という名で知られる新しい都市ゲリラ組織が、イギリスの動物実験支持者と反対者の間の不毛な議論の中に押し入ってきた。実験動物を飼育していることで知られている機関に対して一夏の間孤立した暴力行動を仕掛けた後、この組織は大きな壮挙を行ったと主張できるようになった。彼らは、動物実験者の圧力団体で実験動物の確保と使用を促進することを主要目的として存在している、研究防衛協会のロンドン事務局に押し入ることに成功したのである。この協会の役員は、侵入行為については表沙汰にしないことを望んだ。彼らの何よりの関心事は、例によって世間に知れることは避けるということであったからである。一般大衆は、動物実験が存在することを知ってはいけないのである。

この協会（Research Defense Society, ＲＤＳ）の会員名簿を含む書類を手に入れた戦闘集団は――間もなく名称を「動物解放戦線」（ＡＬＦ）と変更したが――その活動をエスカレートさせた。その模様は、一九七八年四月十二日付のタイムズ紙に掲載された、小説家のモーリーン・ダフィによるつぎの記事抜粋からも明らかである。

「昨日の違法行為は、明日の承認された道徳行為となる……変化があまりにも急速なときは、われわれは戸惑いを経験し、現状維持的な反動に走る。変化があまりにも緩慢なときは、変革運動の前衛者は挫折感に動かされ、背後からの増大する圧力のために、不活動の障壁を破ろうとそれに体当りする……一九七六年八月から一九七七年八月までの期間に、狩猟犬舎に対する十回の襲撃があった……これらの活動は無定形集団の動物解放戦線が行ったと主張している。この集団は『組織というより怒りと欲求不満の状態』であると言われている。ＡＬＦは、一九七七年九月までの十四ケ月間に、三十七回の襲撃を行い、推定総額約三十万ポンドの損害を与えたと主張している。主要目標は実験動物飼育者と実験者である……」。

他の人たちが論議し嘆いている間に、ＡＬＦは前例のない直接行動作戦に出たが、その構成員は何も得るものがなく、多くを失ったのである。事実一九七五年三月、新聞の報道では、集団の二人の創設者が、動物実験反対活動に関連した放火行為と損害を与えたかどで三年間投獄されたとのことである。その二人はルートンの店員二十三歳のロナルド・リーと、ノーサンプトンの工具職人クリフォード・グッドマンであった。

もう一人の構成員であるバーミンガムのデレク・コウエルは、ミュージカル・ワールド紙（一九七七年十一月十二日付）のジャーナリスト、ディック・トレイシーとのインタビューでつぎのように述べた。「ＡＬＦは全国的に複数の少数集団で組織され、各地域に連絡係がいて全国指導者と連絡を取っています。それぞれの行動は細部に至るまで計画され、厳格な行動規律があって、個人の利益のためには何一つ盗んではならないことになっています」

今日ＡＬＦの活動がもうあまり新聞種にならないのは、かなり日常的になりニュース価値がないことと、とくにこの集団の方針として、前のように少数の大襲撃を行うよりも多数の小襲撃を行うことにして以来である。「多数の小襲撃は」と一人のメンバーが説明した。「多くの研究所や飼育業者を絶えず悩ませるという利点があります。保安の費用が莫大になり、小企業の飼育業者の中にはまったく閉鎖してしまったものも出てきました」

11 Chandos Street, London W1M 9DE にあるＲＤＳは、事実悩みの種が増えて、昨年連合王国と合衆国の取引先向けに、『破壊行為防止の指導覚書』を発行した。

アメリカからの励まし

イギリスの戦闘者に対する強力な励ましがアメリカからやって来た。ニューヨークの自然史博物館で行われていたネコの性生活に対するばかげた実験が、公衆の長期にわたる抗議のために中止されたのである。これは実力行使に訴える一歩手前でその目的を達成した点で、とくに注目すべき事件であった。

この実験については、「サディズム」の項で簡単に触れておいたが、私がアメリカの出版社に最終稿を渡さねばならなかった時点では、まだ続けられていた。半年後私がニューヨークに着いたときには、実験は中止され、研究機材は博物館の館長の命令で撤去されることになったことがわかった——たとえ、同種の実験が他の約三十の「学問の府」で同時に行われていても。ニューヨークでは、どうしてそれが中止されたのか？　公衆のデモが、敬意を払われている施設の内部で密かに行われていることに全国の注意を向けさせたからである。

その運動に火を付けたのは、ニューヨークの高校教師ヘンリー・スパイラであった。[*] 彼は実験が行われているという内部情報を得ていた。それで、ほとんど人の知らない「情報公開法」を利用して、動物実験者の当初の助成金申請書を手に入れた。この申請書を読むと、私が本書の始めで、動物実験の問題では誇張ということは余計なことであるばかりかありえないと言ったことがいかに正しかったかがわかったのである。

＊（訳注）Ｐ・シンガー編『動物の権利』（戸田清訳。技術と人間刊。一九八六年）参照。

申請書に記載されている「主たる研究者」は理学博士レスター・Ｂ・エアロンソンという男で、博物館の動物行動部門の主事であった。毎年毎年——十四年間——彼は三ケ月の子ネコと雄の成ネコの群を購入するための資金を申請していた。彼自身の申請書面によると、実験の目的は、ネコに一連の除去手術を施すことであるが、その中には、眼球摘出、外科手術による聴覚と嗅覚の破壊、脳障害を生じさせること、去勢、さらにこれらの手術が犠牲動物の性生活にどのような影響を与えるかを発見すると称する実験であった。変化をつける目的なのであろうが、彼はまた「末期」（すなわち死ぬまで行う）実験を実施し、ペニスの神経を露出させて死ぬまで電気ショックを与えるということをやった。

エアロンソンの申請書の文面には、このほかに、「音響防止」の実験室と「暴れる動物」を扱うための特別に作った「搬送檻」の必要に関する言及個所があった。

罪のないきわめて敏感な動物に対する、無益でほとんど考えられないような虐待がこのように明瞭に表示されているにもかかわらず、エアロンソンと助手のマドリーン・L・クーパーは、毎年難なく助成金を手に入れ、何と総額約五十万ドルにも上る金を、国立小児保健人間発達研究所の支持を得てもらっていた。また彼らは、この事件が全国的に話題となったとき、動物実験派の有力者から強力な弁護を獲得するのに苦労しなかった。その中には、前記研究所の人口・生殖部の部長であるウィリアム・サドラー博士がいて、彼はクリスチャン・サイエンス・モニター紙（一九七六年九月二十日付）の報道では、つぎのような評価をした。「私自身の調査では、別に何の問題も発見できなかった。われわれの見るかぎりでは、動物たちは人道的に扱われ、不必要な苦痛は与えられていなかった」

またアメリカ科学振興協会の有名で伝統的に動物実験賛成論の機関誌である『サイエンス』（一九七六年十月八号）で、ニコラス・ウェードという人間が、長文の訳のわからない論説を書いて、その中でこう言った。「動物の権利主張派の連中は、実験者は実験にサディスティックな快楽を感じているのだと主張しているが、これは明らかにばかげている。エアロンソンは、手術は慣例通り麻酔を施して行ったと言っている」ウェードは、「音響防止」の実験室の目的や、「暴れる動物」を扱うために特別に作った「搬送檻」の必要性については説明しようとはしなかった。そして、麻酔が施されたと仮定しても、その短い時間の後に続く苦痛の期間はどうだと言うのであろうか？　その後の報告でわかったことだが、ネコのなかには実験が終了する前に尿道閉塞で死んだものもあったとのことである。これは多大の苦痛を伴う状態で、ネコの場合は拷問やストレスや不適切な食事によって起こることがある。

デモは丸一年続いた。そしてニューヨーク・タイムズのような新聞に全紙面大の広告が出て、一方プラカードを持った群衆が毎週末博物館にピケを張り、入館希望者に中に入らないように、また会員契約を解除するように要請した。この博物館は繰り返して行われる拷問を受けている何百万もの動物の象徴であり、その拷問は医学はおろか人間の知識には何の役にも立たないものであり、利益と名声と病的な個人的満足のための動物虐待であった。こうして博物館は全国的な問題になった。マスコミはここに注意を集中し、下院議員エド・コッチは下院で二度もそれを問題にし、同僚議員のビアッジとともにデモ隊に参加し、その参加者は時には千人に達した。下院の百二十一人もの議員が、国立衛生研究所に質問した。攻撃文が種々の新聞に掲載され、ビラが配られ、投書やいやがらせや時には脅迫電話が博物館の館員や評議員に掛けられ、二人の主任実験者エアロンソンとクーパーの写真に電話番号と住所が回覧され、彼らの近所の人たちや博物館に寄付金を出している人たちに送られた。とくに企業や私的財団には種々の圧力が掛けられ、他方何百人もが会員契約を解除した。博物館の館長は、エアロンソンはいずれにせよ退職し、実験は取り止めになると公表したが、このような所期の結果になったのは、経済的な考慮があったことはたしかである。というのは、彼の決定の少し前にある婦人が、自分は遺言書を書き換えて、博物館に対する相当額の遺贈金を取り消すことにしたと発表し、他の寄贈者たちにもその例に倣うように呼び掛けたからである。

一九七八年五月三日、私はアメリカの動物実験の教皇とも言えるクラレンス・デニス博士に対面した。彼は著名な外科医で動物実験者であり、イギリスのRDSに相当する全米医学研究協会の会長であった。この会見討論は、ニューヨークのWORラジオ放送局が、シェリー・ヘンリーのショー番組として企画したものであった。

質問。「デニス博士、ニューヨーク自然史博物館での実験の目的は何であったのか、お話し願えますか？」

回答。「レイプが重大な社会問題になっていることをご記憶でしょうし、レイプを蔓延させるのに役割を果たしている、性行動における異常性があることもご存じでしょう。博物館側がやっていた実験は、いくつかの点で人間に匹敵する脳を持っているネコ——人間ほど複雑ではありませんが、この種の目的では多くの点でそうだということですが——を用いて、問題を研究しようとしていたのだと信じます。彼らはこういう目的を持って何年も仕事をしていたと思います」（WORシェリー・ヘンリーのショー番組録音のそのままの転記）

追　記

内務省は、「一八七六年動物虐待防止法による生体動物実験の報告書」をなかなか渡してくれないので、本書を書いた時点で私が利用できた数字は、一九七六年のものである。それによると、イギリスの実験件数はさらに増加して五四七万四七三九件になっており、圧倒的多数は、例によって麻酔を施さず行われている（例外が通則になってしまった！）また免許発行数も増加して一万八六六六件となっているが、これでRDSが、動物実験の金銭的利益を生む側面を宣伝することにいかに成功しているかがわかる。

クロスタースにて　一九七八年十月

訳者あとがき

本書は Hans Ruesch : *Slaughter of the Innocent* の全訳である。
原著は著者自身の「巻頭の言葉」に述べられている通り、最初にイタリア語で書かれ、*Imperatrice nuda*（『裸の女帝』）という表題で一九七六年にイタリアで出版された。一九七八年アメリカのバンタム社より英語版が出版され、翌一九七九年には英国版が出たが、この経緯についても「巻頭の言葉」に詳しい。翻訳の底本としたのは、一九八三年のシヴィタス出版よりの再版本である。

著者のリューシュの略歴を紹介しておこう。リューシュは一九一三年イタリアのナポリに居住するスイス人夫妻の子として生まれた。幼時より多国語の環境に育ち、イタリア、次いでスイスのチューリッヒで教育を受けた。自動車レーシングの選手として出発し、十九歳のときより多くのグランプリ・レースに優勝したが、一九三八年に渡米、文筆で身を立てることを決意し、以来サタデー・イーヴニング・ポスト紙、ニューヨーク・ヘラルド・トリビューン紙その他多くの新聞雑誌に寄稿する作家として成功を収めた。

一九五〇年、エスキモーを主題とした小説『世界の頂点』(*Top of the World*)を発表したが、これは全世界で約三百万部が売れるというベストセラーになり、アンソニー・クインを主演として映画化された。彼の作品『レーサー』もカーク・ダグラスが主演する映画になっている。その他二、三点の作品があるが、リューシュは医学の素養があったので、一九五〇年代にはイタリアのある出版社の医学編集者を務め、英・独・仏の種々の医学書に大衆の注意を向けさせる仕事を行った。そしてこの経験を通して、産業化され金儲け的で種々の疾病の原因を作り出している動物実験の欺瞞に注目しはじめた。

一九七三年、『世界の頂点に戻る』(*Back to the Top of the World*)を発表した際に、動物実験の欺瞞が広く暴露されないかぎり、小説創作に戻る意思はないことを宣言し、それ以来この目的に全力を傾注し今日に至っている。

動物実験告発の著書は『罪なきものの虐殺』に続き、一九八二年の『裸の女帝』(*Naked Empress*)、一九八六年の『動物実験は科学的詐欺』(*Vivisection Is Scientific Fraud.* 邦訳『現代の蛮行』ＡＶＡ翻訳チーム訳。ＡＶＡｎｅｔ／新泉社一九八九年)、一九八九年の『動物実験に反対する一千人以上の医師』(*1000 Doctors* [*and Many More*] *Against Vivisection*)が発表されている。また動物実験反対の広報活動と情報提供の拠点として、スイスのクロスタースとニューヨークにそれぞれＣＩＶＩＳとＣＩＶＩＴＡＳを置き、欧米各国の実験反対団体と連絡を取りながら精力的な運動を行っている。

『罪なきものの虐殺』は刊行以来、動物実験反対運動のいわばバイブルとも言うべき重要な書となった。すでにリヒテンシュタインにおいて法制化された実験禁止や、最近スイスで行われ、反対派の主張は実現しなかったものの、予想以上の反対票を集めた実験の可否に関する国民投票に、この書が与えた大きな影響はけっして無視しえないものがある。また実験賛成派も本書の持つ影響力を重視し、これまで陰に陽に本書を圧殺しようという動きを見せてきたことは、これまた「巻頭の言葉」に詳しく述べられているところである。

刊行されてすでに十四年を経過した本書をこの度邦訳することは、時期が遅きに失した感は否定できないが、その内容の持つ重要性はいささかも変わっていないし、動物実験の実態はむしろ悪化の一途を辿っているのが現状である。従って、本書をここに日本に紹介することは大いに意義のあることであると考える。

リューシュは本書の中で動物実験の問題点を九章に分けて論じているが、告発している罪状は次の四つに要約できるであろう。

(一) 実験の持つ残虐性と非科学性。およびその性格を形成してきた歴史的経緯。
(二) 実験を続行拡大させている物質的金銭的利益。
(三) 実験者に与える人間性喪失という影響。
(四) 動物実験を基本とする現代医学および製薬産業の人間の健康に及ぼす大きな害毒。

そしてリューシュは長期にわたる種々の医学雑誌や新聞・一般雑誌の報告報道からの資料収集により、以上の諸点の克明な裏付けを行っている。報告の中には極めて衝撃的なものもあり、あまりにも多数に上るのでいささか食傷気味の感がなくもないが、一方これだけ多くの事実と証言があるからこそ、動物実験という蛮行が実験室を中心とする基礎医学研究と医薬品開発をいかに蝕んでいるかが如実に示されているのである。

もちろんここに提示されているのは、すべて欧米の事例である。しかし、本書にも言及している個所があるように、日本は米国と並んで動物実験が盛んな国であるとすれば、本書に挙げられているようなひどい事例はわが国には存在しないだろうなどと判断してはならないのである。一般人の知らない密室で、それらを上回る残虐無意味な実験が横行している。そして各大学・企業・公的私的の研究機関の実験室は、ごく一部の例外を除いて一般人には立入を禁止しているし、報道もなんらなされない以上、そこで何が行われているかはうかがい知ることはできないのである。

動物実験の実情の情報に接した場合、大抵の人びとはその残虐性に衝撃を受けつつも、それから目を背け耳を塞いで、自分には無関係のことであるとか、そのような実験も何か人類の役には立っているに違いないと、強いて考えようとする。しかし著者は、その考えは根本的に誤りであると指摘しているのである。つまり、実験は人類の役に立つどころかまったく無意味無益であるばかりでなく、それどころか薬害と新たな疾病を次々に作り出し、その中には結果がすぐには現れず、十年先、二十年先、いや子孫の代にならなければわからないものもあると述べている。その点よりすれば、現代に生きている人間で動物実験に無関係である者は一人もいないと言えるだろう。

リューシュはまた動物実験是認に倫理的根拠を付与したのはキリスト教、とくにローマ教会であるとしている。そして、その理由でヴァティカンを非難しているのであるが、これに対しては教会側にも言い分はあるだろうが、どのように反論するのであろうか。ただここで留意しなければならないのは、動物に対する憐れみを教義の中に含めている点で、著者が高く評価している東洋の宗教の一つである仏教を受け継いでいるわれわれ日本人が、自国を世界有数の動物実験国にして恥じていないことである。仏教は「一切衆生悉有仏性」を教義の基本とし、「衆生」の中には生きとし生けるすべてのものが含まれているのであるから、わが国の仏教人はもっと動物実験問題には深い関心を持つことが当然であると思われる。その意味で、本書はとくに仏教関係者に読んで頂きたいと思う。

原著の訳出に当って配慮した諸点をお断りしておく。

(一)本書には内容の性質上医薬品名が頻出する。一般の人が科学技術情報を理解しようとする場合、種々の困難があるが、医薬品の場合は正式の薬品名(一般名)と商品名との照合がその一つであって、ある一般名で呼ばれる医薬品が数種の商品名で販売されていることも少なくないし、また配合剤には幾つかの一般名で表示される薬剤成分が含まれている。さらに、国際的な一般名と日本の厚生省による名称（日本薬局方など）が異なることもある。本書で言及されている医薬品は、一般名と商品名が混在しているが、商品名のみが記載されているものにはその下に括弧して一般名を付記しておいた。これはもちろん原著にはないものであるが、その際には煩を避けるため［訳註］と断り書きを入れないことにした。一般名がわかれば、その医薬品の副作用その他の情報は、たとえば、メイラー『医薬品の副作用大事典第一〇版』（西村書店、一九九〇）などで調べることは可能であるが、商品名のみでは調べようのないことが多い。なお、一般名と商品名の照合には、『薬名検索辞典』（薬業時報社、一九八四年版）や『メルク・インデックス』（*The Merck Index*, 11th Edition, 1989）が便利である。『クスリの犯罪』後藤孝典編（有斐閣、一九八八）も参照。

（二）原著中には誤植脱落と思われる個所が散見されたので、訳者の判断により適宜訂正しておいた。また誤植とは思われない記述・名称・綴り字の誤りが相当数発見された。これも訂正して翻訳した。記述の不正確な点には訳註を施した所もある。また、vivisection は原則として、「動物実験」と訳した。

本書の動物実験の告発は科学的な証拠に基づいて行われている以上、叙述は客観的にならざるを得ないのは当然である。しかし、動物実験者の性格描写の中には「知恵遅れ」というような、多少感情的な表現を繰り返し用いている点は、読者によってはいかがかと思われる向きもあるかもしれない。とはいえ、これは全体の価値を損なうものではなく、細かな瑕疵である。何よりも著者の動物実験反対にかける情熱と、膨大な資料を調査して整理し、これほどの感銘的な著作を完成させた手腕に脱帽すべきであろう。

翻訳に際しては、全体の訳出を荒木が担当し、医学用語・薬品名の訳語の検討吟味および索引作成を戸田が行った。慎重を期したつもりであるが、思わぬ誤りを犯した個所があるかもしれない。大方のご指摘を俟つ次第である。

最後に本書の訳書出版を快諾頂いた新泉社社長小汀良久氏に深く感謝の意を表したい。

一九九〇年十二月

訳者を代表して　荒木敏彦

マ行

ヤ行

ラ行

ワ行

人名索引

タ行

ナ行

ハ行

サ行

事 項 索 引

ア行

カ行

訳者略歴

荒木敏彦（あらき　としひこ）
1927年生まれ。東京大学文学部英文科卒業。
1993年、成蹊大学法学部教授を定年退職、現在に至る。
主要訳書　『フランクリン自伝』（角川文庫）、『今日の英国小説』（文修堂）など。

戸田　清（とだ　きよし）
1956年大阪府生まれ。大阪府立大学、東京大学で獣医学を、一橋大学で社会学を学ぶ。日本消費者連盟事務局、都留文科大学ほか非常勤講師を経て、1997年から長崎大学環境科学部助教授（科学史、環境社会学）。
著書　『環境的公正を求めて』（新曜社）、『非戦』（共著、幻冬舎）ほか。
訳書　『動物の権利』『動物の解放』（いずれも技術と人間）ほか。
論文　「喫煙問題の歴史的考察」ほか。

罪なきものの虐殺

1991年11月20日　第１版第１刷発行
2002年６月１日　新版第１刷発行

著者＝ハンス・リューシュ
訳者＝荒木敏彦・戸田　清
発行所＝株式会社　新泉社
東京都文京区本郷2-5-12
振替・00170-4-160936番　TEL03-3815-1662　FAX03-3815-1422
印刷・萩原印刷　製本・榎本製本

ISBN4-7877-0205-X